中国轻工业“十三五”规划教材

高等学校酿酒工程专业教材

酒与酒文化

徐兴海　主编

周全霞　胡付照　副主编

中国轻工业出版社

图书在版编目（CIP）数据

酒与酒文化/徐兴海主编. —北京：中国轻工业出版社，2024.1

ISBN 978-7-5184-2032-2

中国轻工业“十三五”规划教材　高等学校酿酒工程专业教材

Ⅰ. ①酒…　Ⅱ. ①徐…　Ⅲ. ①酒-基本知识-高等学校-教材 ②酒文化-世界-高等学校-教材　Ⅳ. ①TS262 ②TS971.22

中国版本图书馆 CIP 数据核字（2018）第 162755 号

责任编辑：江　娟

文字编辑：狄宇航　　责任终审：劳国强　　整体设计：锋尚设计
策划编辑：江　娟　　责任校对：吴大朋　　责任监印：张京华

出版发行：中国轻工业出版社（北京鲁谷东街 5 号，邮编：100040）
印　　刷：三河市国英印务有限公司
经　　销：各地新华书店
版　　次：2024 年 1 月第 1 版第 5 次印刷
开　　本：787×1092　　1/16　　印张：20.75
字　　数：460 千字
书　　号：ISBN 978-7-5184-2032-2　　定价：49.00 元
邮购电话：010-85119873
发行电话：010-85119832　　010-85119912
网　　址：http://www.chlip.com.cn
Email：club@chlip.com.cn

240153J1C105ZBQ

黄名正（贵州理工学院）
蹇华丽（华南农业大学）
李宪臻（大连工业大学）
李　艳（河北科技大学）
廖永红（北京工商大学）
刘世松（滨州医学院）
刘新利（齐鲁工业大学）
罗惠波（四川轻化工大学）
毛　健（江南大学）
邱树毅（贵州大学）
单春会（石河子大学）
孙厚权（湖北工业大学）
孙西玉（河南牧业经济学院）
王　栋（江南大学）
王　君（山西农业大学）
文连奎（吉林农业大学）
贠建民（甘肃农业大学）
张　超（宜宾学院）
张军翔（宁夏大学）
张惟广（西南大学）
赵金松（四川轻化工大学）
周裔彬（安徽农业大学）
朱明军（华南理工大学）

本书编写人员

主　编：徐兴海（江南大学）

副主编：周全霞（河南科技学院）

胡付照（江南大学）

参　编：（按姓氏拼音排序）

郭　旭（贵州商学院）

王淑兰（河南科技学院）

王涛锴（河南科技学院）

魏燕丽（河南科技学院新科学院）

前　言

酒是一种特殊的饮料，世界各国的人们都喜欢酒，对其情有独钟。无论是古代祭祀神祇，还是今日的欢喜宴会，酒都扮演着十分重要的角色。也因此，人类对酒有一种特殊的感情，在酒上附加了许多的社会的、道德的、精神的意义，酒也常常被烙上不同国家和民族文化的印记。古今中外，酒渗透在人们的生活之中，催生了博大精深的酒文化，随着时代的发展，历久弥新，令人赞叹。

本书分 11 章对酒与酒文化进行阐述：世界酒文化；中国的酒文化变迁；酒的分类概述；酒与养生；酒与食；酒与生活；酒礼仪；酒与语言文学；酒与艺术；酒企业的经营文化；酒类收藏。

本书编写大纲及统稿由徐兴海、周全霞、胡付照完成。参加本书的编写人员及分工如下：绪论、第八章、第九章——江南大学徐兴海；第一章、第二章——河南科技学院王涛锴；第三章第一节、第三章第二节——河南科技学院新科学院魏燕丽；第三章第三节、第三章第四节——贵州商学院郭旭；第四章、第五章——河南科技学院王淑兰；第六、第七章——河南科技学院周全霞；第十章、第十一章——江南大学胡付照。全书插图由胡付照根据各位作者原稿重新整理编订补充。

目录

绪　论

本书从世界的角度考察酒与酒文化，发现不仅是中国，世界各地关于酒的起源竟有着同样或相近的说法——都有着酒神的传说。两河流域的西亚一带高度的文明，使人们很早以前就开始对葡萄酒有了基本的概念；古埃及人和希伯来人发明了新的酿造技术，把浑浊状的葡萄酒过滤成透明状。

当代人给“酒”下了一个定义：酒是用粮食、水果等含淀粉或糖类的物质经发酵制成的含乙醇的饮料。酒是世界上最为古老的饮料。中国最古老的文字甲骨文就有“酒”字，写作“酉”，是一个象形字，是圆口、细颈、宽肚、尖底的瓶子；或解释为酒坛子正在倾斜着向外倒酒。

中国甲骨文中的“酒”应该是世界上最古老而又著名的黄酒，大约始于新石器时代，至少已经有 5000 年的历史了。黄酒是以稻米或黍米为原料，以酒曲或酒药又加酒母为糖化酒化剂而酿制的酒，因为储藏时间的延长，色泽黄亮，故名黄酒。白酒指烧酒，是蒸馏酒，则起源较晚，“烧酒非古法也，自元明间始创其法”，至今不到 1000 年。

酒最早是用于祭祀的。酒的这一社会功能，世界各国概莫能外。我国最早的诗歌集《诗经·生民》传递出信息：“厥初生民，时维姜嫄。生民如何？克禋克祀，以弗无子。”这首关于周族祖先后稷出生的神话故事说：当初先民生下来，是因姜嫄能产子。如何生下先民来？祷告神灵祭天帝，祈求生子避免无子嗣。

《诗经·丰年》和《诗经·载芟》都提到“烝畀祖妣”，烝：进。畀（bì）：给予。祖妣：祖父、祖母以上的祖先。和上一首一样，都是要祭祀，用什么呢？“为酒为醴，烝畀祖妣，以洽百礼”。说明了酒在祭祀祖先，成就礼仪中的作用。《说文解字》“奠”字的解释是：“奠，置祭也。从酋。酋，酒也。下其丌也。《礼》有奠祭者。”也同样是说用酒来祭祀、祭奠。

在中国，“酒”与“医”共生，酒的另外一个功用，就是治病。“医”繁体写作“醫”或“毉”，前者的含义从“酉”（酒）而来，说明中医与酒有关；而后者说明巫术与医术曾经共存共通。“巫”，是古代能够通过舞蹈使天神来到人间从而治病的人。药酒起源于商周时期，有采用黑黍和中药材郁金酿制的药酒，名叫鬯酒。郁金以块根入药，性味苦辛，和血散瘀，具有解郁通气的作用，主治胸肋脘疼痛。屈原《离骚》提到“桂酒”，《神农本草经》有五加皮酒，《西京杂记》记西汉时期有菊花酒，过年喝椒柏酒。随之三国时期也就有了毒酒，比如“鸩”。《本草纲目》：“酒，天之美禄也，麦曲之酒，少饮则和血行气，壮神御寒，消愁遣兴。痛饮则伤身耗血，损胃亡精。若夫沉湎无度，醉以为常者，轻则致疾败行，甚则丧邦亡家，而陨躯命。”

1. 酒文化

人类对酒有一种特殊的感情，在酒这种饮料上附加了许多的社会的、道德的、精神的意义，酒不仅仅是一种客观的存在，更是一种文化的象征。所谓“酒文化”，是附着在酒上的文化的意义。酒并不是必需的饮料。人在享用酒的时候，已经摆脱了对解渴的单纯追求，不是为了维持身体对水分的需求，而是追求酒对生活的美化、雅化，将饮酒行为升华为一种精神享受，所呈现出的是文化形态。酒的文化意义是通过人们怎么饮，饮酒的目的、效果、观念，蕴含其中的情趣，饮酒的礼仪等表现出来的。

世界各国酒文化的发展基本相同，而中国人对酒的认识，一开始就更多的带有社会意义。中国第一部汉语词典《说文解字》说：“酒，就也。所以就人性之善恶也。从水酉，酉亦声。一曰造也，吉凶所造也。古者仪狄作酒醪，禹尝之而美，遂疏仪狄。杜康作秫酒。”许慎解释包含三层意义：其一，“酒”是“就”，是迁就人性的东西，酒无所谓善恶，随饮用者的善恶而善恶。其二，酒醪的发明人是仪狄，大禹尝了他酿制的酒觉得很美，于是因为恐惧酒的“恶”便疏远了仪狄。其三，杜康（第一个）用秫（高粱）制成了酒，这一解释排除了酒是自然生成的说法。这三层意义中的酒，都注重酒的社会属性。

人类通过酒来寄托自己的感情，表达自己的思想，说明人与自然的关系，维系人们之间的关系等，这就是作为饮料的酒上升而具有文化意义的过程。“借酒浇愁愁更愁”，说的就是饮用酒的目的；“酒逢知己千杯少”说的是和不同的人喝酒会有不同的结果，“酒不醉人人自醉”揭示的是人与酒的关系，等等。在这样的情况下，酒已经外化，有了某种标签的含义，成为了人们感情的承载物。

中外关于酒的发现过程的描述都说明它是一个社会化的过程。这是非常偶然而且漫长的认识和复制的过程，人们意识到了它的存在，并且自觉地复制它，再现它，实现了主动与自觉。酒就不再是自然物，已经成为人的认识物，具有了文化的意义。于是我们的先祖就创造了神话，将酒的酿造归结于某一位超人。这就使酒具有文化的意义，体现了我们祖先对超自然力的崇拜，对圣人贤人的期待。

中国人讲究天人和谐，酒是天赐之美禄，又是经人之手酿造，这就是“天人合一”“物我合一”。中国酒的精神成为中国文化精神的最好、最精妙的反映，从道家的“物我合一，天人合一”到追求自由、忘却生死利禄以及荣辱，到儒家的因应自然、敬天命而治之等无不涵盖。

2. 酒与政治结缘

酒在中国一开始就与政治结缘，成为上层建筑，并介入到获得政权的过程中。之所以这样说，是因为酒是祭祀祖先、神灵享用的，而在天授人权的时代——几乎从夏商周一直到皇权的灭亡，酒都是见证者，是“天子”与上天沟通的神物。

古人认为天是有灵性的，上天享用了酒，就会高兴，“天子”就从“天”那里得到了统治人间的特权。所以酒在中国得到了一个与世界上任何一个国家不同的特殊的地位。也因此，任何一个朝代都会把酿酒作为一项十分神圣的事业，王宫都设有专门的机构，专门的人才。

主持国家祭祀的人具有崇高的地位，他是祭祀仪式中第一个饮酒的人。饮酒之后进入一种精神状态，他就可以和上天直接对话，传达神的意志。中国人把这种人称作“巫”。“巫”字的写法，上面一横表示天，下面一横表示地，那一竖两边的“人”就是巫，他联通上面一横和下面一横。那竖的一画表示天地上下的沟通。巫常常也是语言和文字的创造者和记录者。我国许多少数民族的巫师仍然保留了一边向祖先奠酒，一边自己饮酒的习俗。

中国的历史故事中，春秋时楚王因酒薄而包围赵国邯郸，宋代“杯酒释兵权”都说明了酒怎样深刻地影响着改朝换代。

礼仪是政治的外在形式，古今中外都非常注重礼仪。而中国古话说“礼始诸饮食”，就是说，礼仪的建立是从饮食开始的，使饮食的地位空前提高。而饮食的主角是酒。《周礼》《礼记》的记载说明中国创始了世界上最古老、最复杂的饮酒和祭酒礼仪体系。有酒的宴席才是正式的宴席、有气氛的宴席，而正是通过酒的摆放位置、饮酒时的长幼之序，显示礼仪，进行社会等级的确认。“无酒不成礼”，因酒而有酒礼。礼有区别，祝福敬宾之酒叫“献”，宾客回敬叫“酢”，主人先自饮后再劝客人的叫“酬”。主人“献”之后众宾客相酬须按长幼秩序进行，谓之“旅酬”。旅酬之后，宾主才可以自由畅饮，这叫“无算酬”。酒礼规定了人们的尊卑，是社会秩序的演示和强化。

葡萄酒在中外文化交流中具有十分重要的政治意义，它在张骞出使西域打通丝绸之路之前的2000—3000年，已经打通了从土耳其、格鲁吉亚、亚美尼亚、伊朗，直到中亚，再到西域，到中原的通道。有人称之为“葡萄酒之路”。

酒渗透到世界各地人们生活的每一个角落，酒在每一个地方都在发酵，激发着人们的热情，推动着人们的生活。即如中国人生活的方方面面而言，酒无处不在，以至于有人说，没有了酒，简直不知道怎样叙述中国的历史。这句话一点都不夸张。西汉王莽时的鲁匡有一个十分精彩的论述：“酒者，天之美禄，帝王所以颐养天下，享祀祈福，扶衰养疾。百礼之会，非酒不行。”鲁匡指出酒是天赐给的美食，可以成为帝王的权柄，第一可以用来颐养天下，第二祭祀上苍，祈求降福，第三扶助衰弱，抚养疾病。这一条强调了酒的医药用途。这是中国人对酒的功用的特别看法。第四是礼仪上的需要，百礼的聚会，没有酒是不行的。宋代朱肱《北山酒经》则称：“大哉，酒之于世也，礼天地，事鬼神，乡射之饮，鹿鸣之歌，宾主百拜，左右秩秩，上至缙绅，下逮闾里，诗人墨客，樵夫渔父，无一可以缺此。”

3. 酒与语言文学

酒在中华各民族的文字语言中都有充分的反映，汉语中记录酒文化的词语、成语、典故、谚语真是数不胜数，涉及方方面面，真可谓姹紫嫣红的一方文化林苑。“酒”字有一个家族。《汉语大字典》所收录“酉”部首的字就有差不多400个。其中有60多个字分别代表不同的酒的种类，如：醴、酪、醪、醟、醆、醅、醯、醁、酌等。

另外，中国酒的名称、别名和代称琳琅满目。如清人朗廷极《胜饮编》提到，南北朝时称酒好者为“青州从事”，酒劣者称“平原督邮”。唐代人常用“欢伯”代称酒。酒又别称为“黄封”“黄娇”“曲居士”“曲道士”“曲秀才”“曲生”“曲君”“玉友”“郎官清”“索郎”“快活汤”“天禄大夫”“金盘露”“椒花雨”“玉液”“琼浆”等等。酒衍生出许多成语，如穷奢极欲，就用“酒池肉林”来比况；不会做事的人，晋有“酒瓮饭囊”，宋有“酒囊饭袋”之说；“敬酒不吃吃罚酒”，是指不识抬举；“酒香不怕巷子深”，则是对质量好的自负；“酒不醉人，人自醉”，是说饮酒当掌握分寸；“烟酒不分家”，是酒在交际上的观照，等等。

中国古人谓酒的功效独特，就使用形象的比喻：如谓酒能养真（张耒）、破恨（苏东坡）、消磨万事（欧阳文忠）、宽心陶性（杜甫），又说可以解忧消愁——魏武帝诗云“何以解忧，惟有杜康”。李白、杜甫、白居易、杨万里、张元干等称酒是“祛愁使者”。

由酒而产生的比喻不胜枚举，“如饮醇醪”比喻的是二人交情的深厚，如同饮了醇酒，不知不觉就醉了，是一种自然而然的沉醉。这样就将抽象的东西形象地表现出来了。类似的借喻还有“喜气如春酿”“归思如酒”样的浓烈，冬日愁云密布称之为“酿雪天”，而“情似酒杯深”出于薛昭蕴诗：“意满更同春水满，情深还似酒杯深。”将情满意足表达得淋漓尽致。

中国美学中有“意味”“韵味”“趣味”“品位”“体味”等重要的范畴，其内涵和外延都远远超出了物质文化的层面，而上升到了精神文化领域。欧阳修“醉翁之意不在酒”，其意就是要品味韵外之致，由单纯口感的美味升华为精神滋养的境界，是其极好的写照。

酒勾引着乡愁，酒激发着热情，酒解脱着忧郁，“无酒不成席”，过年的味道更多的是酒的浓烈。于是，酒与文学艺术有着不同寻常的亲密关系。从《诗经》到汉魏乐府，再唐诗宋词，进而宋元明清的曲牌、小说，当代的戏剧电影，从曹操、陶渊明、李白，无不借酒抒情。酒是风，酒是韵，酒既是主人又是客人，从而演化出曲曲催人泪下的故事，从而刻画出无数跃然纸上的人物。试想，如果中国的文学作品中不允许写到酒，不允许有饮酒的场面，不允许以酒来刻画人物性格，那将是多么干涩而煞风景啊！

世界各国的文人参加到酒文化的总结与推进中来，于是有关酒的著作源源不断的推出。有的是关于酒箴、酒颂、酒德、酒歌的篇章；有的是关于酒史、制酒之法的记述与研讨；还有的则是有关酒仪、酒规、酒法、酒政、酒令的撰作与论列。

比如中国关于酒的著作一批批地出现，随便数一下就有：《酒诰》《乡饮酒》《酒箴》《酒德歌》《酒尔雅》《四时酒要》《甘露经》《醉乡记》《酒经》《酒谱》《北山酒经》《续北山酒经》《觞政述》《醉乡日月》《醉乡律令》《酒训》《文字饮》《酒录》《酒小史》《酒名记》《贞元饮略》《熙宁酒课》《酒史》《酒戒》《曲本草》《酒律》《觥律》《酒孝经》《新丰酒令》《小酒令》《饮戏助劝》《酒乘》《觥记注》《罚爵典故》《断酒诫》等三十多部有关酒的专门著述。《胜饮编》卷七没有提到的著述，还有苏轼的《酒经》、曹绍的《安雅堂觥律》、屠本畯的《文字饮》、无怀山人的《酒史》、周履靖的《狂夫酒语》、高濂的《醞造品》、夏树芳的《酒颠》、陈继儒的《酒颠补》、张陛的《引胜小约》、金昭鉴的《酒箴》、沈中楹的《觞政》、程弘毅的《酒警》、张荩的《仿园酒评》、吴陈琰的《揽胜图谱》、吴彬的《酒政》、张惣的《南村觞政》、胡光岱的《酒史》、叶奕苞的《醉乡约法》、张潮的《饮中八仙令》、沈德潜的《畅叙谱》、汪兆麒的《集西厢酒筹》、无名氏的《西厢记酒令》、《唐诗酒令》、童叶庚的《合欢令》、俞敦培的《酒令丛钞》、袁宏道的《觞政》、郎廷极《胜饮编》等等，不敢说汗牛充栋，确也是琳琅满目了。

4. 怎样饮酒

酒在世界各国被人们饮用，在日常生活中发挥着重要的社交作用，饮酒之时非常注重礼仪。饮用不同的酒类时，礼仪也有区别，如饮葡萄酒的礼仪、白酒的礼仪，不同场合的礼仪又有不同，繁富而有层次。

中国古人饮酒有很多讲究。比如选择良时，趁着吉日良辰，有酒的聚会，能够增进饮酒的情趣。元旦、人日、探春之宴、花朝、踏青、社日、修禊、观竞渡、避暑会、喜雨、巧（七）夕、迎秋、中秋、观红叶、登高、好月、雪朝雪夜、守岁之日等，都是饮酒的好时机。

还有，饮酒必临胜地。风景名胜之处，是人们相聚饮酒的极佳之地。敞厅雅座，水榭亭堂，花前月下，山间林边，可得自然清静之野趣。

中国文人认为饮酒必须与酒境相合，才称得上是高雅之事；举动必须与其身份相称，方为韵事，否则即使是名人，也毫无所取。如“陶潜为彭泽令，公田三百亩。悉令吏种秫。”再如孔融故事，与虎贲饮，又有阮籍求为步兵校尉。唐代诗人贺知章称得上是名流，就用金龟换酒。辉煌的装饰，优雅的音乐，周到的服务，艺术化的氛围，构成了怡人的饮酌场面。

中国的古人特别指出不必太在意酒器，与其玉杯无底，反不如田野人家的老瓦盆显得真率可喜。

5. 饮酒有度

少量的酒对人的神经细胞有刺激作用，确有提神行气之功效。“小酌怡情，多饮伤身”。美国医学界及我国学者的研究都发现，适量饮酒可以长寿。

中国上古文献《尚书·周书·酒诰》提醒说，饮酒必须保持一定的界量。孔子认为饮酒不可使自己形态乱，思维乱。

明清之际知名学问家顾炎武《日知录》专有“禁酒篇”，回顾了我国自周代以来的禁酒史，明确指出：“酒害”或“酒祸”是人自己造成的，不应归因于酒。白居易诗《谕友》：“我今赠一言，胜饮酒千杯。其言虽甚鄙，可破悒悒怀。”

古罗马斯多葛派哲学家塞涅卡《论嗜酒》一文指出酗酒的危害：“要告诉人们，若饮酒过量，不顾自己肠胃的接受能力，则是非常令人厌恶的事。人在醉酒后的表现，是自我神志失控的状态，都是在头脑清醒时会感到脸红和后悔的事……酒量大有什么可炫耀的？即使你赢了，所有的酒友都沮丧地倒在你的脚边烂醉如泥或呕吐不止，对你那再来一杯的号召力无动于衷；即使你发觉自己是所有与会者中唯一尚可站住的人；即使你以无与伦比的勇武击败了所有的对手，再没有人能够证明他的酒量能与你的匹敌，也仍然敌不过一整桶酒。”“酗酒会引起一切邪恶行为，暴露一切邪恶行为，因为它使人失去了自制力，而正是自制力对作恶的冲动起着抑制的作用。因为人们禁止自己去做被禁止的事情，这更多地是出自于人们对做坏事的自我抑制感，而不仅仅是出于行善的意愿。”

中国古人饮酒时，多设监史、觥使、军法行酒，行酒令以助饮。其关键在于巧不伤雅，严不入苛。《诗经》记载“监史”的设置，《礼记·间胥》说明觥挞的处罚。《觞政》“明府”“觥录事”等条说明饮酒时明府、录事的设置，就是为了监督饮酒有度。

以上仅就酒文化的几个方面作了阐述，而有关酒的酿造等话题，本书有专门章节予以说明。

第一章
世界酒文化

【学习目标】

了解世界各地酒的传说以及酒和饮食、宗教的关系，掌握酒管制的相关法律、世界酒文化地理以及酒的空间传播。

第一节 世界酒的起源

在古代，往往将酿酒的起源归于神话或传说人物的发明，并将他们称为“酿酒之祖”，这种看法影响非常大，以致成了民间流行的观点。这些观点虽然不足以考据，但作为一种文化认同现象，值得重视。下面特以葡萄酒为例介绍一下酒的起源，其他酒作为补充。

一、不同传说中的酒

（一）祭祀、人与烹饪——酒神

不仅在中国，世界各地都有酒神的传说。

人类在远古采集时代，虽然偶然发现了发酵的水果可以带来神奇的液体，但却没有去想神的问题。随着农耕生活的开始，两河流域的西亚一带逐渐建立起高度发达的早期文明。人们逐渐对葡萄酒这种饮料有了基本的概念，苏美尔人创造了第一个“酒神”——婕斯汀（Geshtinanna，意为“葡萄的母亲”）。这位女神在苏美尔神话里并不耀眼，却擅长释梦和作诗，因拯救弟弟在地狱中受了半年折磨，去世后成为葡萄酒和秋冬季女神。不仅如此，苏美尔人对啤酒也情有独钟，在率先发明了啤酒之后，还创造了著名的“啤酒守护女神”妮卡丝（Ninkasi，意为“醉人果实的女主人”）。该神祇又是“气泡水与用来满足欲望”的女神，时刻都在准备着酿酒，而她的丈夫西里斯（Siris）则是“酒精类饮料的守护神”。

此后，古埃及人和希伯来人发明了新的酿造技术，能够把浑浊状的葡萄酒过滤成透明状。他们清醒地意识到，葡萄酒具有令人快乐和令人感到可怕的两面。为了合理解释这一特性，人们把它与善神的恩惠和恶神的诅咒联系到一起，衍生出属于他们这一时代的酒神。首先是古埃及最重要的九大神明（Great Ennead）之一的奥西里斯（Osiris），传说他曾是国王，擅长带领人们耕种和酿造葡萄酒，但遭到了弟弟的嫉恨，被关在棺材中扔进尼罗河。奥西里斯的妻子找到了他的尸体并使其复活，却又被他的弟弟发现。身体被切成了14块扔在埃及的各个角落。奥西里斯虽只复活了一个晚上，但生出了儿子荷

图 1-1　奥西里斯像

鲁斯为他复仇。奥西里斯最终变成了掌管阴间的神，同时也是丰收之神和酒神，并主导着尼罗河水的泛滥。

葡萄酒传入希腊后，引起人们的热爱，文学经典荷马史诗就多次提到葡萄酒，而古希腊的葡萄酒神就是狄奥尼索斯（Dionysos）。在传说中，狄奥尼索斯英勇果敢，远征印度，带领人们耕种、酿酒、迎来丰收；但同时他也残暴冷酷，无情地抛弃自己的情人、挖去指责“酒神节”　（Bacchanalia）的国王吕库古（Lycurgus）的眼睛，把不参加他节日的妇女变成蝙蝠。即便如此，古希腊酒神在女人、奴隶和穷人心中也有救世主一样的重要地位。

图 1-2　狄奥尼索斯塑像

后来古罗马人也痴迷葡萄酒，甚至有历史学家将古罗马帝国的衰亡归咎于罗马人饮酒过度而致的人种退化，古罗马的酒神则为巴克斯（Bacchus）。此时葡萄酒渐渐进入了全盛时代，爱喝酒的罗马人逐渐淡化了酒神曾经令人恐惧的一面，更愿意展现葡萄酒美好快乐的一面。正因为如此，酒神巴克斯的形象总是愉快、幸福的，身材也开始圆润起来，印证了罗马人“享乐与讴歌”的酒神观。希腊时期的大酒神节也被传承下来。巴克斯成为罗马人的“狂欢、放纵之神”。大酒神节持续庆祝三天三夜，这期间人们停下一切工作，葡萄酒遍布大街小巷，所有的人都手舞足蹈，如痴如醉，整日喝酒，显得既放纵又美好。此外，在罗马的早期神话里，还有一位具有酒神功能的神泰坦（Saturn）。他是宙斯（Zeus）的父亲，最早并非酒神，通过弑父夺取神位。

宙斯长大后发动政变，也夺走神位，泰坦遂出逃到意大利，并开始传授农业知识，广施善行，最终成为人们尊重的农神。可能是意识到葡萄酒具有可怕的一面，泰坦对包括葡萄酒在内的酒精饮料都非常节制，几乎从不饮酒。

据推测，公元前1800年犹太民族可能已经种植葡萄。公元前538年，犹太人的葡萄酒生产到达顶峰。而到公元70年，在和罗马人的多次战争中，葡萄园被毁没。基督教产生前，中东地区的葡萄酒已较为盛行。基督教兴起之后，酒与耶稣也有着不解之缘。耶稣本人出生在罗马时代的著名葡萄酒产地迦南（今巴勒斯坦地区），《圣经创世纪》就说在大洪水时代之后，诺亚已经掌握葡萄酿酒，并且喝醉。不仅如此，罗马文化与希腊文化的一脉相承，促使很多女性信奉一个崇拜酒神巴克斯的地下宗教。她们私下里偷偷地喝酒聚会，后来男性也参加进来，难免出现一些破坏风俗之事，而被政府禁止。在《约翰福音》中，耶稣更曾在筵席上展现神迹，将水变成了葡萄酒，引人称赞。后来，因为葡萄酒象征基督的宝血，基督修士们就把葡萄酒酿造技术代代相传。随着黑暗时代（Dark Age）中基督教快速发展，修道院林立诸邦各地，葡萄种植与葡萄酒酿造技术借僧侣之手传遍欧洲各地。

基督教礼仪中，一定意义上存在着“酒教合一”的特征。尽管基督教分为三个大的派别，但圣餐礼这个礼仪却被共同继承了下来。天主教称为“圣体圣事”“望弥撒”，东正教称为“圣体血”，新教称为“圣餐”。不同的是，在领用饼和酒时，东正教和新教坚持所有信徒都可以饼、圣杯（即酒）同领，而天主教则认为一般信徒不能领圣杯，20世纪60年代梵蒂冈第二次会议后也改为饼、圣杯同领。需要强调的是，在圣经中呈现出对酒的矛盾心态，一方面考虑到酒是上帝所赐予的欢乐与喜悦，另一方面酒又是有潜在危险的饮物，带来无知、罪孽与滥用，因而有不少基督教徒视其为恶魔，在禁酒期间，恪守礼仪。总体上，犹太教与酒、基督教与酒普遍维持着这种矛盾关系。

古代北欧民族与酒联系也甚为密切，他们敬奉的神灵包括掌管雷、战争及农业的托尔神（Thor）、智慧和死亡之神奥丁（Odin）以及火神洛基（Loki）等。这三位神灵通常会在酒神扬波（Egir）的大厅中打赌，看谁敢掠走巨人的女儿，然后开启冒险之旅。扬波本是操纵波涛的神，但他和她的女儿却因啤酒而闻名。他们将从巨人那里偷来的酒藏存在神奇的酒器中，任何力量都无法使器皿中的啤酒变空。

此外，欧洲的凯尔特人酒神苏赛鲁斯（Sucellus）也值得注意。苏赛鲁斯在高卢（现在的法国）和卢西塔尼亚（现在的葡萄牙）特别受到尊敬，他还是掌控着森林、农业和啤酒的神。他通常为人们所熟悉的形象是带着一个系着长柄槌的酒桶，或者是一个酒杯，以保平安，并为阴间筵席置备酒肴。由于带着一个槌子，有时候会被认为是一个铁匠。他的名字被认为来源于凯尔特语，意思是“擅长打击的人”，在现今的浮雕艺术品中，他有时会和他的妻子南特苏塔（Nantosuelta）一起出现在人们的视野中，因为这对夫妻被认为是幸福婚姻的典范。

在东亚地区，中国传说的酒神有两个，分别是仪狄和杜康。史籍中有多处提到“仪狄作酒而美”“始作酒醪”的记载，似乎仪狄乃制酒之始祖。中国人发明的“曲药酿酒术”的“发明权”就被划归她。还有记载说“仪狄作酒醪，杜康作秫酒”，将仪狄当作黄酒的创始人，而杜康则是高粱酒创始人。

图 1-3　仪狄塑像

图 1-4　杜康塑像

因为中国是东亚地区酒文化的发源地，韩国、日本等邻国也成为著名的谷物酒产区。据研究，韩国酒的记载最早见于《帝王韵纪》的高句丽建国传说中，天帝之子解慕漱由请河伯女儿饮酒，娶得河伯长女柳花，遂生东明圣王朱蒙。后来，韩国历史上的新罗、百济等国也对日本酒的起源产生了一定影响，如有文字记载日本神话人物素盏鸣尊（スサノオ）曾到新罗国学习酿酒的方法。日本古史又传说百济人仁番（又称须须保理，一作须须许理）教会了日本人酿造酒，现在被拜为酒神。因此，酿酒匠人须须保理的名字，在日本后来指代筛选纯酒的人，在他之后，日本人才掌握了比较先进的酿酒方法。

在日本，奈良县的三轮神社、京都府的松尾神社（后改称松尾大社）、梅之宫神社因供奉酒神而非常著名。三家神社所供奉的酒神代表了日本酿酒技术在不同时期的情况。首先，三轮神社供奉的诸神中有一位“大国主命”神，是日本土著民族的代表。表明距今 2000 年前在同亚洲大陆交流时，大米的种植技术和以大米为原料的酿酒技术一同传到了“出云国”，这就是日本清酒的原型，清酒也是日本民族的国酒。其次，松尾神社供奉的酒神秦氏，据说是距今 1500 年前从朝鲜半岛旅居日本的众多有技术的工匠中掌握酿酒技术的代表人物，也有说是秦始皇的秦人后裔当年为了避祸而远逃东瀛，顺便带去了米曲酿酒的技术，因最后定居京都松尾山，而把当地山神“松尾山神”奉为“第一酒神”。现在，在京都的松尾神社，还保留着当年酿酒的清泉——龟泉，并供奉着许多酒樽。最后，梅之宫神社供奉“木花咲耶姬”神，传说她用大米酿制甜酒，表明 1200 年前就开始了制麴酿酒。

【延伸阅读：酒神冷知识】

古代中东，胡里安人（Hurrian）的酒神是特舒卜（Teshub）。赫梯帝国的万神殿被认为包括了超过 1000 位神明。幸运的是，他们的葡萄酒神特舒卜也是诸神之中最重要的一位。众神之王的儿子库马尔比神（Kumarbi）由于曾被其父亲废黜，他最终废黜了他的父亲，自己成为了众神之王。他是风暴和天空之神，但也是葡萄酒神，他通常被描绘成紧握着一串串葡萄（就如这里看到一样）。胡里安语中的 Teshub 特舒卜被认为在赫梯语中演变成了 Tarhun，但他仍然拥有神的能力，并掌控着天堂。有趣的是，在神殿之中最负盛名的位置之一（通常由王室成员坚守）是主管葡萄酒的神。

美洲三大古文明之一，墨西哥阿兹特克人心中的龙舌兰酒神是特资卡宗特卡托（Tezcatzontecatl），当地大祭司经常会通过饮龙舌兰酒喝醉而增加与神的沟通，他们还会将用于人祭的活人心脏从胸膛中取出来与神沟通。与瑞士阿尔卑斯山的白玉曼葡萄一样，人们通常会给怀孕的妇女饮用龙舌兰酒来给予她们力量。身为发酵之母玛雅胡尔和医药神帕特卡头的四百个孩子之一，特资卡宗特卡托还是醉酒和生育之神（一种较常见神祇功能组合）。这四百个兄弟姐妹被认为是四百只酩酊大醉的兔子，他们因举办醉酒的聚会享有盛名。

慕芭芭·姆瓦纳·娲尔萨（Mbaba Mwana Waresa）是南非祖鲁人心中的女神，是生育能力的象征，也是风调雨顺、五谷丰登的希望，同时还是啤酒的发明者。从事农业的祖鲁人一般会祭祀她。传说，娲尔萨女神的丈夫是一位凡人，这是因为诸神中没有她中意之人。

在古代欧洲，绿人（Green Man）并不是普遍意义上的神，但的确拥有超自然的能力。虽然关于绿人的神话起源于远东地区中部，传说他是一个民间的，神秘的，甚至令人恐怖的人物。但是在欧洲已然成为家喻户晓的、神通广大的酒神。在基督教诞生以前，可能是被凯尔特人及经常和凯尔特人通婚的种族，或者是过度热情的现代巫师和新异教徒误认为是叉鹿角的凯尔特人神科尔努诺斯（Cernunnos），绿人在关于建筑、民俗、教会以及酒馆标志中均有发现。他通常被描绘成只有一个脑袋，或者有时候会被叶子和葡萄藤以及浆果或者葡萄等水果环绕，并且他的胡子上经常挂着葡萄。他代表着重生、更新和春天到来；同样，他经常被视为好运气和一切都值得庆祝的节日标志。

（二）酒之源与人类饮食

从上述神话不难推测，人类很久以前即已开始酿酒，歌、舞和酒也成为远古人类的挚爱。歌、舞是人生的一大乐趣所在，并与宗教密切相连，载歌载舞时自然不能缺少美酒助兴，这三者互相融合，可以说是最广泛、最悠久的人类文明产物。

“上帝造水，人类酿酒”，世界上很多地方流传着类似的传说，人类的祖先（猿人）在月圆时把成熟的山葡萄和紫葛储藏在石头或木头之下，等到下次月圆时就可以喝到美味的酒。果实或蜂蜜等含有大量糖分的原料遇到空气中的酵母菌就会自然发酵，成为含有酒精成分的液体，原始时代的酒类大多是这样形成的。这些天然酒影响至今，斯堪的纳维亚半岛有一种风俗，新婚夫妇在结婚一月之内要喝蜂蜜酒，因此产生“蜜月”这一词。

借助现代科技，研究者对古人类和酒的关系进行了大量研究。在这方面，宾夕法尼亚大学考古及人类学博物馆的 Patric McGovern 教授带领其研究团队就相关证据进行发掘，给出了迄今为止最为详尽的答案。他开创性地使用分子考古学来揭开古代啤酒及葡萄酒的秘密。他发现了最古老的葡萄酒酿酒罐（可追溯至公元前 5400 年至 5000 年），仿造出迈达斯国王的陪葬酒，并鉴别出世界上已知最早的发酵饮料（约 9000 年前中国人用大米、蜂蜜和水果制成的一种饮料）的遗留物。葡萄酒酿造源于公元前六千年伊朗北部的扎格罗斯（Zagros）山地区，之后传遍近东至地中海地区。

此外，乳酒也是最早出现的酒类之一。游牧民族的人们将马奶搅拌后，放置发酵几天就成为马奶酒。他们把这种酒当成一种日常的饮品。还可以把蜂蜜加入马奶酒中，以提高酒精度（酒精度是法国著名化学家盖・吕萨克（Gay Lusaka）发明，指在 20℃条件下，每 100 毫升酒液中含有多少毫升的酒精），这也是一种常见的方法。

天然酒之后出现的酒类，是通过咀嚼而制成的。亚马逊地区的吉开酒，就是它的代表。客人到来时，要等待主人家的女性用这种酒招待，在那里这种风俗流传至今。中国史书《魏书・勿吉》就说，“嚼米酝酒，饮能至醉。”从“嚼米酝酒”这句话来看，这种酒的度数应该不高。嚼米酿酒，不单在中国，而且在朝鲜、古琉球群岛（今日本冲绳）等地都可以找到使用这种方法酿酒的影子。韩国类书《芝峰类说》中记载，这种酒多由处女所制，故称“美人酒”。人类学研究证实，年轻女孩先用甘蔗秆刷牙，再用海水来漱口，最后嚼米成酒。美人酒是最原始的谷类酒，常用来祭拜祖先。至今仍有部分原始部落在酿造这种酒。

现代研究认为，酒的起源、发展与饮食变迁的关系十分密切。随着饮食品种的增加和烹调技艺的发展，人们对食物的作用有了更全面的认识。早在周代，中国王室已设“食官”一职，成书于战国时代的《黄帝内经》在《藏气法时论篇》系统地将食物区别为谷、果、畜、菜四大类，即所谓五谷、五果、五畜、五菜，五谷指黍、稷、稻、麦、菽，五果即桃、李、杏、枣、栗，五畜为牛、羊、犬、豕、鸡，五菜即葵、藿、葱、韭、薤。进而指出，“五谷为养，五果为助，五畜为益，五菜为充”，也就是说以五谷为主食，以果、畜、菜作为补充。这种具有鲜明特点的东方饮食结构，决定了我国酒的起源和发展方向。

在中国，饭直接促成了酒的酿造。古人还传说杜康将未吃完的饭放置在桑园的树洞里，剩饭在洞中发酵后，有芳香的气味传出，从而形成酒。人们从中也发现了制作酒曲的原理。此后，随着华夏稻米文化在亚洲的传播，亚洲文化圈内使用酒曲（或称酒饼、酒媒）或麦芽通过糖化发酵来酿酒的方法逐渐形成，并发展影响到现在，产生了丰富多样的东亚谷酒文化。

而在西方文明源头的两河地区及地中海世界，酒也很快融入古人类的日常生活，成为两河、古希腊和古罗马文化的一部分。在古希腊至古罗马时期，人们饮用葡萄酒前会先加水稀释，这样葡萄酒酒精度会变得很低。而不喝葡萄酒的人则常被称为“water-drinker（饮水者）”，具有一种侮辱意味。可以说，酒对其饮食产生了重大影响。有学者还指出，当时葡萄酒的生产及贸易占据着相当重要的经济地位。葡萄酒常出现在各种形式的会议中，成为作家和作曲家们创作的源泉。尤其是古老的酒宴活动常常成为许多诗人创作的舞台，这在希腊罗马诗歌中都有反映。

二、 酒的外史与内史

（一）帝国、 宗教与庄园

1. 耶稣之血的象征：葡萄酒

古罗马帝国是葡萄酒文化的摇篮，罗马军队征服欧洲大陆的同时也推广了葡萄种植和葡萄酒酿造。葡萄酒贸易利润丰厚，罗马人只要占领一个地方，便开始大量种植葡萄。随着罗马军队的南征北战，葡萄酒也香飘欧洲各国。对此，有两句很传神的话：希腊用商业扩展了葡萄酒的世界，而罗马则用军队开拓了葡萄酒的疆界。特别重要的是，在罗马统治期间，由于比饮水更安全，葡萄酒从最初只是社会精英的特殊享受，到后来逐渐变成了平民和大众的美味，并延续至今。

葡萄酒在中世纪的发展得益于基督教会。耶酥在最后的晚餐上说，“面包是我的肉，葡萄酒是我的血”，基督教把葡萄酒视为圣血，是天主教祭祀活动的必需品，在圣经中有 500 多次提到葡萄酒及葡萄园。教会人员也把葡萄种植和葡萄酒酿造作为工作，随着基督教在欧洲的传播而产生深远影响。例如公元 7 世纪，本笃会修士 Saint Nivard 依照梦中神明指引创建了法国香槟地区的 Hautvillers 修道院。一千多年后的 1668 年，唐培里侬（Dom Pierre Pérignon）被任命为该院的酒窖管理者。出于宗教上的狂热，为了提高产品质量，他在不为人知的情况下提升了葡萄酒酿造水平，由此成为“香槟之父”和近代酿酒史上伟大人物，影响至今。

在众多教派中，本笃会酿造的葡萄酒在法国与德国两地占有大量市场份额，紧跟其后的就是西都教会（Citeaux，又称西多），再之后还有加尔都西会、圣殿骑士团、加尔默罗会等许多不同的教团组织。其中，成立较晚、奉行“禁欲主义”的西都教会，由罗伯·摩来斯姆于 1098 年在法国西多成立“西多修道院”。通过多种观察记录和实验，他们开始关注土壤及自然条件对葡萄酒质量的影响。进而发现即使相隔几米的土地都有可能出产截然不同的葡萄酒，这个结论奠定了现代“CRU”① 概念的基石。在实际应用中，人们通过伏行田间、舌尝土壤的方式来划定葡萄园的边界。这就是法国勃艮第分级制度的来源，并对后来法国葡萄酒等级的影响极大。除了修道士们的精心栽培之外，法国勃艮第产区的葡萄酒酿造也与从罗马迁居于阿维农的教皇们的喜好有关。

公元 14 世纪，罗马教廷纷争，教皇移居法国罗讷河谷（又称罗纳河谷、隆河谷）地区，共有 7 位教皇在其首府阿维农居住。历经数百年，并先后修建了“教皇宫”和夏宫“教皇新堡”。为了满足教廷所需，邻近的葡萄园不断改良葡萄品种和酿造技术，使罗讷河谷产区的葡萄酒质量突飞猛进，产生了如“教皇新堡”（Chateauneuf du Pape）这样的名酒。罗讷河谷产区的葡萄酒丰富多彩，其红葡萄酒以口感浓郁、略带辛辣为主要特征。该地区的克罗武乔酒庄（Clos de Vougeot，又称伏旧园）是西都教会修道士们最早建立的酒庄之一，在法国酒界地位尊贵。从拿破仑时代起，军队经过此地都要向酒庄行礼。

2. 宗教影响下的名酒

正是由于宗教和国家的至高权威，许多名酒以宗教机构和人士来命名。例如，修道院酒（Chartreuse）是法国修士发明的一种驰名世界的配制酒，目前仍由法国依赛（Isère）地区的卡尔特教团大修道院生产。而且修道院酒的秘方至今仍掌握在教士们的手中，从不披露。还有修士酒（Bénédictine，或译为本尼狄克丁），有人称之为泵酒。此酒产于法国诺曼底地区的费康（Fécamp），是很有名的一种利口酒。该酒的配方是参照教士的炼金术，用葡萄蒸馏酒做酒基、27 种草药调香，再掺兑糖液和蜂蜜，经过提炼、冲沏、浸泡、掐头去尾、勾兑等工序配制而成。至今人们虽然对它已有所了解，但仍然没有完全弄清楚它的细节。修士酒在世界市场上获得了很大成功，还有生产者又用修士酒和白兰地兑制出另一新品，命名为“B and B”（Bénedictine and Brandy）。酒度为 43°，属特精制利口酒。

---

① 指葡萄园，法国葡萄酒酒庄级分级标准 CRU 是法文专用词，通常特指那些经分级制度认定的高质量葡萄园。

（二）生产与贸易：酒的技术史

1. 生产

自从希腊人在马赛建立了最早的葡萄种植园后，法国人对葡萄的热衷和兴趣开始与日俱增。他们开始研究优良的葡萄品种，学会了用尝土壤的方法来辨别土质，并通过不断的实践，改进种植技术和藏酿技术。大约在公元 1 世纪时，法国历史上的北罗讷的酒诞生，很快成了当时全欧洲价格最高的酒。它对葡萄酒酿造的贡献在于，酿制这款酒的葡萄是种植在充满阳光的斜坡上。当时的酒农发现，斜坡面受光强烈，酒的质量好。于是，自公元 1 世纪的发现，一直到今天，这都是法国葡萄酒最经典的秘诀。而大约在公元 3 世纪时，波尔多、勃艮第、卢瓦尔河以及香槟等地才开始出现葡萄园和酿酒技术。

基督教占据欧洲社会中心后，除了向世界传播葡萄酒之外，特别重要的贡献在于工艺技术创新，其在世界酒业历史上具有多方面划时代的意义。

首先，圣本笃（约公元 480—544 年）所创的本笃教会，拥有并经营着庞大的地产，这些地产多半用来种植葡萄以供酿酒。所酿的酒除了供宗教活动用外，也对大众销售。由于本笃教会组织庞大，其中不少专业人员投入葡萄的种植和酿造方面的研究，成为高效率的农业组织与技术革新的楷模，为现代葡萄酒科学研究奠定了基础。其后，西多会的修士非常强调田间劳动，又实行禁欲主义，大量的修士把一生精力与智慧献给了葡萄和葡萄酒。因此他们也培育出了欧洲最好的葡萄品种，葡萄栽培进入了新纪元。西多会到 12 世纪已迅速发展为基督教势力最大的修道院，建立了遍布欧洲各地的 400 多个修道院。在葡萄酒的酿造技术上，西多会的修士是欧洲传统酿酒灵性的源泉。大约 13 世纪，随着西多会的兴旺，欧洲各地的西多会修道院的葡萄酒赢得了越来越高的声誉。毫无疑问，他们把葡萄酒的酿造与品鉴水平推到了空前的高度。

其次，17 世纪时，前文提及的唐培里侬修道士，经过了多年潜心研究，设定了极其严苛的种植及酿造标准，包括控制采收时间以及多次压榨等现代常用的高品质葡萄酒酿造方法，甚至还创造了工艺极其繁富的隔绝空气换桶法，以解决葡萄酒产生气泡的问题。此后他又在软木塞封瓶、酒窖设计等方面进行了一系列技术改良。

最后，现代意义上的啤酒也是基督教徒推动的。古代啤酒生产一直是农民自酿的小农经济。到了基督教会蓬勃发展的时代，由于教会和修道院拥有大量的地产，而啤酒贸易的利润非常丰厚，因而促使教会和修道院又成为大规模生产啤酒的基地。当时德国每一座修道院、每一个庄园都有啤酒作坊，都有能贮存几十吨甚至上百吨啤酒的大酒窖，有的酒窖中一只酒桶就能贮酒几十吨。这也为啤酒技术的划时代革新提供了基础。公元 10 世纪，虽然啤酒中加入龙胆草、生姜、炒豆等香料的做法已很普遍，但还没有啤酒中加入啤酒花。啤酒花被认为是现代啤酒的灵魂，甚至认为使用啤酒花是啤酒酿造史上里程碑与革命。世界上最先使用啤酒花的就是德国一个修道院的修士酿酒师。他发现了一种植物，加入啤酒酿造中，会使酿造的啤酒苦而不涩，清新爽口，味道更醇美，而且更重要的是保鲜期也有所延长。这种植物就是今天所说的“啤酒花”。现在，使用啤酒花已经是全球通用的啤酒技术。

需要补充的是，在工业化酿酒之前，脚踩葡萄酿酒是一种传统而古老的葡萄酒酿造方式，法国和意大利最好的葡萄酒就是用这样的传统工艺酿制而成的。踩葡萄最早起源于欧洲国家，是一种庆祝葡萄丰收的传统仪式，是葡萄酒文化的一个象征。当葡萄庄园庆祝丰收时，人们将收割下的葡萄丢入巨大的木盆里，青年男女跳进去随着欢快而跳跃的音乐声跳动起来。工业化之后，这种传统的酿造方式早已被机器所取代。随着葡萄酒旅游业的兴起，该酿酒方式被引入到葡萄酒旅游中来，用于活跃葡萄酒旅游气氛，增添红酒旅游乐趣。

随着科技的进步，目前葡萄酒的酿造工艺甚至从葡萄酒的采摘开始，到破碎、压榨、发酵、成熟再到装瓶，各个环节都由机器代劳。虽不能将传统和现代酿造方式分出孰优孰劣，但随着生活节奏的加快，能保留下来的原始生产方式越来越少却是一个不争的事实。

2. 贸易

希腊人热衷于葡萄和葡萄酒的贸易，当其文化艺术蓬勃发展之时，罗马帝国也开始了向外扩张。罗马大军占领了地中海沿岸的希腊殖民地，并掌控希腊人在这些地方种植起来的葡萄园。因为罗马人和希腊人有个共同的爱好，便是酷爱饮葡萄酒。所到之处，贪杯者无数。希腊罗马人发达的酒文化，促使古代酒贸易繁荣发展。而旺盛的贸易需求，也促进了酒的生产、储存、运输和包装等多方面的变革。

首先在容器上，较早时是埃及陶罐、古希腊时期的双耳细颈瓶、罗马人的双耳纲颈椭圆土罐等贮藏、运送葡萄酒，并用羊毛和蜡封口。但后来却十分流行古老的木制酒器，也是至今仍然大量使用着的酒器。人们还发现，把葡萄汁放到木桶里贮存、发酵，比放到土陶罐里质量更好，逐渐涂有松香的木桶（木盆）代替了土陶罐。其实，盛装葡萄酒的器具，由陶器向木器的决定性变化，是由长途运销的需要引起的。公元 3 世纪时，凯尔特人开始向意大利供酒。他们用很大的圆木桶装酒，用船运到罗马出售。罗马人很快也意识到木桶的优势：既轻巧有弹性，还可以滚动，凯尔特人的做法非常经济聪明。罗马开始用木桶将酒运送到它的各个殖民地，以赚取更多的商业利润。

贮酒与运酒的木桶十分重要，制作葡萄酒用的是橡木桶。长期以来，橡木的来源主要在北半球，如欧洲的法国、英国、葡萄牙、西班牙、匈牙利和俄国，以及美国。法国和美国是两个主要的橡木资源地，产自这两个资源地的橡木在品种与性质上有所不同。制作橡木桶需要 120~200 年树龄的橡树，经过筛选的橡树只取树中心的木材。不止如此，在葡萄酒酿制过程中，入桶后通常需要每三、四个月换一次，换桶多次的葡萄酒会变得益发澄清。

到近代，最早来自于葡萄牙的玻璃瓶和软木塞包装方式让酒能够长期保存。因为软木塞能够完全密封酒瓶口，18 世纪法国波尔多地区的奥比昂酒庄利用软木塞封瓶，成为较早采用玻璃瓶装的酒厂。但在 19 世纪末之前，玻璃制酒瓶均由人工吹制而成，酒瓶身形较长，形状也较不规则，可用于陈酿。这种沿用至今的储装方式，使红酒在开瓶后会有些许的酸涩，饮用时需放一会儿“唤醒”它。

其次，贸易还导致蒸馏酒的兴起。白兰地最早起源于法国，是将葡萄酒再次蒸馏而成的葡萄酒。16 世纪，法国葡萄酒开始扩张。但在 18 世纪前，法国出口的葡萄酒因当时的运输条件，往往经受不住长途运输而变质。为了解决这一难题，当时的荷兰贸易商就要求将葡萄酒经过蒸馏后才方便运送，而且加上法国酒税的改变，出口葡萄酒是依据质量而非以酒精度课税，更助长蒸馏的风气。(波特酒也是类似的原因) 这样，人们采用了“二次蒸馏”来提高酒精含量，以便运输，到达目的地后再稀释复原。二次蒸馏的葡萄白兰地酒就是早期的白兰地。

由于荷兰商人的贸易能力，使得此酒在北欧与英国市场十分畅销，而英国人将荷兰语中的（Brandewijn 白兰地葡萄酒）简称为 BRANDY，以至于后世皆以 BRANDY 作为此类酒的名称。随着后来软木塞和玻璃的出现和使用，酒的运输和保存更加方便，而到了 19 世纪铁路的出现，使葡萄酒成为法国全国性的饮料了。

广义上说，大凡以果实为原料，经过发酵、蒸馏过程制成的酒，都可称为白兰地。法国是世界第一个生产白兰地的国家，其次为意大利、西班牙、美国和希腊等地区。虽然白兰地的生产遍及世界，但品质最好的葡萄白兰地，当首推干邑（Cognac）。所有的干邑都是白兰地，但并不是所有的白兰地都是干邑。根据法国联邦鉴定的标准，“干邑”必须是在法国干邑区蒸馏的葡萄白兰地酒。法国政府于 1909 年规定，只有产自干邑区的葡萄经传统方式榨汁、发酵，使用天鹅颈铜壶传统蒸馏器（夏朗特型双重蒸馏机），两次蒸馏后，储存于法国特制的橡木桶中，经数年甚至数十年之陈年酿熟而成浓郁的白兰地，方能称为干邑。

【延伸阅读：骑士精神与葡萄酒文化】

欧洲各地的葡萄酒庄对文化工作的推动都不遗余力，他们每年都会推出关于葡萄酒文化的各种活动，包括举办各种酒会、葡萄栽培课程、各式葡萄酒的介绍课程，以及参观葡萄园与酿酒厂，举办一些传统的节庆活动等，其中以葡萄酒丰收节最为热闹有趣，在庆祝期间，往往吸引大批游客涌入。在葡萄酒丰收节中，有舞蹈表演、晚宴、葡萄酒义卖会和放烟火等庆祝活动，最后由踩葡萄大赛将整个庆典带到最高潮。有些酒庄还会举行复古而隆重的新任骑士授勋仪式，典礼中除音乐会、舞蹈表演、品酒和晚宴外，最重要的是新骑士们必须成功通过酒庄主人所设计的种种测验，才能获颁骑士勋章。

中古世纪的骑士都是温文尔雅的武士，他们必须精通骑术、剑术等战斗技能。一个人在正式被受封为骑士后，必须效忠其领主，献身于教会，而且有责任追求一切伟大男性与武士的美德。这种中古世纪的“骑士精神”，至今仍深深地影响着欧洲，尤其是欧洲男士。像今日男士被要求须具备的“绅士风度”，即是由“骑士精神”演化而来。由于欧洲的酒庄有许多是中古时代骑士们居住的古堡，所以骑士精神有很多也反映在现在酒庄的葡萄酒文化中。这些酒庄酿制美酒的秘密就像骑士的身份，代代相传下来。对于酒庄的接班人也要像骑士那样，从小就接受严格的训练，要研读酿酒学及葡萄栽培学，在经历过完备的科学训练后，才能担负起葡萄酒的酿造和葡萄园的技术管理重任。由于他们对酿制葡萄酒有发自骑士精神的荣誉感和热情，使得他们对葡萄栽培及酿酒的每一个细节，都几近挑剔，以尽力维持葡萄酒的品质和维护酒庄的声誉，以求酿造的葡萄酒在鉴评会上获得肯定的。

骑士精神的另一项特征是对情人的爱，这种骑士爱情是对一个理想女人所产生的超越尘世的精神上的爱，是对典型女性美德近乎宗教式的挚爱。这种“骑士爱”中的非现实主义传统，已经深植于西方文化中，而培养出罗曼蒂克的爱情观。这种爱情观也反映在饮酒文化中，因此，在欧洲常有殷勤的男士在特殊的日子里，带着一瓶葡萄酒、一束鲜花，献给挚爱的情人，然后两人在花前月下的浪漫气氛里，共品葡萄美酒，两人的情感也因此大为增进。为此，有些酒庄还会特地酿制“情人节酒”，酒标的设计上还绘上一男一女依偎在酒瓶上互诉衷情。有的则在酒标上绘一颗红心，让爱慕者用来送给异性示爱。

三、 酒生产管制法和相关法律

众所周知，法国葡萄酒中有的酒标上往往标有 A. O. C.（Appellation d'Origine Controlée）字样，这是一种限制使用原产地命名的法律体系。法国人在 20 世纪 30 年代，总结自己上千年葡萄酒生产历史，把不同地区影响葡萄酒特性的因素采用法律条文的形式进行规范，之后，欧洲的其他国家也效仿这一法律，形成了意大利、西班牙以及德国、葡萄牙等的 DOC 体系。A. O. C. 体系保证的是“葡萄酒的特点与传统”。虽然 2009 年为配合欧洲葡萄酒的级别标注形式，法国葡萄酒的级别也进行了改革，但旧的分级制度仍被使用，其权威性深入人心。

法国法律将葡萄酒分为 4 级，分别是法定产区葡萄酒、优良地区餐酒、地区餐酒和日常餐酒。其中，法定产区葡萄酒的级别简称 AOC，是法国葡萄酒最高级原产地地区的葡萄品种、种植数量、酿造过程、酒精含量等都要得到专家认证，只能用原产地种植的葡萄酿制，绝对不可和产自其他地区的葡萄汁勾兑。酒瓶标签标识为“Appellation+产区名+Controlee”，AOC 产量大约占法国葡萄酒总产量的 35%。优良地区餐酒，级别简称 VDQS，是普通地区餐酒向 AOC 级别过渡所必须经历的级别。如果在 VDQS 时期酒质表现良好，则会升级为 AOC。但 VDQS 从 2012 年开始被取消。地区餐酒 VIN DE PAYS（英文是 Wine of Country），产量约占法国葡萄酒总产量的 15%，法国绝大部分的地区餐酒产自南部地中海沿岸。日常餐酒（VIN DE TABLE，英文是 Wine of the table）是最低档的葡萄酒，作日常饮用。日常餐酒可以由不同地区的葡萄汁勾兑而成，葡萄汁限于法国各产区，不得用欧盟外国家的葡萄汁，产量约占法国葡萄酒总产量的 38%。AOC 级别的葡萄酒，还可细分为很多等级，产区名标明的产地越小，酒质越好。例如波尔多 Bordeaux 大产区下面可细分为 MEDOC 次产区、GRAVE 次产区等，而 MEDOC 次产区内部又有很多村庄，如 MARGAUX 村庄，MARGAUX 村庄内有多个城堡（法文为 Chateau），如 Chateau Lascombes。其中，最低级是大产区名+AOC，例如 Appellation+波尔多+Controlee；次低级是次产区名+AOC，例如 Appellation+MEDOC 次产区 +Controlee；较高级是村+AOC，如 Appellation+MARGAUX 村庄+Controlee；最高级是城堡名+AOC，如波尔多玛歌产区的力士金庄园为 Appellation+Chateau Lascombes 城堡+Controlee。这样，以法国 AOC 为开端，意大利、西班牙、德国等也形成了自身的酒生产管制法律。

意大利葡萄酒在 19 世纪和 20 世纪初并没有法国酒那样显赫的声誉，虽然其葡萄酒的产量比法国还要高，但是在很多场合它们还是低档葡萄酒的代名词，被称作“洗车酒”，美国的意大利移民才喝那些很酸的意大利酒。意大利葡萄酒重新恢复其名誉在 20 世纪中期，目前意大利的葡萄园基本都是 20 世纪 60~70 年代重新开始种植的，而在这以前的葡萄园只保留了不到 10%。欧共体成立前后，意大利在 1963 年开始制定自身的葡萄酒四大等级，到 1966 年正式实施。其日常餐酒 Vino da Tavola（VdT）相当于法国的 VdT 等级，地区餐酒 Indicazione Geografica Tipica（IGT）相当于法国的地区餐酒 VdP 的葡萄酒，但是某些高质量葡萄酒也列入此等级，多数是非法定品。原产地名称监控 Denominazione di Origine Controllata（DOC）相当于法国 AOC 等级，原产地名称监控保证 Denominazione di Origine Controllata a Garatita（DOCG）相当于法国 AOC 等级但是监控力度更强。虽然 2010 年又进行了改革，但大部分酒庄仍使用改革前的法定分级标注自己的葡萄酒。

而西班牙则将葡萄酒划分为两大等级，其一是餐酒 Table Wine，分三类，日常餐酒——Vino de Mesa（VdM）：相当于法国的 VdT，也有一部分相当于意大利的 IGT。这是使用非法定品种或者方法酿成的酒。地区餐酒——Vino comarcal（VC）：相当于法国的 Vin de Pays。全西班牙共有 21 个大产区被官方定为 VC，酒标用 Vino Comarcal de［产地］来标注。优良产区酒——Vino de la Tierra（VdlT）：相当于法国的 VDQS，酒标用 Vino de la Tierra［产地］来标注。其二是高档葡萄酒 Quality Wine，原产地命名葡萄 Denominaciones de Origen（DO）：相当于法国的 AOC。原产地命名控制 Denominaciones de Origen Calificada（DOC），相当于意大利的 DOCG。

最后，德国也在1971年也对本国葡萄酒的分类进行了立法，由低至高可分为四级。等级最低的葡萄酒是日常餐酒（Tafelwein），是清淡简单的酒，价格便宜，常被当地人视作饮料。其次是特区日常餐酒（Landwein），其限定要求由全国17个指定产区生产且可标识在酒瓶标签上，品质比日常餐酒略高。再次为特定产区良质酒（QBA，全称Qualitatswein Bestimmer Anbaugebiete），必须由德国13个特定产区所生产，使用规定的葡萄品种酿制，葡萄须达到一定熟度，以确保能表现出该产区葡萄酒的形态和传统口味。最高等级的德国葡萄酒为特级良质酒（QmP，全称为Qualitatswein mit Pradikat），绝对禁止人工添加糖分。

需要说明的是，酒标是酒管制法的直接体现，包含了许多相关讯息。解读葡萄酒的标签，能够对其背景有基本认识。各葡萄酒产区酒标所标示的内容不尽相同，但基本上有产地、葡萄品种、年份、装瓶地、分级等。有关产地的标识，越精确的品质越好，有些国家的酒标上甚至会详细标识出葡萄园、村庄、区域，以保证葡萄酒的品质。有时葡萄品种也会出现在标签上。各国的酒标内容虽不尽相同，但大体都会有以下几项内容：葡萄品种一般规定一种酒含某种葡萄75%~85%以上，才可以在瓶身上标识该品种名称。葡萄酒名称通常是酒庄名称或产区名称。收成年份标识的是葡萄收成的年份，这是购买时的一个重要参考因素。旧世界葡萄酒可以从酒标看出等级高低，新世界葡萄酒（旧世界是指法国、意大利等出产红酒较早的欧洲国家；新世界是指南美洲诸国及澳大利亚等较迟出产红酒的国家）没有分级制度，所以没标出。

此外，英国、美国等也有一些法律对啤酒和威士忌等酒类生产有较大影响。如英国1834年玻璃税被废除后，瓶装啤酒才大量出现。1901年英国通过的《烈性酒（禁售于儿童）法案》，使得所有易开启的酒瓶上都有必要贴上顶标，这对酒标产生了影响。而美国1920年的禁酒令，使整个酒精类饮品市场受到巨大冲击，成百上千的企业被迫关闭或转入地下。到1964年，美国国会通过法案确立波本威士忌为“美国本土烈酒”，则形成了一系列正宗波本威士忌的生产规范条例。可以说，酒类法规直接影响到酒的生产与消费，进而塑造某个地区和国家一定时期的酒文化。

第二节 世界酒文化的传播

一、葡萄酒与文化地理

世界众多的葡萄酒产区大多位于南北纬30°~50°，主要分布于法国、意大利、德国、西班牙、美国、智利、澳大利亚、南非等国。其中，一般认为，最好的葡萄酒大多产自法国，尤其是波尔多、勃艮第等地的葡萄酒，可以用超凡脱俗来形容其质量之好、口感之美。而德国葡萄酒酒精含量低，有种令人喜爱的果味，还可调制成沁人心脾的酸甜味。声名远扬的美国葡萄酒，则以加利福尼亚的葡萄酒独领风骚。此外，葡萄牙、奥地利、匈牙利、保加利亚等国家，也都有各自的葡萄酒风格。

根据葡萄酒与文化的差异，研究者进而将这些国家和地区划分为所谓“旧世界”和“新世界”。大体而言，旧世界主要指欧洲葡萄酒国家，包括法国、意大利、西班牙、德国、奥地利、葡萄牙、匈牙利等，他们有悠久的葡萄种植、酿酒与饮用葡萄酒的传统习惯，并且具备完善的葡萄酒法律；新世界则包括欧洲以外的新型酿酒国家，包括美国、澳大利亚、新西兰、南非、智利、阿根廷等，其酿酒历史较短，主要从欧洲国家传入，而葡萄酒法律也较灵活。

表 1-1 旧世界和新世界葡萄酒法规比较

	旧世界	新世界
酒标	突出产地	突出酒厂名称、品牌和品种
葡萄品种	特定产地种植特定品种有严格要求	特定产地种植任何品种都不受限制
葡萄种植	对种植方法有严格要求	对种植方法没有严格要求
酿造方法	对酿造方法有严格要求	对酿造方法要求较松
传统风格	维持传统	维持传统同时鼓励创新
灵活性	弱	强

不过，新旧世界的划分方法，并不能够完整、准确地呈现出全球的酒文化地理格局。下文通过梳理世界主要酒产区的具体状况，从宏观上总结酒与文化的空间关系。

（一）欧洲与旧世界

1. 法国

当今世界，法国红酒在葡萄酒行业中一直独领风骚，其鲜明的产区特色（如波尔多、勃艮第、罗讷河谷等产区的混合酒及香槟）为全球红酒酿造商争相效仿。但总体而言，法国在葡萄栽培方面只能算是后来者。基于对在法国蒙彼利埃（Montpellie）市（古代港口城市 Lattara）以南发现的一盘石磨和几只大陶罐的分析，Patric McGovern 等研究发现陶罐以前为运送红酒之用，且所装红酒经过了松脂和香草处理。更引人注目的是，于 Lattara 发现的、时间上可追溯到公元前 425 年的石灰岩磨盘酒石酸检测亦呈阳性，这说明它当年是用于压榨葡萄（而不是橄榄）的。这些是法国发现的最早的红酒酿造证据。法国地中海沿岸的居民受伊特鲁里亚（现在意大利的塞尔维托里市）商人的影响产生了对红酒的兴趣，之后从公元前 500 年开始逐步创建自己的制酒业，所用葡萄与技术可能都来自伊特鲁里亚古国。因此，如今称雄世界的法国红酒业极可能发端于意大利中部，2500 年前由海上传到法国。

法国葡萄酒形成了 10 大产区，分别是香槟产区 Champagne，阿尔萨斯产区 Alsace，卢瓦尔河谷产区 Vallee de la Loire，勃艮第产区 Bourgogne，汝拉和萨瓦产区 Jura et Savoir，罗讷河谷产区 Rhone Valley，波尔多产区 Bordeaux，西南产区 Sud-Ouest，朗格多克-鲁西雍产区 Languedoc-Roussillon 以及普罗旺斯-科西嘉产区 Provence et Corse。更有专家将香槟产区、勃艮第产区和波尔多产区列为法国三大代表性产区，即香槟产区主要是起泡葡萄酒、波尔多产区主要是调配葡萄酒、勃艮第产区主要是单一葡萄品种的葡萄酒。

图 1-5　饮用葡萄酒

医学研究表明，法国人很少患心脏病很大程度上得益于饮用红葡萄酒。这是因为，红葡萄酒中所含的白藜芦醇、单宁等成分，可以抗氧剂与血小板抑制剂的双重“身份”保护血管的弹性与血液畅通，使心脏不致缺血，常饮红葡萄酒患心脏病的概率会降低。

2. 西班牙与葡萄牙

西班牙和葡萄牙也是著名的葡萄酒生产国。颇具地域风格的西班牙雪莉、波特酒以及马德拉酒，葡萄牙杜罗河流域的红酒、西班牙的里奥哈和娜瓦拉的酒都令人兴趣盎然。雪莉产于西班牙的加勒斯（Jerez），英国人称其为 Sherry，法国人则称其为 Xérés。英国人嗜好雪莉酒胜过西班牙人，人们遂以英国名称呼此酒。雪莉酒分为两大类：Fino（菲奴）和 Oloros（奥罗路索），其他品种均为这两类的变型。而马德拉岛地处大西洋，长期以来为西班牙所占领。马德拉酒（Madeira）即产于此岛上，是用当地生产的葡萄酒和葡萄烧酒为基本原料勾兑而成，十分受人喜爱。

葡萄牙则有“软木之国”“葡萄王国”的美称，其软木及橡树制品居世界第一，自古以来盛产葡萄和葡萄酒。葡萄牙的葡萄酒产区有里斯本、埃斯特马杜拉、岷豪、杜罗河谷、杜奥、百利达、埃斯特马杜拉、日巴特浩、特拉斯度沙度、阿维加。其中波特酒（Porto）产于葡萄牙杜罗河（Douro）一带，在波特港进行储存和销售。波尔图酒是用葡萄原汁酒与葡萄蒸馏酒勾兑而成的，有白红两类。白波特酒有金黄色、草黄色、淡黄色之分，是葡萄牙人和法国人喜爱的开胃酒。红波特酒作为甜食酒在世界上享有很高的声誉，有黑红、深红、宝石红、茶红四种，统称为色酒（Tinto）。

3. 意大利

意大利是欧洲最早发明葡萄酒种植技术的国家之一，酿酒的历史已经超过 3000 年。位于地中海区的意大利半岛，整体气候干燥炎热，天然条件非常适合葡萄生长，是全世界最大的葡萄酒出产国，其产量将近全球的 1/5。长期以来，无论是酒质上还是产量上，意大利都是法国这一葡萄酒生产大国的强大的竞争对手。意大利葡萄酒有五大产区：北部山脚下产区、第勒尼安海产区、中部产区、亚得里亚海产区和地中海产区。

4. 德国及东欧

德国是继法国、意大利、西班牙之后的第四大葡萄酒生产国，有着非常高效的铁路系统。该国葡萄种植区是世界上最北的葡萄种植区，延伸到北纬 51°左右。由于其气候寒冷，葡萄大多种植在河谷地区当中。同时，受大陆性气候和大西洋暖流的影响，葡萄的成熟时间较长，含糖量一般较低，酿造出的葡萄酒酒体轻盈，酒精量较低，因而造就了德国葡萄酒清新优雅的口味。在德国葡萄酒中，白葡萄酒占了很大一部分。白葡萄占了德国葡萄种植中的 70%左右，除雷司令以外，种植的白葡萄品种还有米勒-图高、西万尼等。拥有清爽优雅的独特口感的德国葡萄酒被评价为“其优秀让世人无法忽视”，并以其严谨优异的品质而享誉世界。作为世界上最好的白葡萄酒之一的雷司令，更是德国葡萄酒中的佼佼者，堪称是“德国白葡萄酒之王”。此外，德国还种植了少量的红葡萄，而在东欧，匈牙利自古即为葡萄酒生产大国，在法国文章诗词中，常常可以看到来自匈牙利的名酒，尤其是著名的都凯甜酒（Tokaji），是当时欧洲皇室贵族最爱的葡萄酒之一。匈牙利葡萄酒四大产区：马特拉、埃格尔、布克、杜卡伊。东北部地区以生产优质葡萄酒而闻名，主要是由于这里的土壤、地形和气候十分适合葡萄的种植。

此外，波兰伏特加在全世界享有盛誉，“精品伏特加”“牛草伏特加”“高级伏特加”和“贝尔维德尔伏特加”等品牌声名赫赫。但从历史记载来看，波兰酒饮料的生产先是啤酒、蜂蜜酒、波兰烧酒“帕利科托夫卡”（旧称生命之水烈酒），之后才是伏特加酒。波兰烧酒“帕利科托夫卡”精选核桃和葡萄干萃取物为辅料，根据卢布林地区雅布沃纳保存的古老波兰配方酿成。其以谷物为基础的生命之水在橡木桶里沉淀，时间越长就会更加醇香。至于波兰特产纯伏特加，其王者桂冠非精品伏特加莫属，长期进入外国市场，销往全世界多个国家和地区，最热爱它的国家有意大利、墨西哥、法国、加拿大和德国等。

【延伸阅读：欧洲葡萄酒旅游胜地】

欧洲葡萄酒旅游胜地，不只是著名的葡萄酒产区，其风景更是让人流连忘返，都是绝佳的葡萄酒旅游目的地。通过葡萄酒旅游，可以更好地了解各个产区的历史文化和风土人情。

在世界上享有盛誉的托卡伊可称为匈牙利产区最耀眼的明珠。托卡伊山麓6000公顷葡萄种植区域内良好的自然生态条件，使这里自16世纪中叶起就成为出产世界上最卓越的甜白葡萄酒“托卡伊阿苏”的产区。历史上该地曾拥有很多专供王室或极品珍藏的葡萄酒厂，托卡伊也因此而成为匈牙利葡萄酒贸易的中心。

托斯卡纳是意大利最知名的明星产区，最著名的子产区有基安帝（Chianti）、蒙塔希诺-布鲁奈罗（Brunello di Montalcino）、蒙特布查诺（Montepulciano）以及卡米尼亚诺（Carmignano）等。托斯卡纳以其美丽的风景和丰富的艺术遗产而著称，它被认为是文艺复兴发端的地方，在这里可以直达佛罗伦萨和锡耶纳，这两个城市都是绝佳的葡萄酒旅游目的地。

莱茵高位于德国黑塞（Hesse）州内，产区静谧而美丽，酿酒历史源远流长。作为世界最伟大的葡萄酒产区之一，这里还拥有众多城堡和修道院。探索莱茵高产地是一种奇妙的经历。该产地十分依赖于葡萄酒旅游业的发展，有几十个出类拔萃，规模较小的葡萄酒酒庄对公众开放，提供葡萄酒品鉴服务。该产地最吸引人的地方之一是“莱茵高雷司令葡萄酒自行车小径”（the Radwanderweg），游客们可以在小径上骑脚踏自行车，游览乡村风景，路过知名酒庄，就可以驻足观赏。

葡萄牙杜罗河，世界著名的加强型葡萄酒——波特酒（Port）就产自这里。该地区除了优秀的酿酒条件，还拥有美丽的风景，杜罗河在葡萄牙语里的意思是“黄金”。杜罗河的铁路线从波尔图延伸至波西尼奥，沿途经过多个隧洞、桥梁，是工程学上的一大壮举，沿途可以饱览壮美的葡萄园风光。缓慢流动的杜罗河流过点缀着庄严的白色建筑的酒庄，这些酒庄都具有悠久的酿酒历史。

西班牙里奥哈，里奥哈是西班牙北部的一个小产区，以丹魄（Tempranillo）葡萄酒闻名全球。这里的丹魄葡萄酒酒体丰满，口感强劲，在橡木桶中经过长期陈酿，因而可以发展出复杂而独特的香气。可以说里奥哈是西班牙旅游的一张名片。

（二）非洲、美洲与大洋洲

新世界的葡萄酒产酒国家大都拥有独具特色的品牌作为标志，加州的 Zinfandel，澳洲的 Shiraz，新西兰的 Sauvignon Blanc，阿根廷的 Malbec 以及南非的 Pinotage。在口味方面也各有特色：甜口味可选择半甜的白葡萄酒或甜酒，如晚收成的酒、贵腐酒、冰酒等；口味偏重，可选择所含有的酚类化合物单宁成熟、带果味的红葡萄酒，如智利、阿根廷、澳大利亚的酒，也可选择美国、智利等国家所含单宁重的红酒；喝白葡萄酒的人则开始喜欢美国的霞多丽、新西兰的长相思。

1. 南非

南非有 300 多年的葡萄酒酿酒历史，1652 年，荷兰人率先登陆这片土地，他们认为这里的气候和土壤十分适合葡萄种植，因此创建了第一个葡萄园，开创了南非的葡萄酒酿造历史。1688 年，法国的胡戈诺派新教徒为逃避法国天主教来到南非，他们推动了南非葡萄酒酿造业的发展。种植的葡萄大部分用来酿造白兰地和加强型葡萄酒。由于拿破仑战争切断了法国葡萄酒向英国的供应，使得开普（Cape）的酿酒业在 18 世纪得到了蓬勃的发展。然而战争后南非向英国出口的葡萄酒量大幅萎缩，加上 1886 年的病灾毁灭了南非大片的葡萄园，从此南非葡萄酒业几近陷入混乱。随着 1918 年南非葡萄种植者合作协会（KWV）的成立，南非的葡萄酒酿造业恢复了稳定。现在仅有不足 1/10 的葡萄用于蒸馏酒，其余大部分葡萄用来制作葡萄果汁和浓缩汁以及葡萄酒。在葡萄酒原产地计划的主导下，开普葡萄酒产区的生产区被分为官方划定的大区域、地方区域和小区。包括四个主要区域：布利德河谷，克林克鲁，沿海区及奥勒芬兹河。其中包含了 17 个不同的地方区域和 51 个更小的区，其中就有非洲最南端 Cape Agulhas 附近的 Elim。南非的葡萄酒种类繁多，包括各式红酒、白酒、甜酒、起泡酒、雪莉。最具代表性的皮诺塔吉（Pinotage）葡萄酒具有异常新鲜浓郁的果香，而且毫不掩饰地表现奔放的香气。口感柔和多汁，略带甜味。需要说明的是，南非葡萄种植季节比欧洲早六个月，因而新酒上市也就比法国早半年。此外，与葡萄酒相关的旅游也为南非经济带来了丰厚的经济收入。南非葡萄酒厂家都设计了葡萄酒旅游线路，接待外国旅游者，如“斯泰伦博斯葡萄酒之路”是南非著名的葡萄酒旅游线路，集中了南非最优秀的葡萄园和大大小小的酒庄。

2. 加拿大和美国

加拿大从 19 世纪起就开始酿造葡萄酒了，不过加拿大葡萄酒真正走向世界还是近几年的事情。如今，加拿大葡萄酒厂一共有 400 多家，加拿大属于严寒的葡萄酒产区，加拿大已被公认为世界上最主要且品质最佳的冰酒生产国。加拿大葡萄酒产区：目前加拿大有 4 个重要酿酒产地，分别为安大略省、英属哥伦比亚省、莫斯科夏半岛和魁北克。

加利福尼亚州（California）是美国著名的葡萄酒之乡和主产区，这里有灿烂的阳光，清凉的海水，还有美味的葡萄酒，吸引着世界各地的葡萄酒爱好者到此观光旅游。肯塔基州的波本（Bourbon）威士忌同样世界知名，其名字源于其原产地波本县（Bourbon County）。这种威士忌一般呈琥珀色，比其他威士忌口感更甜，酒体也更重一些。美国酒法规定波本威士忌必须产自美国，酿造原料必须包含 51%~79%的玉米，其他可用酿造原料不受法律规定，常见的有大麦芽、小麦和黑麦。

3. 智利和阿根廷

智利拥有独特的地理环境，国土形状十分狭长，南北两端的距离长达 4000 千米。其西侧是广阔的太平洋，东侧为高达 7000 米的安第斯山脉（Andean Mountains），地形十分多变，气候条件独特，非常适合种植葡萄，被有些酒评家赞誉为“酿酒师的天堂”。1546 年，智利在圣地亚哥种植了第一株葡萄树。该国最著名的是干露酒庄，作为拉丁美洲最大的葡萄酒酿酒商，其出产的红魔鬼（Casillero del Diablo）系列葡萄酒在全世界享誉盛名。该酒庄由干露先生（Don Melchor Santiago de Concha y Toro）于 1883 年创立，也是智利最古老的酒庄之一。

阿根廷是南美洲最大的葡萄酒生产商，16 世纪中期西班牙殖民者将酿酒葡萄带到该地，从而成为葡萄酒新世界的代表性国家。也是位居世界前五位的葡萄酒生产商及消费市场。阿根廷最著名的葡萄酒产地门多萨地区，靠近智利的圣地亚哥，其葡萄庄园也位于安第斯山脉的脚下，气候近乎完美的凉爽。这里受西班牙和意大利影响深远，最具系统的葡萄园和酒厂均是由 19 世纪此两国移民后裔设立的。全阿根廷有 2/3 的酒产自门多萨，它也是仅次于波尔多的世界第二大葡萄酒生产基地。该国于 1999 年提出了一系列方案，经政府核定而成为阿根廷法定产区标准（D. O. C.）的法令，唯有符合资格的葡萄酒标签上可以注明 D. O. C. 法定产区的字样，至今已核定四个法定产区。

4. 大洋洲

澳大利亚与美国并称为两大新兴葡萄酒国。不论在气候或土壤条件上，都很适合栽种葡萄。从公元 1788 年最早一批移民来到澳洲，即开始酿造葡萄酒。在英国殖民时期，主要生产是雪莉和波特。19 世纪中期，不同国籍的新移民在不同地区建立了葡萄园，规模化的商业葡萄种植形成了。19 世纪到 20 世纪的绝大多数时期，澳大利亚的葡萄酒业主要服务于稳定增长的国内需求，直到 1980 年，澳大利亚才逐渐扩大葡萄酒出口。

澳大利亚葡萄酒产区：澳大利亚葡萄酒产区主要分为四大区，分别是南澳大利亚州、新南威尔士州、维多利亚州、西澳大利亚州。2017 年，澳大利亚葡萄酒产量达到 13.9 亿升，位居全球产量第五位。前四位的国家分别是意大利、法国、西班牙和美国。由于位处南半球，所以每年大约 5 月左右便可以喝到“新酒”，澳大利亚是全世界最早上市新酒的国家。澳洲的产地命名（Geographical Indications 简称 GI）制度于 1993 年底制定，主要规范葡萄酒所在产区和地域的命名。澳大利亚产地命名制度类似于欧洲的命名制度，但没有那么严格。

（三）禁酒却产酒的地区：伊斯兰与阿拉伯世界

禁止饮酒不是阿拉伯人的固有习俗，恰恰相反，在伊斯兰教诞生前，阿拉伯人酗酒成风。后来由于《古兰经》的训导，使得凡遵守《古兰经》者都不能饮酒，酒类在伊朗和沙特阿拉伯等伊斯兰国家是严格禁止的。在苏丹，违禁者会被送上法庭甚至判刑。穆斯林不能饮酒，特别是蒸馏酒，但是这一条戒律在面对发酵酒，特别是葡萄酒时，多少有些例外——关键是尺度问题，发酵酒略微沾一沾无所谓，多喝就不行。只有最虔诚或者保守的教徒才会在有条件饮酒的时候也完全不饮酒。而在日常生活中，不少人并不严格遵守。

至于产葡萄酒和喝葡萄酒是两码事。土耳其、阿尔及利亚和突尼斯等国也产优良的葡萄酒，但本国消费极其有限。特别是，除了涉外商店根本不会出售酒类。然而和所有伊斯兰戒律一样，“不知者无罪”和“威胁生命时可不遵守”这两条原则也适用于饮酒。土耳其、摩洛哥、突尼斯、阿尔及利亚等非阿拉伯国家因为有一定世俗化的趋向，其葡萄酒也比较有名。

例如，摩洛哥王国是非洲西北部的一个国家，它是阿拉伯国家主要葡萄酒产出地。摩洛哥已经有 2500 年酿造葡萄酒的历史，在罗马时期就已经开始出口葡萄酒。在 50 多年的法国殖民时期，摩洛哥的葡萄酒业盛极一时。该国的葡萄园多数位于梅克内斯地区。该地是个三面环山一面朝海的丘陵地带，日照充足，昼夜温差极大，沙砾性土壤更是非常适合葡萄生长。因此，这里漫山遍野都是一望无际的葡萄园，出产的葡萄以糖分高、品质佳而著称，而梅克内斯生产的红葡萄酒也一直被专家评为上品，深受国际市场的欢迎。值得一提的是，摩洛哥葡萄酒虽然品质并不比法国葡萄酒差，但价格却只有法国葡萄酒的 1/3。在过去的 40 年里，摩洛哥葡萄酒在保持传统酿造方法的同时，其品质得到了稳步提高。据了解，摩洛哥年人均葡萄酒消费量为 1L，有 1.2 万公顷葡萄园归国家所有。在这个穆斯林国家，虽然穆斯林是不允许喝酒精饮料的，但是每年还是有 3000 多万瓶本国葡萄酒被消耗掉。尽管伊斯兰教禁止人们喝酒，葡萄酒产业在摩洛哥却顽强地生存了下来。如今，摩洛哥已经成为伊斯兰国家中最大的葡萄酒生产国。即使在另一大葡萄酒生产国阿尔及利亚，酒类消费也仅限于首都和几处旅游区。相比之下，摩洛哥的葡萄酒产业环境相对宽松。摩洛哥最大酒厂 Celliers de MEknes 执行董事 Mehdi Bouchaara 说："摩洛哥是一个非常包容的国家，是否喝酒完全取决于个人爱好。"

阿尔及利亚也是一个具有悠久葡萄酒酿造历史的国家，有七个葡萄酒产区。殖民时期，酿酒业一度曾是阿尔及利亚的支柱产业，在世界葡萄酒业占有重要地位。阿尔及利亚葡萄酒的特点是果实成熟度高、高酒精和低酸度。葡萄酒大部分是经过发酵后直接装瓶，只有很少一部分经过橡木桶陈酿。

（四）中国在世界酒文化传播中的位置

中国一直处于世界酒文化传播的重要位置，张骞出使西域引进了葡萄酒，葡萄酒在中国汉代的政治经济文化中起了很大的作用。汉代以后的酒文化交流可以唐宋和元明、民国时期为例加以叙述。

1. 唐宋是中外酒文化交流异常活跃时期，唐代的中国是酒文化交流中心

葡萄酒作为胡酒在中国这时已经在全国流传。"葡萄美酒夜光杯，欲饮琵琶马上催。醉卧沙场君莫笑，古来征战几人回?"在唐代以夜光杯盛满葡萄美酒，说明葡萄酒的珍贵。对自然发酵的果酒记载，见于《隋书·赤土国传》：赤土国"以甘蔗作酒，杂以紫瓜根，酒色赤黄，味亦甘美"。至唐代就有了关于葡萄酒的明确记载，《新修本草》说："作酒醴以曲为，而蒲桃（葡萄）、蜜独不同曲。"在敦煌藏经洞发现的数万件文书中有相当一部分为唐五代时期当地的社会经济类文书，其中记载了许多与敦煌人的饮食相关的资料。据记载，敦煌因与西域接近，其栽培葡萄酿酒史要早于唐代，而且敦煌酿的葡萄酒质量很好。在《下女夫词》中说"千钱沽一斗"虽系夸张，但也说明了葡萄酒在当地的地位。另据记载，葡萄园中结葡萄时，人们还要举行赛神仪式。在唐五代敦煌壁画中有 40 多幅婚宴图，这些图中婚礼宴饮多在帏帐中举行。一般每张食床（桌）坐 8~10 人。仪式中除新郎、新娘为客人敬酒外，可以看到客人列坐在食床旁。床上盘置蒸饼等食物，客人手持酒杯，作喝酒状。

唐代时，中原地区对葡萄酒已是无所不知了。唐太宗从西域引入葡萄，长安人才知道葡萄酒的滋味。《南部新书》丙卷记载："太宗破高昌，收马乳葡萄种于苑，并得酒法，仍自损益之，造酒成绿色，芳香酷烈，味兼醍醐，长安始识其味也。"同一件事，宋代类书《册府元龟》卷九七〇也有记载，说道高昌故址在今新疆吐鲁番东约二十多公里，当时其归属一直不定。唐贞观十四年（641 年），唐太宗派侯君集发兵"破高昌，收马乳葡萄实，于苑中种之。并得其（酿）酒法，帝自损益造酒，酒成，凡有八色，芳香酷烈，味兼醍醐，即颁赐群臣，京中始识其味。"大喜过望的太宗宣布长安"赐脯三日"。唐太宗在长安百亩禁苑中，辟有两个葡萄园。汉魏以来，中原就已经知道大宛、龟兹等西域诸国的葡萄酒，而在中原用西域法仿制西域酒，却是开始于唐太宗。

唐代著名园丁郭橐驼为种葡萄发明了"稻米液溉其根法"，记载在他的《种树书》

里，一时汉地风行。长安原来有个皇家葡萄园，后来改作光宅寺，寺中有普贤堂，以尉迟乙僧所绘的于阗风格壁画而闻名。唐人段成式在《寺塔记·光宅坊光宅寺》中记载："本（武则天）天后梳洗堂，葡萄垂实则幸此堂"。此后葡萄酒在内地就有较大的影响力，从高昌学来的葡萄栽培法及葡萄酒酿法在唐代可能延续了较长的历史时期，出现许多吟诵葡萄酒的脍炙人口的诗句。刘禹锡（772—842 年）也曾作诗赞美葡萄酒，诗云："我本是晋人，种此如种玉，酿之成美酒，尽日饮不足"。这说明当时山西早已种植葡萄，并酿造葡萄酒。白居易、李白等都有吟葡萄酒的诗。唐朝是我国葡萄酒酿造史上很辉煌的时期，葡萄酒的酿造已经从宫廷走向民间。李白诗《对酒》中写道："葡萄酒，金叵罗，吴姬十五细马驮，……"说明了葡萄酒已普及到民间，也说明了葡萄酒的珍贵，它像金叵罗一样，可以作为少女出嫁的嫁妆。

中国本是酒之国。然而区别于传统米酒的外来酒——高昌酿法的葡萄酒和波斯酿造的甜酒，使得唐人醒也美哉，醉也美哉，无论醉醒全是别样的滋味。唐太宗平定高昌时，宫中所饮庆功之酒，都是太宗李世民亲自监制的，看来酒也是外来的受宠。玄奘在《大唐西域记》卷二载，古印度风俗贵葡萄酒而轻米酒，"若其酒醴之差，滋味流别；蒲萄甘蔗，刹帝力饮也；醻檗醇谬，吠奢等饮也。"当时的印度婆罗门贵族戒酒，以饮葡萄果浆为风尚，西域各国也传为风俗。630 年玄奘自西域前往印度取经，一路上西域各国，如屈支（龟兹）国和突厥的素叶水城（碎叶），都以葡萄果浆款待法师。

唐代与西域饮食文化的交流异常活跃，西域酒在长安非常流行。唐初有高昌之蒲萄酒，其后有波斯之三勒浆，又有龙膏酒，大约亦出于波斯。西市及长安城东至曲江一带，有胡姬侍酒之酒肆，李白诸人也曾买醉其中。

唐朝中外文化交流发达，外国酒的输入也更多，如有"三勒浆"之称的诃梨勒、庵摩勒、毗梨勒，还有龙膏酒、煎澄明酒、无忧酒等，唐苏鹗《杜阳杂编》就有有关记载。李肇《唐国史补》记当时名酒又有三勒浆类，酒法出波斯。

外来酒名庵摩勒，梵文作 āmalaka，波斯文作 amola；毗梨勒梵文作 vibhitaka，波斯文作 balila；诃梨勒梵文作 harītaki，波斯文作 halila。三勒浆当即以此三者所酿成之酒耳。诃梨勒树，中国南部也有。鉴真和尚到了广州大云寺，曾看见诃梨勒树，谓："此寺有诃梨勒树二株，子如大枣。广州法性寺亦有此树，以水煎诃梨勒子，名诃子汤。"北宋钱易《南部新书》记载三勒浆这种饮料的制作方法，并且说明当时"士大夫争投饮之"，可见其受到广泛的欢迎："诃子汤：广之山村皆有诃梨勒树。就中郭下法性寺佛殿前四五十株，子小而味不涩，皆是陆路。广州每岁进贡，只采兹寺者。西廊僧院内老树下有古井，树根蘸水，水味不咸。僧至诃子熟时，普煎此汤以延宾客。用诃子五颗，甘草一寸，并拍破，即汲树下水煎之。色若新茶，味如绿乳，服之消食疏气，诸汤难以比也。佛殿东有禅祖慧能受戒坛，坛畔有半生菩提树。礼祖师，啜乳汤者亦非俗客也。近李夷庚自广州来，能煎此味，士大夫争投饮之。"三勒酒中之诃梨勒酒，其酿法或煎法是否亦如诃子汤，今无可考。

在唐代，胡姬酒肆遍布。当时，胡人来我国经商开店，除做珠宝杂货生意外，经营酒肆也是主要行业。在都城长安，胡姬酒肆主要开设在西市和春明门到曲江一带。胡姬酒肆里的酒大都是从西域传入的名酒，像高昌的"葡萄酒"，波斯的"三勒浆""龙膏酒"等。顺宗时，宫中还有古传乌弋山离（伊朗南路）所酿的龙膏酒。酒肆的服务员，即是西域的女子，被称为"胡姬"。她们是促使胡酒在唐代城市盛行的一个重要因素。在我国古代青年女子当垆不多的情况下，这些"胡姬酒肆"曾为唐代长安饮食市场开创了新的局面。

胡姬在正史中没有记载，但唐诗却全面反映了这方面的情况。初唐诗人王绩曾以隋代遗老身份待诏门下省，每日得酒一斗，被称为"斗酒学士"，他在《过酒家五首》中最先描写了唐代城市里酒肆中的胡姬"酒家胡"："洛阳无大宅，长安乏主人。黄金销未尽，只为酒家贫。此日常昏饮，非关养性灵。眼看人尽醉，何忍独为醒。竹叶连糟翠，葡萄带曲红。相逢不令尽，别后为谁空。对酒但知饮，逢人莫强牵。依炉便得睡，横瓮足堪眠。有客须教饮，无钱可别沽。来时常道贳，惭愧酒家胡。"去胡姬酒店饮酒，在唐代城市里是一种世风，张祜有一首《白鼻䯄》写得很清楚："为底胡姬酒，常来白鼻䯄。摘莲抛水上，郎意在浮花。""胡姬酒肆"常设在城门路边，人们送友远行，常在此饯行。岑参在《送宇文南金放后归太原郝主簿》中写道："送君系马青门口，胡姬垆头劝君酒。"酒肆中除了美酒，还有美味佳肴和音乐歌舞。贺朝《赠酒店胡姬》诗生动描写了"胡姬酒肆"里的情景："胡姬春酒店，弦管夜锵锵。红毾铺新月，貂裘坐薄霜。玉盘初鲙鲤，金鼎正烹羊。上客无劳散，听歌乐世娘。"

所有诗人中似乎李白最爱与胡姬谈笑，所以他的诗作中描写胡姬的地方甚多。他《送裴十八图南归嵩山二首之一》指出胡姬常在酒店门口招揽顾客："何处可为别，长安青绮门。胡姬招素手，延客醉金樽。"胡姬能招揽到顾客，一凭异国情调的美貌，二凭高超的歌舞技巧。李白在《醉后赠王历阳》中写道："书秃千兔毫，诗裁两牛腰。笔纵起龙虎，舞曲指云霄。双歌二胡姬，更奏远清朝。举酒挑朔雪，从君不相饶。"他在另一首诗《前有一樽酒行二首之二》中又写道："琴奏龙门之绿桐，玉壶美酒清若空。催弦拂柱与君饮，看朱成碧颜始红。胡姬貌如花，当垆笑春风。笑春风，舞罗衣，君今不醉将安归?"可见当时长安以歌舞侍酒为生的胡姬为数不少。李白在《少年行之二》写道："五陵年少金市东，银鞍白马度春风。落马踏尽游何处？笑入胡姬酒肆中。"他在另一首《白鼻䯄》中也写道："银鞍白鼻䯄，绿地障泥锦。细雨春风花落时，按鞭直就胡姬饮。"胡姬来到中原，克服了旅途的艰辛。为此，她们在酒肆里强欢作笑时也在思念自己的家乡和亲人，如李贺《龙夜吟》所述："卷发胡儿眼睛绿，高楼夜静吹横竹。一声似向天上来，月下美人望乡哭。直排七点星藏指，暗合清风调宫徵。蜀道秋深云满林，湘江半夜龙惊起。玉堂美人边塞情，碧窗皓月愁中听。寒砧能捣百尺练，粉泪凝珠滴红线。胡儿莫作陇头吟，隔窗暗结愁人心。”

据可靠记载，胡女在中国做酒家招待，可追溯到汉代，汉辛延年《羽林郎》诗即云：“昔有霍家奴，姓冯名子都，依倚将军势，调笑酒家胡。”说西汉大将军霍光的家奴冯子都，倚仗主子的权势在酒店里调戏胡人女招待。在我国古代的酒娱中，还有用“酒胡”劝酒娱乐的习俗。宋人张邦基《墨庄漫录》对此有较详细的记载。唐代的胡姬酒肆是唐代酒文化的重要特色，也反映初唐酒文化交流的兴盛。

宋代的外国酒客也学习中国的酒令，并且能够十分娴熟地应用。据明代潘埙《楮纪室》记载：宋神宗元丰年间，高丽国派一位僧人来到宋朝，使者很聪明，善饮酒，宋朝廷委派杨次公接待。有一天，杨次公和高丽国使者行起了酒令，约好要用两个古人的名字，争一件东西。高丽僧人说：“古人有张良，有邓禹，二人争一伞，张良说是良（凉）伞，邓禹说是禹（雨）伞。”杨次公说：“古人有许由，有晁错，二人争一葫芦，许由说是由（油）葫芦，晁错说是错（醋）葫芦。”由这个故事可知，高丽国流行中国的酒令，而且许多人对于中国历史人物非常熟悉，故而信手拈来。

2. 元明清时期的酒文化交流进一步发展

元朝也是中外酒文化交流的重要时期，来自中国的各种米酒（大米和小米酿造的酒），也在10世纪开始出现在突厥（今伊朗）各地，其名称都借用回鹘语（维吾尔语）或汉语。伊儿汗国（今伊朗）的蒙古人特别喜饮啤酒和各种大米酒、小米酒。

波斯饮食流传中国，时间更早。汉代波斯饮食已进入内地。波斯酒、波斯果浆、波斯糖果、波斯枣、偏桃、齐暾、无花果、安石榴、莳萝、甜菜、波斯菜，都是源出波斯；且流传于中国民间的饮料、食品和蔬果，如果子露（舍里必、舍里卜），也在元代进入中国上层社会。

（1）葡萄酒文化的兴起　波斯葡萄酒，汉代已能依法酿造。后来由唐太宗（627—649年）亲自监督仿制成功八种马乳葡萄酒，“芳辛酷烈，味兼缇盎”。八种葡萄酒中应有烈性的烧酒，开中国内地制造烧酒的风气。但当时器械简陋，提取酒露的纯度有限，且方法极为秘密，限于宫禁之中，难知其详。元代葡萄烧酒普遍推广，许有壬（1287—1364年）《至正集》十六有《咏酒露次解庶斋韵》：“世以水火鼎，炼酒取露，气烈而清。秋空沆瀣不过也，虽败酒亦可为。其法出西域，由尚方达贵家，今汗漫天下矣，译曰阿剌吉云。”蒙古文《格萨尔王传》中列举了八种用阿剌吉（烧酒、白葡萄酒）蒸馏而成的酒。阿剌吉（araq）是波斯语、阿拉伯语，专指以蒸馏法提炼酒精。元代此法大盛，可以将葡萄酒、枣酒、好（hào）[①] 酒等用设计专门的蒸馏器加以提取，也称酒露、重酿酒。忽思慧在1330年为元代朝廷编纂《饮膳正要》，卷三“米谷品”，提到用好酒蒸熬取露成阿剌吉。朱德润在1334年家居江苏昆山时，从推官冯时可得到轧赖机酒

---

① 好酒是一种奶酒，只在元代有这种叫法，后来再无“好酒”。

（阿刺吉酒），说译意是重酿酒。还有元顺宗时来自伊朗南部乌弋山离国（锡斯坦）的龙膏酒，苏鹗《杜阳杂编》卷中记："顺宗（805 年）时处士伊祈玄召入宫，饮龙膏酒，黑如纯漆，饮之令人神爽。此本乌弋山离国所献。"

蔷薇露在宋代已被列入名酒，元代萨都剌以蔷薇露比作紫髓琼浆。陶宗仪《元氏掖庭侈政》列举的元代宫廷酒中有蔷薇露。

唐朝和元朝从外地将葡萄酿酒方法引入内地，而以元朝时的规模最大。其生产主要是集中在新疆一带。

元朝统治者非常喜爱葡萄酒，规定祭祀太庙必须用葡萄酒。并在山西太原，江苏南京开辟葡萄园。至元二十八年（1291 年）在皇宫中建造葡萄酒室。在元代已经有大量的葡萄酒产品在市场销售。马可·波罗在《中国游记》一书中记载道：在山西太原府有许多好葡萄园，制造很多的葡萄酒，贩运到各地去销售。元朝《农桑辑要》的官修农书中，更有指导地方官员和百姓发展葡萄生产的记载，并且达到了相当高的栽培水平。

元代的葡萄酒生产已达到了较高的水平，其酿造方法和世界各国已无多大差别。元代诗人周仅曾对其酿造过程、成品的颜色气味等都作了生动的描述："翠虬天矫飞不去，颔下明珠脱寒露，累累千斛昼夜春，列坛满浸秋泉红。数霄酝月清光转，秾腴芳髓蒸霞暖。酒成快泻宫壶香，春风吹冻玻璃光。甘逾瑞露浓欺乳，曲生风味难通谱。纵教曲却肃霜裘，不将一斗博凉州。"饮食文化大家忽思慧对当时的葡萄酒评价很高，"西酿葡萄贵莫名，炼蒸成露更通灵。"

（2）明清葡萄酒文化的进一步发展　明代徐光启的《农政全书》卷三〇中记载了我国栽培的葡萄品种有：水晶葡萄，晕色带白，如着粉形大而长，味甘；紫葡萄，黑色，有大小两种，酸甜两味；绿葡萄，出蜀中，熟时色绿，至若西番之绿葡萄，名兔睛，味胜甜蜜，无核则异品也；琐琐葡萄，出西番，实小如胡椒，……云南者，大如枣，味尤长。李时珍在《本草纲目》中，多处提到葡萄酒的酿造方法及葡萄酒的药用价值，"葡萄酒……驻颜色，耐寒"。就是说葡萄酒能增进健康，使容颜常驻，耐得寒冷。说明葡萄酒在明代得到进一步发展。

《红楼梦》中六十回写道："芳官拿了一个五寸来高的小玻璃瓶来，迎亮照看，里面小半瓶胭脂一般的汁子，还道是宝玉吃的西洋葡萄酒。"这说明在清代，不但自酿葡萄酒，大户人家还喝进口的葡萄酒。

3. 民国时期酒文化的西风东渐

鸦片战争后，中国开始步入半殖民地半封建社会，中国社会开始了"数千年未有之变局"，中国近代化开始了艰难的历程。同时西方的生产方式、生活方式、价值取向、文化消费等也一并涌入中国，这一时期开始进入中国的西方生活方式的有赛马、西餐、西式点心、西式饮料、音乐会等。特别是西方的饮食习俗开始在一些沿海通商城市出现，尤其是西餐馆的开设，更成为近代中国城市的一道独特的风景线。如1876年葛元煦游历上海，就看到在上海虹口一带设有西餐馆，不光西人进入，而且“华人间亦往食焉”。而在北京、天津这些大城市，西餐馆越来越多，而且名声也很大，诸如“品升楼”“德义楼”等，虽然是中国名字，但专门从事“英法大菜”，“请得巧手外国厨房精调西菜”。像北京西餐馆的档次非常高，有“六国饭店、德昌饭店、长安饭店，皆西式大餐矣”。这些西餐馆不全为外国人消费，也有中国消费者；不仅平时有人去消费，而且在节日期间有不少人光顾。西方节日期间的生活消费品像面包、糖果、饼干、蛋糕、布丁、罐头等食品和洋酒，也在中国上市。

4. 传统中国酒对外交流举例

中国人特制的酒一直传送到国外，比如蜂蜜酒。

我国的蜂蜜酒，始见于西周公元前780年周幽王宫宴中，这是在“猿酒”的启发下试酿成功的。到唐代，药学家苏恭除分述“酒有秫、黍、粳、蜜、葡萄等色”外，还从酿造中得出了“凡作酒醴须曲，而葡萄、蜜等酒独不用曲”的自然发酵的经验。孟诜在《食疗草本》中阐述了蜂蜜酒的食疗价值；宋代寇宗爽也提到在治病方法中用过蜂蜜酒；明代李时珍的本草纲目更把蜂蜜酒列为专条，引证了唐代孙思邈用蜂蜜酒治风疹、风癣等疾病，并提供蜂蜜酿酒的土方。

古人对蜂蜜酒最感兴趣的要数宋代苏东坡。神宗元丰三年（1080年），他在偷得清闲时，研究蜂蜜酿酒的改进方法，亲自酿出“开瓮香满城”的蜂蜜酒。曾写下令人欲醉的《蜜酒歌》，并题诗云：“巧夺天工术已新，酿成玉液长精神。迎宾莫道无佳物，蜜酒三杯一醉君。”与他相交的秦少游饮过他的蜂蜜酒后，发过感慨：“酒评功过笑仪康，错在杯中毁万粮。蜂蜜而今酿玉液，金丹何如此酒强。”

元代宋伯仁的《酒小史》中也记有蜂蜜酒。元代元贞元年（公元1295年）遣学者周达观去真腊国（柬埔寨），中国蜂蜜酒的酿造法再次传到国外。至清代袁枚的《随园食单》一书中，又郑重其事地谈到应用蜂蜜酒。蜂蜜酒确是我国特有的传统产品，可惜在清代以后，竟失其所传。

国外最喜饮蜂蜜酒的国家，过去要算英国，现在遍及世界各国。在罗马、希腊、埃及等古国，公元前200—100年间，出现以蜂蜜为原料配入粮食或果品中酿制的混合酒。英国在公元1485年国家统一后，出现蜂蜜配制酒，公元1877年占领印度后酿出全蜂蜜酒（这是在公元1405—1433年郑和“七下西洋”中国给予国外的实惠）。波兰在公元1795年被俄、普、奥第三次分割之后，出现蜂蜜酒。英国与波兰虽是国外最先有蜂蜜酒的国家，但都远远地迟于我国。

再如，中国的酒曲对世界酒精的制造有很大的贡献。曲是中国人的发明，《尚书·说命》说道：“若作酒醴，尔惟曲蘖。”就说明了造酒离不开曲蘖。蘖也是曲，不过发酵力更强一些。曲大多用大麦、小麦为主，配以豌豆、小豆等豆类，经过粉碎加水，制成块状或饼状，在一定湿度、温度环境下培育而成。曲是酒之母，曲为酒之骨，曲乃酒之魂，曲是提供酿酒各种酶的“母体”。大约在19世纪末，法国人卡尔麦特利用中国的曲分离出高糖化力的霉菌菌株，用于酒精的生产，从而改变了欧洲人历来用麦芽、谷芽为糖化剂的酿造法，但已迟于中国两千多年。这是中国酿酒业对世界酿酒业的重大贡献。

影响最大的还数明代的郑和下西洋，路程远，涉及广。自公元1405年开始，郑和陆续七次下西洋，带去大批中国丝绸、瓷器、茶叶等，行程遍及东南亚和西方各国，最远到达东非。郑和船队携带的还有一种陈年佳酿，它味道醇厚甘美，是取五种粮食的精华酿制而成的美酒，它就是当时用“陈氏秘方”酿制的“姚子雪曲”（五粮液的前身），这种用粮食酿造的美酒被定为贡酒，上了酒谱。此酒成为皇家祭祀的首选。明成祖亲自下旨以五粮佳酿作为国酒，跟随郑和下西洋，以显国威。中国名酒开始走出国门。

5. 东亚的酒文化发展

东亚地区有着较为发达成熟的谷物酒传统技艺，其代表是日本的清酒、韩国的烧酒以及中国的白酒。日韩的清酒、烧酒属于酒精度较低（一般不超过30%vol）的谷物酒，而中国白酒则属于世界最大的烈酒（多在45%vol以上）类别。日韩上述酒类消费较为广泛，在东南亚甚至欧美也有一定市场，韩国的真露甚至被评为世界蒸馏酒界销量最大的酒，而中国白酒虽然不乏知名度，但以本国市场为主。

日本清酒是以大米与天然矿泉水为原料，经过制曲、制酒母、酿造等工序，通过并行复合发酵，酿造出酒精体积分数达18%的酒醪。清酒最原始的功能是作为祭祀之用，寺庙里的和尚为了祭典自行造酒，部分留做自己喝，早期的酒呈浑浊状，经过不断的演进改良，大约在16世纪才逐渐澄清。其保质期较短，95%以上的清酒出厂后仅能饮用一年，过期就会变味。因为缺乏储存升值的投资属性，清酒价格稳定。但其对原料米也有特别的要求。常用的原料米有山田锦、五百万石、美山锦、雄町、八反锦、越淡丽、强力等，最近亦有新研发出来的酒米。其中山田锦因为富含淀粉质、外层硬度高而内部柔软、所酿之酒味道均衡等原因，而被称为“酒米之王”。在酿造清酒时，会将米粒外透明部分磨去，留下中心乳白不透明的淀粉质（称为“心白”）拿来酿酒，当精米度达到50%以下，便被列为“大吟酿”，属于清酒中的高级品。目前业界最夸张的“精米步合”（指米的外部被磨掉后保留的比率）数字已经到达23%。虽然中国和韩国也以清酒的酿酒法来生产清酒，但质量不高，这是因为日本火山和地震频频，换回肥沃的土地和清澈的水源，才能酿造出一流清酒。日本清酒有仿效葡萄酒的品酒师培训和考试制度，但教材和考卷均是日文，通过考试者可获得“唎酒师”头衔。清酒有热饮饮法，但冷饮和室温饮才是正道，用吟酿和大吟酿等高级酒热饮被认为是暴殄天物，只有少数指明热饮的吟酿，例如“黑龙”中的一种“九头龙酒”可热饮。

韩国的传统酒大体分为浊酒、清酒（药酒）、烧酒三种。烧酒主要的原料是大米，通常还配以小麦、大麦或者甘薯等，一般认为起源于中国元代的烧酎，大约在公元1300年的高丽后期传入朝鲜半岛。烧酎即烧酒，“酎”的本意是指经过多次重酿的酒，如同收接露水一样而成的酒，因此又叫“露酒”。烧酎在韩国历史上长期被列为奢侈的高级酒，民间禁止制造，甚至被朝鲜皇室引为药方。在其被日本侵略占领时期，烧酎才开始大众化，1916年，其全境已有近3万个烧酎酿造场。由于烧酒相对于其他酒类价格低廉，因而已经成为韩国最普通的酒精饮品。值得说明的是，韩国仍然有用传统方法生产的民俗酒，主要是文杯酒、法酒、安东烧酒、梨姜酒、小菊酒、四马酒等。

此外，东南亚地区也有椰子酒和蒸馏酒文化，但由于这些国家和地区气候炎热，居民普遍喜欢喝啤酒及果汁解暑，而酒类需求也以进口为多。更为重要的是该地区不产大麦，麦芽生产厂不多且实力有限，未能成为重要的酒产区。在国际酒类市场上，仅有菲律宾的朗姆酒等尚算有名。

【延伸阅读：亚洲名酒】

中国——茅台　茅台酒是世界三大名酒之一，已有800多年的历史，历史上在我国政治、外交、经济生活中发挥了无可比拟的作用，是三代伟人的厚爱。1915年在巴拿马万国博览会上荣获金质奖章、奖状；建国后的历次全国名酒评比，均无可争议地荣登榜首；2000年，作为历史见证与文化象征被中国历史博物馆收藏。犹如中国发给世界的一张飘香的名片，茅台酒创造了内销川省千户饮，外运五洲万人尝的百年辉煌，为人争相畅饮、收藏，被誉为世界名酒、“中国之光”。

图1-6　韩国真露烧酒

韩国——真露　韩国烧酒的代表名称。具有80年酿造历史的真露，可以和茅台酒在中国的地位媲美，这种酒精体积分数以前为22%，现在是19%的烧酒，占据着韩国烧酒市场54%的份额，销往80多个国家，年均营业利润达到1000亿韩元，连续保持了30年韩国国内市场第一位的记录。真露被韩国人誉为正统国民酒的代表，连续三年在酒类杂志《国际酒饮料》（DRINK INTERNATIONAL）中被评为世界蒸馏酒界销量最大的酒。

日本——清酒　日本清酒是借鉴中国黄酒的酿造法而发展起来的日本国酒，但却有别于中国的黄酒。该酒色泽呈淡黄色或无色，清亮透明，芳香宜人，口味纯正，绵柔爽口，其酸、甜、苦、涩、辣诸味谐调，酒精含量在15%以上，含多种氨基酸、维生素，是营养丰富的饮料酒。日本人常说，清酒是上帝的恩赐。1000多年来，清酒一直是日本人最常喝的饮料。在大型的宴会上，结婚典礼中，在酒吧间或寻常百姓的餐桌上，人们都可以看到清酒。清酒已成为日本的国粹。

新加坡——司令Singapore Sling入选“世界十大鸡尾酒”是当之无愧的，她是十大鸡尾酒中唯一由亚洲人发明的。作为新加坡的国酒，在世界上有很高的地位，所有新加坡航班上都有免费提供。所谓的Sling，其实是北美土著一种古老的酒类饮料，用于镇静和舒缓压力。而发明者严崇文先生，用鸡尾酒调制出了属于新加坡的Sling，新加坡司令一般用于闲情逸致时，是一种长饮，往往会用十数种水果加以搭配装饰，不仅好喝，更是让人赏心悦目。

二、 饮酒与国家

（一）好酒国度

据报道，世界十大最爱喝酒的国家中，英、中、俄排前三。法国、厄瓜多尔、摩尔多瓦、韩国、乌干达、德国和澳大利亚排4~10位。下文以此评价入手，简要分析世界上饮酒与民族国家间的关系。

首先，英国的“酒吧文化”与欧洲大陆的“咖啡馆文化”颇为迥异。有千年历史的英国“酒吧文化”历久弥新。英国人的喝酒时间有三个：昨天、今天和明天。他们喜欢“爬吧”（pub crawl），整个晚上或整个周末，一家一家地逛酒吧，喝一杯换一个地方，这是英国人获得乐趣和荣耀之路。至于英国为什么会居首，这可能与足球等体育活动有关。英国球迷有着狂热的看球劲头，下午3时的比赛，1时前往球场周边的酒吧，一边看首发阵容、买足球博彩，同时顺便喝酒。

其次，俄罗斯喝酒崇尚喉咙“燃烧”，这在俄罗斯是一种生活方式。繁盛的文学和艺术，寒冷无比的气候，都需要烈酒伏特加。俄罗斯人打开酒后，就再也盖不上瓶子。他们大杯喝，喉咙发出“咕噜”声，相传这是彼得大帝留下来的，已有数百年的传统。俄罗斯人不怕酒烈，怕酒不烈。伏特加在俄文中，就是“生命之水”的意思。

再次，法国和澳大利亚既是产酒大国也是消费大国。法国人拥有世界上最好的葡萄酒和香槟酒，在饮酒方面，他们的浪漫情怀也发挥到了极致，越是好酒就越是要细品慢饮。红酒是除了早餐之外的每餐必备品，有时候比矿泉水都便宜。而“新世界”葡萄酒国家澳大利亚也是酒消费大国，其盛产高品质葡萄酒的南澳州也成为闻名的“葡萄酒之州”。在当地，人们喜欢在酒吧度过悠闲时光。

其四，令人觉得陌生的爱喝酒国家是摩尔多瓦和乌干达。事实上，摩尔多瓦有世界上最大最长的酒窖、最大的葡萄酒博物馆，还能够品尝到窖龄 50 年以上的美酒，所以被称为“酒窖上的国家”“葡萄酒王国”。世界卫生组织的统计数据显示，它是世界上餐桌酒消费最多的国家。而乌干达的香蕉产量居世界第二位，有“香蕉国”之称。香蕉在乌干达不但当饭吃，还拿来酿酒喝，饮香蕉伏特加是乌干达独特的民族文化标志。

其五，作为啤酒文化的大国，德国有多少座城市，就有多少种啤酒。既有科隆大教堂附近苦得离谱的啤酒，也有法兰克福餐馆的佐餐淡啤，风味各异。闻名世界的慕尼黑啤酒节上，具有高超技艺的厨娘双手可圈住五六扎啤酒，同时给客人服务，忙而不乱。

最后，东北亚的韩国人痴爱本国烧酒。在日常饮食和社交中，泡菜、烤肉和烧酒密不可分。值得注意的是，韩国女性同样喜欢喝酒。据悉，韩国成年人每周平均喝掉 10 多杯烧酒。因此韩国烧酒也多次被评为世界上最畅销的烈酒。

而在中国，中国人通常在节日里呼朋唤友，开怀畅饮。各种聚会，都不能没有酒，无酒不成宴，有酒才能营造氛围，增加相互间的沟通和感情。据统计，中国饮酒人群的平均酒精消费量很可能已经超过英国爱酒人士。

（二）酒文化观

从饮酒礼仪上来看中西方的酒文化有较大的差异性。西方人饮酒重视的是酒，看喝什么酒，要的是享受酒的美味，中国人饮酒重视的是人，看和谁喝，要的是饮酒的气氛。

西方饮酒的礼仪体现出对酒的尊重。饮用葡萄酒要观其色、闻其香、品其味，调动各种感官享受美酒。在品饮顺序上，讲究先喝白葡萄酒后喝红葡萄酒、先较淡的酒再浓郁的酒、先饮短年份的酒再饮长年份的酒，按照味觉规律的变化，逐渐深入地享受酒中风味的变化。而对葡萄酒器的选择上，也是围绕着如何让饮者充分享受葡萄酒来选择的。让香气汇聚杯口的郁金香型高脚杯、让酒充分舒展的滗酒器、乃至为葡萄酒温度而专门设计的温度计，无不体现出西方人对酒的尊重，他们的饮酒礼仪都是为更好地欣赏美味而制定的。在西方极少见到餐桌上互相敬酒，大家通常都是各喝各的。只有在某些特定场合，大家才会一同举杯。这样的时刻通常是在某人致辞之后，大家交相举杯，祝福某人，为某人某事庆贺。

图 1-7 敬酒

中国饮酒礼仪体现出对饮者的尊重。谁是主人，谁是客人，都有固定的座位，都有固定的敬酒次序。在敬酒时，东道主是酒桌上的灵魂，送迎客人、点菜、发号施令。敬酒时要从主人开始，主人不敬完，他人是没有资格的，如果乱了顺序是会受罚的。敬酒一定是从最尊贵的客人开始，敬酒时酒要满，表示对被敬酒者的尊重。晚辈对长辈、下级对上级敬酒要主动，而且讲究的是先干为敬。而行酒令、划拳等饮酒礼仪，也是为了让饮酒者更尽兴。显然，中国酒文化深受中国尊卑长幼传统伦理文化的影响。

第三节 世界酒的东西交融

一、 葡萄酒的东西传播

（一）地中海时代

葡萄种植最早起源于美索不达米亚平原，考古学发现人类大约在8000年前就开始人工种植栽培葡萄，最少6000年前开始酿造葡萄酒。然而关于早期酿酒方面的文字记载很少。据目前资料显示，大约在公元前8000–前7500年，中亚的高加索地区出现了全世界最早的葡萄品种。由于高加索地区气候干燥，葡萄存活率太低，人们便开始将葡萄品种运往土耳其、埃及、希腊等地中海沿岸国家。公元前6000年，埃及和腓尼基有了葡萄种植，公元前5000年埃及出现关于葡萄酒的文字记载。而葡萄真正在欧洲立足，是希腊人的贡献。大约在公元前2000年，葡萄开始大量传入希腊，并且开始成为希腊文化中一个极其重要的部分。在著名的荷马史诗《伊利亚特》中，葡萄是黑的，荷马本人对人生的理解，被描绘成了一个长满黑葡萄的葡萄园。葡萄给希腊带来了贸易上的繁荣期。公元前1600年开始，希腊将葡萄种植技术以及葡萄酒的酿制工艺陆续传播到了欧洲其他国家，尤其是在法国南部，建立了以生产葡萄和酿制葡萄酒为主业的马赛城，这被认为是法国葡萄酒的启蒙。

在传播时间上，公元前3000–前2000年，葡萄种植和酿酒传入希腊和克里特岛，而克里特人尤以出口优质葡萄酒而著名。公元前1000年，传入意大利、西西里和北非。公元前500年，传入西班牙、葡萄牙和法国南部以及阿拉伯半岛。大约在公元前100年，印度北部和中国也有了葡萄酒生产。此后，随着罗马帝国的扩张，传入巴尔干各国和北欧以及俄罗斯南部。随后葡萄酒的历史遭遇了1000年的停滞，原因是罗马帝国的衰败和欧洲中世纪的“黑暗时代”禁锢了它的发展。

大体而言，早期使用各种方法和技术酿造出风味各异的葡萄酒时，其基础原理没有什么变化。数千年前的葡萄种植者们就懂得选择、培育葡萄品种，能够培育出优良品种并酿造出富有特色的、优秀的葡萄酒。古希腊人用来描述葡萄酒的形容词不少于 18 个，罗马人则有 80 多个。一些罗马葡萄酒陈放了 200 多年看上去仍然可以饮用。罗马人开创的葡萄种植和葡萄酒酿造的许多技术至今仍然在使用。

（二）地理发现与殖民

大航海时代之后，16 世纪的探险家们再次推动了葡萄酒的发展步伐，公元 1530 年，葡萄种植传到了墨西哥和日本。30 多年后，阿根廷引进了葡萄树，随后是秘鲁。接下来的一个里程碑便是 1655 年在现在的南非开普种植葡萄，再之后，1697 年在加利福尼亚，1813 年在澳大利亚和新西兰。连接两大洋的开普葡萄与葡萄酒的发展与文明的传播紧密相连。

基督教的修士们传播基督教文化与传播葡萄酒一样，足迹遍布整个新世界。美国葡萄酒的历史一般认为开始于一位来自圣弗朗西斯科名叫朱尼佩罗 · 赛罗的牧师的到来。他于公元 1769 年到达加利福尼亚州南部，并在那里成立了圣地亚哥传教会。在其后的 50 年，传教会扩大到旧金山北部。当时加利福尼亚州 21 个传教区中 16 个已开始种植葡萄，同时也建造酒窖。各个传道团所建葡萄园，成为了当今加利福尼亚州海岸葡萄园区的雏形。

与美国相似，北美的加拿大以及南美的智利、阿根廷、墨西哥、巴西，也都是为了酿造基督教望弥撒用酒，以满足大量欧洲移民的宗教需要，由传教士把葡萄栽培技术和葡萄酒酿造技术带到这些国家的，阿根廷更成为世界第五大葡萄酒生产国。

大洋洲的葡萄酒与基督教也颇有渊源。在欧洲殖民者入侵前，大洋洲土著居民形成许多部落，从事农业、渔业、狩猎、采集，并发展了自己的文化，但并未开始酿造葡萄酒。自 16 世纪 20 年代葡萄牙和西班牙殖民者开始入侵到 18 世纪末期，大洋洲绝大部分已沦为英国、西班牙、葡萄牙、荷兰等国的殖民地。那里的土著居民从传教士手中学会了葡萄栽培和葡萄酒酿造。到今天，澳大利亚、美国等被称为世界葡萄酒生产的“新世界”，已经可以与欧洲大陆葡萄酒“旧世界”相抗衡。

基督教与葡萄酒在非洲南部也得到较好的发展。南非因拥有好望角这个闻名世界的地理枢纽，从 15 世纪以来就一直受到外来文明特别是西欧文明的冲击和渗透，有 70% 以上的居民信奉天主教和基督新教，葡萄酒产量居世界第十位。

在东亚地区，19 世纪中期，第二次鸦片战争时的法国军队，以武力威胁清政府签订开放条约。烟台成为法军大本营，其中一名被称为“罗牧师”的随军传教士，对烟台乃至山东的基本情况、人文、自然进行了系统的研究。后来，这位牧师又到了东南亚。在一个偶然的社交场合，他见到了被誉为“华人首富”的张弼士。当时张弼士有开办葡萄酒厂的想法。“罗牧师”向张弼士推荐了烟台，他认为那里是中国最适合种植酿酒葡萄的地方之一。不久，张弼士便来到烟台，买下了烟台市区东部的一片山地，开始筹办“张裕酿酒公司”。北京龙徽葡萄酒也源于基督教。在西洋传教士的墓地滕公栅栏，1910年（清宣统二年），法国修士沈蕴璞在“马尾沟教堂”建立了葡萄酒坊，其延请法国技师，采用法国工艺，生产葡萄酒，这是当时北京的第一家葡萄酒厂，最终成为北京葡萄酒的发源地。现在，中国葡萄种植面积约80万公顷，超过法国成为世界第二大葡萄产区，同时是世界第八大葡萄酒生产国、第五大葡萄酒消费国，在世界葡萄酒领域占有重要地位。

二、从蒸馏技术到酿造科学：生命之水的传播

蒸馏酒产生于中国，这是中国酒文化和中国传统文化共同发展的结果，其中一个重要条件就是道家的炼丹术为蒸馏酒提供了蒸馏技术。炼丹炼汞是古代道家方士的主业务，从战国时期民间就已经有研究这种冶金术的爱好者。当这种丹药蒸馏技术发展到一定阶段，在特定的历史条件下，就很自然地被应用到蒸馏酒的制作中去。中国蒸馏术对世界酿造史和科技史上产生了深刻影响，道家的炼丹术可能是近代化学工业的鼻祖。著名学者李约瑟就认为，蒸馏术是中国科技史上的重大发现。

现代西方著名的蒸馏酒白兰地和威士忌就与中国的蒸馏术就有着复杂的联系。18世纪初，法国人利用橡木桶酿出风味独特的酒，使得“白兰地”一举成名。然而，真正使白兰地广受欢迎的原因却是从中国传播而去的“双蒸法”，即经过两次蒸馏，从而提高酒精浓度，最终使本来一般的葡萄酒成为白兰地酒。而苏格兰威士忌以大麦、黑麦、玉米等谷物为原料，也是学习了中国的蒸馏发酵方法制作而成，并在18世纪以后才名扬天下。由此可见，中国发明的蒸馏术是提高西方名酒质量和声誉的根本原因，它将西方自古以麦芽糖化谷物，然后用酵母菌使糖发酵成酒的传统技术水平大大提高。

不过，到了19世纪，在拿破仑三世的要求下，法国著名化学家巴斯德（Pasteur）进行了葡萄酒病害的研究，从中发现了酒精发酵的实质，并发明了巴氏消毒法（Pasteurisation）。1866年，巴斯德发表了他的名著《葡萄酒和葡萄酒病害及其原因的研究：贮藏和陈酿的新方法》。巴斯德成为世界公认的现代葡萄酒学的奠基人。这样，酿酒工艺作为一门科学而建立起来。后来，巴斯德的学生，物理学博士盖荣（Gayon）对葡萄酒生物化学以及发酵现象进行了深入的研究。在此基础上，拉博德（Laborde）长期研究了葡萄酒酿造和贮藏问题，以及葡萄和葡萄酒中的单宁、酯化现象、沉淀现象等，并在1907年发表了《葡萄酒工艺学教程》。通过这些研究，酿造科学和工艺逐步完善起来，相比之下，依赖传统经验的中国酿酒法显得滞后。借助工业革命的威力，西方现代食品工业飞速发展，中国酒业开始进入近代化的时代。

现在，酿造科学更为专业化，以葡萄酒为例，葡萄酒工艺学必须以葡萄学、物理化学、生物化学和微生物学作为坚实的基础。随着科学技术的迅猛发展，人们对葡萄酒及

其酿造过程中的各种复杂现象的认识会越来越深入，从而不断完善质量控制手段，也使葡萄酒工艺学的目的和任务发生了根本的改变。有学者认为，现代葡萄酒工艺学的目的和任务是，一方面在原料质量良好的情况下，尽可能地将存在于原料中的所有潜在质量，在葡萄酒中经济、完美地表现出来；另一方面，在原料质量较差的情况下，则应尽量掩盖和除去其缺陷，生产出质量相对良好的葡萄酒。法国学者 Ribereau-Gayon 和 Peynaud 也对葡萄酒工艺学进行了界定，认为“葡萄酒工艺学是研究葡萄酒酿造和贮藏以及利用化学方法（规律）研究葡萄酒成分的科学”。葡萄酒工艺学的目的和任务是防治葡萄病害，并且利用最低的消耗尽可能地提高葡萄酒的质量和产量。

简言之，在全球化日益加深的时代，酿酒技术和酒文化的传播、交流变得迅速而频繁。只有不断适应各种文化、并持续进行技术革新，才能够彰显酒的魅力。

小结

从世界历史来看，具有悠久历史的文明古国，大都有着数千年的酒文化史。对于果酒（尤其是葡萄酒）、啤酒以及各种烈酒出现的准确时间、地点与发明者，人们并没有发现具体明确的文献记载，但学者们可以从出土文物及地质年代的废墟中，大致推断出人类在距今 7000 多年前已经开始了葡萄酒的酿造与饮用。同时，从各类神话和信仰崇拜中，我们可以看到酒与古人类饮食、祭祀等社会生活的联系之深。烹饪技术的发展很可能促进了远古时代发酵技术的变革，从而引发酿酒热潮与人们的饮酒狂热。统治阶级的饮酒作乐，也在一定程度上导致了早期文明的衰落。

酒与宗教及帝国的关系密切。修道院及其修道士在葡萄种植、葡萄酿酒方面开始扮演决定性的角色。历史学家认为，在公元 1 世纪，基督教已经传遍罗马帝国。经过 200 多年的发展，公元 313 年，罗马帝国发布“米兰敕令”认可了基督教特权；并于 381 年决定给予基督教罗马国教地位。自公元 4 世界开始，直至公元 10 世纪，基督教的扩张远超过当年的罗马帝国。如果说，罗马人靠战争将葡萄酒带到各地；那么，基督教则靠宗教将葡萄酒带到世界各地。当时，基督教所到之处，便有修道院。有修道院，则有葡萄园。在技术上，基督教奠定了葡萄栽培技术和葡萄酒酿造技术的现代科学基础；发明了香槟酒、冰葡萄酒；奠定了现代啤酒的工艺基础，开创了世界两大酒种的新时代。

早在上古时期，酒已经作为商品广泛地进行交易。葡萄酒和早期谷物酒成为人类的日常重要饮品。生产和贸易促进了葡萄酒的发展。公元 1 世纪之前，罗马人已经开始使用木桶（可能不是橡木）用于酒的运输、存储和陈酿，通过使用木桶装运，葡萄酒被贩运到当时罗马帝国的各个角落，也就是现在的法国、德国、北非、西班牙和英格兰。14、15 世纪的世界地理大发现，则促使了葡萄酒文化新、旧世界的形成，并对当今的世界酒文化地理格局产生了深远影响。欧洲成为葡萄酒、啤酒及烈酒等文化的中心和领导者，美洲、大洋洲以及亚洲、非洲通过发展也形成了各自特色。

需要重点强调的是，酒原产地管制法为代表的法律体系，是近代酒文化的重要成就。以其为契机的标准化的生产与经营，促进了酒的全球化，也有利于保护不同地区的本土酒文化。可以说，酒的工业化生产和法律体系制定，直接决定着现代世界酒的发展趋向。

思考题

1. 通过世界各地酒神传说的比较，试分析酒类发展中的多元历史特征。
2. 在基督教发展过程中，葡萄酒生产处于何种地位，产生了哪些历史作用。
3. 概括欧洲主要国家酒原产地管制法的内容，指出其异同和相互联系。
4. 请说明中国在对世界酒传播中的影响。

参考文献

[1] 酒类搜索网 . http：//www. wine-searcher. com/

[2] 中国葡萄酒资讯网 . http：//www. wines-info. com/

[3] 澳大利亚葡萄酒管理局（Wine Australia）. http：//www. wineaustralia. net. au/

[4] 赵鼎衡 . 韩国传统民俗酒 . 南京：译林出版社，2008.

[5] 玛格丽特·维萨 . 饮食行为学 . 北京：电子工业出版社，2015.

[6] 钟茂桢 . 酒的轻百科 . 北京：化学工业出版社，2010.

[7] 快感海马刀 . 世界十大酒神的神秘故事 . http：//jiu. ifeng. com/a/ 20160918/44452829_ 0. shtml

[8] 百度文库 . http：//wenku. baidu. com/link？ url = _ D2kFcKf _ ZKWj9 -Zh3at6kQOaM1FkU5obGd7ieBzeuycpBPI12lwjJMTFvLrS8lHzciaLsw7RUWvO6ISpdWv62wewyZFJamrAQFMW32zP2O

[9] 骑士精神与葡萄酒文化 . 酒商联盟网 . http：//www. jiushanglianmeng. com/news/shequjiaodian/10665. html

[10] 要红酒网 . http：//www. yhj9. com/article-2171. html

[11] 360doc 个人图书馆 . http：//www. 360doc. com/content/16/0822/14/9165926 _585079808. shtml

第二章

中国酒文化变迁

【学习目标】

了解中国酒的起源与发展历史，掌握酒的多种称谓以及饮酒过程中的酒礼酒俗，并能运用到酒事当中。

第一节　中国酒生产工艺变迁

现代生物学和化学认为，酒的酿造原理并不复杂，本质上是含淀粉或糖类物经微生物发酵的过程。然而从历史来看，人类酿酒技术的成熟，经历数千年以上的漫长发展进程。

一、 中国酒的起源

（一）古酒的发现与酿造术

考古学发现证实，酒的出现比农业文明以及文字创制要早得多。最初的酒，古人往往称为“猿酒”。远古时期林果盈野，猿猴以采野果为生，在果实成熟季节，猿猴将吃剩的果实随便扔在岩洞中，这些果实腐烂时糖分自然发酵。变成液浆，形成天然的果子酒。因而在现代人先祖——智人出现之前的类人猿阶段，即距今约 60 万年前自然界就已经存在了酒，一般称其为“天然酒”（或“自然酒”）。

猿酒和天然酒虽关联紧密，但并不完全相同。天然酒本身是动物偶然发现所得，猿酒则可能是猿类有意识的自发行为。我国近世古籍中对此多有记载，如明代李日华笔记《蓬拢夜话》所载：“黄山多猿猴，春夏采集花果于石洼中，酝酿成酒，香气溢发，闻数百步”，其《紫桃轩又缀》也有相同记述。而清人所辑《粤东笔记》写道：“琼州（海南岛）多猿……常于石岩深处得猿酒，盖猿以稻米杂百花所造”，并且“味最辣，然极难得”。此外，《清稗类钞·粤西偶记》中说：“粤西于乐府中多猿，善采百花酝酒，樵子入山，得其巢穴者，其酒多至数石，饮之香美异常，名曰猿酒”。因此，“猿猴造酒”的说法虽然听起来荒诞，其实却有着一定的事实根据。

在动物界，猿猴是一种居于深山野林的动物，颇为机敏，它在山石林木间跳跃攀爬，出没无常，很难被逮到。但是，经过深入观察，人们早就发现并掌握了猿猴“好酒”的致命弱点。唐人李肇所撰《国史补》就记载有说：“猩猩者好酒与屐，人有取之者，置二物以诱之。猩猩始见，必大骂曰：‘诱我也!’乃绝走远去，久而复来，稍稍相劝，俄顷俱醉，其足皆绊于屐，因遂获之。”人类和猿猴有着共同的祖先，好酒的本能和酒的起源必然难以分割。

需要说明的是，天然酒同样包括果酒、乳酒和谷物酒等多种类型。果实腐烂时糖分自然发酵，变成酒浆可以形成天然的果子酒。当原始人类对动物驯化以后，蓄养的母兽产仔形成兽奶，含糖分的奶如果剩余，和野果相似也可能受到自然界中微生物的作用发酵成酒，这就是天然乳酒。同时，随着人类对稻谷、小麦和玉米等植物的驯化，原始农业活动开始出现，这些谷物被加工食用，偶尔的剩余也就会形成天然谷物酒。

酒起源的传说和考察，很早就成为酒文化的重要内容。这是因为酒作为“天之美禄”，既可合欢，又能浇愁，味美意浓，难以比拟。如此美好的东西，是谁发现并掌握了酿造它的方法？战国至汉代的人们在宴饮之后，不免发出这一疑问，但探究的结果，却莫衷一是。除了现代研究倾向于支持“自然造酒是酒的起源”之外，我国广泛流传的是仪狄、杜康等英雄人物造酒说。

图 2-1　双沟醉猿复原图（刘工绘）

1977 年初夏，中国科学院古脊椎动物与古人类研究所的李传夔教授，在苏北泗洪双沟镇附近的松林庄考古现场发掘出了至今亚洲发现时代最早的长臂猿化石，距今已有 1800 万年的历史。因化石归属于长臂猿科醉猿属且在双沟发现，这些古猿化石居然都浸透着酒的印记，故命名为“双沟醉猿”。考证发现：当年古猿采集野果而食，将采来的野果堆积在洞口，野果被雨水浸泡自然发酵成为最初的酒——果酒。古猿们被酒香吸引，禁不住一同掬饮，直至不胜酒力而四散醉卧。这一发现，不仅为古生物（人类起源与发展）研究提供了有力证据，也使得双沟地区流传的“猿猴造酒”传说得到了佐证，进而证明了双沟地区是拥有绝佳酿酒天然环境和自然酒起源的地方，该事件成为当时轰动国内外考古界的重大新闻。双沟除了因盛产秫豆稻麦等酿酒原料外，还有着得天独厚且不可复制的地理环境和适宜气候，这里是中国最具酿酒天然环境和自然酒起源的地方。

（二） 农牧业、 曲蘖发酵和多元酒系

当原始人类开始模拟自然造酒过程时，酿酒作为文明的一部分，和社会文化便形影不离。人类学研究表明，世界上许多地区的土著民族，都曾经采用过多种类型的方法酿酒，然而在经过选择之后，不同地区形成了差异较大的酿酒文化，比如有的民族用口咀嚼泡过的米粒，让酸性的唾液使淀粉糖化发酵而成酒。

中国的先民很早就发明了糖化和酒化同时进行的复式酿法，酒曲的使用就是证明。起初，那些在自然状态下发芽变质的谷粒，形成天然酒曲。此后人工酒曲被发明，有研究者认为其可能是与谷物酿酒同时出现的。这虽然有点夸大了，不过酒曲在中国的商代已广泛用于酿酒，这是没有疑问的，商代文献《尚书》中已明确地提到了它。在河北藁城台西村商代遗址出土的酒器内，有一些灰白色的沉淀物，经鉴定是人工培植的酵母。不妨作些推测，酒曲的发明可能是在商代以前就完成了。

酒曲酿酒是古代中国重大的发明之一，商代的甲骨文中关于酒的字虽然有很多，但从中很难找到完整的酿酒过程的记载。对于周朝的酿酒技术，也仅能根据只言片语加以推测。在长沙马王堆西汉墓中出土的帛书《养生方》和《杂疗方》中可看到我国迄今为止发现的最早的酿酒工艺记载。其中有一例“醪利中”的制法共包括了十道工序。这是我国最早的较为完整的酿酒工艺文字记载，反映的都是先秦时期的情况，具有很高的研究价值。

酒曲的发现很可能是中国古代烹饪活动的副产品。晋代文人江统不大相信仪狄与杜康发明了酿酒技术的说法，他在《酒诰》中就说酒的出现完全是自然造化之功，人们在存放的剩饭中尝到了郁积的芬芳之味，并由此受到启发造出了美酒。他进而认为酒最早酿成于农业刚刚发明的神农时代，这与西汉《淮南子》中“清盎之美，始于耒耜”之说如出一辙。将酒的初酿与谷物的栽培相提并论，也许是符合事实的，符合远古中国的实情。

先秦时期的酿酒有如下特点：采用了两种酒曲，酒曲先浸泡，取曲汁用于酿酒。发酵后期，在酒醪中分三次加入好酒，这就是古代所说的“三重醇酒”，即“酎酒”的特有工艺技术。

麯，《康熙字典》谓其异体字有“曲”“麴”，部首是“麦”，可见与粮食有关，指明酒曲是粮食制作的。《辞源》把麯解释为酒母，酿酒或制酱的发酵物。酒曲的发展，经过不断地技术改良，由散曲发展到饼曲，终于形成了大曲和小曲。大曲中主要微生物是曲霉，适宜于北方天气寒冷的各省。制造大曲的原料为大麦、豌豆或者小麦，例如前者为汾酒、西凤酒大曲，后者为茅台、泸州酒曲等。因制曲原料为麦类，常称为麦曲，其形状似砖，又称砖曲，其曲块大和用曲量多，通称大曲，用于酿造我国的传统工艺名优白酒。小曲酒主要微生物是根霉和毛霉，在南方亚热带的温暖气候，有利于生产小曲

及小曲酒。制造小曲的原料为大米或稻糠，有的加入中草药，如邛崃米曲、董酒米曲；有的不用中草药，如厦门白曲、稗木镇糠曲等。

用酒曲酿酒的技术，最早产生于中国。法国人利用酒曲生产酒精，已是公元19世纪末的事了。公元1882年，法国微生物学家卡尔麦提（Calmette）在中国小曲中发现一种糖化力强的根霉，利用此种霉菌生产酒精，定名为阿明诺法或淀粉法（Amolproetzz），1885年正式投产。此前欧洲等地造酒，则是利用麦芽淀粉糖化的方法。中国人用酒曲造酒比欧洲人早3000多年，这当然与中国悠久的农业文明史有关。1956年，我国现代工业微生物学开拓者和应用现代微生物学的理论和方法研究传统发酵产品的先驱者之一的方心芳先生，开始将小曲分离出的根霉进行分类及重要的生理特性的研究，确定了根霉是小曲的主要糖化菌。白酒所应用的酒曲，大概可分为小曲、大曲和麸曲三类。小曲到南北朝时，已相当普遍，到了宋代时又有重要的改进，其根霉小曲成了世界最好的酿酒菌种之一。这种根霉小曲传播很广，如朝鲜、越南、老挝、柬埔寨、泰国、尼泊尔、不丹、马来西亚、新加坡、印度尼西亚、菲律宾和日本（在绳纹末期从中国传入了稻作技术和造酒技术）都有根霉小曲酿酒，产品受到国外人民的青睐。

作为多民族国家，中国的粮食酿酒也有着多元传统。稻谷是长江下游的古代民族最早种植，小麦是天山南麓的古代民族最先种植的；大麦是青藏高原的古代民族培育出来的；而高粱最早种植于中国西南的少数民族地区，宋代以后开始在中原地区种植；还有，青稞是青藏高原的古代民族培育出来的。

葡萄酒的酿制法传说来自西域高昌国，于唐太宗时由西域传入长安。此外，奶酒（又称乳酒）是中国北方蒙古、哈萨克等牧业（过去主要是游牧）民族的传统饮料，以马、牛、羊的乳汁发酵加工而成。自然发酵而成的奶酒度数不高，不易醉；以蒸馏法制成的奶酒浓度高，酒劲大。据实践和科学研究证明，马奶酒确有丰富的营养成分，不仅能促进人体的新陈代谢，帮助消化，而且对胃病、气管炎、神经衰弱和肺结核等疾病有明显疗效。在元代，马奶酒就已成为宫廷国宴的饮料，至今，蒙古族男女老幼皆喜饮马奶酒。

二、中国酒的发展

烧酒原本是阿拉伯人创造的，元代经西域民族地区传入中原，成为中国人传统的主要的烈性饮料。

（一）炼丹术、蒸馏器和蒸馏酒

1. 炼丹术与蒸馏技术

炼丹术在中国先于道教的成立。其兴起于秦汉之际，主要是炼制丹药的“外丹”，并在唐代达到鼎盛。随后盛极而衰，与医学养生学说有关的“内丹”代之成为炼丹术的主流。道教兴起之后，把炼丹术作为自己修行修炼的功法广为研究，从而丰富发展了炼丹术的内容。我国科技史研究者发现，中国蒸馏技术很可能来源于炼丹术。

东汉时期能够产生炼丹蒸馏器以及后来产生蒸馏酒，其中一个重要条件就是道家的炼丹术为蒸馏酒提供了蒸馏技术。汉代葛洪在《抱朴子》一书中记载战国炼丹术时，就记述了很多蒸馏术。西汉时封建统治者为了取得想象中的“长生不老丹”而提倡炼丹，使当时的采掘汞砂、炼制丹砂即硫化汞的冶金术十分盛行，尤其是烧丹炼汞，即升炼水银，成为最重要的研究工作。而升炼水银，就必须掌握升华技术或蒸馏技术。当炼制丹药的蒸馏技术发展到一定阶段，就很容易地被转化到蒸馏酒的生产实践中。宋代杨万里《诚斋集》中《新酒歌》描述新酒颜色清澈，酒性浓烈。歌中“新酒”可能就是蒸馏酒。杨万里又说这种“新酒”的制法“来自太虚中”，喝了就像服丹一样获得“换君仙骨”的效果。“太虚”“仙骨”之类，均是道家炼丹术语，这说明杨万里“新酒”的酿法，正是从所谓“太虚中”即道家炼丹术里传过来的。

2. 蒸馏器与蒸馏酒

我国的蒸馏器具有鲜明的民族特征。其主要结构可分为四大部分：釜体部分，用于加热，产生蒸汽；甑体部分，用于酒醅的装载。在早期的蒸馏器中，可能釜体和甑体是连在一起的，这较适合于液态蒸馏。而结构的另外两个部分，冷凝部分，在古代称为天锅，用来盛冷水，酒汽则在盛水锅的另一侧被冷凝；酒液收集部分，位于天锅的底部，根据天锅的形状不同，酒液的收集位置也有所不同。如果天锅是凹形，则酒液汇集器在天锅的正中部位之下方；如果天锅是凸形（穹状顶），则酒液汇集器在甑体的环形边缘的内侧。例如，上海博物馆收藏的东汉青铜蒸馏器，通高 53.9cm，分为甑体和釜体两部分。甑体有储料室和凝露室，还有一导流管。用此蒸馏器作蒸馏实验，蒸出了酒精体积分数为 20.4%~26.6%的蒸馏酒。这一器形结构一直延续至今。与外国的蒸馏器有较明显的区别。

宋代的蒸馏器有两种不同的器形。宋代《丹房须知》的蒸馏器“抽汞器”，下部是加热用的炉，上面有一盛药物的密闭容器，在下部加热炉的作用下，上面密闭容器内的物质挥发成蒸汽。在此容器上有一旁通管，可使内部的水银蒸汽流入旁边的冷凝罐中。南宋周去非在公元 1178 年写成的《岭外代答》中记载了一种广西人升炼“银朱”（灵砂）的用具。这种蒸馏器的基本结构与《丹房须知》所记大致是相同的，所不同的是后者在顶部安一管子。南宋张世南的《游宦纪闻》卷五记载的蒸馏器，用于蒸馏花露，可推测花露在器内就冷凝成液态了。说明在甑内还有冷凝液收集装置，冷却装置可能包括在这套装置中。

1975 年在河北承德地区青龙县发掘出金代铜制蒸馏器。无独有偶，元代朱德润在《轧赖（自注：盖译语，谓重酿酒）机酒赋》中描述一种蒸馏器：“温凉之殊甑，一器而两圈，铛外环而中洼，中实以酒，仍械合之无余。少焉火炽，既盛鼎沸为汤包，混沌于郁蒸，鼓元气于中央，薰陶渐渍，凝结为炀，滃渤若云蒸而雨滴，霏防如雾融而露瀼中防，既竭于连熫顶溜，咸濡于四旁，乃泻之以金盘，盛之以瑶樽。”所描述的器内液体经加热后，蒸汽垂直上升，被上部盛冷水的容器内壁所冷却，正好与上述金代的蒸馏烧锅结构相同。明清以来的蒸馏器的结构如何，大概可从民国时期的资料得到一些启示。基本结构与宋金元时代的并没有很大的变化，主要是蒸馏器的容积增大了，适用于固态蒸馏的蒸馏器发展得更加完善。

蒸馏器的发明是蒸馏酒起源的条件，但也可能用来蒸馏其他物质，如香料、水银等。研究白酒的起源，必先以蒸馏器为佐证。当代著名学者方心芳认为宋朝已有蒸馏器，而在西方，公元 10 或 11 世纪发现蒸馏法以后，就可能由发酵的饮料中得到较早的乙醇（酒精）。

由于对蒸馏技术起源和运用的时间存在着较大分歧，我国白酒的起源有着多个说法，分别是蒸馏酒起源于东汉，起源于唐代，起源于宋代以及起源于元代等。下面结合文献介绍唐代和元代两种观点。首先，有学者认为白酒在唐代称为“烧酒”，如唐代白居易有诗云，“荔枝新熟鸡冠色，烧酒初开琥珀香”；而晚唐雍陶亦有诗云，“自到成都烧酒熟，不思身更入长安”，可见当时的四川已生产烧酒。古诗中又常出现白酒，例如唐代李白的“白酒新熟山中归”；同时代的白居易提到“黄鸡与白酒”，而唐代的白酒就是烧酒，亦名烧春。其次，元代说主要依据明代医学家李时珍在《本草纲目》所说，“烧酒非古法也，自元时始创”。另外元代《饮膳正要》有阿剌吉酒，“盖此酒本非古法，元末暹罗及荷兰等处人始传其法于中土”。他们认为蒸出来的酒，元人称之为“阿剌吉酒”，词源是阿拉伯语“Araq”，有“出汗、烧酒”的意思。烧酒，是元代民间对中国蒸馏酒的主称谓，在郑光祖元杂剧散曲《立成汤伊尹耕莘》第三折便是如此称呼：“我做元帅世罕有，六韬三略不离口。近来口生都忘了，则记烧酒与黄酒。”元朝人不仅用蒸馏法来酿造谷物酒，还包括葡萄酒和其他各类酒。

从元代开始，蒸馏酒在文献中已有明确的记载。经过数百年的发展，我国蒸馏酒形成了数个流派，如清蒸清烧二遍清的清香型酒（以汾酒为代表），有混蒸混烧续糟法老窖发酵的浓香型酒（以泸州老窖为代表），有酿造周期多达一年，数次发酵，数次蒸馏而得到的酱香型酒（以茅台酒为代表），有大小曲并用，采用独特的串香工艺酿造得到的董酒，有先培菌糖化后发酵，液态蒸馏的三花酒，还有富有广东特色的玉冰烧，有黄酒糟再次发酵蒸馏得到的糟烧酒。此外还有葡萄烧酒，马乳酒烧酒。这些香型独特的蒸馏酒是如何形成发展，从目前所掌握的古代资料来看，还很难得到全面而准确的答案。另一方面，从史料角度考察，古代蒸馏酒分为南北两大类型，如明代蒸馏酒起码分为两大流派，一类为北方烧酒，一类为南方烧酒。如《金瓶梅词话》中的烧酒种类除了有“烧酒”（未注明产地）外，还有“南烧酒”这一名称。但实际情况是在北方除了粮食原料酿造的蒸馏酒外，还有西北的葡萄烧酒，内蒙的马乳烧酒；在南方还可分为西南（以四川、贵州为中心）及中南和东南（包括广西、广东）两种类型。这样的分类仅仅是粗略的，并无统一的划分标准。

由于烧酒的主要特点是酒精浓度高，许多芳香成分在酒中的浓度是随着酒精度而提高的，酒的香气成分及其浓淡成了判断烧酒质量的标准之一。我国风格多样的烧酒就主要是酿造原料的不同而自然形成的。从历史来看，中国酒的酿造过程，就是酒精度越来越高的过程，到了清朝，烧酒一直追求高酒精度，随着酒精度增高，人们的饮酒量普遍降低。

【趣味链接：酒与神仙】

早在道教形成之前，中国远古酒文化就已经非常发达了，以致有商纣王耽于酒色而丧国之说。我国远古神祀宗教深深浸染了浓厚的酒文化特色。远古神祀宗教不但不禁酒，而且把酒作为祭奠神祇的重要供品，甚至还设有专门掌管宗教活动中敬酒事项的官职，称为“酒人”。据《周礼·天官·酒人》记载：“酒人掌为五齐三酒，祭祀则共(供）奉之。”现在出土的殷代古墓随葬品中多有酒具即可为证。早期道教受这种文化氛围的影响，并不一概忌酒，至于是否仍然以酒作为祭品，还有待考证。不过道教沿用了“祭酒”的称号，用来称呼高级神职。张道陵在蜀中创立五斗米道，设二十四治，治首即称“祭酒”。祭酒原为飨宴时酹酒祭神的长者，乃德高望重者才能担任，五斗米道沿用此名，说明早期道士所行宗教职能与原来的祭酒有相通之处。后来，祭酒只是对道士神阶的称谓之一。

道教历代仙真、历史人物中也多有与酒有不解之缘者。至今仍广为流传的八仙故事最初即与酒有关。八仙之名从晋代即有，人们对可集在一起的八位名流都可称为八仙。在唐代，人们盛称的八仙，在名义上乃因共好酒而成挚友的八位士大夫，是指李白、贺知章、李适之、汝阳王进、崔宗之、苏晋、张旭、焦遂。《新唐书·李白传》把他们叫做“酒八仙人”。他们的酒友诗谊已成为千古佳话，杜甫《饮中八仙歌》更是脍炙人口：“李白一斗诗百篇，长安市上酒家眠。天子呼来不上船，自称臣是酒中仙。”至于今天最流行的八仙说法，是信道之士在此基础上历代不断编撰，直到明朝才确定下来的。明代吴元泰《八仙出处东游记》所说的八仙是李铁拐、钟离权、张果老、何仙姑、蓝采和、吕洞宾、韩湘子、曹国舅，即是现在人们所谓的八仙。在道教仙真中甚至有仙真因酒而得度者，传说被全真道教奉为祖师的吕洞宾在唐末、五代之际，少习举业，两举进士不第。后游长安，在酒肆中遇钟离权祖师，经过“十试”，得受长生久视之术而成仙。相似的是，金代道士王重阳作为道教全真道创始人，出生在陕西威阳大魏村富户，早年习文入府学，后改而习武，于金初曾应试武举，考中甲科，虽慨然有经略天下之志，然长期任征酒小吏。四十八岁时，自称于甘河镇酒肆中遇异人，饮以神水，授以真诀，自此假装疯癫，自号“王害风”，弃家入终南山南时村穴居修炼，号所居处为“活死人墓”，开始立宗创教。清代光绪年间著名道士李涵虚是丹道西派创始人。史载他自小颖悟，年青时善琴、嗜酒，陶醉于诗词文赋之中，堪称诗酒中人。如此等等，不胜枚举。需要注意的是，道教对普通教徒虽然并不严格戒酒，但是坚决反对酗酒。

（二）黄酒时代和烧酒崛起

元明时期，虽然烧酒已经发明，但是喝烧酒的人为数不多。当时饮酒时尚并非烧酒同黄酒的对立，而是南酒和北酒的对峙，这就是中国酒史上的“南酒北酒时代”。北酒地域广阔，以京、冀、鲁、豫为代表，酿造工艺非常传统，生产黄酒、烧酒和露酒都号称“尊尚古法”，消费量也高。而南酒以江浙为核心产区，一直厉行开发新产品，绍兴黄酒实际上就不那么崇尚古法，引进很多新技术。清中期之后，北酒的名声逐渐被南酒取代。两者地域风格的区别，成为那个时代酒世界的最显著特征。当时黄酒在整个发酵酒行业中占据支配地位，酿造工艺更趋成熟和完美，其中时间较长、颜色较深、耐贮存的发酵酒，被称为“老酒”，北酒中的不少“老酒”因为做工纯正，在南方也很受欢迎。

在北酒的体系中，河北诞生了许多经典的黄酒，其中沧酒、易酒都属于典型的北派黄酒，自明代就已负盛名，清初有“沧酒之著名，尚在绍酒之前”的说法。到了清朝中前期，沧酒的知名度仍盛，与绍酒平分秋色，分别为北酒与南酒之冠。清初名士朱彝尊评价说：“北酒，沧、易、潞酒皆为上品，而沧酒尤美。”清代中期烧酒开始流行之后，作为北酒代表的沧酒，还是在很长时间保持了名声，诗人的篇章里，常有以沧酒作为礼物互相馈赠的记录。易酒得益于易州水质好，被形容为“泉清味洌”，并在明末清初之际名声达到顶峰，在京城的坊间酒肆也十分流行。人们谈及北酒，时常将易酒、沧酒并列在首位。在出产汾酒的山西，黄酒也高度流行，太原、璐州和临汾的襄陵，都出产上好的黄酒，襄陵酒的酒曲中添加了药物，非常有个性，当时的知名度要超过汾酒，而当时流行的竹叶青属于露酒，按工艺来说，也并非现代用烧酒泡制那么简单。一直到了清代早期，烧酒还只是众多酒类中流行的一支，并没有压倒性的优势。北方黄酒大都分甜、苦两种，甜黄酒味甜腻且有焦煳味，并无酒意。苦黄酒味道近南酒。

南酒则没有这种甜苦对立的分别。从一开始，江南地区的黄酒制造就引进了新工艺，而且程序统一，有统一的酒谱条例问世，不像北方各地自行其是。南酒很快形成整体风格，逐步在北方推广，到了清中期，南酒终于打败了北酒，成为贵重礼物。南酒还有一个制胜原因，南酒运往北方，经历寒冷不会变味，而北酒运往南方，碰到酷暑则会变质。南酒中著名的花雕、太雕、女儿红的产地都属浙江绍兴府一带。绍兴酒自清初开始，质量大幅度提高，而且逐步进入全盛时代，那时候家家户户酿造绍酒，专家分析，主要是因为这里水土适合酿造黄酒，导致大型作坊很多，酿酒工艺形成了统一程序、统一规格，开始分为京庄和广庄，能够远销，前者是供应京师的上品，后者远销广东南洋。

当时烧酒在承接了元代工艺的基础上继续发展，越来越广泛地被接受并促进了人们饮酒方式的转变。汾酒当时已经很流行，当地人称为火酒，凡是出产酒少的地方，在购买外地烧酒的时候，都会选择汾酒，当时的甘肃巡抚就记载，市卖之酒，以汾酒为多。但是，烧酒并没有动摇黄酒的支配地位。明清时代的烧酒的饮用范围还只局限在平民阶层，上流社会的饮酒时尚是喝当地所生产的黄酒，在许多人看来，只有出身不正的人，才喜欢饮用那种酒精度高的烧酒饮料，以寻求刺激。而且，当时北方民间也并没有普遍流行烧酒，主要还是因为低度的民间自酿黄酒很甜，可以当作老少皆宜的日常饮料。

烧酒开始流行，却并不是由于口味影响，相反，经济起到了至关重要的作用，清初黄河治理，中下游“束水冲沙”，需要大量秸秆，导致了高粱种植面积增加。高粱作为食物口感差，但蒸馏出的酒的品质却比其他粮食更好，酒精度也更高。于是酿制烧酒便成了消化这些杂粮最有效的途径。在清朝乾隆初年严禁烧酒时，直督李卫就曾以此为理由上奏：“宣化府地方所产高粱，有味苦者，惟凶年乃以充饥，丰年宜听其烧酒。”北酒中的烧酒发展态势超过黄酒是在清代中叶以后，社会上的饮酒风俗也开始向烧酒全面倾斜，酒史专家王赛时认为，其中最主要原因在于：“清中期以后人们的生活水平不断下降，白酒的饮用经济价值更合算。”与烧酒的扩张相对的，是这一时期的黄酒衰退。清末南北各省农民起义不断，战乱四起。绍兴黄酒进京的运河线路与南下的陆路交通时常被战事阻断，加之黄酒自身不便于颠簸与长时间存放，使得销路严重受阻。烧酒因便于贮藏和远途贩运，所以酒业不发达的地区从外地买酒，便多会选择烧酒。清中叶之后，战乱常常令作物无收，这时候，黄酒的酿造原料黍米和糯米百姓食用尚且不足，是故黄酒产量随之骤减。高粱不宜食用，酿酒反而能够为百姓带来额外收入。烧酒经过数百年扩张，最终在清末达到了产量上的高峰。从黄酒到烧酒，人们传统的饮酒习惯也发生了改变，这一时期，烧酒的重镇主要集中于北方，北方烧酒又以山西最为兴盛，山西汾阳地区的高粱酿酒出现了烧坊数量和产量的高峰。

（三）近现代科学与酿酒工业化

1. 酿造科学与酒

酒精是酵母通过无氧呼吸发酵而来，对于现代人来说虽是中学时期的生物知识，但百年前，人们并不知道酵母的存在。公元 1516 年的德国啤酒纯净法中也没有提及酵母，它被人们误认为是大麦的一部分。1854 年 9 月，法国里尔工学院院长兼化学系主任巴斯德弄清了酿酒发酵的关键环节，从而改变人们对于啤酒发酵和酵母的各种认识。

此后，德国制冷工程师林德 1870 年开始研究制冷学，并于 1875 年创建德国第一座工程实验室。他设计出了世界上第一台利用连续压缩氨的原理进行工作的制冷机。制冷设备的发明，使德国原本就非常出名的低温下发酵啤酒可以在世界各地酿造。这也使工业化大规模生产啤酒成为可能。可以说，林德的这项发明是现代啤酒生产的基础之一。

与此同时，鸦片战争后的中国由独立自主的封建国家向半殖民地半封建国家逐步过渡，社会饮食结构随之发生巨大变革。西方饮食科学及其有关工业的建立，开始对我国社会产生深远影响。在西方现代酿造技术传入的同时，我国学者借助近现代科学知识，展开微生物学研究，进而推动传统发酵工业走向现代化。

2. 工业和标准化

白酒是我国世代相传的酒精饮料，1949 年新中国成立以来，从作坊式操作到工业化生产，从肩挑背扛到半机械作业，从口授心传、灵活掌握到有文字资料传授，白酒行业得到迅速发展。首先，从白酒质量看，1952 年全国第一届评酒会评选出全国八大名酒，其中白酒 4 种，称为“中国四大名酒”。随后连续举行至第五届全国评酒会，共评出国家级名酒 17 种，优质酒 55 种；1979 年全国第三届评酒会开始，将评比的酒样分为酱香、清香、浓香、米香和其他香五种，称为“全国白酒五大香型”，嗣后其他香发展为芝麻香、兼香、凤型、豉香和特型 5 种，共计称为“全国白酒十大香型”。所评数量也不断增长。其次，从白酒产量看，1949 年全国白酒产量仅为 10. 8 万吨，至 1996 年增长为 801. 3 万吨，是建国初期的 80 倍。2014 年中国白酒产量达 1257. 13 万吨。从白酒科技看，中央组织全国科技力量进行总结试点工作，如烟台酿酒操作法，四川糯高粱小曲法操作法、贵州茅台酿酒、泸州老窖、山西汾酒和新工艺白酒等总结试点，都取得了卓越的成果。再次，从白酒工艺看，它的生产可分小曲法、大曲法、麸曲法和液态法（新工艺白酒），以传统固态发酵生产名优白酒，新工艺法为普遍白酒，已占全国白酒总产量 70%。最后，从白酒发展看，全国酿酒行业的重点在于鼓励低度的黄酒和葡萄酒，控制白酒生产总量。

此外，改革开放后，我国的白兰地生产与国外有了频繁的接触和交流，通过引进国外设备、技术、产品标准和葡萄品种等，较好地实现了与国际接轨。特别是近年来，随着人们生活水平的提高，白兰地逐渐被人们所认识和接受，产品的需求量逐年升高，这促使我国的白兰地产品结构发生了重大变化，除生产配制酒型的白兰地外，按法国科涅克工艺酿造的中国 XO 级白兰地也开始投放市场，并被消费者所接受。

第二节　中国酒经营方式变迁

一、 生产与经营

（一）酿酒与酒名

1. 酿酒

我国古代的酒业生产，大体有以下类型：一是宫廷酿造，供给皇室及贵族使用的御酒；二是与官方关系密切的酒户作坊，其产品既为了满足官方需要，也同时投入市场，这些酒户与数量较多的一般酒商构成了酒业的酿造主体。最后是民间自酿和家酿酒，其包括富民大户和士大夫的家庭自饮酒，也包括普通民众尤其农家的自制酒，这类酒仅有少部分可能被出售，主要是为了满足节庆和家庭日常需求。

首先，宫廷酿造，皇室有自己的酿酒师和制酒作坊。成书于战国时期的《周礼》中规定，国家设酒府，以酒正为长官，酒人负责造酒，以进献给君王。汉武帝时宫廷有九丹金液、紫红华英、太清红云之浆等御酒。隋唐至明清，光禄寺下属设置良酝署，负责酿造事务。明代甚至设有宦官机构负责的御酒坊，产有荷花蕊、寒潭香、秋露白、竹叶青、金茎露、太禧白等名酒。

其次，社会经济的发展，也直接影响着酿酒业的兴衰。一方面，手工业和商业的发展，使得各个朝代的首都和中心城市等大都市空前兴旺起来，人们对酒的消费需求大增。另一方面，粮食生产丰足和酿酒业技术成熟，使得酒类品种增多及酒的质量不断提高，酒业的生产范围扩大。我国古代酿酒业，上至宫廷，下至村寨，酿酒作坊，星罗棋布。分布之广，数量之众，都是空前繁荣的。

最后，在古代的自制与家酿方面，因为酿制米酒、黄酒等技术并不甚复杂，加之自酿省钱方便，故家中酿酒有一定的普遍性，有些甚至还流传有家酿古方。家酿，又称家酝，在古典文献中时常出现，如成书于南朝宋的《世说新语》中就有家酿的记载。一些名人的家酿，由于质量上乘，酒美酒香，还成为一时传誉的佳品。又如北魏《齐民要术》记录的白醪酿法及白醪曲的制法，就注明是皇甫吏部家法。据考证，皇甫吏部可能指后魏的吏部郎皇甫光；而宋代《酒名记》中，更收录百多种王公望族、达官贵人的家酿酒名，可见家酿在宋代之流行。清代袁枚的《随园食单》中记有于文襄公家所造的“金坛于酒”有甜涩二种，以涩者为佳，一清彻骨，色如松花，其味略似绍兴，而清冽过之；又记卢雅雨转运使家的“德州卢酒”色如于酒而味略厚。可以说，源远流长的自制家酿传统是我国古代酿酒的重要组成部分。

2. 酒名

中国酒的名称历来是以产地、原料、水源、配方、香型及名人典故确定的。上下数千年，历经演变，形成了一个洋洋大观的酒名王国。从酒产生至今，我们的祖先不断改进酿造技术，生产出了无数的名酒佳酿，有众多琼浆玉液一直流传至今。有些虽已失传，但酒名犹存。中国传统酒名丰富多彩，不胜枚举。有的端庄，有的凝重，有的富丽堂皇，有的纯朴素雅，反映了古人生活的方方面面，蕴含着丰富的文化。

首先，名酒以产地命名的居多，我国幅员辽阔，各地区多有佳酿，以地命名，古已有之。如茅台酒产于贵州仁怀县茅台镇而得名；汾酒产于山西汾阳县，因取“汾”字而得名；西凤酒产自陕西凤翔，昔日曾有“西府凤翔”之称，故取名“西凤”；七宝酒产于上海市七宝古镇，故取名“七宝大曲”等。

其次，以人名而命名的，也颇为常见。中国酒名自古以来就讲究名人效应，最初以善酿者的名字命名，后来发展到历朝历代的帝王将相、才子佳人、文人墨客，这是名人文化与酒文化结合的特殊文化现象。这种以人名为酒名的命名，起源于曹操所吟的“何以解忧，唯有杜康”的千古绝句。于是，如“杜康酒”“文君酒”“刘伶醉”“太白酒”“关公酒”“包公酒”等一个个应运而生，为中国的酿酒业平添了浓郁的人文色彩。

其三，以酿造过程命名。一方面，我国早在三千多年前就用曲作为发酵剂酿酒，又将“曲”分为“大曲”和“小曲”，根据“曲”的类别加上产地便成为酒的命名办法。同时，对酒的质量有着决定性影响的发酵窖也被利用，如“泸州老窖”酒就因用已有数百年历史的老窖发酵而得名。另一方面，有以工艺特点命名的酒，如北京的“二锅头”，这是因为旧时酿造酒用装冷水的大锅作为冷却设备，以换第二锅冷水时流出的酒液味道最为纯正，故称“二锅头”。此外，根据酒质特点命名的酒也为数不少，如江西的“四特酒”具有颜色清亮透明、香气芬芳扑鼻、味道柔和甘醇、饮后提神清爽等四大特点；“桂林三花酒”则是因为两广民间用摇动酒液的方法，看起花多少及起花时间的长短来鉴定酒的质量，而最好的酒可连起“三花”，“三花酒”从此得名。

中国名酒以“春”命名的也很多，高雅别致，是一种有趣的酒文化现象。这是因为自古以来凡秋冬之季酿酒，到来年春季酿成的，称之为春酒。相传饮用此酒可延年益寿。以“春”名酒在唐宋时期特别突出，见于诗词文学中的就有“金陵春”“洞庭春”“曲来春”“木兰春”“中山春”等酒名。当代名酒剑南春的前身就是唐代古酿“剑南之烧春”。

至于以诗取名的酒如湖北的“白云边”酒，则取李白“且就洞庭赊月色，将船买酒白云边”的诗句，说明我国的酒与诗有着不解之缘。

随着社会文化的发展，酒名也越来越多元化，取名方式也多种多样，除上述命名方式之外，还有根据年份、动植物、情感、处世哲学等命名，体现了当代消费文化的多元化。

（二）酒业经营

上古时，酒最初是用来祭祖、敬神的。随着农业的发展，粮食产量增加，酒的酿造和消费量的扩大，至少在商代，已作为商品出现在市上。妇孺皆知的那位在渭水边钓鱼的姜太公吕尚，商末即曾在别都朝歌（今河南淇县）市上卖酒。《诗经·小雅·伐木》中有“无酒酤我”的诗句。《诗经》大抵是周初至春秋时的作品，而《伐木》是宴请朋友的乐歌。诗中说到大家在一起欢聚，没有酒可以到市上去买（酤，就是买酒或卖酒）。《论语·乡党》中说，孔子不吃从市上买来的酒；《墨子》《韩非子》中都讲到过“酤酒”，可见当时买酒、卖酒是很普通的。

酒店又有酒肆、酒楼、酒馆、酒家等称谓，在古代，泛指酒食店。中国酒店的历史由来已久，饮食业的兴起，可以说是相伴着商业而产生的。汉代饮食市场上“熟食遍列，殽旅重叠，燔炙满案”，甚至有司马相如和卓文君私奔，卖掉车马到四川临邛开“酒舍”，从而衍生出一段爱情佳话。同时，一些西北少数民族和西域的商人，也到中原经营饮食业，将“胡食”传入内地。秦汉时辛延年《羽林郎》诗反映了这一情况：“昔有霍家奴，姓冯名子都。倚仗将军势，调笑酒家胡。胡姬年十五，春日独当垆。”胡酒店不仅卖酒，百且兼营下酒菜肴。

唐宋时期，酒店十分繁荣。就经营项目而言，有各种类型的酒店。如南宋杭州，有专卖酒的直卖店，还有茶酒店、包子酒店、宅子酒店（门外装饰如官仕住宅）、散酒店（普通酒店）、庵酒店（有娼妓）。就经营风味而言，宋代开封、杭州均有北食店、南食店、川饭店，还有山东河北风味的“罗酒店”。就酒店档次而言，有“正店”和小酒店之分。“正店”是比较高级的酒店，多以“楼”为名，服务对象是达官贵人、文士名流。

宋代酒肆格外讲究，反映了城市经济和市民文化生活的发达。宋代孟元老《东京梦华录》中，记北宋汴京的“酒楼”说：京师酒店，门首皆缚彩楼欢门。“九桥门街市酒店，彩楼相对，绣旆相招，掩翳天日。”大的酒楼，进门后有百余步长的主廊，南北天井两廊皆小阁子。到了晚上，酒楼里灯烛荧煌，上下相照。从记载看，当时酒店里是十分热闹的。当时汴京的风俗尚奢侈，只两人对坐饮酒，也要用酒壶一副，盘盏两副，果菜碟各五片，水菜碗三五只，花费“银近百两”。有时一人独饮，也要用银盏之类。如此消费，一般的小民百姓是不敢问津的。

南宋建都临安（今杭州），酒肆亦如汴京。《梦粱录》记载，如“中瓦子前武林园……,店门首彩画欢门，设红绿杈子，绯绿帘幕，贴金红纱栀子灯，装饰厅院廊庑，花木森茂，酒座潇洒。但此店入其门，一直主廊，约一二十步，分南北两廊，皆济楚阁儿，稳便座席，向晚灯烛荧煌，上下相照。……”当时著名的酒楼极多，如熙春楼、花月楼、嘉庆楼、聚景楼等。据耐得翁《都城纪胜》载，临安的酒店种类很多，有“兼卖食次下酒的”“茶饭店”，“卖鹅鸭包子、四色兜子”等的“包子酒店”，“外门面装饰如仕宦宅舍”的“宅子酒店”，多在城外的“花园酒店”，“不卖食次”的“直酒店”，零卖酒的“散酒店”等，适应了各自不同的对象。还有一点值得注意的是“向绍兴年间，卖梅花酒之肆以鼓乐吹《梅花引》曲破卖之”（见《梦粱录》卷十六《茶肆》），也就是利用音乐招揽生意，吸引饮酒之人上门。

两宋推行酒的专卖政策，官方设有酒场，酿造商品酒，除搞批发外，有的地方官府还设立酒楼卖酒。朝廷从酒的专卖中取得大量收入。一些达官贵人，也经营酒店牟利。

明清时期酒店业进一步发展。早在明初，太祖朱元璋承元末战争破坏的经济凋敝之后，令在首都应天（今南京）城内建造十座大酒楼，以便商旅、娱官宦、饰太平。有学者认为，后来官营大酒楼的撤销，除了管理弊窦、滋生腐败等内部原因之外，外部因素则是受兴旺发达起来的各种私营酒店企业的竞争压力所迫，“今千乘之国，以及十室之邑，无处不有酒肆”了。除了地处繁华都市的规模较大的酒楼、酒店之外，更多的则是些小店，但这些远离城镇偏处一隅的小店却有贴近自然、淳朴轻松的一种雅逸之趣，往往更能引得文化人的钟情和雅兴。明清文献，尤其是文人墨客的笔记文录中多有此类小店引人入胜的描写。

清代酒肆的发展，超过以往任何时代，赵骏烈《燕城灯市竹枝词·北京风俗杂咏》“九衢处处酒帘飘，涞雪凝香贯九霄。万国衣冠咸列坐，不方晨夕恋黄娇。”即写到乾隆时期京师内外城衢酒肆相属，鳞次栉比，星罗棋布，有多国来客。各类酒店中落座买饮的，不仅是五行八作、三教九流的中下社会中人，而且有“微行显达”等各类上层社会中人；不仅有无数黑头发人种，而且有来自世界各国的异邦食客。此外，一些酒店时兴将娱乐活动与饮食买卖结合起来，有的地区还兴起了船宴、旅游酒店以及中西合璧的酒店，酒店业空前繁荣。中国酒店演变的历史，总的趋势是越来越豪华，越来越多样化。

二、 酒的观念史

中国古代哲学家认为，世间万物的有和无，生和死，一切的变化，各有其“道”。人的各种心理、情绪、意念、主张、行为也都有“道”。“道法自然”，饮酒自然也应该顺应自然，应该有酒道。

中国古代酒道要求契合“中和”的宗旨。何谓“中”，“未发，谓之中”，人的喜欢、愤怒、悲哀、快乐等各种情感会影响到对事物的观点，这种状态就叫做“中”；在酒道中就是可以饮酒，但是饮酒无嗜饮，不能影响到自己的判断力，也就是庄子的“无累”，意思是不能被酒所牵累，无所贪酒。“发而皆中节”，情感的发作，不影响正常的思维，就是说有酒，可饮，亦能饮，但饮而不过，饮而不贪，饮似若未饮，绝不及乱，故谓之“和”。因此，合乎“礼”，就是酒道的基本原则。但“礼”并不是超越时空永恒不变的，随着历史的发展，时代的变迁，礼的规范也在不断变化中。在“礼”的淡化与转化中，“道”却没有淡化，相反地更趋实际和科学化。

文明早期“饮惟祀”，祀，祭祀，指只能是在祭祀的时候给天地鬼神敬酒，这种对神的诚敬，进一步转化为对人世间的尊者、长者的敬爱，对客人之尊敬。用美酒表达喜悦并请客人先饮酒是一种礼仪。贵族和大人政治时代，讲尊卑、长幼、亲疏的礼分，宴享时座位的排列，饮酒的顺序，都有先尊长后卑幼的规定。由酒礼而日常，中华民族尊上敬老的文化与心理传统扩展开来，其中体现出对尊长的礼让。既然是“敬”，便不可“强酒”，各随所愿，尽各人之酒量，这样酒事活动便充分体现“尽其欢”的“欢”字。无论是聚饮的示敬、贺庆、联谊，还是独酌，都循从一个不“被酒”的原则，即饮而不醉，不过量，不贪杯，不耽于酒，这才符合“中和”之道。源于古“礼”的传统酒道，凝聚在“敬”“欢”“宜”三个字上。

宗教对酒观念的影响极大，应当引起注意，因为其中既有入世之情怀，也有出世之追求。成书于东汉中晚期的道教经典《太平经》对酒就有多方面的专门论述，指出酿酒加剧了人与粮食之间的紧张关系，“盖无故发民令作酒，损废五谷”；又指出酒损害身体健康，“凡人一饮酒令醉，狂脉便作”“伤损阳精”等。总之，从入世的角度酒的害处是很多的，难以尽述，“推酒之害万端，不可胜记。”《太平经》为此还规定了对酗酒者的惩罚办法是鞭笞和贬黜降格。网开一面，《太平经》对接待远行的“千里之客”或家有老人、病人“药、酒可通”者，或“祠祀神灵”者，也认为饮酒是合情合理的。

第三节　中国酒管理制度变迁

远古时代，由于粮食生产并不稳定，酒的生产和消费一般来说是一种自发的行为，主要受粮食产量的影响。同时要明确的是，在奴隶社会，有资格酿酒和饮酒的都是有身份、有地位的上层人物。酒在一定的历史时期内并不是商品，而只是一般的物品。人们还未认识到酒的经济价值。这种情况一直延续到汉朝前期。从夏禹“绝旨酒”及周公发布《酒诰》，酒的管理制度和措施的内容越来越丰富，形式越来越多样化。酒政的具体实施形式和程度随各朝而有所不同，但基本上是在禁酒、榷酒和税酒之间变来变去。此外还有一些特殊的形式。实行不同的酒政，往往涉及到酒利在不同社会集团之间的分配问题，有时，经济斗争和政治斗争交织在一起。另外，由于政权更迭，酒政的连续性时有中断，尤其是酒政作为整个经济政策的一部分，其实施的内容和方式往往与国家整个经济政策有很大的关系。

一、酒的社会经济属性

酒的制度即酒政，是国家对酒的生产、流通、销售和使用制定实施的制度政策的总和。这样，在众多的生活用品中，酒成为一种非常特殊的物品。

首先，中国主要的酿酒原料是粮食，它是关系到国计民生的重要资源。由于酿酒行业获利甚丰，在历史上常常发生酿酒大户过度采购粮食用于酿酒的经济问题。当酿酒原料与粮食安全发生冲突时，国家必须实施强有力的行政手段加以干预。

其次，酿酒及饮酒是非常普遍的社会日常活动。一方面，酒的生产非常普及，酿酒作坊可以大规模生产，家庭也可以自产自用。由于生产方法相对简便，生产周期比较短，只要粮食富裕，随时都可以进行酿酒。另一方面，酒的直接生产环节与社会上许多行业有千丝万缕的联系；酒的消费面也非常广，如酿酒业与饮食业的结合，在社会生活中所占的比重很大。国家对酒业的管理是一个要求较高的复杂系统工程。

再次，国家对酒实行榷酒，是对国民财富的一种社会再分配。通常，酒作为一种高附加值的商品，使得酿酒业往往获利甚厚，但在古代社会，能够开办酒坊酿酒的人户往往是富商巨贾，酿酒业的开办，促使财富过分集中在这些人手中，对国家来说并不是有利的。酒政的频繁变动，实际上是酒利的争夺，即是不同利益集团对酒利争夺的结果。即使在当代，不同行业，不同管理层，不同的流通环节对酒利的分配也是有一定的矛盾的。

最后，酒是一种特殊的饮品。虽不是生活必需品，但却具有一些特殊的精神文化功能，如同古人所说的“酒以成礼，酒以治病，酒以成欢”，在这些特定的场合下，酒是不可缺少的。但是，酒又被人们看作为是一种奢侈品，能使人上瘾，饮多致醉，惹是生非，伤身败体，人们又将其作为引起祸乱的根源。政府需要根据实际情况对酒消费风气进行管理，使酒的正面效应得到发挥，负面效应得到抑制。

总之，酒和人类的结合，使其同时具备了经济性、社会性、政治性以及文化性等多重特点，酒政制度正是平衡其多项属性的有力工具。

二、酒管理变迁

（一）禁酒与榷酒

1. 禁酒

在中国历史上，夏禹可能是最早提出禁酒的帝王。相传帝女令仪狄作酒进献禹，禹饮而甘之，遂疏仪狄而绝旨酒，他认为后世必有以酒亡国者。西周统治者在推翻商代的统治之后，发布了我国最早的禁酒令《酒诰》：无彝（不要经常）酒，执群饮（不能聚众喝酒），戒缅酒（戒除沉湎于酒）。认为酒是大乱丧德、亡国的根源。这构成了中国禁酒的主导思想之一，成为后世人们引经据典的典范。西汉前期实行“禁群饮”的制度。这是因为在早期国家，由于酒特有的引诱力，一些贵族们沉湎于酒，成为了严重的社会问题，最高统治者从维护自身的利益出发，不得不采取禁酒措施。而在后来，减少粮食的消耗，备战备荒，则成为历代历朝禁酒的主要目的。

通常，在禁酒时，由朝廷发布的具体政策也分为数种。其一是绝对禁酒，即官私皆禁，整个社会都不允许进行酒的生产和流通；其二是局部地区禁酒，这在有些朝代如元代较为普遍，主要原因是不同地区，粮食丰歉程度不一。其三禁酒曲而不禁酒，这是一种专卖方式，即酒曲是官府专卖品，不允许私人制造，属于禁止之列。最后，国家实行专卖时，禁止私人酿酒、运酒和卖酒。

2. 榷酒

榷，即独木桥。“榷酒”借来表示只有国家可以通过独木桥，国家垄断了酒的生产和销售，不允许私人从事与酒有关的行业，又称为酒的专卖。即由于实行国家的垄断生产和销售，酒价或者利润可以定得较高，一方面可获取高额收入，另一方面，也可以用此来调节酒的生产和销售。其内涵是极为丰富的。在历史上，专卖的形式很多，主要有以下几种：其一，完全专卖。这种榷酒形式，是由官府负责全部过程，诸如造曲，酿酒，酒的运输，销售。由于独此一家，别无分店，酒价可以定得很高，故往往可以获得丰厚的利润，收入全归官府。其二，间接专卖。间接专卖的形式很多，官府只承担酒业的某一环节，其余环节则由民间负责。如官府只垄断酒曲的生产，实行酒曲的专卖，从中获取高额利润。最后，酒商专卖。即官府不生产、收购和运销，而由特许的商人或酒户在交纳一定的款项并接受管理的条件下自酿自销或经理购销事宜，非特许的商人则不允许从事酒业的经营。汉武帝首次实行酒的专卖政策，成为加强中央集权财经政策的一部分。促使实行榷酒政策的直接原因，可能还是长期战争后国家财政的捉襟见肘。

榷酒的首创，在中国酒政史上甚至在中国财政史上都是具有重大意义的大事。首先，榷酒为国家扩大了财政收入的来源，为当时频繁的边关战争、浩繁的宫廷开支和镇压农民起义提供了财政来源。因为酒是极为普及的物品，但又不是生活必需品，实行专卖，提高销售价格，表面上看饮酒的人未受到损害，但酒的价格中实际上包含了饮酒人向国家交纳的费用。其次，从经济上加强了中央集权，使一部分富商的利益转移到国家手中。因为当时有资格开设大型酒坊和酒店的人都是大商人和大地主。财富过多地集中在他们手中不利于社会稳定。实行榷酒，在经济上剥夺了这些人的特权。这对于调剂贫富差距，具有一定的进步意义。最后，实行榷酒，国家可以根据当时粮食的丰歉来决定酿酒与否或酿酒的规模，由于在榷酒期间不允许私人酿酒、卖酒，所以比较容易控制酒的生产和销售，从而达到节约粮食的目的。因而酒的专卖，在唐代后期，宋代，元代及清朝后期都是主要的酒政形式。

（二）税酒

税酒是对酒征收的专税，将酒作为奢侈品。酒税与其他税相比，一般是比较重的。在汉代以前，对酒不实行专税，仅有普通的市税。而在清代后期和民国时，对卖酒的商人还增加了特许卖酒的牌照税等杂税。

大体而言，从周代的周公发布《酒诰》到汉武帝初榷酒之前，统治者并未把管理酒业看作是财赋的来源。后世大多实行“重本抑末”的基本国策，酒作为消费品，自然在限制之中。其目的是用经济的手段和严厉的法律抑制酒的生产和消费，鼓励百姓多种粮食；另一方面，通过重税高价，国家也可以获得巨额的收入。

禁酒会使酿酒业受到很大的影响，酒的买卖少了，直接影响到政府收入。为确保国家的财政收入，税酒政策在历代多有兴废和变化。需要注意的是，在国家实行专卖政策、税酒政策或禁酒政策时，都对私酿酒实行一定程度的处罚。轻者没收酿酒器具、酿酒收入，或罚款处理，重者处以极刑。

（三）近现代酒政：酒类全面管理

中华民国时期，一方面沿袭前代旧制，保留了清末的一些税种，还参照西方的酒税法制定了一些新的酒政形式，主要是“公卖制”，实际上仍是一种特许制。随着洋酒和啤酒开始在国内机械化生产，向集中的制造厂商征税，是税收制度的一大进步。这符合了酿酒业规模逐步扩大趋势。酒厂征收制和烟酒牌照税的征收奠定了现代酒税的基础。1949年新中国成立后，虽然基本上仍然实行对酒的国家专卖政策，但开始对酒的生产、销售和行政管理等作出了全面规定，尤其是对酒的工艺和卫生制定相应标准，还颁布了《中华人民共和国酒类管理条例》，对酒业发展进行指导。

【延伸阅读：孔融讽曹操禁酒】

孔融，字文举，汉末鲁国（今山东曲阜）人，孔子第二十世孙，“建安七子”之首，著名文学家。孔融好客，门庭若市，常常感叹：“坐上客常满，樽中酒不空，吾无忧矣！”所著《无题诗》谓：“归家酒债多，问客粲几行。高谈满四座，一日倾千觞。”足见孔融对于酒的挚爱。

孔融与蔡邕友善，蔡邕去世后，有一位武士与蔡邕十分相像，孔融每次酒酣时引与同坐，说：“虽然无有老熟人，尚有原有的模样！”

当时年饥兵兴，民生凋敝。有鉴于此，曹操在北方实施了酒禁政策。孔融修了一封《论酒禁书》给曹操，盛赞饮酒对于国家政治的功德。首先立论，认为酒是治理天下的良药：“夫酒之为德久矣，古先哲王，类帝禋宗，和神定人，以济万国，非酒莫以也。”

历代君王都靠酒来祭祀上天，以达到敬神安民的目的。又谓："故天垂酒星之耀，地列酒泉之郡，人著旨酒之德"，酒乃天地所生，自然之态。又列举历史名人借酒而实现的历史功效："尧不千钟，无以建太平；孔非百觚，无以堪上圣；樊哙解厄鸿门，非豕肩钟酒无以奋其怒；赵之厮养，东迎其主，非引卮酒无以激其气；高祖非醉斩白蛇，无以畅其灵；景帝非醉幸唐姬，无以开中兴；袁盎非醇醪之力，无以脱其命；定国不酣饮一斛，无以决其法。故郦生以高阳酒徒着功于汉，屈原不餔糟歠醨，取困于楚。"文中列举了一系列历史上因酒成功的例子，也有不饮酒陷入困顿的反面例证，最后的结论是："由是观之，酒何负于政哉！"虽然显得义正辞严，痛快淋漓，怎奈曹操复信驳议例举夏商因酒灭亡，不少政事和当政者败在酒上，坚持必须禁酒。

第四节　中国酒具变迁

一、　酒与器物审美

在不同的历史时期，由于社会经济处在不同的发展阶段，酒器的制作技术、材料和外型自然而然会产生相应的变化，故产生了种类繁多、令人目不暇接的酒器。按酒器的材料可分为：天然材料酒器（如木、竹制品、兽角、海螺和葫芦）、陶制酒器、青铜制酒器、漆制酒器、瓷制酒器、玉器，水晶制品、金银酒器、锡制酒器、景泰蓝酒器、玻璃酒器、铝制、不锈钢饮酒器、袋装塑料软包装、纸包装容器等。

1. 远古时代的酒器

远古时期的人们，茹毛饮血，而火的使用，使人们结束了这种原始的生活方式。农业的兴起，使人们不仅有了赖以生存的粮食，随时还可以用谷物作酿酒原料酿酒。陶器的出现，人们开始有了炊具，从炊具开始，又分化出了专门的饮酒器具。究竟最早的专用酒具起源于何时，还很难定论。因为在古代，一器多用是很普遍的。远古时期的酒，是未经过滤的酒醪（这种酒醪在现在仍很流行），呈糊状和半流质，对于这种酒，就不适于饮用，而是食用。故食用的酒具应是一般的食具，如碗、钵等大口器皿。远古时代的酒器制作材料主要是陶器、角器、竹木制品等。

早在公元6000多年前的新石器文化时期，就已出现了形状类似于后世酒器的陶器，如裴李岗文化时期的陶器。南方的河姆渡文化时期的陶器也能使人联想到在商代时期的酒具应有相当久远的历史渊源。酿酒业的发展，饮酒者身份的高贵等原因，使酒具从一般的饮食器具中分化出来成为可能。酒具质量的好坏，往往成为饮酒者身份高低的象征之一。专职的酒具制作者也就应运而生了。在现今山东的大汶口文化时期的一个墓穴中，曾出土了大量的酒器（酿酒器具和饮酒器具），据分析，死者生前可能是一个专职的酒具制作者。在新石器时期晚期，尤以龙山文化时期为代表，酒器的类型增加，用途明确，与后世的酒器有较大的相似性。这些酒器有：罐、瓮、盂、碗、杯等。酒杯的种类繁多，有平底杯、圈足杯、高圈足杯、高柄杯、斜壁杯、曲腹杯、觚形杯等。

图 2–2　一组商代的酒器

商周的青铜酒器。青铜器起于夏，现已发现的最早的铜制酒器为夏二里头文化时期的“爵”。青铜器在商周达到鼎盛，酒器的用途基本上是专一的。据容庚、张维持《殷周青铜器通论》，商周的青铜器共分为食器、酒器、水器和乐器四大部，共 50 类，其中酒器占 24 类。按用途分为煮酒器、盛酒器、饮酒器、贮酒器。此外还有礼器。形制丰富，变化多样。同时有基本组合，基本组合是爵与觚，或者再加上斝。由于酿酒业的发达，青铜器制作技术提高，中国的酒器达到前所未有的繁荣。当时的职业中还出现了“长勺氏”和“尾勺氏”这种专门以制作酒具为生的氏族。

具体而言，盛酒备饮的容器类型很多，主要有尊、壶、卮、皿、鉴、斛、觥、瓮、瓿、彝等。每一种酒器又有许多式样。以尊为例，取动物造型的有象尊、犀尊、牛尊、羊尊、虎尊等。饮酒器的种类则主要有觚、觯、角、爵、杯、舟。不同身份的人使用不同的饮酒器，如《礼记·礼器》所示：“宗庙之祭，尊者举觯，卑者举角。”此外，还有温酒器——饮酒前用于将酒加热，配以杓，便于取酒。温酒器有的称为樽，在汉代很流行。另外，贮存方面，湖北随州曾侯乙墓（战国早期曾国国君乙的墓葬）中的铜鉴，可置冰贮酒，故又称为冰鉴。

2. 中古到近代的酒器

商周以降，青铜酒器逐渐衰落，秦汉之际，在中国的南方，漆制酒具流行。漆器成为两汉、魏晋时期的主要酒器类型。

汉代的漆制酒具，其形制基本上继承了青铜酒器的形制。有盛酒器具和饮酒器具。饮酒器具中，漆制耳杯是常见的。在湖北省云梦睡虎地11座秦墓中，出土了漆耳杯114件，在长沙马王堆一号汉墓中也出土了耳杯90件。人们饮酒一般是席地而坐，酒樽放置在席地中间，故形体较矮胖。魏晋时期开始流行坐床，酒具则变得较为瘦长。

瓷制酒器出现于东汉前后，与陶器相比，不管是酿造酒具还是盛酒或饮酒器具，其性能都超越陶器。唐代的酒杯形体要小得多，故有人认为唐代出现了蒸馏酒。唐代出现了桌子，也出现了一些适于在桌上使用的酒具，如注子，唐人称为“偏提”，其形状似今日之酒壶，有喙，有柄，既能盛酒，又可注酒于酒杯中。因而取代了以前的樽、勺。宋代是陶瓷生产鼎盛时期，有不少精美的酒器。宋代人喜欢将黄酒温热后饮用，故发明了注子和注碗配套组合。使用时，将盛有酒的注子置于注碗中，往注碗中注入热水，可以温酒。明代的瓷制品酒器以青花、斗彩、祭红酒器最有特色，清代瓷制酒器特色的有珐琅彩、素三彩、青花玲珑瓷及各种仿古瓷。

3. 其他酒器

在我国历史上还有一些独特材料或独特造型的酒器，虽然不是很普及，但具有很高的欣赏价值，如金、银、象牙、玉石、景泰蓝等材料制成的酒器。明清时期至新中国成立后，锡制酒器广为使用，主要功能为温酒。

概而言之，中国古代酒具发展，从制作材料角度又可划为以下阶段：第一是新石器时期。这个时期是以陶器为主，各种各样的陶器作为酒具；第二是夏、商、西周时期，是以青铜器为主要的酒具，同时陶器依然存在；第三是东周和秦、汉时期，此时最美的酒具是漆器，但是，这个时候瓷器已经出现了。此后，随着魏晋南北朝和隋、唐瓷器的不断发展，瓷酒器也逐渐壮大。不过在隋唐时期，金银酒器又一枝独放，光彩照人。最后，宋、元、明、清时期，金银器退居次要地位，瓷器占到了主流地位。此外，还有一些自始至终没有成气候的，比如说玻璃器、木器、竹器，这些酒器类型从没占过主流。我们从酒器的历史发展脉络发现，它实际是跟中国古代社会的发展一脉相承、同步发展的，随着经济发展和社会时尚变化，酒具也在变化。

【延伸阅读：商代酒器告田觥】

告田觥是商末周初的一件酒器，不仅因其形制奇特、纹饰瑰丽，具有极高的历史价值与艺术价值而被收藏市场连番加价，而且近百年来因其辗转美洲和欧亚大陆多个国家与地区，实在是青铜器收藏史上的奇迹。告田觥是军阀党玉琨上世纪20年代在宝鸡戴家沟盗挖的数千件商周青铜酒器中很有特色的一件珍宝，落到宋哲元手中后被带到了天津。太平洋战争爆发后，日本人洗劫了在天津英租界的宋宅，这件告田觥连同其他文物落到了日本人手中。根据日本学者梅原末治在《东方学纪要》一书中所说，先由美国波士顿希金氏从纽约的一位日本人手中买得，后来又先后转卖给日本东京的大仓龟氏和香港的陈仁寿氏，现在又流落到丹麦哥本哈根国立博物馆。

这件告田觥由器盖和器身两部分组成。盖作牛首状，犄角高翘，前端是宽流，后端是把手，腹长方外鼓，有长方形方座。器腹及圈足上各饰一周夔纹，器座分铸。方座的四边饰夔纹，中饰直棱纹。前后有四镂孔，器盖对铭“告田”二字。通高44厘米、器高17.9厘米、口径32厘米。告田觥的时代可以早到商代晚期，是这批器物中时代较早的。美国的罗森夫人对这件器物很感兴趣，研究后将其时代定在西周早期，实际上这和商末周初是一个断代概念。觥属于盛酒器，流行于殷代中期至西周早期，西周中期开始式微，此后未见出土报道。与其他器物相比，此物出土的数量少，宝鸡出土的数万件青铜器群中，仅有两件。但由于其造型独特、制作精美，也就格外引人注目。特别是1976年12月于扶风庄白村一号铜器窖藏中出土的折觥，造型稳重，装饰富丽，是青铜器断代的标准器，堪称国宝重器，备受大家青睐。“觥”这个字在日常生活中虽然比较生僻，但文物考古界的人们对其并不陌生，收藏界的大多数人也对其略知一二。《诗经》中就屡见其名，如《周南·卷耳》“我姑酌彼兕觥”就是指的这种器物。现在人们约定俗成地把这种器物称作觥，并把它当作酒器。然而它的真正器名是否就可以称为觥？尚不可知。把觥当作酒器似乎没有多大争议，但它到底是盛酒器还是饮酒器呢？依然众说纷纭，莫衷一是。《豳风·七月》：“称彼兕觥，万寿无疆”，从这里看，觥这种器物应当是饮酒用的。但是，考古发现的迹象很难支持这种推测。容庚先生从有的觥附带有斗的情况推测，觥应当是盛酒器，而非饮酒器。觥这种器物虽然发现不多，但其庞大的体量与重量表明，这种器物只能用于盛酒，而无法用它来饮酒。

二、 饮酒的伦理文化

1. 酒德

“酒德”最早见于《尚书》和《诗经》，其含义是说饮酒者要有德行，不能像商纣王那样，“颠覆厥德，荒湛于酒”。《尚书·酒诰》中集中体现了儒家的酒德，它要求“饮惟祀（只有在祭祀时才能饮酒）”“无彝酒（不能常饮酒）”“执群饮（禁止民众聚众饮酒）”“禁沉湎”（禁止饮酒过度）。这说明，儒家并不反对饮酒，用酒祭祀敬神，养老奉宾，都是合于礼节的德行。这一精神在后世多有传承，首先是量力而饮，如《饮膳正要》说，“少饮为佳，多饮伤神损寿，易人本性，其毒甚也。醉饮过度，丧生之源。”其次，应节制有度，如《三国志》裴松之注：“酒不可极，才不可尽。吾欲持酒以礼，持才以愚，何患之有也?”再次，勿强劝酒 ，《茶余客话》就说“君子饮酒，率真量情；文士儒雅，概有斯致。夫唯市井仆役，以通为恭敬，以虐为慷慨，以大醉为欢乐，士人亦效斯习，必无礼无义不读书者”。

2. 饮酒的养生文化

在长期的饮酒生活中，通过不断体会与观察，古人逐渐积累和形成了许多关于酒的知识和经验，其中产生了两点共识，其一是，久饮、痛饮，伤身损胃。其二是适当饮酒、饮法得当，可以扶衰疗疾、养生保健。《诗经 · 豳风》中便有“为此春酒，以介眉寿”“称彼兕觥，万寿无疆”的诗句。而在中国历史上，也有许多经常喝酒、嗜酒的人长寿，比如贺知章、陆游都活到 86 岁高龄。

古人将饮酒养生的经验概要如下：一是常饮质量好、度数低的酒。酒以陈为上，愈陈愈妙。古人认为质量较高、有利于延年益寿的酒主要有黄酒、葡萄酒、桂花酒、菊花酒、椒酒等。此外，菖蒲酒、莲花酒、茯苓酒等滋补酒，也是养生益寿的好酒。二是饮酒适量。节制饮食，尤其是节制饮酒，向来是古人极为重视的养生之道。他们认为饮酒的目的在于“借物以为养”，而不能“身为物所役”。三是饮法得当。饮时心境要好，温酒而喝，饮必小咽，空腹勿饮，勿混饮，勿强饮，酒后少饮茶。

3. 觞政和酒政

明代袁宏道写有《觞政》一书，起因是对那些不遵守酒仪、酒礼的人的警戒，他觉得应该有一个酒场中共同遵守的规矩：里社中近来多有饮酒之徒。然而却对酒态、酒仪不加修习，甚是觉得鲁莽。终日混迹于酒糟之中而酒法却不加修整，这也是主酒者的责任。现在采集古代有关酒的法令条文及规则中较为简明扼要的部分。附上一些新的条目。题名为《觞政》。凡是饮酒之人，手自一册，也可作为醉乡所遵用的法令或条例。

唐宋以后，士人饮酒亦讲雅俗。尤其在明代，文人将饮酒行为也艺术化了。如吴彬的《酒政》专论文人酒文化与伧夫饮酒之别。而《饮政》中有一栏为“饮禁”，所禁止的就是文人心目中的俗人饮酒之为。这种艺术化的品位追求，和酒德本质是一致的。

在饮禁中，第一禁是华筵。华筵虽然珍馐满桌，却与文人的气质不适应。清人褚人获评述说，丰筵礼席尽管注玉倾银，但在席上不得不左顾右盼，终日拘束，唯恐有语言之失、拱揖之误，在这样的场合下饮酒只能叫做“囚饮”。同样，苦劝也属文人饮酒之禁。清人黄周星说饮酒之人无非有三种，一种是善饮者，这些人不待劝自会饮酒；第二种是不沾酒的人，这些人劝酒也不会喝，所以不必劝；第三种是能饮而不饮的人，他们才是劝酒的对象。但是，既然这些人能饮而不饮，已经谈不上真率，又何必去劝。此外，文人酒禁，还禁饮酒粗俗、全无文雅味道。另外，席间市语俚言以及大肆牛饮、酒后藉端等行为，也都是文人心目中的市井俗饮。

文人饮酒，一方面追求身心无累，把盏即酣，是一种坦诚透彻的情怀。另一方面，还企盼与文化知音的聚会。知己、故交、玉人、可儿是渴盼期待的饮人。空间环境上，花下竹林、高阁画舫、幽馆平畴荷亭，春郊花时、清秋新绿、雨霁积雪、新月晚凉，则是与聚会深挚默契的理想饮地和饮候。至于饮酒中的清谈妙令联吟、焚香传花度曲、返棹围炉，则使整个饮酒充满文雅之气、书卷之气。概言之，吴斌《酒政》的宗旨就是要把文人饮酒和世俗的饮酒区分开来，构筑起文人酒文化的独特框架和境界。

【延伸阅读：宴饮百戏图】

打虎亭汉墓属全国重点文物保护单位，位于郑州市西南6公里的新密市，是全国最大的汉墓之一，东西两墓并列，距今已有1800多年。墓主人是汉弘农郡太守张德，字伯雅，河南密县人。西为画像石墓，东为壁画墓。墓壁保存有内容丰富、色彩绚丽的石刻画像和壁画，再现了东汉时期人们衣、食、住、行各个方面，是一幅活生生的风情画卷。其中的《宴饮百戏图》是壁画中的精品，长7.3米、高0.7米，熟练地运用了平涂着色的技法，在中国美术史上具有极高的艺术地位。

东汉时期，宴请宾客时请一批艺人来表演百戏，是上层社会比较流行的一种娱乐方式。所以在许多汉墓中，都发现有《宴饮百戏图》，打虎亭作为一个大型汉墓，也不例外。从整个画面来看，它生动且逼真地描绘了汉代贵族与众多宾客宴饮并观看舞乐杂技表演的盛大场景，这幅画从构图和内容上看，可分为宾主座席和戏舞场地。尽管说场面宏大，人物众多且舞乐表演繁杂，但表现出宾主有序，层次分明，惟妙惟肖，淋漓尽致。靠画幅西中部，左方很显然是主人座位，古代宴会西席为尊，它的后上方绘制有长方形棚状帐幔，帐后竖有数根高大的旗杆，每根旗杆的顶部分别飘着红、绿、蓝不同颜色的彩旗，起着烘托气氛的作用。在撩起的围帘内，绘制有一个褐色拱腿形几案，几案后两个并肩列坐者就是女主人。她们仪态高贵，雍容大方，似在有礼貌地应酬宾客。女主人座旁两侧，这些穿着不同色彩衣服的男女，看上去像是宴会侍人，他们正在细心侍奉。这边显然是宾客位置。这两排席地而坐者，应该是应约而至的宾客。不同的服饰表明他们来自不同的阶层，这些宾客大致计有五十余人，由画面可以看出，宾主座前的几案上，摆放着满盛美味佳肴的盘、碗、杯、盏，宾主似在观戏作乐，开怀畅饮。再来看宴会中间这个位置，这就是“百戏”作乐场地，乐师在击鼓、敲锣、拍镲；演员在踏盘、载歌、载舞；杂耍者正在展示他的拿手绝活；还有吹火者、掷丸者、执节者等，也许是后来失传的原因，我们至今也无法道出一些节目的名称。如此优美逼真的巨幅画卷，无论历史价值还是艺术价值，都极其罕见，不可多得。

小结

考古发掘和现代研究认为，我国9000年前可能已经酿酒。出土的文物中也可以找到历史上各个时期的酒具。而早在红山文化时期，酒就已经被用来供奉神灵和祖先。因为古人称酒为“百礼之首”，在秦汉之前的出土文物中，酒器酒具约占80%。酒类自从远古产生以来，就被应用在了祭祀、会盟、祈拜等重要场合。汉代以后，随着生产力的发展和酿酒工艺的不断改进，饮酒不再是王公贵族的特权，民间饮酒消费已经相当普遍，进而成为国家税收的来源。

在生产经营中，战国之后悬挂酒旗、当垆卖酒成为风气。酤酒业在汉魏南北朝时期得到迅速发展，酒市在都城也占据一席之地。唐代城市经济空前繁荣，逐渐形成了星罗棋布的全国酒业网点，这个布局是以首都长安为中心向四方辐射的。宋代饮酒业，则无论是数量、规模、种类上，还是设施、经营、广告上，都是相当突出的。酒肆的竞争异常激烈，经营花样繁多，卖酒方式日益精细化、专门化。明清时期，酒业品牌意识得到增强，当时人们在消费酒的时候，不仅看重酒名、知名度，更看重生产酒家信誉。而且，因为酒业利润非常高，已成为人们的致富捷径。此外，酒肆在明清时期逐渐改成售酒店铺。同时长江上游和赤水河流域的贵州仁怀、四川宜宾、泸州三角地带，形成全球规模最大、质量最优的蒸馏酒产区。

在蒸馏器发明前，中国酿造酒主要是黄酒。而蒸馏白酒的出现，可能受到元朝时期传入并普及的阿拉伯人蒸馏酒技术影响，这与蒙古人征服欧亚大陆的历史密切相关。同时期，日本烧酒也由朝鲜半岛，或者与中国关系密切的琉球国传入。清代后期，白酒崛起并在工业化后占据主导，重塑了当今中国的酒文化面貌。

无规矩不成方圆，中国古代酒业也有着自己的独特文化与制度。中国古代关于酒的酿造、征税、专卖或禁酿的法令主要有三种类型。榷酒是由官府垄断酒的生产和销售，禁止百姓私酿和私卖；而税酒则允许民间私酿和私卖，由官府征税；至于酒禁，则是由于灾荒、战乱时期粮食不足，禁止民间酿酒，以防止粮食的浪费。此三者在历代呈现着错综复杂的交替重叠状态。

饮酒行为与中国古代物质工艺和文化艺术也有着密切关系。古代的酒具，除在宴饮使用外，往往都是非常精美的雕塑艺术品。可以说，酒这一素材，为中国古代物质工艺提供了极大的发挥空间。而在文学艺术领域，饮酒对文学艺术家创造登峰造极之作也有巨大的影响。

思考题

1. 按照酒的不同种类，分析中国酒的起源、发展等不同阶段的特征。
2. 从商业经营的角度，分阶段总结中国酒业的纵向发展历程。
3. 试探讨近现代酿造科学对我国酒业的影响，及其对当前的启示。
4. 通过梳理中国酒政变迁，讨论政府、企业以及消费者在酒业发展中的各自作用。
5. 结合具体案例，论证饮酒行为与物质工艺、文化艺术发展间的互动关系。

参考文献

[1] 王赛时．中国酒史．济南：山东大学出版社，2010.

[2] 王春瑜．与君共饮明朝酒．广州：广东人民出版社，2007.

[3] 洪光住．中国酿酒科技发展史．北京：中国轻工业出版社，2001.

[4] 萧家成．升华的魅力：中华民族酒文化．北京：华龄出版社，2007.

[5] 王仁湘．往古的滋味：中国饮食的历史与文化．济南：山东书画出版社，2006.

[6] 殷伟．中国酒史演义．昆明：云南人民出版社，2001.

[7] 田晓娜．酒经．北京：中国戏剧出版社，2000.

[8] 胡小伟．中国酒文化．北京：中国国际广播出版社，2011.

[9] 道教与酒. 环球时代网. http：//www. gtschool. cn/a/dwfxzl/ 2013/0527/9927. html

[10] 刘明科. 商代酒器告田觥. 收藏快报. http：//epaper. dfsc. com. cn/html/2016-08/03/content_ 1_ 3. htm.

[11] 裴松之. 裴松之注三国志. 天津：天津古籍出版社，2009.

[12]（宋）范晔撰，（唐）李贤等注. 后汉书（全12册）. 北京：中华书局，1965.

[13] 打虎亭汉墓. 百度百科. https：//baike. baidu. com/item/%E6%89%93%E8%99%8E%E4%BA%AD%E6%B1%89%E5%A2%93/4173973？fr=aladdin

第三章

酒的分类概述

【学习目标】

掌握酒、酒度等基本概念，了解酿造酒、蒸馏酒、配制酒三大类酒水的发展历程。掌握不同种类酒水的原料、技术特点及文化，熟悉酒水的一般品评方法，了解现代酒水发展状况。

第一节 概述

世界各地风土、气候、物产、人文历史、传统习惯和人们的喜好不同，创造出多种多样的酒，酒精性饮料可以分成三大类：酿造酒、蒸馏酒和配制酒。本章将介绍世界三大类酒水的相关知识和文化。

一、 酒和酒度

凡含有酒精（乙醇）的饮料和饮品，均称做“酒”。GB/T 17204—2008《饮料酒分类》规定，饮料酒是酒精体积分数在0.5%以上的酒精饮料，包括各种发酵酒、蒸馏酒及配制酒。

酒饮料中酒精的百分含量称作“酒度”。酒度有三种表示方法：

1. 以体积分数表示酒度

即每100mL酒中含有纯酒精的毫升数。白酒、黄酒、葡萄酒均以此法表示。但测定体积分数的标准温度，各国立法不一，如法国为15℃，美国为华氏60℉（15.6℃），国际标准（包括中国）为20℃。

2. 以质量分数表示酒度

即20℃每100g酒中含有纯酒精的克数。

3. 标准酒度

欧美各国常用标准酒度表示蒸馏酒的酒度，古代把蒸馏酒泼洒在火药上，能点燃火药的最低酒精度为标准酒度100度，英国威士忌的酒度按现在测量方法，100标准酒度相当于体积分数57.07%或质量分数49.44%。

现代标准酒度采用体积分数50%为标准酒度100度。

对于蒸馏酒，酒度测定方法为标准温度20℃，用酒度计直接读出酒度，而非蒸馏酒类则需蒸出酒精后，进行酒度测定和温度换算。

二、 古代酒的酿造技术

纵观世界各国用谷物原料酿酒的历史，可发现有两大类别，一类是以谷物发芽的方式，利用谷物发芽时产生的酶将原料本身糖化成糖，再用酵母菌将糖转变成酒精；另一类是用发霉的谷物，制成酒曲，用酒曲中所含的酶将谷物原料糖化发酵成酒。

其中，最有代表性的是中国酒的酿造技术。从有文字记载以来，中国的酒绝大多数是用酒曲酿造的，而且中国的酒曲法酿酒对于周边国家，如日本、越南和泰国等都有较大的影响。

（一）酒曲的起源

酒曲的产生和谷物酿酒是同时出现的。最初，保管不当而发霉发芽的谷粒，就是天然酒曲。把它浸泡于水中，就能够产生酒。人们无数次接触到天然酒曲，观察并总结了它产生的条件，经无数次试制，终于制出了人工酒曲，这就是古籍上记载的“曲蘖”。

早在殷商时代，我国已成熟地用曲菌酿酒了。周朝《尚书·说命篇》记载“若作酒醴，尔惟曲蘖”，意思是：如果要作酒和醴，那就要用曲和蘖。“曲”即酒曲，就是用酒曲酿酒。酿酒加曲，是因为酒曲含有大量的微生物及其所分泌的酶类（淀粉酶、糖化酶和蛋白酶等），酶具有生物催化作用，可以分别将谷物中的淀粉、蛋白质等转变成糖、氨基酸。糖分在酵母菌的作用下，分解成乙醇，即酒精。曲蘖也含有许多这样的酶，具有糖化作用，可以将淀粉转变成糖分，在酵母菌的作用下再转变成乙醇；同时，酒曲本身含有淀粉和蛋白质等，也是酿酒原料。

几千年来，制曲和用曲酿酒的“复式发酵法”一直是我国谷物酿酒技艺的源泉。尤其值得一提的是，我国在以谷物为原料制成酒曲时，还创造了一种利用固态培养物保存微生物的好办法。即当酒曲贮存在低温、干燥的场所时，曲中的微生物处于休眠状态。这样，制曲和用曲的过程，实际上是对微生物的接种、选择、培养和运用。

（二）酒曲的发展

1. 商周时期

殷商时代，当人们开始制曲和用曲酿酒时，曲蘖实际上是松散的发霉发芽的谷粒，又叫散曲。到周王朝时期，酒曲有了长足的发展，酒曲的种类大为增加。当时最有名的是一种叫“黄曲霉”的霉菌，尤为令人惊叹的是，这种黄曲霉菌系却不是现在人们发现能引起人畜肝脏致癌的菌系。

2. 西汉时期

曲的种类更多，有大麦、小麦制的曲，也有表面长霉和不长霉之别。此时期在存在散曲的同时，出现了饼曲。由散曲到成块曲的发展，不仅仅是形式的变化。由于饼曲内外接触空气不一样，内外的霉菌种类也不同。这样，由散曲到饼曲的发展，就成为酒曲发展的一个重要里程碑。

3. 西晋南北朝时期

这一时期人们在酒曲中加入草药。由于许多草药都含有有利于微生物生长的维生素，所以这样制出的酒曲更好，用它酿出的酒，也别有风味。

南北朝成书的《齐民要术》一书提到了 9 种酒曲的制作方法和 39 种酒的酿造方法。9 种酒曲中，8 种以小麦为原料，其中 4 种加药材；既有形体小的饼曲，也有形体大的块曲。

4. 宋朝时期

我国制曲技术更进一步。朱肱《北山酒经》全面记叙了制曲、酿酒的过程，叙说了 13 种曲的制法，无论在制曲原料上，还是在方法上，均较前人有很大发展，特别是书中关于菌种选种、育种的记叙，更是延续使用至今。

此时曲种上有散曲、小曲、饼曲、草药曲、红曲、干酵母等；菌种上经过精心选择和独特培养后，已选育出以根霉、米曲霉、酵母菌、红曲霉、毛霉为主体的各种曲种。

5. 现代酒曲

现在，酒曲仍广泛用于黄酒、白酒等的酿造，在生产技术上，由于对微生物及酿酒理论知识的掌握，酒曲的发展跃上了一个新台阶，对其微生物菌群成员进行了纯化分离检测。大致将酒曲分为五大类，分别用于不同酒的生产。

（1）麦曲　主要用于黄酒的酿造。麦曲分为传统麦曲（草包曲、砖曲、挂曲、爆曲）、纯种麦曲（通风曲、地面曲、盒子曲）。

（2）小曲　主要用于黄酒和小曲白酒的酿造。按接种方法分为传统小曲和纯种小曲；按用途分为黄酒小曲、白酒小曲、甜酒药曲；按原料分为麸皮小曲、米粉曲、液体曲。

（3）红曲　主要用于红曲酒的酿造。红曲酒是黄酒的一个品种。红曲分为乌衣红曲和红曲；红曲又分为传统红曲和纯种红曲。

（4）大曲　用于蒸馏酒的酿造。分为传统大曲、强化大曲（半纯种）、纯种大曲。

（5）麸曲　麸曲是现代才发展起来的，用纯种霉菌接种以麸皮为原料的培养物。可用于代替部分大曲或小曲。目前麸曲法白酒是我国白酒生产的主要操作法之一。麸曲分为：地面曲、盒子曲、帘子曲、通风曲和液体曲。

（三）古代酒的酿制理论

酒曲发明以后，可以利用酒曲中所含的微生物使谷物中的淀粉边糖化边酒化。由于我国古代没有温度计等仪器可供使用，在酿酒过程中普遍采用“五齐”与“六法”来保证发酵成功。

1.“五齐”

古代按酒的清浊，分为五等，合称“五齐”。《周礼・天官》中讲：“酒政举酒之政令……辨五齐之名：一曰泛齐，二曰醴齐，三曰盎齐，四曰醍齐，五曰沉齐”。即古代把整个酿酒发酵过程分为五个阶段：先是发酵开始，产生大量气体，谷物膨胀，叫“泛齐”；接着糖化作用旺盛起来，酸味变甜，并有薄薄酒味，即“醴齐”；再接着发酵旺盛，气浪很多，伴有嘶嘶的响声，为“盎齐”；再往后则酒精成分增多，颜色逐渐转红，为“醍齐”；最后发酵完成，酒糟下沉，即“沉齐”。

2.“六法”

《礼记・月令》中说：“（仲冬之月）秫稻必齐，曲蘖必时，湛炽必洁，水泉必香，陶器必良，火齐必得。兼用六物，大酋兼之，毋有差贷”。

“六法”是周代总结的一套比较完整的酿酒经验。实际上是讲原料（粮和水）的选择、曲蘖的制作、操作的洁净、器具的精良和火候、温度的适宜。这六法概括了酿酒技术的六个关键问题，可以看作是我国最早的酿酒工艺规程。

古代人们凭借直观经验，依据酿酒的变化过程，克服了一系列的难题，酿造出名传千秋的美酒佳酿。

三、 现代酒的酿造技术

1. 发酵原理

酒精发酵主要依靠酵母菌的作用，将糖化产生的可发酵性糖分在厌氧条件下转化为酒精和二氧化碳。具体过程是通过酵母体内的多种酶的催化，通过糖酵解（EMP）代谢途径，使葡萄糖转化成丙酮酸，然后在丙酮酸脱羧酶的催化下，使丙酮酸脱羧生成乙醛并产生二氧化碳，乙醛经乙醇脱氢酶及其辅酶 $NADH_2$的催化，还原成乙醇。每分子葡萄糖发酵生成一分子乙醇和两分子二氧化碳。

有些酒在酒精发酵结束后的贮酒阶段有 CO_2逸出，并伴有浑浊，几周后消失，镜检发现有杆菌和球菌，这一现象称苹果酸-乳酸发酵。苹果酸被乳酸菌发酵生成乳酸。

2. 酿酒原料多样化

中国白酒的酿造原料由较早的以高粱单一品种向多种粮食组合发展，从占市场大部分的浓香型白酒，进一步拓展到其他香型的白酒，从大曲酒渗透到部分小曲酒，有两大好处，一是在采用混蒸混烧的工艺时，可将不同品种的粮食香气带入成品酒中；二是不同粮食的化学组成经微生物发酵其代谢产物不同即香味成分不同，从而形成粮香风味复合而优于单一高粱的产品。

黄酒产品除糯米黄酒外，开发了粳米黄酒、籼米黄酒、黑米黄酒、高粱黄酒、荞麦黄酒、薯干黄酒、青稞黄酒等诸多品种。

啤酒生产中，也使用大米、玉米、小麦、淀粉、木薯、蔗糖、糖浆等作为辅料投入生产。

3. 工艺科学化

现代酒水生产过程中，工艺科学化是提高产品质量的手段之一。例如采用自流供水、蒸汽供热、红外线消毒、流水线作业等科学工艺生产，酒质好，效率高。

4. 酒水生产进一步机械化、自动化、大型化

近年来在白酒酿酒发酵过程中所涉及的工序及产品的一些辅助设备基本上都已实现机械化，有的已实现自动化和信息化。如装瓶机、成品酒仓库码垛机、粮食粉碎输送、大容器贮酒缸、勾兑管理自动化、踩曲机等。除人工装甑外，很多厂家的其余生产过程全部实现了机械化，物料输送采用斗提、螺旋、刮板、皮带等输送机械和叉车运输，酒醅发酵装入不锈钢箱后用叉车运输到恒温室，蒸酒的冷却器由水冷改为风冷等。

黄酒生产从输米、蒸饭、拌曲、压榨、过滤、煎酒、灌装均采用机械完成，机械代替了传统的手工作业，减少劳动强度，提高了产量和效益。发酵工艺控制逐步实现自动化，微机勾兑与调味，对黄酒品质提高、酒体成型、研发低度特型新品种黄酒等起到重要的作用。大型发酵罐、贮酒罐在生产上的应用，有利于扩大生产规模，稳定产品质量。

葡萄酒酿制时采用了葡萄破碎与除梗设备、果汁分离设备、大型发酵罐等新型设备与生产技术。啤酒在中大型露天发酵罐中进行啤酒发酵，完成了从室内走向室外的转变；CIP（原位清洗）自动清洗系统的应用，减轻劳动强度，改善劳动环境，提高劳动效率。

5. 微生物消长与分布规律探索

在酒的发酵过程中，许多微生物参与到酒的生产活动中，进行酒精发酵，赋予酒独特的香气。如何针对不同酿造区系、地域环境、香型种类以及不同检测技术中酿酒微生物菌群结构及其消长规律的差异而进行酿造，依然是热门研究课题，这一研究对进一步研究微生物代谢机制与酒体风味形成之间的关系十分重要。

在黄酒生产中，酒曲实现了纯种化。运用高科技手段，从传统酒药中分离出优良纯菌种，达到用曲少，出酒率高的效果。

6. 分析检测技术提高产品质量

现代分析检测技术可利用气相色谱-质谱（GC-MS）联用法对酒的化学成分进行分析，对产品成分进行分析，以达到提高产品质量的目的。

7. 计算机技术的应用

计算机的问世，是20世纪科技发展的重大成就之一，利用计算机不仅可以计算复杂的数学问题，而且可实现工程设计、过程自动控制和管理。在酒的生产过程中，对制曲过程、酿制过程实时监控及辅助勾兑调味等方面都有计算机的应用。

例如，白酒计算机品评技术的重要贡献是把感官指标数据化，通过计算机编程完成

感官数据的统计计算，以及对感官品评进行归纳总结。

为了保证产品质量，五粮液集团将现代分析技术和现代分析仪器用于五粮液酒生产的全过程。采用了惠普、岛津、珀金埃尔默（PE）等气相色谱仪、原子吸收及色谱质谱联用仪等现代分析仪器，对原材料采购、原酒分级、陈酿、勾兑操作等生产过程和产品质量进行全面的质量控制。

如今的啤酒生产，在向大型化、露天化、集中化、集团化发展。利用生物传感器和计算机全程监控，检测发酵过程相关数据，监控整个生产过程，保证啤酒质量的稳定，降低生产成本。

8. 适应市场开发新品种

适应消费者需求，白酒产品逐渐向低度转变；黄酒产品逐渐向低度、营养转变，清爽型新型黄酒将成为市场的主导产品。低浓度、低糖、低醇、保健型啤酒发展空间巨大，小麦啤酒、白啤酒、全麦芽啤酒、配制啤酒也会有新的发展。

四、 我国酿酒工艺演变

我国的酿酒工艺的发展可分为两个阶段：

第一阶段是自然发酵阶段，经历数千年，传统发酵技术由孕育，发展乃至成熟。即使在当代，天然发酵技术并未完全消失。其中的一些奥秘仍有待人们去解开。人们主要是凭经验酿酒，生产规模一般不大，基本上是手工操作。

第二阶段从民国开始，引入西方的科技知识，尤其是微生物学、生物化学和工程知识后，传统酿酒工艺技术发生了巨大的变化，人们懂得了酿酒微观世界的奥秘，生产上劳动强度大大降低，机械化水平提高，酒的质量更有保障。

（一）西汉酿酒工艺

在长沙马王堆西汉墓出土的帛书《养生方》和《杂疗方》中可看到我国迄今为止发现的最早的酿酒工艺记载。酿酒过程如下：

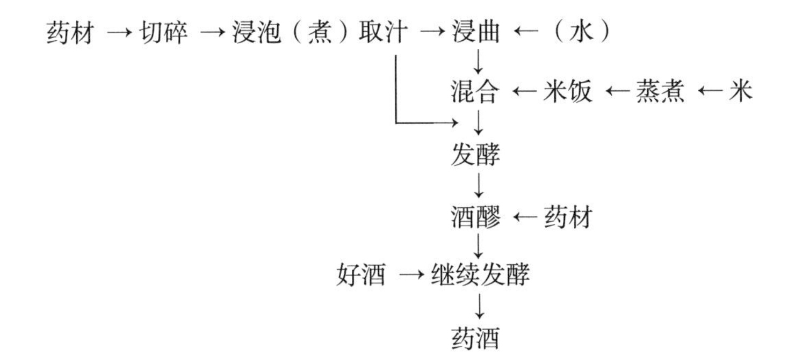

西汉的酿酒有如下特点：采用了两种酒曲，酒曲先浸泡，取曲汁用于酿酒。发酵后期，在酒醪中分三次加入好（hǎo）酒[①]，这就叫“三重醇酒”。

（二）东汉时期酿酒工艺

酿酒过程如下：

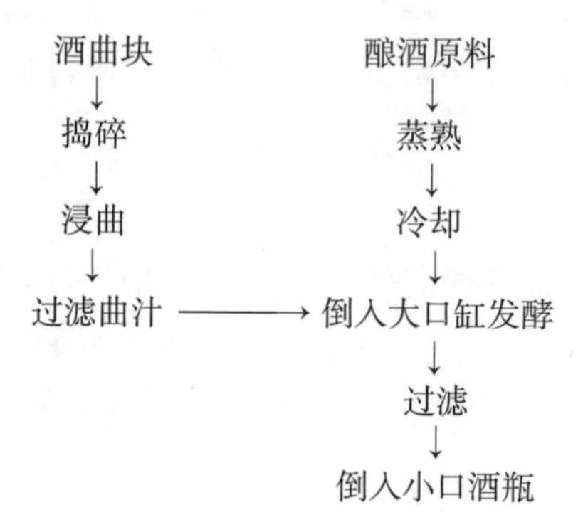

图 3-1　古井酒文化博物馆中展示的九酝酒法记载文字

（三）东汉末年的“九酝春酒法”

东汉末年出现了“九酝春酒法”。这是酿酒史上，甚至可以说是发酵史上具有重要意义的补料发酵法，现代称为“喂饭法”。后来补料发酵法成为我国黄酒酿造的最主要的加料方法。

“九酝春酒法”就是在一个发酵周期中，原料不是一次性都加入进去，而是分为九次投入。该法先浸曲，第一次加一石米，以后每隔三天加入一石米，共加九次。

---

① 即酿制好的酒。

（四）北魏时期《齐民要术》中的酿酒工艺

北魏的贾思勰的《齐民要术》，收录了汉代以来各地区（以北方为主）的酿酒法，是我国第一部有系统的酿酒工艺总结。其中收录了 8 种制曲法，40 余种酿酒法。酿酒工艺与汉代酿酒路线大致相同。《齐民要术》还总结了许多酿酒的原理，具有指导意义。

（五）唐宋时期的酿酒工艺

唐代和宋代是我国酿酒技术的成型时期。酿酒技术及主要的工艺设备最迟在宋代基本定型。在我国古代酿酒历史上，集大成的酿酒专著是北宋末期朱肱的《北山酒经》。《北山酒经》共分为三卷，上卷总结了酿酒的理论，并且对全书内容作了阐述；中卷论述制曲技术，并收录了十几种酒曲的配方及制法；下卷论述酿酒技术。酿酒过程如下：

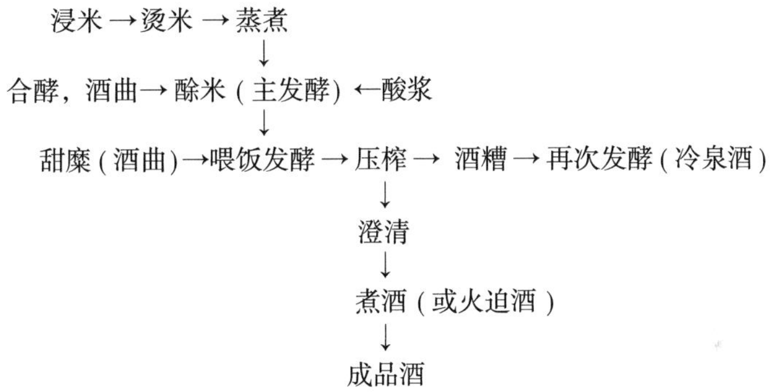

浸米→烫米→蒸煮
↓
合酵，酒曲→酴米（主发酵）←酸浆
↓
甜糜（酒曲）→喂饭发酵→压榨→酒糟→再次发酵（冷泉酒）
↓
澄清
↓
煮酒（或火迫酒）
↓
成品酒

（六）元明清时期的酿酒工艺

传统的酿酒工艺自宋代后，没有太大发展，方法没有较大的改动，工艺路线基本固定，只是在设备方面有小的改进。酿酒工艺直到现代出现机械化生产后才有大的改变。

五、酒的鉴赏与品评

不同的酒有不同的鉴赏要素。我们可以从酒的包装和酒标对酒有个初步的了解。要想深入的了解，还是通过品评。

现代科学技术的进步，对酒的分析提供了许多精密准确的方法。分析家可以检测出酒中的几百种成分，不断地认识那些与酒的质量、风格有密切关系的重要因素，能动地加以解释并建立一些科学规律来推动白酒科学的更大进步。然而直到如今人们还不能单靠鉴定酒中的成分来给它的质量以恰如其分的评价。一切化学分析尽管很详细，也还是很不够的，只能辅助感官分析而不能代替感官分析。一般来讲，我们可以从色、香、味、格四个方面对酒进行感官分析。感官分析也就是人们通常说的品尝。

在品尝中，酒的色、香、味刺激人的视觉、嗅觉、味觉和触觉器官引起感觉，由感觉细胞记录印象，导入神经系统形成知觉。其中嗅觉和味觉是最重要的。

1. 视觉

参与品酒的第一个感觉是视觉，首先要看酒的颜色、透明度、流动性、毛细管特性等现象。光的强度和色调（深或浅的程度）往往可以预测一种酒的酒龄、主体结构、丰满程度以及是否变质。从酒的颜色可以判断它所含的成分多寡，酒龄长短，是否氧化；从透明度可以判断它的澄清工序和过滤工序是否完好；从流动性可以看出它的干物质含量和各种成分的协调性及保藏年限；从毛细管现象可看出液体内压大小，推测酒精度高低等。

2. 嗅觉

第二个有益的感觉器官是嗅觉，它敏感于味觉千倍。在品尝前人们总应先闻闻酒的气味。有些品尝者在没有喝到口里以前就能评出一个酒的大致质量。可见嗅觉的重要性。嗅觉处在鼻腔的上部区域。嗅觉是一种由感官感受的知觉。它由两感觉系统参与，即嗅神经系统和鼻三叉神经系统。嗅觉和味觉会整合和互相作用。嗅觉器官由左右两个鼻腔组成，这两个鼻腔通过鼻孔与外界相通，中间有鼻中膈，鼻中膈表面的黏膜与覆盖在整个鼻腔内壁的黏膜相连。嗅觉感觉的作用就是让人体感觉到各种不同的气味。

3. 味觉

味的感觉细胞仅仅在舌头上，在被称为乳头状突起的味蕾上，每个味蕾直径小于0.1mm。

舌头上的乳头状突起中，只发现有四个基本的味觉：甜、酸、咸和苦，其余是触觉。这些不同的味觉不是同时出现的，部分原因是因为相应的味蕾处于舌头的不同位置。

这四个基本的味觉中，只有一个是真正愉快的，就是甜觉，其他的感觉在纯物质的情况下是令人不愉快的，只有当它们和甜味组合成一体的时候才能被接受。

4. 触觉

触觉部分是很重要的，它是综合温度、稠度、黏度、脂滑感、丰满感等多种印象的综合。因此某些味觉其实都有触觉作用参与。

例如：白酒的感官分析，主要包括色、香、味、格四个部分，品评就是要通过眼观其色、鼻闻其香，口尝其味，并综合色、香、味确定其风格，完成品尝过程。

具体酒种有不同的品评方法，都可以从色、香、味、格来进行感官评价。具体内容见各节分解。

第二节　发酵酒

发酵酒是指酿酒原料被微生物糖化发酵或直接发酵后，利用压榨或过滤的方式获取酒液，经贮存调配后所制得的饮料酒。发酵酒的酒精体积分数相对较低，一般为3%~18%左右，其中除酒精之外，还富含糖、氨基酸、多肽、有机酸、维生素、核酸和矿物质等营养物质。

根据我国饮料酒分类国家标准 GB/T 17204—2008 规定，发酵酒是以粮谷、水果、乳类为主要原料，经发酵或部分发酵酿制而成的饮料酒，包括啤酒、葡萄酒、果酒（发酵型）、黄酒、奶酒（发酵型）及其他发酵酒等。

一、葡萄酒

中国2000年以前就有了葡萄与葡萄酒。古代曾称葡萄为“蒲桃”“葡桃”等，葡萄酒则相应地叫做“蒲桃酒”等。此外，在古汉语中，“葡萄”也可以指“葡萄酒”。

关于葡萄两个字的来历，李时珍在《本草纲目》中写道：“葡萄，《汉书》作蒲桃，可造酒，人酺饮之，则醄然而醉，故有是名”。“酺”是聚饮的意思，“醄”是大醉的样子。按李时珍的说法，葡萄之所以称为葡萄，是因为这种水果酿成的酒能使人饮后醄然而醉，故借“酺”与“醄”两字，叫做葡萄。

（一）葡萄酒的发展史

中国种植葡萄及生产葡萄酒的历史是从汉武帝时期开始的，若以此作为我国葡萄酒产业的起点，至现在，可大致分为以下六个主要阶段：

1. 汉武帝时期

张骞出使西域带回葡萄，引进酿酒艺人，开始有了葡萄酒。《史记·大宛列传》记载：“宛左右以蒲陶为酒，富人藏酒至万余石，久者数十岁不败。俗嗜酒，马嗜苜蓿。汉使取其实来，于是天子始种苜蓿、蒲陶肥饶也。”

2. 魏晋南北朝时期

葡萄酒业的恢复、发展与葡萄酒文化的兴起。

3. 唐朝盛朝时期

有较大的发展，葡萄酒的引用也日趋广泛，产生了灿烂的葡萄酒文化，“葡萄美酒夜光杯，欲饮琵琶马上催。”唐代诗人王翰所作的诗句，中国人几乎耳熟能详。

4. 元朝时期

葡萄酒业和葡萄酒文化的鼎盛时期，葡萄酒已经是一个重要商品。意大利传教士马可·波罗在《中国游记》中有记载太原葡萄园与葡萄酒之事。

5. 清末民国初期

葡萄酒业的转折期。

1892年华侨实业家张弼士在山东烟台开办张裕酿酒公司，并从国外引进葡萄品种，这是我国第一个近代的新型葡萄酒厂。然而大多数酒厂在长时间的内外战争中遭到严重的打击，逐渐衰落下去，纷纷倒闭。

6. 新中国成立后

1949年中华人民共和国成立以后，特别是近30年以来，我国的葡萄和葡萄酒业得以蓬勃发展。不仅老厂，例如张裕酿酒公司等进行改造与发展，还在河北、天津、河南、安徽、江苏、通化、长白山等地建立新厂，引进国外优良葡萄品种和酿酒先进设备，现已生产出优质葡萄酒，在国内外有一定声誉。

现今，葡萄酒是一种国际性饮料酒，产量在世界饮料酒中列第二位。葡萄酒酒精含量低，营养价值高，所以它是饮料酒中主要的发展品种。世界上许多国家如意大利、法国、西班牙等国的葡萄酒产量居世界前列。

图3-2　葡萄酒

国际葡萄与葡萄酒组织（International Organisation of Vine and Wine，简称OIV）2016年4月发布全球葡萄酒2015年产销报告，全球葡萄酒行业的总产量276亿升，意大利是全球最大的葡萄酒生产国，产量48.9亿升，法国47.4亿升，西班牙36.7亿升，中国为11.1亿升，占全球总产量的4%，排名全球第九。

2015年，全球葡萄酒消费量达242亿升，美国成为全球最大的葡萄酒消费国，其葡萄酒消费量达31.8亿升；意大利和西班牙的葡萄酒消费保持稳定，分别为20.5亿升和10亿升；而法国的葡萄酒消费持续下降，但其总消费量依然较大，为27.2亿升。2015年中国的葡萄酒消费量大概为16亿升，2016年中国的葡萄酒消费量为17.2亿升。2016年中国葡萄园面积84.7万公顷，位居世界第二，仅次于西班牙的97.5万公顷。

（二）葡萄酒的分类

按照国际葡萄与葡萄酒组织（OIV）的规定，葡萄酒只能是破碎或未破碎的新鲜葡萄果实或汁完全或部分酒精发酵后获得的饮料，其酒精体积分数不能低于 8.5%。

葡萄酒的品种繁多，因葡萄的栽培、葡萄酒生产工艺条件的不同，产品风格各不相同。一般按酒的颜色、含糖量、二氧化碳含量及酿造方法来分类，国外也有采用以产地、原料名称来分类的。

1. 按酒的颜色分类

（1）红葡萄酒 用皮红肉白或皮肉皆红的葡萄带皮发酵而成，酒液中含有果皮或果肉中的有色物质，使之成为以红色调为主的葡萄酒。酒色呈深宝石红、宝石红、紫红、深红、棕红。

（2）白葡萄酒 用白皮白肉或红皮白肉的葡萄经去皮发酵而成，这类酒的颜色以黄色调为主，酒色呈微黄带绿、浅黄、禾秆黄、金黄或近似无色。

（3）桃红葡萄酒 用带色葡萄经部分浸出有色物质发酵而成，它的颜色介于红葡萄酒和白葡萄酒之间，酒色呈桃红、浅红、淡玫瑰红色。

2. 按含二氧化碳压力分类

（1）平静葡萄酒 也称静止葡萄酒，是指在 20℃时二氧化碳的压力小于 0.05MPa 的葡萄酒。

（2）起泡葡萄酒 在 20℃时二氧化碳的压力等于或大于 0.05MPa 的葡萄酒。

3. 按含糖量分类

（1）干葡萄酒 干葡萄酒是指含糖（以葡萄糖计）小于或等于 4.0g/L。或者当总糖高于总酸（以酒石酸计），其差值小于或等于 2.0g/L 时，含糖最高为 9.0g/L 的葡萄酒。

（2）半干葡萄酒 半干葡萄酒是指含糖大于干葡萄酒，最高为 12.0g/L。或者当总糖高于总酸（以酒石酸计），其差值小于或等于 2.0g/L 时，含糖最高为 18.0g/L 的葡萄酒。

（3）半甜葡萄酒 半甜葡萄酒是指含糖大于半干葡萄酒，最高为 45.0g/L 的葡萄酒。

（4）甜葡萄酒 甜葡萄酒是指含糖大于 45.0g/L 的葡萄酒。

4. 按酿造方法分类

（1）天然葡萄酒 完全用葡萄为原料发酵而成，不添加糖分、酒精及香料的葡萄酒。

（2）特种葡萄酒 特种葡萄酒是指用新鲜葡萄或葡萄汁在采摘或酿造工艺中使用特种方法酿成的葡萄酒，又分为：利口葡萄酒、加香葡萄酒、冰葡萄酒、贵腐葡萄酒、产膜葡萄酒、低醇葡萄酒、无醇葡萄酒等。

5. 按饮用方式分类

（1）开胃葡萄酒　在餐前饮用，主要是一些加香葡萄酒，酒精体积分数一般在18%以上，常见的有“味美思”等。

（2）佐餐葡萄酒　同正餐一起饮用的葡萄酒，主要是一些干型葡萄酒，如干红葡萄酒、干白葡萄酒等。

（3）待散葡萄酒　在餐后饮用，主要是一些加强的浓甜葡萄酒。

（三）主要酿酒用葡萄品种

葡萄属葡萄科（Vitaceae）葡萄属（*Vitis*）。葡萄中经济价值最高的是葡萄属，有70多个种，我国约有35个种，分布于北纬52°到南纬43°的广大地区。

七分原料三分工艺，好葡萄酒是种出来的。品种特质在很大程度上决定了葡萄酒的味、香气、典型性等。

不同类型的葡萄酒对葡萄的特性要求也不同。制佐餐红、白葡萄酒、香槟酒和白兰地的葡萄含糖量约为135~198g/L，含酸量6.0~12.0g/L，出汁率高，有清香味。制红葡萄酒的品种则要求色泽浓艳。

制高酒精含量酒的葡萄品种含糖量高达198~324g/L，含酸量4.0~7.0g/L，香味浓。

1. 酿造红葡萄酒的优良品种

（1）佳丽酿（Carignan）　别名法国红、康百耐、佳酿。原产西班牙，是西欧各国的古老酿酒优良品种之一。世界各地均有栽培。中国最早是1892年由西欧引入山东烟台。浆果含糖150~190g/L，含酸9~11g/L，出汁率75%~80%，所酿之酒宝石红色，味正，香气好，宜于其他品种调配，去皮可酿成白或桃红葡萄酒。可用于红酒调配酒与制造白兰地，该品种是世界古老酿红酒的品种之一。

（2）赤霞珠（Cabernet Sauvignon）　世界著名的红色酿酒葡萄品种，别名苏维翁，属欧亚种，原产法国。1892年由西欧引入我国烟台。浆果含糖160~200g/L，含酸6~7.5g/L，出汁率75~80%。酒体口感严密紧涩，典型的香味十分强烈，酒精度中等，单宁含量高，味道复杂丰富。在美国四种最好的佐餐红葡萄酒中位列榜首。在不同条件下表现不同，可表现出黑莓的果香或薄荷、青菜、青叶、青豆、青椒、破碎的紫罗兰的香气和烟熏味。未成熟时具典型的使人愉快的青椒味。在法国，酿酒师们常用品丽珠、梅鹿特与其调配，以改善其酒体的典型性和风格。

（3）品丽珠（Cabernet Franc）　世界著名的红色酿酒葡萄品种，别名卡门耐第，属欧亚种，原产法国。浆果含糖180~210g/L，含酸7~8g/L，出汁率70%。深宝石红色，结构较赤霞珠弱而柔和，风味纯正，酒体完美，低酸、低单宁、酒质极优，充满了优雅、和谐的果香和细腻的口感，增添了葡萄酒香气的复杂性。

（4）蛇龙珠（Cabernet Gernischt）　属欧亚种，原产法国，为法国的古老品种之一，与赤霞珠、品丽珠是姊妹品种。1892 年引入中国，山东烟台地区有较多栽培。浆果含糖 160~195g/L，含酸 7~8g/L，出汁率 75%~78%。蛇龙珠是酿制红葡萄酒的世界名种，在山东、东北南部、华北、西北地区有栽培。酿制酒为宝石红色，酒质细腻爽口。品种适应性强，结果期较晚，产量高。与赤霞珠、品丽珠共称酿造红葡萄酒的三珠。

（5）黑品乐（Pinot Noir）　别名黑品诺、黑比诺、黑美酿，属欧亚种，原产法国。栽培历史悠久，中国 20 世纪 80 年代开始引进，分布在甘肃、山东、新疆、云南等地区。浆果含糖 170~195g/L，含酸 8~9g/L，出汁率 75%。干红干白兼用，起泡葡萄酒的主要品种。酿成干白色淡黄，澄清发亮，有悦人的果梗清香和香槟酒的香气，酸涩恰当，柔和爽口，给人以“鲜”味感，余香清晰，回味绵延，品质上等。它所酿红葡萄酒呈宝石红色，果香浓郁，柔和爽口。

（6）梅鹿辄（Merlot）　别名梅洛、美乐、梅乐、梅鹿汁，原产法国。在法国波尔多（Bordeaux）与其他名种（如赤霞珠等）配合生产出极佳干红葡萄酒。我国最早是 1892 年由西欧引入山东烟台。20 世纪 70 年代后，又多次从法国、美国、澳大利亚等引入，是发展较快的酿酒品种，各主要产区均有栽培。

梅鹿辄果穗单歧肩，圆锥型，果穗平均重 333.3g，最大果穗重 400g，果粒近圆形，紫黑色，单果重 1.5g，出汁率 72.9%，可溶性固形物含量 17.6%。适应性强，抗病力中等。果实成熟期一致。

（7）席拉（Shiraz Syrah）　又称设拉子、西拉。起源于法国罗纳河谷的一种葡萄，当地用于酿造 A.O.C 红酒。在法国和欧洲各地写作“Syrah”，在澳大利亚、南非等新世界产区写作“Shiraz”，单品种用于酿酒。浆果含糖 206g/L，含酸 9.3g/L，出汁率 73%。席拉能赋予酒独特诱人的香气、复杂且有筋骨的口感，使酒不很浓郁但很丰满，质量稳定能进行很好的陈酿。在南非表现很像赤霞珠。

（8）巴贝拉（Barbera）　来源于意大利，是这个国家的第二大栽培品种。皮埃蒙特地区红酒总产量的一半是用巴贝拉酿造的。巴贝拉葡萄酒的风格很多，其中的优质品种可耐受很长时间的陈酿。巴贝拉的果实即使在成熟很充分时仍然有较高的酸度，使它在炎热的气候条件下有一定的优势。

在意大利巴贝拉还用于给内比奥洛（意大利最高贵的葡萄品种）葡萄酒调色，或与来自意大利南方的其他葡萄酒勾兑，来改善相对单薄的体量和过高的酸度。通过限制葡萄的产量和增加在橡木桶中的陈酿，意大利巴贝拉的总体品质得到提高，既能生产年轻活跃的新酒，又能酿造浓郁而充满力量型的葡萄酒。总体上，葡萄酒呈深沉的宝石红色，体量饱满，单宁含量低、酸含量高。

适宜于酿制红葡萄酒的品种还有：

法国蓝（Blue French）	欧亚种，原产奥地利
汉堡麝香（Muscat Hamburg）	欧亚种，原产英国
味儿多（Verdot）	欧亚种，原产法国

2. 酿造白葡萄酒的优良品种

（1）龙眼（Long Yan） 别名秋子、紫葡萄等，属欧亚种，是我国古老的栽培品种。浆果含糖120~180g/L，含酸8~9.8g/L，出汁率75%~80%。酿制酒为淡黄色，酒香纯正，酒体细致，柔和爽口。

该品种适应性强，耐贮运，是酿造高级白葡萄酒的主要原料之一。

（2）霞多丽（Chardonnay） 世界著名的白色酿酒葡萄品种，原产法国。霞多丽是酿造高档干白葡萄酒和香槟酒的世界名种，用其酿制的葡萄酒，酒色金黄，香气清新优雅，果香柔和悦人，酒体协调强劲、丰满，尤其是在橡木桶内发酵的干酒，酒香玄妙、干果香十分典型，是世界经典干白葡萄酒中的精品。

（3）雷司令（Riesling） 世界著名的白色酿酒葡萄品种，原产德国。1892年从欧洲引入我国，山东烟台和胶东地区栽培较多。浆果含糖170~210g/L，含酸5~7g/L，出汁率68%~71%。雷司令酒浅金黄色微带绿色，味醇厚，酒体丰满，柔和爽口，高雅细腻，有持久的浓郁果香。

该品种适应性强，较易栽培，但抗病性较差。

（4）白羽（Rkatsiteli） 又名尔卡齐杰里、白翼、苏58号。原产格鲁吉亚，是当地最古老的品种之一。1956年引入中国。在河北、山东、陕西、北京及黄河故道地区有大面积栽培。浆果含糖120~190g/L，含酸8~10g/L，出汁率80%。酿制酒为浅黄色，果香协调，酒体完整。

该品种栽培性状好，适应性强，是我国目前酿造白葡萄酒主要品种之一，同时还可酿造白兰地和香槟酒。

（5）贵人香（Italian Riesling） 别名意斯林、意大利里斯林，欧亚种，原产意大利。1982年引入中国。在山东、河北、陕西及天津、北京和黄河故道地区有较多栽培。浆果含糖170~200g/L，含酸6~8g/L，出汁率80%。酿制酒为浅黄色，果香浓郁，味醇爽口，回味绵长。

贵人香是酿制优质白葡萄酒的良种，也是酿制香槟酒、白兰地和加工葡萄汁的好品种。

（6）李将军（Pinot Gris） 别名灰比诺，属欧亚种，原产法国。浆果含糖160~195g/L，含酸7~10g/L，出汁率75%。酿制酒为浅黄色，清香爽口，回味绵延，具典型性。

该品种为黑品乐的变种，适宜酿造干白葡萄酒与香槟酒。

（7）长相思（Sauvignon Blanc） 别名白苏维翁、苏维浓、素味浓。欧亚种，原产法国。长相思是一种颇受欢迎的白色酿酒葡萄。熟透时采摘，酿造的葡萄酒具有柠檬、青苹果或药草的香气，有时带有胡椒的气味。早摘的白苏维翁酿造的酒，青草气息颇为浓郁。所酿葡萄酒酸度要高一些，酒体清淡，一般都呈干性。产自欧洲的这类葡萄酒大部分没有橡木味，而产自加利福尼亚的通常都有橡木味。

（8）白诗南（Chenin Blanc） 别名百诗难、白谢宁。这种上等葡萄最早在法国的卢瓦尔谷地广泛栽种，在美国加利福尼亚、澳大利亚、南非和南美栽培得都很普遍。白诗南葡萄酒是一种具有果味的葡萄酒，有的呈极度干性，有的稍甜，还有的甜度较高。品质最好的白诗南酸度高、质地圆润，非同寻常，经陈酿色泽呈深深的金黄色。可存放50年甚至更长的时间。其酒香特别容易让人联想起鲜桃的香味，早摘葡萄酿制的白诗南有一种淡淡的青草和药草的芳香。

适宜酿制白葡萄酒的品种还有：

米勒（Muller Thurgau） 欧亚种，原产德国

巴娜蒂（Banati Riesling） 欧亚种，原产匈牙利

琼瑶浆（Traminer） 欧亚种，原产中欧

白福儿（Folle Blanche） 欧亚种，原产法国

鸽笼白（Colombard） 欧亚种，原产法国

白玉霓（Ugni Blanc） 欧亚种，原产法国

3. 山葡萄

山葡萄是我国特产，盛产于黑龙江、辽宁、吉林等省。

（1）公酿一号 别名28号葡萄，是汉堡麝香与山葡萄杂交育成。酿制酒呈深宝石红，色艳、酸甜适口，具山葡萄酒的典型性。

（2）双庆 别名长白11号。酿制酒呈宝石红色，醇和爽口，具浓郁山葡萄果香。

（3）左山一 1973年从野生山葡萄中选育而成。酿制酒呈深宝石红色，果香浓郁，口味纯正，典型性强。

4. 调色品种

调色品种其果实颜色呈紫红至紫黑色。这种葡萄皮和果汁均为红色或紫红色。按红葡萄酒酿造方法酿酒。酒色深黑，专作葡萄酒的调色用。

（1）紫北塞 原产法国，目前我国烟台有少量栽培。

（2）烟74 欧亚种，原产中国，烟台张裕公司用紫北塞与玫瑰香杂交而成。酿制酒呈紫黑色，色素极浓，该品种为优良调色品种，颜色深而鲜艳，长期陈酿不易沉淀。

其他调色品种有：晚红蜜、巴柯、黑塞必尔等。

（四）葡萄酒鉴赏与品评

1. 葡萄酒鉴赏

品尝葡萄酒时需要将葡萄酒的味道形容出来，这时就需要专业术语来形容葡萄酒的味道。

图 3-3 葡萄酒鉴赏

（1）色泽

白葡萄酒颜色：近似无色、禾秆黄色、绿禾秆黄色、暗黄色、铅色、棕色。

红葡萄酒颜色：宝石红、鲜红、深红、暗红、紫红、瓦红、砖红、黑红等。

桃红葡萄酒颜色：黄玫瑰红、橙玫瑰红、玫瑰红、橙红、紫玫瑰红。

如果葡萄酒的颜色不自然，或者葡萄酒上有不明悬浮物（瓶底的少许沉淀是正常的结晶体），说明葡萄酒已经变质了，因为酒质变坏时颜色有浑浊感。

（2）香味

香气分类：动物气味、香脂气味、化学气味、香料气味、花香、果香等。

香气词汇：令人舒适、和谐、优雅、馥郁、别致、绵长、浓郁、纯正等。

（3）口味

葡萄酒结构词汇：丰满、完全、浓重、厚实、滑润、柔和、柔软、圆润等。

酒精词汇：醇厚、淡弱、瘦薄等。

酸词汇：爽利、清新等。

（4）外观　看酒瓶标签印刷是否清楚，是否仿冒翻印；酒瓶的封盖是否有异样，有没有被打开过的痕迹；看酒瓶背面标签上的国际条形码信息；酒瓶背面标签上是否有中文标识。根据我国法律，所有进口食品都要加中文背标，如果没有中文背标，有可能是走私进口，则质量不能保证。

（5）标识　打开酒瓶，看木头酒塞上的文字是否与酒瓶标签上的文字一样。在法国，酒瓶与酒塞都是专用的。

2. 葡萄酒的品评

（1）时间　最佳的试酒、品酒时间为上午 10：00 左右。这个时间不但光线充足，而且人的精神及味觉也较能集中。

（2）杯子　品尝葡萄酒的杯子是有讲究的，理想的酒杯应该是杯身薄、无色透明且杯口内缩的郁金香杯。而且一定要有 4～5cm 长的杯脚，这样才能避免用手持拿杯身时，手的温度间接影响到酒温，而且也方便观察酒的颜色。

（3）次序　若同时品尝多款酒时，一般的通则是干白葡萄酒会在红葡萄酒之前，甜型酒会在干型酒之后，新年份在旧年份之前。应该避免一次品尝太多的酒，一般人超过15个品种以上就很难再集中精神了。

图3-4　葡萄酒品评

（4）温度　品尝葡萄酒时，温度是非常重要的一环，若在最适合的温度饮用时，不仅可以让香气完全散发出来，而且在口感的均衡度上，也可以达到最完美的境界。通常红葡萄酒的适饮温度要比白葡萄酒高，因为它的口感比白酒厚重，所以，需要比较高的温度才能引出它的香气。因此，即使只是单纯的红葡萄酒或白葡萄酒，也会因为酒龄、甜度等因素，而有不同的适饮温度。

（5）品酒步骤

看：摇晃酒杯，观察其缓缓流下的酒脚；再将杯子倾斜45°，观察酒的颜色及液面边缘（以在自然光线的状态下最理想），这个步骤可判断出酒的成熟度。一般而言，新制的白葡萄酒是无色的，但随着陈年时间的增长，颜色会逐渐由浅黄并略带绿色反光，再到成熟的麦秆色、金黄色，最后变成金铜色。若变成金铜色时，则表示贮存时间太久已经不适合饮用了。红葡萄酒则相反，它的颜色会随着时间而逐渐变淡。新制的红葡萄酒是深红带紫，然后会渐渐转为正红或樱桃红，再转为红色偏橙红或砖红色，最后呈红褐色。

闻：第一步：在杯中的酒面静止状态下，把鼻子探到杯内，闻到的香气比较幽雅清淡，是葡萄酒中扩散最强的那一部分香气。第二步：手捏玻璃杯柱，不停地顺时针摇晃品酒杯，使葡萄酒在杯里做圆周旋转，酒液挂在玻璃杯壁上。这时，葡萄酒中的芳香物质，大都能挥发出来。停止摇晃后，第二次闻香，这时闻到的香气更饱满、更充沛、更浓郁，能够比较真实、比较准确地反映葡萄酒的内在质量。

尝：小酌一口，并以半漱口的方式，让酒在嘴中充分与空气混合且接触到口中的所有部位；此时可归纳、分析出单宁、甜度、酸度、圆润度、成熟度。也可以将酒吞下，以感觉酒的终感及余韵。

吐：当酒液在口腔中充分与味蕾接触，舌头感觉到酸、甜、苦味后，再将酒液吐出，此时要感受的就是酒在口腔中的余香和舌根余味。余香绵长、丰富，余味悠长，就说明这是一款不错的红葡萄酒。

【知识拓展：十大著名葡萄酒品牌】

1. 白马庄（Chateau Cheval Blanc）——圣达美隆的骄傲
2. 木桐庄（Mouton Rothschild）——波尔多一级庄新晋贵族
3. 稀雅丝（Chateau Rayas）——罗纳河谷顶尖酒王
4. 滴金庄（Chateau D′yquem）——最后贵族的“液体黄金”
5. 欧颂庄（Chateau Ausone）——明日顶级贵价明星
6. 拉菲庄（Chateau Lafite）——世界上最出名的葡萄酒
7. 拉图庄（Chateau Latour）——全球最昂贵的酒园
8. 罗曼丽·康帝（Romanee-Conti）——-可遇不可求的稀世珍品
9. 柏图斯（Petrus）——波尔多酒王之王
10. 卓龙（Chateau Trotanoy）——葡萄酒饮家的酒

二、 啤酒

啤酒是人类最古老的酒精饮料之一，以大麦芽、酒花、水为主要原料，经酵母发酵作用酿制而成的饱含二氧化碳的低酒精度酒。是水和茶之后世界上消耗量排名第三的饮料。

（一）啤酒发展简史

1. 世界啤酒工业

啤酒历史悠久，大约起源于9000多年前的中东和古埃及地区，6000年前美索不达米亚地区已有用大麦、小麦、蜂蜜制作的16种啤酒。后跨越地中海，传入欧洲。19世纪末，随着欧洲列强向东方侵略，传入亚洲。啤酒传播路线：埃及—希腊—西欧—美洲、东欧—亚洲。

公元前3000年起开始使用苦味剂。公元前18世纪，汉谟拉比法典已有关于啤酒的详细记载。公元前1300年左右，埃及的啤酒作为国家管理下的优秀产业得到高度发展。首次明确使用酒花作为苦味剂是在公元768年。

发展轨迹：家庭酿制—修道院、作坊生产—同业公会—使用酒花—下面发酵法—酵母纯培养—蒸汽机、冷冻机的应用—工业化大生产。

啤酒是世界性饮料酒，现在除了伊斯兰国家由于宗教原因不生产和不饮用酒外，啤酒生产几乎遍及世界各国，是世界产量最大的饮料酒。从啤酒生产国来看，中国、美国、巴西、德国、墨西哥是全球啤酒产量位居前五名的国家，累计约占全球的51%，全球前十个国家的产量占比达到 65%。啤酒生产增长快的是发展中国家。中国目前已经是全球最大啤酒生产和消费国，从 2002 年起到 2017 年，中国啤酒产量每年都位居第一。

2. 中国啤酒工业发展简史

中国在四五千年前就有古代啤酒。周朝《尚书·说命篇》记载“若作酒醴，尔惟曲蘖”。“蘖”就是发芽的谷物，“醴”就是由蘖糖化后发酵的“古代啤酒”。中国西安市米家崖考古遗址发现的陶器中保存着大约 5000 年前的啤酒成分，考古学家在陶制漏斗和广口陶罐中发现的黄色残留物表明，在一起发酵的多种成分，包括黍米、大麦、薏米和块茎作物。但是汉朝以后，用蘖酿造的醴，慢慢被曲酿造的酒代替了。

图 3-5　古埃及酿造啤酒的妇女雕塑

中国近代啤酒是从欧洲传入的，根据英语 Beer 译成中文“啤”，称其为“啤酒”，沿用至今。1900 年，俄国人在哈尔滨建立第一座中国境内的啤酒厂——乌卢布列夫斯基啤酒厂。1903 年，英国和德国商人在青岛开办英德酿酒有限公司（青岛啤酒厂前身）。1904 年，由中国人自己在哈尔滨开办啤酒厂——东北三省啤酒厂。1915 年在北京由中国人出资建立了双合盛啤酒厂。这期间是啤酒生产的萌芽期，生产技术基本掌握在外国人手中，发展缓慢，分布不广，产量不大，原料靠进口。1949 年以前，只有 8 家啤酒厂维持生产，总产量不足万吨。新中国成立后，大量建厂，尤其是 20 世纪 80 年代后期，到处开花。2002 年我国啤酒产量达到 238. 6 亿升，首次超过美国成为世界第一啤酒生产大国，发展速度举世瞩目。2017 年，我国啤酒年产量已经达到 440. 15 亿升。

（二）啤酒的分类

1. 按颜色划分

（1）淡色啤酒　俗称黄啤酒，根据其颜色的深浅不同，又将淡色啤酒分为三类。

黄色啤酒：酒液呈淡黄色，香气突出，口味淡雅，清亮透明。

金黄色啤酒：呈金黄色，口味清爽，香气突出。

棕黄色啤酒：酒液大多是褐黄、草黄，口味稍苦，略带焦香。

（2）浓色啤酒　色泽呈棕红或褐色，原料为特殊麦芽，口味醇厚，苦味较小。

（3）黑色啤酒　酒液呈深棕红色，大多数红里透黑，故称黑色啤酒。

2. 按麦汁浓度划分

（1）低浓度啤酒　原麦汁浓度为7~8°P，酒精体积分数在2%左右。

（2）中浓度啤酒　原麦汁浓度为11~12°P，酒精体积分数在3.1%~3.8%，是中国各大型啤酒主要产品。

（3）高浓度啤酒　原麦汁浓度为14~20°P，酒精体积分数在4.9%~5.6%，属于高级啤酒。

3. 按生产方式划分

（1）鲜啤酒　又称生啤，是指在生产中未经杀菌的啤酒，但也在可以饮用的卫生标准之内。此酒口味鲜美，有较高的营养价值，但酒龄短，适于当地销售。

（2）熟啤酒　经过杀菌的啤酒，可防止酵母继续发酵和受微生物的影响，酒龄长，稳定性强，适于远销，但口味稍差，酒液颜色变深。

（3）纯生啤酒　纯生啤酒是在生啤酒基础上经过严格过滤程序，把微生物和杂质除掉，放几个月也不会变质。

（4）干啤酒　普通啤酒有一定糖分残留，而干啤使用特殊酵母使糖继续发酵，把糖降到一定浓度之下，口味干爽。

（5）冰啤酒　冰点滤除沉淀的啤酒。酒体清亮，口味柔和醇厚、爽口。

4. 按传统的风味划分

（1）爱尔（Ale）　采用顶部高温发酵法酿制，酒体饱满、口感浓烈，常带有花果香气。

（2）拉格（Lager）　采用低温发酵法酿制，在贮存期中使酒液中的发酵物质全部耗尽，然后充入大量二氧化碳气装瓶，它是一种彻底发酵的啤酒。

（3）世涛啤酒（Stout）　主要产于英国和爱尔兰。此酒最大的特点是酒花、麦芽香味极浓，略有烟熏味。

（4）波特啤酒（Porter）　它最初是伦敦脚夫喜欢喝的一种啤酒，故以英文“Porter”称。它使用较多的麦芽、焦麦芽，麦汁浓度高，香味浓郁，泡沫浓而稠，酒精体积分数4.5%，其味较烈啤酒要苦、要浓。

（三）啤酒的酿造原料

1. 大麦

自古以来，大麦是酿造啤酒的主要原料。在酿造时先将大麦制成麦芽，再进行糖化和发酵。大麦之所以适于酿造啤酒，是由于：大麦容易发芽，并产生大量的水解酶类；大麦种植遍及全球；大麦的化学成分适合酿造啤酒，其皮渣有利过滤；大麦不是人类食用主粮。

全世界有三大啤酒麦产地，澳洲、北美和欧洲。其中澳洲啤酒麦芽因其讲究天然、光照充足、不受污染和品种纯洁而最受啤酒酿酒专家的青睐，所以它又有“金质麦芽”之称。

2. 啤酒糖化的其他原料

在啤酒麦汁制造的原料中，除了主要原料大麦麦芽以外，还包括其他特种麦芽、小麦麦芽及辅料。

世界上绝大多数啤酒生产国（除德国、挪威、希腊以外），允许添加辅料，它包括大麦、小麦、玉米、大米、高粱等谷类，玉米、木薯等淀粉，蔗糖和淀粉糖浆等。有的国家规定辅料的用量总计不超过麦芽用量的50%。在德国，除出口啤酒外，德国国内销售啤酒一概不使用辅料。

3. 啤酒花和酒花制品

图3-6 啤酒花

啤酒花简称酒花，又称蛇麻花。为桑科葎草属多年生蔓性草本植物，雌雄异株，用于啤酒酿造的为成熟雌花。

酒花能赋予啤酒柔和优美的香气和爽口的微苦味，能加速麦汁中高分子蛋白质的絮凝，能提高啤酒起泡性和泡持性，也能增加麦汁和啤酒的生物稳定性。

世界著名酒花产地德国、捷克、斯洛伐克、美国等均在北纬45°~50°。我国酒花主要产地新疆、内蒙、甘肃、青海、黑龙江等，均在北纬40°~50°。

4. 水

啤酒的主要成分就是水，“水是啤酒的血液”，所以水的好坏对啤酒的影响很大。我国的青岛、捷克的比尔森和英国的勃登生产的啤酒之所以品质优良，是与当地的水质分不开的。

（四）啤酒的鉴赏与品评

1. 看：标签、色泽、透明度，泡沫

看标签：酒度，麦汁浓度，保质期及B字标识。

看酒体色泽：普通浅色啤酒应该是淡黄色或金黄色，黑啤酒为红棕色或淡褐色。

看透明度：酒液应清亮透明，无悬浮物或沉淀物。

看泡沫：啤酒注入无油腻的玻璃杯中时，泡沫应迅速升起，泡沫高度应占杯子的1/3，当啤酒温度在8~15℃时，5分钟内泡沫不应消失，同时泡沫还应细腻，洁白，消泡后杯壁上仍然留有泡沫的痕迹（“挂杯”）。

2. 闻：闻香气，包括麦芽香和酒花香

闻香气，在酒杯上方，用鼻子轻轻吸气，应有明显的酒花香气，新鲜、无老化气味及生酒花气味；黑啤酒还应有焦麦芽的香气。

3. 尝：酸、甜、苦、咸、涩及杀口感

品尝味道，入口纯正，没有酵母味或其他怪味杂味；口感清爽、协调、柔和，苦味愉快而消失迅速，无明显的涩味，有CO_2的刺激，使人感到杀口。

三、 黄酒

汉代刘安在《淮南子》中说：“清醠之美，始于耒耜”。黄酒是中华民族独创的民族特产和传统食品，也是世界上最古老的酒类之一，在世界三大酿造酒（黄酒、葡萄酒和啤酒）中占有一席之地。

黄酒，顾名思义是黄颜色的酒。所以有的人将黄酒这一名称翻译成“Yellow Wine”。其实这并不恰当，黄酒的颜色并不总是黄色的。在古代，酒的过滤技术不成熟，酒是呈浑浊状态的，当时称为“白酒”或浊酒；在现代，黄酒的颜色也有呈黑色、红色的。黄酒的实质应是由谷物酿成的，而人们常常用“米”代表谷物粮食，故黄酒曾经被称为“米酒”也是较为恰当的。黄酒的英文名称，通常用“Chinese Rice Wine”。

图3-7 黄酒

黄酒生产的发展历史是我们整个中华民族文明史的一个佐证。由于其酿造技术独树一帜，黄酒成为东方酿造界的典型代表和楷模。其中浙派黄酒以浙江绍兴黄酒、阿拉老酒为代表；徽派黄酒以青草湖黄酒、古南丰黄酒、海神黄酒等为代表；苏派黄酒以吴江市桃源黄酒和张家港市沙洲优黄、江苏白蒲黄酒（水明楼黄酒）、无锡锡山黄酒为代表；海派黄酒以和酒、石库门为代表；北派黄酒以山东即墨老酒为北方粟米黄酒的典型代表；闽派黄酒以福建龙岩沉缸酒、闽安老酒和福建老酒为南方红曲稻米黄酒的典型代表。我国黄酒用曲制酒、复式发酵的酿造方法，堪称世界一绝。

在当代黄酒是谷物发酵酒的统称，以粮食为原料的发酵酒都可归于黄酒类。尽管如此，民间有些地区对本地酿造、且局限于本地销售的粮谷类发酵酒仍保留了一些传统的称谓，如江西的水酒，陕西的稠酒，西藏的青稞酒等。

（一）黄酒的种类

黄酒品种繁多，命名分类缺乏统一标准，有以酿酒原料命名的，也有以产地或生产方法命名的；也有以酒的颜色或酒的风格特点命名的。根据目前执行的 GB/T 13662—2008《黄酒质量标准》，黄酒可按产品风格和含糖量高低进行分类。

1. 根据产品风格分类

黄酒按产品风格可分为传统型黄酒、清爽型黄酒、特型黄酒等三大类。

（1）传统型黄酒　以稻米、黍米、玉米、小米、小麦等为主要原料，经蒸煮、加酒曲、糖化、发酵、压榨、过滤、煎酒（除菌）、贮存、勾兑而成的黄酒。

（2）清爽型黄酒　以稻米、黍米、玉米、小米、小麦等为主要原料，加入酒曲（或部分酶制剂和酵母）为糖化发酵剂，经蒸煮、糖化、发酵、压榨、过滤、煎酒（除菌）、贮存、勾兑而成的、口味清爽的黄酒。

（3）特型黄酒　由于原辅料和（或）工艺有所改变（如加入药食同源等物质），具有特殊风味且不改变黄酒风格的酒。

2. 根据含糖量（葡萄糖）分类

黄酒按产品含糖量可分为干黄酒、半干黄酒、半甜黄酒和甜黄酒四大类。

（1）干黄酒　以“绍兴元红酒”为典型代表，含糖小于或等于 15. 0g/L。

（2）半干黄酒　以“花雕酒”为典型代表，包括各种“加饭酒”等，含糖 15. 1～40. 0g/L。

（3）半甜黄酒　以“善酿酒”为典型代表，含糖 40. 1～100. 0g/L。

（4）甜黄酒　以“香雪酒”为典型代表，含糖超过 100. 0g/L。

3. 根据酿造方法的分类

按照酿造方法，可将黄酒分成三类。

（1）淋饭酒　是指蒸熟的米饭用冷水淋凉后，拌入酒药粉末，搭窝，糖化，最后加水发酵成酒。口味较淡薄。这样酿成的酒，有的工厂是用来作为酒母的，即所谓的“淋饭酒母”。

（2）摊饭酒　是指将蒸熟的米饭摊在竹篦上，使米饭在空气中冷却，然后再加入麦曲、酒母（淋饭酒母）、浸米浆水等，混合后直接发酵成酒。摊饭酒口味醇厚、风味好、深受消费者青睐。

（3）喂饭酒　将酿酒原料分成几批，第一批先做成酒母，然后再分批添加新原料，使发酵继续进行。黄酒中采用喂饭法生产的比较多，嘉兴黄酒就是代表。日本清酒也是用喂饭法生产的。

4. 根据原材料的分类

黄酒最常用的分类方法之一，也是 GB/T 17204—2008《饮料酒分类》所采纳的方法。包括稻米黄酒、非稻米黄酒等。

（1）稻米黄酒　以稻米为原料酿制的黄酒，包括糯米酒、粳米酒、籼米酒和黑米酒等。

（2）非稻米黄酒　以稻米以外的粮食原料酿制的黄酒，包括玉米黄酒、黍米黄酒、小米黄酒、小麦黄酒、青稞酒等。

（二）黄酒的原料和糖化发酵剂

1. 原材料

主要原料是米和水，辅料是小麦。大米，包括糯米、粳米和籼米，也有使用黍米、粟米和玉米的。小麦在黄酒酿造中主要用于制曲。原料种类不同和品质的优劣会影响酿酒工艺的调整和产品的产量、质量。酿造者常把米、水和麦曲比喻为黄酒的“肉”“血”和“骨”。

凡是大米都能酿酒，以糯米酿造黄酒最好。目前除糯米外，粳米、籼米也常作为黄酒酿造的主要原料。20 世纪 80 年代培育出的京引 15、祥湖 24、双糯 4 号、早珍糯、香血糯等优质高产糯米品种，为黄酒生产使用糯米原料提供了有利条件。

黄酒中的水占黄酒成分的 80%以上，显而易见，水对黄酒的品质影响极大。

2. 糖化发酵剂

传统的黄酒酿造是以小曲（酒药）、麦曲或红曲作糖化发酵剂的，即利用它们所含的多种微生物来进行混合发酵。

麦曲是指在破碎的小麦粒上培养繁殖糖化菌而制成的黄酒生产糖化剂。

酒药又称小曲、酒饼、白药等，主要用于生产淋饭酒母或以淋饭法酿制甜黄酒。酒药作为黄酒生产的糖化发酵剂，它含有的主要微生物是根霉、毛霉、酵母及少量的细菌和梨头霉等。

黄酒酿造的发酵剂为酒母。

酒母种类根据培养方法可分为两大类。一是用酒药通过淋饭酒醅的制造自然繁殖培养酵母菌，这种酒母称为淋饭酒母。二是用纯粹黄酒酵母菌，通过纯种逐级扩大培养，增殖到发酵所需的酒母醪量，称之为纯种培养酒母。

在现代黄酒生产中，为了降低黄酒酿造的用曲量、提高出酒率、增加风味和改善品质，常常会添加一些酶制剂以提高糖化力。目前广泛使用的酶制剂有 α-淀粉酶、β-淀粉酶、蛋白酶、非淀粉多糖酶（如纤维素酶、β-葡聚糖酶、木糖酶等）等，大大地提高了生产效率、降低了生产成本，并形成了新型黄酒和特色黄酒品种。

（三）传统黄酒与现代黄酒的生产工艺

1. 糯米类黄酒

糯米类黄酒中摊饭法发酵是传统黄酒酿造的典型方法之一，如绍兴元红酒和加饭酒都是应用摊饭法生产的。

摊饭发酵工艺主要特点：（1）选择冬季低温酿酒。（2）采用酸浆水配料发酵。（3）热米饭在加曲前吹冷。（4）选取生麦曲作糖化剂。（5）选用淋饭酒母作发酵剂。

2. 黍米类黄酒

黍米黄酒主要以精选颗粒饱满的黍米（当地人民俗称大黄米）为主原料，使用大曲为糖化剂，采用酒精酵母为发酵剂，经科学方法配制的一种低酒精度（酒精体积分数为5%~8%）酿造酒，在山东、甘肃等北方地区有一定市场。

3. 特色类黄酒

福建龙岩沉缸酒是福建省龙岩生产的甜黄酒，龙岩新罗泉沉缸酒已有200多年的历史，为中国名酒之一。早在1959年，沉缸酒就被誉为福建名酒。1963年，在全国第二届评酒会上荣获国家金质奖。1980年和1983年又连续荣获国家甜型黄酒的金牌。沉缸酒以其清亮透明、浓厚纯香和酒色协调的特点，在国外享有很高的荣誉。

4. 现代黄酒生产工艺

湖南胜景山河生物科技股份有限公司是黄酒行业第一家高新技术企业，年生产规模实现了2万吨。古越楼台牌黄酒是在继承中国传统黄酒特色的基础上，依托现代生物技术生产的新型黄酒品种。它以“清雅、绵甜、醇厚、滋养、融入湖湘文化”的特色而成为“湘派黄酒”的典型代表，生产工艺特点为：糯米液态蒸煮糊化、“四酶”液化与糖化、“二曲一酵母”液态混合发酵、冰点冷凝沉淀超滤。

（四）黄酒的鉴赏与品评

1. 黄酒品评

黄酒品评时基本上分色、香、味、格四个方面。

（1）色泽　黄酒的色泽因品种而异，其色泽从浅黄色至红褐色甚至黑色。

（2）香气　黄酒中的香气成分有100多种，黄酒特有的香气不是某一种香气成分特别突出的结果，而是通常所说的复合香，一般正常的黄酒应有柔和、愉快、优雅的香气感觉。

（3）滋味　甜、酸、苦、辣、鲜、涩六味协调，组成了黄酒特有的口味。

甜味成分主要是糖分。另外，2，3-丁二醇、甘油和丙氨酸等也是甜味成分，同时还赋予黄酒浓厚感。

“无酸不成味”是有科学根据的，酸有增强浓厚味及降低甜味的作用。

苦味成分主要是某些氨基酸、肽、酪醇和胺类等物质。炒焦的米或熬焦的糖色也会带来苦味。

辣味成分由酒精、高级醇及乙醛等成分构成，尤以酒精为主。

黄酒中的氨基酸有约 18 种，其中谷氨酸具有鲜味。此外，琥珀酸和酵母自溶产生的 5′-核苷酸类等物质也都有鲜味。

涩味主要由乳酸和酪氨酸等成分构成。若用石灰浆调酸，也会增加涩味。

黄酒的苦、涩味成分含量在允许范围内时，不但不呈明显的苦味或涩味，而且会使酒味有浓厚柔和感。

（4）风格　酒的风格即典型性，是色、香、味的综合反映。黄酒酒体的各种组分应该协调、优雅，具有该黄酒产品的特殊风格。

2. 品尝步骤

（1）闻香　首先，拔掉酒瓶的瓶塞，将软木塞拿到鼻前，一手轻轻扇动，感受软木塞积敛的香味。倒入酒杯后，轻轻摇动，闻之前先呼气，再吸气，辨别各种香气的特征，感受酒香是否持久。如果是一瓶好酒，会有很浓郁的香气，哪怕是空瓶，也可留香三年之久。

（2）观色　将酒倒入透明的高脚杯，使杯体倾斜 45°，对光观察酒的外观和颜色。好的陈年老酒，色泽晶莹剔透，泛出琥珀光。

（3）手感　用手指蘸一点酒，用食指和拇指粘合一下来感觉黏度。好酒滑腻黏手，洗净之后留有余香。再将酒壶置于水盅内，用 70～80℃的水淋浴酒壶，隔水温酒，40～45℃的酒温最适合饮用。过高则酒精蒸发，六味失调。

（4）含香　对着酒杯吸一口气，让酒的香气先进入鼻腔，然后让酒的香气就着口腔里的酒味慢慢融合到一起。

（5）润口　轻酌一小口，缓缓从舌尖滚到舌根，让不同味蕾充分感受酒之六味。然后用纯净水漱口，并休息两分钟。好的酒，六味醇厚，没有哪一味特别突出。

（6）入喉　让酒顺着喉咙口润至喉部，再使它回溯到舌头下，利用舌头感受酒的味道和刺激度。好的酒，无刺激无梗塞，入喉滑如上等丝绸。

3. 黄酒的饮用方法

黄酒的饮法，可带糟食用，也可仅饮酒汁，后者较为普通。

（1）温饮　传统的饮法是温饮，将盛酒器放入热水中烫热，或隔火加温。温饮的显著特点是酒香浓郁，酒味柔和。但加热时间不宜过久，否则酒精挥发掉了，反而淡而无味。一般在冬天盛行温饮。

黄酒的最佳品评温度是在 38℃左右。在黄酒烫热的过程中，黄酒中含有的极微量对人体健康无益的甲醇、醛、醚类等有机化合物，会随着温度升高而挥发掉，同时，酯类芳香物则随着温度的升高而蒸腾。

（2）冰镇黄酒　在年轻人中盛行一种冰黄酒的喝法，尤其在我国香港及日本，流行黄酒加冰后饮用。温度控制在3℃左右为宜，饮时再在杯中放几块冰，口感更好。也可根据个人口味，在酒中放入话梅、柠檬等，或兑些雪碧、可乐、果汁，有消暑、促进食欲的功效。

图3-8　黄酒品鉴

（3）佐餐黄酒　黄酒的配餐也十分讲究，以不同的菜配不同的酒，则更可领略黄酒的特有风味，以绍兴酒为例：干型的元红酒，宜配蔬菜类、海蜇皮等冷盘；半干型的加饭酒，宜配肉类、大闸蟹；半甜型的善酿酒，宜配鸡鸭类；甜型的香雪酒，宜配甜菜类。

四、清酒

（一）概述

清酒又称日本酒（Sake），是日本人民最喜爱的一种传统的酒精饮料。它是以大米、水为原料，经用米曲霉培养成的米曲与纯种酵母，在低温下边糖化、边发酵而酿成的酒精体积分数为14%～17%的酿造酒。日本清酒最原始的功用是作为祭祀之用，寺庙里的和尚为了祭典自行造酒，部分留做自己饮用。早期的酒是呈浑浊状的，经过不断的演进改良才逐渐变得澄清，其时大约在16世纪。

日本清酒虽然借鉴了中国黄酒的酿造法，但却有别于中国的黄酒，色香味迥然不同。该酒色泽呈淡黄色或无色，清亮透明，芳香宜人，口味纯正，绵柔爽口，其酸、甜、苦、涩、辣诸味谐调，酒精体积分数在15%以上，含多种氨基酸、维生素，是营养丰富的饮料酒。

日本全国有大小清酒酿造厂1500余家，按生产量和产品质量及在消费者中的影响，以下几个厂最为有名。其中著名的品牌为：白鹤厂的白鹤，大仓厂的月桂冠、松竹梅，西宫厂的日本盛、小西厂的白雪和大关厂的大关酒等。这些著名的清酒厂大多集中在关西的神户和京都附近。

图 3-9 清酒

（二）清酒的原料

清酒的主要生产原料有水、米、精米。

1. 水

水是清酒的主要原料之一。它占清酒的80%左右。在日本，用于清酒酿造有名的是位于日本兵库县东南部的西宫宫水。

2. 米

米是酿造的另一主要原料，它影响到清酒的质量和产量。制曲、酒母和发酵都是用精白后的粳米。

3. 精米

精米就是去除糙米外层的蛋白质、脂类和无机成分的米。近年来，随着消费者口味的变化，酿造清酒的精米率不断下降。对一些高级酒，精米率达到了50%，这种清酒口味清淡、爽口，且带有一些果香味。对酿造用米严格控制精白程度，也是清酒与中国黄酒在酿造上的不同点之一。

（三）清酒的特点

（1）原材料选择严格，精选的大米要经过磨皮，使大米精白，浸渍时吸收水分快，而且容易蒸熟。

（2）发酵时又分成前、后发酵两个阶段，分批投料、边糖化、边发酵。

（3）长时低温发酵，在15℃左右发酵，以低温控制缓慢发酵，以获得香、味的协调。

（4）杀菌处理在装瓶前、后各进行一次，以确保酒的保质期。

（5）勾兑酒液时注重规格和标准。如“松竹梅”清酒的质量标准是：酒精体积分数18%，含糖量35g/L，含酸量0.3g/L以下。

（6）酒色泽呈淡黄色或无色，清亮透明，芳香宜人，口味纯正，绵柔爽口，其酸、甜、苦、涩、辣诸味谐调。

（7）避光低温保存。

（四）清酒的种类

1. 清酒从酿制的原料及精米程度的不同，可区分出不同的等级。

（1）第一级，纯米大吟酿（大吟酿），精米率50%以下，口感平滑，顶级清酒。

（2）第二级，纯米吟酿（吟酿），精米率60%以下，芳香清爽。

（3）第三级，特别纯米（纯米），精米率60%以下，丰厚醇和。

（4）第四级，特别本酿造（本酿造），精米率60%以下，清爽甜美。

2. 按酿造方法分类

（1）纯米酿造酒　纯米酿造酒即为纯米酒，仅以米、米曲和水为原料，不外加食用酒精。

（2）普通酿造酒　普通酿造酒属低档的大众清酒，是在原酒液中兑入较多的食用酒精，即1吨原料米的醪液添加100%的酒精120L。

（3）增酿造酒　增酿造酒是一种浓而甜的清酒。在勾兑时添加了食用酒精、糖类、酸类、氨基酸、盐类等调制而成。

（4）本酿造酒　本酿造酒属中档清酒，食用酒精加入量低于普通酿造酒。

（5）吟酿造酒　制作吟酿造酒时，要求所用原料的精米率在60%以下。以此酿造而成的酒具有香蕉的味道或者苹果的味道。吟酿造酒又根据精米率的差别分为吟酿、大吟酿。其中大吟酿被誉为“清酒之王”。

（6）手造酒　用传统方法酿造的清酒。

（7）秘藏酒　贮存期在5年以上的酒。

（8）樽酒　具有酿造酒樽木香的酒。

（9）原酒　勾调中不加水的酒。

（10）生一本　自己酒厂酿造的纯米清酒。

（11）生酒　不经过加热杀菌的清酒。

（12）生贮藏酒　冷贮藏后，灭菌前的酒。

（13）贵酿酒　三投时，一部分的投料水用清酒代替，由于酒精抑制了酵母的发酵，故酒中糖度较高。

（14）发泡清酒　生的原酒中压入二氧化碳的酒。

（15）冻法酒　生的原酒冻起来，饮用时再解冻的清酒。

（16）红酒　用红曲菌制曲酿制的酒，活用红色酵母与红米酿造的清酒。

（17）活性清酒　压榨后有白色浑浊的清酒。

（18）风吕酒　加入浴剂而用的酒。

（19）糙米酒　用未经精白处理的糙米与曲、酶制剂酿造的酒。

（五）清酒品鉴

饮用清酒时可采用浅平碗或小陶瓷杯，也可选用褐色或青紫色玻璃杯作为杯具。酒杯应清洗干净。

普通酒质的清酒，只要保存良好、没有变质、色呈清亮透明，就都能维持住一定的香气与口感。但若是等级较高的酒种，其品鉴方式就像高级洋酒一样，也有辨别好酒的诀窍及方法，其方法不外三个步骤。

1. 眼观

观察酒液的色泽与色调是否纯净透明，若是有杂质或颜色偏黄甚至呈褐色，则表示酒已经变质或是劣质酒。在日本品鉴清酒时，会用一种在杯底画着螺旋状线条的专业品酒杯（蛇眼杯）来观察清酒的清澈度。

2. 鼻闻

清酒最忌讳的是过熟的陈香或其他容器所逸散出的杂味，所以，有芳醇香味的清酒才是好酒，而品鉴清酒所使用的杯器与葡萄酒一样，需特别注意温度的影响与材质的特性，这样才能闻到清酒的独特清香。

3. 口尝

在口中含 3~5mL 清酒，然后让酒在舌面上翻滚，使其充分均匀地遍布舌面来进行品味，同时闻酒杯中的酒香，让口中的酒与鼻闻的酒香融合在一起，吐出之后再仔细品尝口中的余味，若是酸、甜、苦、涩、辣五种口味均衡调和，余味清爽柔顺的酒，就是优质的好酒。

第三节 蒸馏酒

蒸馏酒是指酿酒原料被微生物糖化发酵或直接发酵后，利用蒸馏的方式获取酒液，经储存勾兑后所制得的饮料酒，酒精体积分数相对较高，最高为62%左右，低度白酒为28%~38%。酒中除酒精之外，其他成分为易挥发的醇、醛、酸、酯等呈香、呈味组分。

根据 GB/T 17204—2008《饮料酒分类》规定，蒸馏酒是以粮谷、薯类、水果、乳类等为主要原料，经发酵、蒸馏、勾兑而成的饮料酒，包括白酒的全部类别（如大曲酒、小曲酒、麸曲酒、混合曲酒）、洋酒（如白兰地、威士忌、伏特加、朗姆酒、金酒）以及奶酒（蒸馏型）及其他蒸馏酒等。

中国白酒、伏特加、威士忌、白兰地、金酒（杜松子酒）、朗姆酒号称世界六大蒸馏酒。

一、中国白酒

中国白酒是指以粮谷为主要原料，用大曲、小曲或麸曲及酒母等为糖化发酵剂，经蒸煮、糖化、发酵、蒸馏、陈酿、勾兑而制成的饮料酒。包括大曲酒、小曲酒、麸曲酒等传统发酵法生产白酒以及各类新工艺白酒。

图 3-10　中国白酒

由于中国白酒在工艺上比其他蒸馏酒更为复杂，酿酒原料多种多样，酿造方法各有特色，酒的香气特征也各有千秋，因此中国白酒的种类很多。

（一）中国白酒发展简史

唐代诗人白居易《荔枝楼对酒》一诗写道："荔枝新熟鸡冠色，烧酒初开琥珀香。欲摘一枝倾一盏，西楼无客共谁尝。"

关于中国白酒的起始问题，历来皆无定论。李时珍认为，"烧酒非古法也，自元时始创，其法用浓酒和糟入甑，蒸令气上，用器承滴露。"李时珍此说是最为学者所普遍接受的论断。但在当代，学者们先后提出了东汉说、唐代说、宋代说等不同的观点。

元朝时期，已有"烧酒"一词专门指称蒸馏酒和白酒，或称之为火酒、酒露、烧刀等。元代的蒸馏酒以外来语的形式流行于酿酒界，称为"阿剌吉酒"，源自阿拉伯语的 araq，又译作阿尔奇酒、阿里乞酒、哈剌基酒、轧赖机酒等。

明清时期，蒸馏酒有了进一步的发展，但尚未取得主流地位。在明人徐霞客的游记中，完整保存了他个人的饮酒记录。从他饮酒的场合和种类可以推知，蒸馏酒（时称"火酒"）多是乡野百姓的饮用之物，士大夫之家的宴请仍然是以黄酒为主。明代著名酒评专家和文学家袁宏道也说过这样的话："凡酒以色清味洌为圣，色如金而醇苦为贤，色黑味酸醨者为愚。以糯酿醉人者为君子，以腊酿醉人者为中人，以巷醪烧酒醉人者为小人。"

随着时代的变迁及酒文化的发展，白酒及其文化逐渐得到饮酒者及评酒者的广泛认同。清代前期，酿酒业在政府禁酒政策的夹缝中生存，仍然取得了极大的发展。清末，为了充裕税收，筹措赔款及新政经费，政府渐次放开了对烧锅蒸酒的禁令，蒸馏酒的发展更显迅猛。民国初年农商部的调查显示，1912 年全国酒类产量约 903 万吨，其中黄酒年产约 87.7 万吨，占全国酒类总产量的 10%；烧酒 460 万吨，占总产量的 51%，高粱酒337万吨，占总产量的37%。果子酒约818吨，药酒944吨；其他酒类17.8万吨，约占总产量的2%。高粱酒和烧酒产量占全国酒产量的88%，蒸馏酒占据国人酒类消费的绝大部分，这一状况在整个民国时期均未改变。

民国时期，虽然民生凋敝，外敌入侵，内乱频仍，酿酒业仍取得了极大的发展。纵观这一阶段的蒸馏酒发展，主要表现出如下几个基本特征。首先是蒸馏酒占据酿酒行业的极大份额，其产量占比情况已如上述。第二，是蒸馏酒酿造地域普遍，无论是在边疆，还是在内地各处，都有蒸馏酒的酿造和售卖。第三，蒸馏酒酿造设备简陋，但酿酒技术相当成熟。大曲法、小曲法、麸曲法等，都已经很成熟。茅台酒、汾酒酿造技术也在这一时期不断总结、提高。第四，名酒逐渐形成。如今日流行的贵州茅台酒、洋河大曲、绵竹大曲、泸县大曲（今泸州老窖）、双沟大曲、陕西柳林酒（今西凤酒）等，均已相当风行，为今日之名白酒版图的形成奠定了基础。第五，白酒开始成为社会各阶层普遍接受和消费的酒品。近代以来，因天灾人祸不断，农业生产落后，粮食安全难以保障，酿酒业发展受到一定的限制。特别是在抗日战争爆发后，黄酒的重要产地江浙沪皖一带几乎全落入敌手。政府机关、教育科研机构及工况企业内迁，大量人口集中在西南数省。这一地区以出产土酒和烧酒为主，由是中国酒类消费发生了根本性的转变，白酒成为绝对的主流和时尚。

1949年新中国成立以后，许多地区在私人烧酒作坊基础上相继成立了地方国营酒厂，中国白酒产业发展从此掀开了崭新的历史篇章，由私人经营的传统酿酒作坊逐渐向规模化工业企业演变。但在计划经济体制下，白酒产业发展速度缓慢。从1949年末到1985年的35年间，白酒产业初步奠定了其后的发展基础。第一，力量准备。在1945—1950年期间，全国各地的酿酒作坊相继合并组建成酒厂，这是白酒业初具雏形的阶段。第二，技术准备。20世纪50、60年代，全国开展以总结传统经验为特征的大规模白酒试点研究，包括烟台试点、茅台试点、汾酒试点和泸州老窖试点。20世纪70年代的时候，又展开了酿酒机械化改进，80年代到90年代，气相色谱分析和勾兑调味技术得到推广应用。第三，品牌准备。从1952年开始，国家陆续进行了名酒评选，评出“中国名酒”产品，如茅台、五粮液、剑南春、泸州老窖、汾酒、洋河、古井、西凤、郎酒、全兴、双沟、黄鹤楼、董酒等。

近三十年来，我国白酒产业取得了重大发展。白酒骨干企业以坚持科技进步支撑产品研发和风格创新；以加强科技人才和专家队伍建设，深化酿酒工艺技术研究；以工业化、自动化和信息化手段，改造和提升传统生产模式，提高生产效率；以发挥产区优势打造产业集群不断提质增量，满足日益增长的消费需求；以健全网络渠道、创新营销理念、塑造品牌文化，努力开拓市场；使一个古老而悠久的民族传统食品产业，实现持续快速发展；白酒香型得以确定和丰富，确定了十余个白酒香型及其感官特征。

如今的白酒市场，一方面是香型的丰富，市场上白酒产品多种多样；另一方面是产量的不断增长。2017 年，全国白酒产量折 65 度商品量为 1198.1 万千升。其中，四川白酒为 372.39 万千升，成为全国白酒产量最高的地区。2017 年产量前十的省市还有河南（114.92 万千升）、山东（106.27 万千升）、江苏（92.35 万千升）、吉林（77.78 万千升）、湖北（61.99 万千升）、黑龙江（57.79 万千升）、贵州（45.21 万千升）、安徽（43.93 万千升）、北京（33.82 万千升）。白酒产量的增长和种类的增多，既丰富了国人的酒类消费构成，同时又对白酒行业的市场营销活动提出了更高的要求。

（二）中国白酒的种类

1. 按不同糖化发酵剂进行分类

按照生产过程中使用糖化发酵剂的不同，可将白酒分为大曲酒、小曲酒、麸曲酒以及混合曲酒等种类。

（1）大曲酒　以大曲为糖化发酵剂酿制而成的白酒。大曲又称块曲或砖曲，以大麦、小麦、豌豆等为原料，经过粉碎，加水混捏，压成曲醅，形似砖块，大小不等，让自然界各种微生物在上面生长而制成。大曲有低温大曲、中温大曲、高温大曲和超高温大曲等不同类别，其糖化发酵力不一，对成品风味影响也不一样。大曲酒酿制一般为固态发酵，成品白酒质量较好，多数名优白酒都是以大曲酿成，茅台、五粮液、泸州老窖等都是大曲酒。

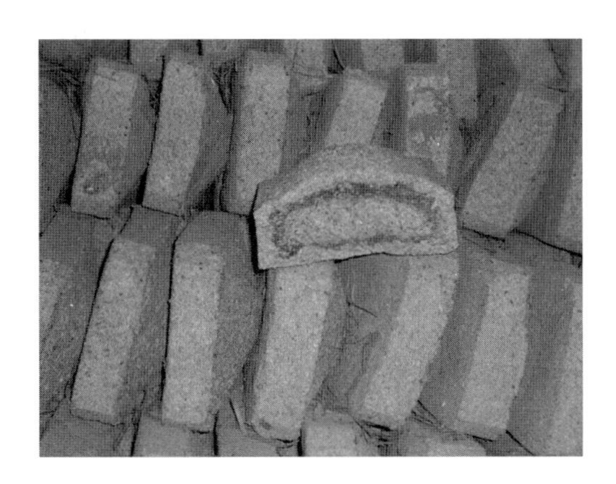

图 3-11　宋河酒厂白酒酒曲及宋河粮液

（2）小曲酒　以小曲为糖化发酵剂酿制而成的白酒。小曲主要是以稻米、高粱为原料制成，酿制时多采用固态、半固态发酵，南方白酒多是小曲酒。小曲酒用高粱、玉米、稻谷为原料，出酒率较高。四川、湖北、云南、贵州等省小曲酒大部分采用固态发酵，在箱内糖化后配醅发酵，蒸馏方式如大曲酒。广东、广西、福建等省采用半固态发酵，即固态培菌糖化后再进行液态发酵和蒸馏。所用原料以大米为主，制成的酒具独特的米香，桂林三花酒是这一类型的代表。

（3）麸曲酒　以麸曲为糖化剂，加酒母发酵酿制而成的白酒。早在20世纪20年代，在中国天津等地就有白酒生产者使用麸皮为制曲原料培养酒曲。其出酒率高，但成品白酒品质一般，不太受市场欢迎。新中国成立后，在烟台操作法的基础上有了新的发展，分别以纯培养的曲霉菌及纯培养的酒母作为糖化、发酵剂，发酵时间较短，生产成本较低，为白酒厂广为采用，麸曲酒产量最大，以大众为消费对象，主要流行于北方地区。

（4）混合曲酒　以大曲、小曲或麸曲等为糖化发酵剂酿制而成的白酒，或糖化酶为糖化剂，加酿酒酵母等发酵酿制而成的白酒。董酒就是混合曲酒的典型代表，采用小曲小窖制取酒醅、大曲大窖制取香醅，双醅串香而成。

2. 按不同生产工艺进行分类

根据生产工艺的不同，可将白酒分为固态法白酒、液态法白酒和固液法白酒三大类别，也是中国白酒常用的分类方法之一。

（1）固态法白酒　以粮谷为原料，采用固态（或半固态）糖化、发酵、蒸馏、贮存、勾调、陈酿而成，未添加食用酒精和非白酒发酵产生的呈香呈味物质，具有独特风格特征的白酒。

（2）液态法白酒　以含淀粉、糖类物质为原料，采用液态糖化、发酵、蒸馏所得的基酒（或食用酒精），可调香或串香勾调而成的白酒。

（3）固液法白酒　是以固态法白酒（不低于30%）、液态法白酒勾调而成的白酒。

3. 根据不同生产原料进行分类

根据生产原料的不同，可分为粮食白酒和代用原料白酒（非粮食白酒）。这也是中国白酒常用的分类方法之一，主要用于行业管理及商贸领域。

（1）粮食白酒　是指以高粱、玉米、大米、糯米、大麦、小麦、小米、青稞等各种粮食为原料，经过糖化、发酵后，采用蒸馏方法酿制的白酒。

（2）代用原料白酒　以非粮谷含淀粉或糖的原料酿制而成的白酒，如红薯酒、白薯酒、粉渣酒、糠麸酒等。

4. 根据酒质的不同进行分类

根据酒质的不同，可分为国家名酒、省部名酒和一般白酒等。

（1）国家名酒　是指在历次评酒会上获得金质奖章的名酒产品，是国家评定的质量最高的酒。前后共进行过五次评比，茅台酒、汾酒、西凤酒、五粮液、董酒、泸州老窖等都是“国家名酒”。

（2）国家优质酒　是指在历次评酒会上获得银质奖章的名酒产品。国家优质酒评比与国家名酒评比同时进行。

（3）部优、省优白酒　是指各省、各部委组织评比的名优酒，如原商业部、原轻工业部、原农业部及各省评选出的各类名优酒。

（4）一般白酒　名优白酒毕竟只占白酒市场的极少数，大多数白酒只是一般白酒。其以低廉的价格，为百姓普遍接受。有些一般白酒质量也较高，受到市场和消费者的欢迎。

5. 根据酒精度数的不同进行分类

根据酒精度数的不同，中国白酒又可分为高度白酒、低度白酒。一般用于行业管理、商贸领域和生产厂家。

（1）高度白酒　我国传统生产方法酿制的白酒，酒精体积分数在41%以上，一般不超过65%。但最新的饮料酒分类国家标准取消了饮料酒中酒精含量的上限。诸多名酒如茅台、五粮液、郎酒、习酒等都是高度酒。

（2）低度白酒　采用了降度工艺，酒精体积分数一般在40%以下，也有低至28%左右者。低度酒主要流行于北方地区。

6. 根据产品香型的不同进行分类

根据产品香型进行分类，是我国白酒最常用的分类方法，主要是按照白酒的主体香气成分特征及风格分类。

（1）酱香型白酒　是指以粮谷为原料，经传统固态发酵、蒸馏、陈酿、勾兑而成的，未添加食用酒精及非白酒发酵产生的呈香呈味物质，具有其特征风格的白酒。其工艺特点是高温堆积、高温发酵、高温制曲、高温馏酒、长期发酵、长期贮存。其风格特征是：无色或微黄透明，无悬浮物，无沉淀，酱香突出、幽雅细腻，空杯留香幽雅持久，入口柔绵醇厚，回味悠长，风格突出。以贵州茅台酒为典型代表，故又称为“茅香型”白酒。贵州习水的习酒、四川古蔺的郎酒亦较出名，而以贵州省仁怀市茅台河谷为中国酱香型白酒最集中的产地，年产量约35万千升。

（2）浓香型白酒　是指以粮谷为原料，经传统固态发酵、蒸馏、陈酿、勾兑而成的，未添加食用酒精及非白酒发酵产生的呈香呈味物质，具有以已酸乙酯为主体复合香的白酒。浓香型白酒的工艺特点是：千年老窖、万年香糟、熟糠拌料、长期发酵，基本特点为“以高粱或多粮为原料，优质小麦或大麦、小麦、豌豆混合配料培制中高温曲，泥窖固态发酵，采用续糟配料，混蒸混烧，量质摘酒，分级贮存，精心勾兑”。其香味特征为：无色透明、窖香优雅、绵甜爽净、柔和协调、尾净香长、风格典型。以四川泸州所产泸州老窖为最出名，故又名“泸香型”。四川宜宾五粮液、江苏洋河、安徽古井贡等均甚有名。

（3）清香型白酒　是指以粮谷为原料，经传统固态发酵、蒸馏、陈酿、勾兑而成的，未添加食用酒精及非白酒发酵产生的呈香呈味物质，具有以乙酸乙酯为主体复合香的白酒。其工艺特点是以高粱为酿酒原料，大麦和豌豆制成低温大曲，采用清蒸、清渣、地缸固态发酵、清蒸二次清工艺，采用润料堆积、低温发酵、高度摘酒、适期贮存等工艺。其香味特征是：清香纯正，醇甜柔和，自然协调，余味爽净，酒体突出清、爽、绵、甜、净的风格特征，以山西汾酒为最有名，在北方和西北地区较为流行，是除浓香型白酒外市场占有率较高的白酒香型。

（4）米香型白酒　是指以大米等为原料，经传统固态发酵、蒸馏、陈酿、勾兑而成的，未添加食用酒精及非白酒发酵产生的呈香呈味物质，具有以乳酸乙酯、β-苯乙醇为主体复合香的白酒。米香型白酒的工艺特点为：以大米为原料，小曲为糖化发酵剂，前期为固态培菌、糖化，后期为液态发酵，经蒸馏釜蒸馏。其风格特征为：米香清雅，入口柔绵，落口甘冽，回味怡畅。即米香明显，入口醇和，饮后微甜，尾子干净，不应有苦涩或焦煳苦味，但允许微苦。以广西桂林所产三花酒为典型代表，在南方及西南地区也较流行。

（5）凤香型白酒　是指以粮谷为原料，经传统固态发酵、蒸馏、酒海陈酿、勾兑而成的，未添加食用酒精及非白酒发酵产生的呈香呈味物质，具有以乙酸乙酯和己酸乙酯为主体复合香的白酒。凤香型白酒的工艺特点是：以高粱为酿酒原料，大麦、豌豆培植的中高温大曲，混蒸混烧续茬老五甑制酒工艺，入窖温度稍高，发酵周期短（一般12~14天，目前多为28~30天），泥窖池发酵（每年换新泥，这点与浓香型白酒陈酿窖泥不同），采用酒海贮存。凤香型白酒以陕西西凤酒为典型代表，具有醇香秀雅、醇厚丰满、甘润挺爽、诸味谐调、尾净悠长的特点。

（6）豉香型白酒　是指以大米为原料，经蒸煮，用大酒饼作为糖化发酵剂，采用边糖化边发酵的工艺，釜式蒸馏，陈肉酝浸勾兑而成，未添加食用酒精及非白酒发酵产生的呈香呈味物质，具有豉香特点的白酒。其工艺特点是：使用俗称为“大酒饼”的小曲，发酵周期约15~20天，用米酒浸渍肥猪肉形成典型香，蒸馏后混合酒精体积分数为30%左右，是我国原酒酒度最低的白酒。其风格特征为：玉洁冰清、豉香独特、醇和甘滑、余味爽净，以广东石湾玉冰烧为典型代表。

（7）芝麻香型白酒　是指以高粱、小麦（麸皮）等为原料，经传统固态发酵、蒸馏、陈酿、勾兑而成的，未添加食用酒精及非白酒发酵产生的呈香呈味物质，具有以芝麻香型风格的白酒。其工艺特点是混蒸混烧，高温曲、中温曲、强化菌曲混合使用，高温堆积，砖池为容器偏高温发酵，缓汽蒸馏，量质摘酒，分级入库，长期贮存，精心勾调。以山东景芝白干为典型代表，具有芝麻香突出，优雅醇厚，甘爽协调，尾净，具有芝麻香特有风格。

（8）特香型白酒　是指以大米为主要原料，经传统固态发酵、蒸馏、陈酿、勾兑而成的，未添加食用酒精及非白酒发酵产生的呈香呈味物质，具有特香型风格的白酒。特香型白酒的工艺特点是：整粒大米不经粉碎浸泡，直接与酒醅混蒸，使大米的固有香气带入酒中，采用面粉、麸皮加酒糟作为大曲原料，以红褚条石砌成、水泥勾缝，仅窖底及封窖用泥作为发酵窖池。以江西樟树市所产四特酒为典型代表，具有酒香芬芳，酒味纯正，酒体柔和，诸味谐调，香味悠长的风格特征。

（9）浓酱兼香型白酒　是指以粮谷为原料，经传统固态发酵、蒸馏、陈酿、勾兑而成的，未添加食用酒精及非白酒发酵产生的呈香呈味物质，具有浓香兼酱香独特型风格的白酒。具体说来，又可以分为酱中带浓和浓中带酱两种。酱中带浓工艺特点为：高温闷料、高比例用曲、三次投料、九轮发酵、香泥封窖等。以湖北白云边酒为典型代表，具有芳香、优雅、舒适、细腻丰满、酱浓谐调、余味爽净悠长等风格特征。浓中带酱用两步法进行生产，采用浓香、酱香分型发酵产酒，半成品各定标准，分型贮存，按比例勾调成兼香型白酒。以黑龙江玉泉酒为典型代表，具有浓香带酱香，诸味谐调，口味细腻，余味爽净的风格特征。

（10）老白干香型白酒　是指以粮谷为原料，经传统固态发酵、蒸馏、陈酿、勾兑而成的，未添加食用酒精及非白酒发酵产生的呈香呈味物质，具有以乳酸乙酯和乙酸乙酯为主体复合香的白酒。其工艺特点是：精选小麦踩制清茬曲为糖化发酵剂，以新鲜的稻皮清蒸后作填充料，采取清烧、混蒸老五甑工艺，低温入池，地缸发酵，酒头回沙，缓慢蒸酒，分段摘酒，分级入库，精心勾兑而成。老白干香型白酒以河北衡水老白干为典型代表，具有醇香清雅，甘润挺拔，丰满柔顺，回味悠长，风格典型等特征。

（11）药香型白酒　是以优质高粱为主要原料，以大曲（麦曲）和小曲（米曲）为糖化发酵剂，配以中药材，采用独特的串香法酿造工艺，精心酿制而成。发酵池偏碱性，窖泥采用特殊材料，以当地出产的白泥和石灰、杨桃藤浸泡出汁拌和涂抹窖池壁，产品兼有大曲浓香和小曲药香的风格。以贵州遵义董公寺所产董酒为最著名，采用大小曲并用，大曲原料为大麦，加中药 40 味，小曲原料为大米，加中药 95 味，采用小曲酒酿制法取得小曲酒，再以该小曲酒串蒸香醅而得。成品具有药香舒适，香气典雅，酸甜味适中，香味谐调，尾净味长的典型风格特征。

（12）馥郁香型白酒　是指以高粱、大米、糯米、玉米、小麦等为原料，以小曲和大曲为糖化发酵剂，采用泥窖固态发酵工艺，发酵时间 30～60 天。酱、浓、清特点兼而有之。原酒己酸乙酯与乙酸乙酯含量突出，乙酸、己酸等有机酸含量高，高级醇含量适中，但异戊醇含量最多。其工艺特点为：整粒原料、大小曲并用，小曲培菌糖化、大曲配糟发酵，泥窖发酵，清蒸清烧。以湖南吉首所产酒鬼酒为典型代表，具有清亮透明、芳香秀雅、绵柔甘洌、醇厚细腻、后味怡畅、香味馥郁、酒体净爽的风格特征。

当然，除了上述十二种香型之外，还有一些具有独特特点，但尚未明确成型的白酒。在已经明确香型特征的白酒香型种类中，酱香型、浓香型、清香型、米香型是基本香型，它们独立存在于各种香型之外。其他八种香型，都是在这四种基本香型的基础上，或在不同工艺条件下形成的、带有一种或两种或两种以上香型特征、由基本香型衍生出来的香型。如兼香型：浓—酱；凤香型：浓—清；特香型、馥郁香型：浓—清—酱；药香型：浓—酱—米；芝麻香型以酱香为基础；豉香型以米香型为基础；老白干香型以清香型为基础。

另外，中国白酒香型在GB/T 17204—2008《饮料酒分类》中按照香型分为11类：浓香型白酒、清香型白酒、米香型白酒、凤香型白酒、豉香型白酒、芝麻香型白酒、特香型白酒、浓酱兼香型白酒、老白干香型白酒、酱香型白酒和其他香型白酒等。

（三）中国白酒的品评

白酒质量的优劣，主要通过理化检验和感官品评的方法来判断，理化检验要符合国家颁布的卫生标准。白酒的品评主要包括色、香、味、格四个部分。即通过眼观色，鼻嗅香，口尝味，并综合色香味三方面的因素，确定其风格，即“格”。

白酒品评的关键指标：

1. 感官

白酒质量的优劣主要通过物理、化学分析和感官检验的方法来判定，正确地反映出酒的色、香、味的内容，必须依靠人的感官鉴定。白酒的感官质量包括色、香、味、格四个部分。要通过眼、鼻、舌三方面的形象来判断酒体。

2. 酒精度

在20℃下，100mL酒样中含有酒精的毫升数或100g酒样中含有的酒精的克数。

3. 固形物

白酒固形物是指在100~105℃下测定，经蒸发排除乙醇、水分和其他挥发性组分后的残留物。

4. 甲醇

国家标准规定，以谷类为原料的白酒中甲醇含量不得超过0.04g/100mL（折成酒精体积分数为60%计，下同），以薯干及代用品为原料的白酒中甲醇含量不得超过0.12g/100mL。

5. 铅

国标规定，体积分数为60%蒸馏酒的铅含量不得超过1mg/L（以Pb计）。铅超标会引起中毒。

6. 锰

卫生标准要求锰在酒含量中，不得超过2mg/ L（以Mn计）。锰是人体正常代谢必需的微量元素，但过量的锰进入机体可引起中毒。

（四）白酒选购

一般来讲，在白酒选购时，需要注意如下事项：

1. 观察包装

在买酒时一定要认真综合审视该酒的商标名称、色泽、图案以及标签、瓶盖、酒瓶、合格证、礼品盒等方面的情况。好的白酒其标签的印刷是十分讲究的；纸质精良白净、字体规范清晰，色泽鲜艳均匀，图案套色准确，油墨线条不重叠。真品包装的边缘接缝齐整严密，没有松紧不均、留缝隙的现象。

2. 检查瓶盖

目前我国的名白酒的瓶盖大都使用铝质金属防盗盖，其特点是盖体光滑，形状统一，开启方便，盖上图案及文字整齐清楚，对口严密。若是假冒产品，倒过来时往往滴漏而出，盖口不易扭断，而且图案、文字模糊不清。

3. 观察白酒质量

若是无色透明玻璃瓶包装，把酒瓶拿在手中，慢慢地倒置过来，对着光观察瓶的底部，如果有下沉的物质或有云雾状现象，说明酒中杂质较多；如果酒液不失光、不浑浊，没有悬浮物，说明酒的质量比较好。从色泽上看，除酱香型酒外，一般白酒都应该是无色透明的。

4. 闻香辨味

把酒倒入无色透明的玻璃杯中，对着自然光观察，白酒应清澈透明，无悬浮物和沉淀物；然后闻其香气，用鼻子贴近杯口，辨别香气的高低和香气特点；最后品其味，喝少量酒并在舌面上铺开，分辨味感的薄厚、绵柔、醇和、粗糙以及酸、甜、甘、辣是否协调。低档劣质白酒一般是用质量差或发霉的粮食做原料，工艺粗糙，喝着呛嗓、上头。

二、威士忌

威士忌（Whisky，Whiskey）是一种只用谷物作为原料酿制的含酒精饮料，属于蒸馏酒类。使用大麦、黑麦、玉米等谷物为原料，经发酵、蒸馏后放入旧的木桶中进行醇化而酿成的。按照产地可以分为苏格兰威士忌、爱尔兰威士忌、美国威士忌和加拿大威士忌四大类。

图 3-12　威士忌酒

（一）威士忌的起源与发展

威士忌酒的起源已不可考，但能确定的是，威士忌酒在苏格兰地区的生产已有超过 500 年的历史，因此一般也就视苏格兰地区是所有威士忌的发源地。

根据苏格兰威士忌协会（Scotch Whisky Association）的说法，苏格兰威士忌是从一种名为 Uisge Beatha（意为“生命之水”）的饮料发展而来的。公元 11 世纪，爱尔兰的修道士到苏格兰传达福音，由此带来了苏格兰威士忌的蒸馏技术。1494 年，在苏格兰的书面历史文献中第一次提到了由大麦生产的“生命之水”（aqua vitae），这被认为是苏格兰威士忌的始祖。1644 年，苏格兰开始征收威士忌酒税。1661 年，英格兰开始在爱尔兰征收威士忌酒税，随后出现了许多以大麦和马铃薯为原料私自酿造威士忌的地下酒厂。1707 年英格兰和苏格兰议会合并后，英格兰制定了苏格兰威士忌酒税，导致酿酒业的混乱，很多酿酒商把酿酒作坊搬到了山区，转入地下。1780 年，合法的蒸馏厂仅有 8 家，而那些大大小小的非法蒸馏厂则达到了 400 多家。他们只能通过偷工减料的方式来生产威士忌，苏格兰威士忌的名声也日趋败坏。1823 年，英国国会颁布《消费法》，为合法蒸馏厂营造比较宽松的税收环境，同时又大力围剿非法蒸馏厂，从而极大地促进了苏格兰威士忌产业的发展。1831 年，苏格兰引进塔式蒸馏锅，可连续蒸馏，极大地提高了蒸馏效率，从而降低了威士忌的价格，使威士忌更加平民化。1909 年，英国通过了一项法规，规定苏格兰和爱尔兰威士忌的生产标准，其中一条就是威士忌必须在橡木桶中陈酿 3 年。

（二）威士忌的分类及特点

对威士忌的分类主要以原料、贮存时间、酒精度数、国家产地进行区分。根据原料的不同，威士忌酒可分为纯麦威士忌酒和谷物威士忌酒以及黑麦威士忌等；威士忌和红酒一样也在橡木桶中生长，按照威士忌酒在橡木桶的贮存时间，它可分为数年到数十年等不同年限的品种，所有的苏格兰威士忌有一个要求，需要在橡木桶中陈酿不少于 3 年时间；根据酒精度，威士忌酒可分为 40~60 度等不同酒精度的威士忌酒。

最具代表性的威士忌分类方法是依照生产地和国家的不同进行分类。其中以苏格兰威士忌酒最为著名。

1. 苏格兰威士忌（Scotch Whisky）

原产苏格兰，用经过干燥，泥炭熏焙产生独特香味的大麦芽作酿造原料制成。其酿制工序为：将大麦浸水发芽、烘干、粉碎麦芽、入槽加水糖化、入桶加入酵母发酵，蒸馏两次，陈酿，混合。苏格兰威士忌在使用的原料、蒸馏和陈酿方式上各不相同，又可以分为四类：单麦芽威士忌（Single Malt）、纯麦芽威士忌（Pure Malt）、调和性威士忌（Blend Whisky）、谷物威士忌（Grain Whisky）。在橡木桶中贮存 3 年以上，15~20 年为最优质的成品酒，超过 20 年的质量会下降。成品酒色泽棕黄带红，清澈透亮，气味焦香，带有浓烈的烟味。

2. 美国威士忌（American Whisky）

美国威士忌根据不同的分类方法，有不同的种类。如按照基本生产工艺，可划分为纯威士忌、混合威士忌、清淡威士忌；按照使用谷物的不同可划分为波旁威士忌、黑麦威士忌、玉米威士忌、小麦威士忌、麦芽威士忌；按照发酵过程的不同，可划分为酸麦威士忌、甜麦威士忌；按照过滤过程，有田纳西威士忌等；按照国家监管体系划分，如保税威士忌，按照个性特点划分有单桶威士忌、小批量波旁威士忌、年份威士忌等。美国威士忌以玉米和其他谷物为原料，原产美国南部，用加入了麦类的玉米作酿造原料，经发酵、蒸馏后放入内侧熏焦的橡木酒桶中酿制 2~3 年。装瓶时加入一定数量蒸馏水加发稀释，美国威士忌没有苏格兰威士忌那样浓烈的烟味，但具有独特的橡树芳香。

3. 爱尔兰威士忌（Irish Whiskey）

爱尔兰威士忌可以分为四类：壶式蒸馏威士忌（Whiskey Pot Still）、谷物威士忌（Grain Whiskey）、单麦芽威士忌（Single Malt Whiskey）、混合威士忌（Blended Whiskey）。爱尔兰威士忌的特点是柔和，好像在口中燃烧。用小麦、大麦、黑麦等的麦芽作原料酿造而成。经过三次蒸馏，然后入桶陈酿，一般需 8~15 年。装瓶时还要混合掺水稀释。因原料不用泥炭熏焙，所以没有焦香味，口味比较绵柔长润，适用于制作混合酒与其他饮料共饮。

4. 加拿大威士忌（Canadian Whisky）

主要由黑麦、玉米和大麦混合酿制，采用二次蒸馏，在木桶中贮存 4 年、6 年、7 年、10 年不等。出售前要进行勾兑掺和。加拿大威士忌气味清爽，口感轻快、爽适，不少北美人士极为喜爱。

5. 日本威士忌（Japanese Whisky）

日本生产的威士忌主要以大麦（玉米）作为原料，用铜质的壶式蒸馏器或者连续蒸馏器进行蒸馏，陈酿在盛装过雪莉酒或波特酒的酒桶中进行。

（三）威士忌的酿制工艺

酿制威士忌的原料主要为麦类（大麦、小麦、黑麦、麦芽）和谷类（玉米）。威士忌的酿制工艺过程分为六个步骤：发芽、糖化、发酵、蒸馏、陈酿、混配。

1. 发芽

将去除杂质的麦类或谷类，浸泡在热水中使其发芽，所需的时间视麦类或谷类品种的不同而有所差异。一般而言，约需要一周至二周的时间。待其发芽后，再烘干或使用泥煤熏干，等冷却后再储放大约一个月的时间，发芽的过程即算完成。

2. 糖化

将发芽麦类或谷类放入特制的不锈钢槽中，捣碎并煮熟成汁。所需要的时间 8~12 小时，温度及时间的控制是重要的环节，过高的温度或过长的时间都将会影响到麦芽汁（或谷类的汁）的品质。

3. 发酵

将冷却后的麦芽汁加入酵母菌进行发酵，由于酵母能将麦芽汁中糖转化成酒精，因此在完成发酵过程后会产生酒精体积分数5%~6%的醪液。由于酵母的种类很多，对发酵过程的影响不尽相同，因此，各威士忌品牌都将其使用的酵母种类及数量视为商业机密。

4. 蒸馏

一般而言，蒸馏具有浓缩的作用，因此当麦类或谷类经发酵后所形成的低酒精度液体后，还需要经过蒸馏的步骤才能得到威士忌酒。新蒸馏出的威士忌酒精体积分数在60%~70%。麦类与谷类原料所使用的蒸馏方式有所不同，由麦类制成的麦芽威士忌是采取单一蒸馏法。

由谷类制成的威士忌酒，则采取连续式的蒸馏方法，使用两个蒸馏容器以串联方式一次连续进行两个阶段的蒸馏，各个酒厂摘酒的量并无一固定的比例，完全依各酒厂的具体要求而定，取酒的比例多在60%~70%，也有的酒厂为制造高品质的威士忌酒，仅摘取其纯度最高的部分。如享誉全球的麦卡伦（Macallan）单一麦芽威士忌即是如此，即只取17%的威士忌进入陈酿阶段。

5. 陈酿

蒸馏过后的新酒必须要经过陈酿的过程，使其经过橡木桶的陈酿，吸收植物的天然香气，并产生出漂亮的琥珀色，同时也可逐渐降低其高浓度酒精的强烈刺激感。目前在苏格兰地区有相关的法令来规范陈酿的酒龄时间，即每一种酒所标示的酒龄都必须是真实无误的，苏格兰威士忌酒至少要在木酒桶中储藏三年以上，才能上市销售。关于陈酿的严格规定，既保障了消费者的权益，更使苏格兰威士忌在全世界建立起了高品质的形象。

6. 混配

由于麦类及谷类原料的品种众多，因此所制造而成的威士忌有着各不相同的风味，这时就靠各个酒厂的调酒大师，依其经验和本品牌对酒质的要求，按照一定的比例搭配，调配勾兑出与众不同的威士忌。

（四）威士忌的品鉴

威士忌的饮用方法很简单，不用温热也不用冰冻，如果嫌纯饮太烈，可以用各种方式勾兑。一瓶打开喝不完，以后还可接着喝。

1. 纯饮（Straight）

指100%纯粹酒液无任何添加物，可让威士忌的强劲个性直接冲击感官，是最能体会威士忌原色原味的传统品饮方式。

2. 加水（With Water）

堪称是全世界最普及的威士忌饮用方式，许多人认为加水会破坏威士忌的原味，其实加适量的水并不至于让威士忌失去原味，相反能让酒精味变淡，引出威士忌潜藏的香气。将威士忌加水稀释到20%的酒精体积分数，是最能表现出威士忌所有香气的最佳状态。

3. 加冰块（With Rocks）

此种饮法主要是给想降低酒精刺激，又不想稀释威士忌的酒客们一种选择。然而，威士忌加冰块虽能抑制酒精味，但也连带因降温而让部分香气闭锁，难以品尝出威士忌原有的风味特色。

4. 加汽水（With Soda）

以烈酒为基酒，再加上汽水的调酒称为Highball，以Whisky Highball来说，加可乐是最受欢迎的喝法（Whisky Coke）。以加上可乐所呈现的口感而言，美国的玉米威士忌普遍优于麦芽威士忌及谷类威士忌，因此Highball喝法中，加可乐普遍用于美国威士忌，其他种类威士忌大多用姜汁汽水等苏打水调制。

5. 加绿茶（With Green Tea）

中国人发展出加绿茶的创新饮法，此喝法据说是保乐力加公司在中国推行威士忌时，所想出的营销创意。如今威士忌加绿茶已风行全中国，受到年轻群体喜爱。

6. 苏格兰传统热饮法（Hot Toddy）

在寒冷的苏格兰，有热饮的传统，它不但可祛寒，还可治愈小感冒。Hot Toddy的调制法相当多样，主流调配法多以苏格兰威士忌为基酒，调入柠檬汁、蜂蜜，再依各人需求与喜好加入红糖、肉桂，最后加入热水，即成既御寒又好喝的鸡尾酒。

三、 白兰地

（一）白兰地的起源与发展

白兰地，最初来自荷兰文，意为“烧制过的酒”。它是一种蒸馏酒，以水果为原料，经过发酵、蒸馏、贮藏后酿造而成。以葡萄为原料的蒸馏酒叫葡萄白兰地。以其他水果原料酿成白兰地，应加上水果的名称，如苹果白兰地、樱桃白兰地等。狭义上的白兰地专指葡萄蒸馏酒 。

白兰地通常被人称为“葡萄酒的灵魂”。世界上生产白兰地的国家很多，但以法国出品的白兰地最为驰名，尤以干邑（又译作科涅克）地区生产的最为优美，其次为雅文邑（又译作亚曼涅克）地区所产。除了法国白兰地以外，其他盛产葡萄酒的国家，如西班牙、意大利、葡萄牙、美国、秘鲁、德国、南非、希腊等国家，也都有生产一定

图 3-13 白兰地酒 （轩尼诗 Hennessy ）

数量风格各异的白兰地。独联体国家生产的白兰地，质量也很优异。中国张裕公司生产的金奖白兰地，也较有名。

13 世纪，到法国沿海运盐的荷兰船只，将法国干邑地区盛产的葡萄酒运至北海沿岸国家，这些葡萄酒深受欢迎。至 16 世纪，由于葡萄酒产量的增加及海运的途耗时间长，使法国葡萄酒变质滞销。这时聪明的荷兰商人利用这些葡萄酒作为原料加工成葡萄蒸馏酒，这样的蒸馏酒，不仅不会因长途运输而变质，并且由于浓度高，反而使运费大幅度降低，葡萄蒸馏酒销量逐渐大增。荷兰人在夏朗德地区所设的蒸馏设备也逐步改进，法国人开始掌握蒸馏技术，并将其发展为二次蒸馏法。但这时的葡萄蒸馏酒为无色，也就是现在的被称之为原白兰地的蒸馏酒。

公元 1701 年，法国卷入了“西班牙王位继承战争”，战争期间，葡萄蒸馏酒销路大跌，大量存货不得不被存放于橡木桶中，然而，正是由于这一偶然而产生了白兰地。战后人们发现贮存于橡木桶中的白兰地，酒质实在妙不可言，香醇可口，芳香浓郁，色泽晶莹剔透，琥珀般的金黄色，高贵典雅。至此产生了白兰地生产工艺的雏形——发酵、蒸馏、贮藏，也为白兰地发展奠定了基础。

1887 年以后，法国改变了出口外销白兰地的包装，从单一的木桶装变成木桶装和瓶装。随着产品外包装的改进，干邑白兰地的身价也随之提高，销售量稳步上升。据统计，当时每年出口的干邑白兰地达三亿法郎。

（二）白兰地的原料与工艺

白兰地是以葡萄为原料，经过榨汁、去皮、去核、发酵等程序，得到含酒精较低的葡萄原酒，再将葡萄原酒蒸馏，得到无色烈性酒。放入橡木桶贮存、陈酿，再进行勾兑以达到理想的颜色、芳香味道和酒精度，从而得到优质的白兰地。白兰地独特幽郁的香气来源于三大方面，一是葡萄原料品种香，二是蒸馏香，三是陈酿香。用于酿制白兰地的葡萄品种，一般为白葡萄品种。白葡萄中单宁、挥发酸含量较低，总酸较高，所含杂质较少，因而所蒸白兰地更柔软、醇和。具有以下特点的葡萄品种较适宜作为白兰地生产原料。

（1）糖度低　这样，每升白兰地蒸馏酒所耗用的葡萄原料多，进入白兰地蒸馏酒中的葡萄品种自身的香气物质随之增多。

（2）浆果成熟后酸度高　较高的酸度可以参与白兰地的酯香的形成，适宜的葡萄品种成熟后，可滴定酸不应小于 6g/L。

（3）葡萄应为弱香型或中性香型，无突出及特别香气　由于白兰地的长期贮存陈酿，葡萄品种香还应具备较强的抗氧化性。

（4）葡萄应高产而且抗病害性较好　白兰地酒精体积分数在 40%~43%。勾兑的白兰地酒，在国际上一般标准是 42%~43%。虽属烈性酒，但由于经过长时间的陈酿，其口感柔和香味纯正，饮用后给人以高雅、舒畅的享受。白兰地呈美丽的琥珀色，富有吸引力，其悠久的历史也给它蒙上了一层神秘的色彩。

白兰地酿造工艺精湛，特别讲究陈酿时间与勾兑的技艺。其中，陈酿时间的长短更是衡量白兰地酒质优劣的重要标准。干邑地区各厂家贮藏在橡木桶中的白兰地，有的长达 40~70 年之久。他们利用不同年限的酒，按各自世代相传的秘方进行精心调配勾兑，创造出各种不同品质、不同风格的干邑白兰地。酿造白兰地很讲究贮存酒所使用的橡木桶。由于橡木桶对酒质的影响很大，因此，木材的选择和酒桶的制作，要求非常严格。由于白兰地酒质的好坏以及酒品的等级与其在橡木桶中的陈酿时间有着紧密的关系，因此，酿藏对于白兰地酒来说至关重要。需要特别强调的是，白兰地酒在酿藏期间酒质的变化，只是在橡木桶中进行的，装瓶后其酒液的品质不会再发生任何的变化。

（三）干邑白兰地

白兰地以产地、原料的不同可分为干邑白兰地、阿尔玛涅克白兰地、法国白兰地、其他国家白兰地、葡萄渣白兰地、水果白兰地等六大类。这里着重介绍干邑白兰地。

干邑（Cognac）音译为“科涅克”，位于法国西南部，是波尔多北部夏朗德省境内的一个小镇，面积约 10 万公顷。科涅克地区土壤非常适宜葡萄的生长和成熟，但由于气候较冷，葡萄的糖度含量较低，故此其葡萄酒产品很难与波尔多南部地区相比拟。在 17 世纪，随着蒸馏技术的引进，特别是 19 世纪在法国皇帝拿破仑的庇护下，干邑地区一跃成为酿制葡萄蒸馏酒的著名产地。公元 1909 年，法国政府颁布《酒法》，明文规定只有在夏朗德省境内干邑镇周围的 36 个县市所生产的白兰地，方可命名为干邑（Cognac），除此以外的任何地区不能用“Cognac”一词来命名，而只能用其他指定的名称。这一规定以法律条文的形式确立了干邑白兰地的地位。正如英语的一句话“All Cognac is brandy, but not all brandy is Cognac。”所有的干邑都是白兰地，但并非所有的白兰地都是干邑，这也就说明了干邑的权威性。

1938 年，法国原产地名协会和干邑同业管理局根据 AOC 法（法国原产地名称管制法）和干邑地区内的土质及生产的白兰地的质量和特点，将干邑分为六个酒区：

大香槟区（Grand Champagne）

小香槟区（Petit Champagne）

波鲁特利区（边缘区，Borderies）

芳波亚区（上乘林区，Fins Bois）

邦波亚区（优质林区，Bons Bois）

波亚·奥地那瑞斯区（普通林区，Bons Ordinaires）

大香槟区仅占总面积的3%，小香槟区约占6%，两个地区的葡萄产量特别少。根据法国政府规定只有用大、小香槟区的葡萄蒸馏而成的干邑才可称为“特优香槟干邑”，而且大香槟区葡萄所占的比例必须在50%以上。如果采用干邑地区最精华的大香槟区所生产的干邑白兰地，可冠以“Grande Champange Cognac”字样，这种白兰地均属于干邑的极品。

干邑酿酒用的葡萄原料一般不使用酿制红葡萄酒的葡萄，而是选用具有强烈耐病性、成熟期长、酸度较高的白葡萄品种。干邑白兰地酒具有柔和、芳醇的复合香味，口味精细讲究。酒体呈琥珀色，清亮透明，酒精体积分数一般在43%左右（图3-14）。

图3-14 干邑白兰地

法国政府为了确保干邑白兰地的品质，对白兰地特别是干邑白兰地的等级，有着严格的规定。该规定是以干邑白兰地原酒的酿藏年数来设定标准，并以此为干邑白兰地划分等级的依据。

著名干邑白兰地品牌有奥吉尔（Augier）、百事吉（Bisquit）、卡慕（Camus）、库瓦西哀（Courvoisier）、长颈（F. O. V）、轩尼诗（Hennessy）、御鹿（Hine）、拉珊（Larsen）、马爹利（Martell）、人头马（Remy Martin）、豪达（Otard）、路易老爷（Louis Royer）等。

四、伏特加

伏特加酒（Vodka）是俄罗斯的传统酒精饮料，以谷物或马铃薯为原料，经过蒸馏制成酒精体积分数高达95%的酒精，再用蒸馏水稀释至40%～60%，并经过活性炭过滤，使酒质更加晶莹澄澈，无色且清淡爽口，使人感到不甜、不苦、不涩，只有烈焰般的刺激，形成伏特加酒独具一格的特色。在各种调制鸡尾酒的基酒之中，伏特加酒是最具有灵活性、适应性和变通性的一种酒。

图3-15　伏特加酒

（一）伏特加酒的起源和发展

在俄语中，Vodka原意是指少量的水。1533年，在古俄罗斯文献诺夫哥德的编年史中第一次提到“伏特加”，意思是“药”。用来擦洗伤口，或服用以减轻伤痛。1751年，叶卡捷琳娜一世颁布的官方文件中，“伏特加”具有了酒精饮料的含义，但是在民间，“酒精”仍被称作“粮食酒”或通常简单地叫做“酒”。

波兰人认为，公元1400年前后，早期波兰人把伏特加当作药物使用，波兰的史学家认为是波兰人把这种新的蒸馏方法融入进来，从而用来生产质量更好的伏特加酒。传说早在 15 世纪末的俄罗斯，有一群僧人制造出用于消毒的液体后，有人尝试饮用这种液体，并感觉很好，随后人们就用进口的酒精，和当地的谷物还有泉水酿制伏特加。伊凡三世在 1478 年确定了伏特加酒的国家垄断权。1553 年，伊凡雷帝在莫斯科开了第一家伏特加酒馆，获得了高额利润。19 世纪则是伏特加占领国际市场的一个巩固的世纪。直到 20 世纪初，才正式被定名为“伏特加”，这是因为这种烈性酒中水比酒多，因此取俄语“水”的发音谐音。

（二）伏特加酒的工艺及其分类

传统伏特加酒是用最优质的纯大麦酿造的，后来随着对酒的需求量的增加，开始使用玉米、小麦、燕麦、马铃薯等，经过发酵、蒸馏、过滤和活性炭脱臭处理等工艺而成，是高度纯净的烈性酒。高度优质伏特加酒口味凶烈，劲大冲鼻，饮后腹暖，无上头之感。

伏特加酒的品种分类。伏特加酒按生产过程中使用的酒精和添加物质的不同，分为普通伏特加酒和特制伏特加酒。特制伏特加酒添加了各种不同的风味物质和芳香物质，以改善伏特加酒的口味、气味和芳香性。自 2001 年 1 月 1 日起，规定普通伏特加酒的酒精体积分数为 40%～45%，特制伏特加酒的酒精体积分数为 50%～60%。伏特加酒的酿制工艺，可分为四类：

1. 纯酿造型伏特加酒

用传统的酿造技术酿制，保留大部分天然成分，酿造风格突出，容易被多数国家的饮用者接受。

2. 纯净调制型伏特加酒

用纯净的饮用水、优质超纯中性酒精及特殊风味物质加以科学合理调配而成。这种伏特加酒特别适合调制鸡尾酒。

3. 酿造、调制结合型伏特加酒

按一定比例将上述两种类型结合在一起，既有酿造风格，又有新的纯净风格，饮用后无任何不良反应，诱惑力十足。

4. 营养型伏特加酒

上述三种类型的酒均可以加入蜂蜜、特殊药用植物、部分动物入药成分，成为药酒和保健酒，这种风格的伏特加酒在俄罗斯也有较长历史。

五、 朗姆酒

朗姆酒（Rum）是以甘蔗糖蜜为原料生产的蒸馏酒，也称为糖酒、兰姆酒、蓝姆酒。原产地在古巴，口感甜润、芬芳馥郁。是用甘蔗压出来的糖汁，经过发酵、蒸馏而成。酒精体积分数38%~50%，酒液有琥珀色、棕色，也有无色的。后产地扩展至西半球的西印度群岛，以及美国、墨西哥、牙买加、海地、多米尼加、特立尼达和多巴哥、圭亚那、巴西等国家。非洲岛国马达加斯加也出产朗姆酒，但以古巴出产最为有名。

（一）朗姆酒的起源和发展

朗姆酒的原产地在古巴，是古巴人的一种传统酒。是把甘蔗蜜糖制得的甘蔗烧酒装进白色的橡木桶，经过多年的精心酿制，使其产生独特的口味。朗姆酒的生产过程从对原料的精心挑选，随后生产的酒精蒸馏，甘蔗烧酒的陈酿，把关都极其严格。质量由陈酿时间决定，市面上销售的通常为三年和七年。生产过程中除去了重质醇，把使人愉悦的酒香保存了下来。

古巴人说的甘蔗烧酒，就是用甘蔗汁酿造的烧酒，是用制糖甘蔗糖蜜经发酵蒸馏获得的，所不同的是古巴共和国朗姆酒清澈透明，具有一股愉悦的香味，是古巴朗姆酒生产过程的一个特色。

公元1791年，由于海地黑奴的骚乱，制糖厂遭到破坏，古巴趁势而起，垄断了对欧洲食糖的出口。19世纪中叶，随着蒸汽机的引进，甘蔗种植园和朗姆酒厂在古巴增多。1837年，古巴铺设铁路，引进一系列的先进技术，其中包括与酿酒业有关的技术，西班牙宗主国决定大力发展古巴制糖业。古巴酿制出了一种含低度酒精的朗姆酒——醇绵芳香，口味悠长的优质朗姆酒。喝朗姆酒成为古巴人日常生活的一部分，朗姆酒酿造厂主要分布在哈瓦那、卡尔得纳斯、西恩富戈斯和圣地亚哥。新型的朗姆酒酿造厂出产的品牌有慕兰潭（Mulata）、圣卡洛斯（San Carlos）、波谷伊（Bocoy）、老寿星（Matusalen）、哈瓦那俱乐部（Havana club）、阿列恰瓦拉（Arechavala）和百加得（Bacardi）。古巴企业家采用成批生产酿酒工艺替换了手工制作之后，朗姆酒产量大大增加。

（二）朗姆酒的生产工艺

朗姆酒生产的原料为甘蔗汁、糖汁或糖蜜。甘蔗汁原料适合于生产清香型朗姆酒。甘蔗汁经真空浓缩，蒸发掉水分，得到带有黏性的液态糖浆，以制备浓香型朗姆酒。

朗姆酒的传统酿造方法是先将榨糖余下的甘蔗渣稀释，然后加入酵母，发酵24小时以后，蔗汁的酒精体积分数达5%~6%。然后进行蒸馏，第一个蒸馏柱内上下共有21层，由一个蒸汽锅炉将蔗汁加热至沸腾，使酒精蒸发，进入蒸馏柱上层，同时使酒糟沉入蒸馏柱下层，以待排除。陈化朗姆酒经过这一工序后，蒸馏酒精进入第二个较小的蒸馏柱进行冷却、液化处理。第二个蒸馏柱有18层，用于浓缩；以温和的蒸汽处理，可根据酒精所含香料元素的比重分别提取酒的香味：重油沉于底部，轻油浮于中间，最上层含重量最轻的香料。只有对酒精香味进行分类处理，酿酒师才能够随心所欲地调配朗姆酒的香味。

（三）朗姆酒的种类

1. 按特色可分为三类。

（1）银朗姆（Silver Rum） 又称白朗姆，是指蒸馏后的酒需经活性炭过滤后入桶陈酿一年以上。酒味较干，香味不浓。

（2）金郎姆（Gold Rum） 又称琥珀朗姆，是指蒸馏后的酒需存入内侧灼焦的旧橡木桶中至少陈酿三年。酒色较深，酒味略甜，香味较浓。

（3）黑朗姆（Dark Rum） 又称红朗姆，是指在生产过程中需加入一定的香料汁液或焦糖调色剂的朗姆酒。酒色较浓（深褐色或棕红色），酒味芳醇。

2. 按风味和香气的不同，可分淡、中、浓三种。

（1）淡朗姆酒 无色，味道精致，清淡，是鸡尾酒基酒和调制其他饮料的原料。

（2）中性朗姆酒 生产过程中，加水在糖蜜上使其发酵，然后仅取出浮在上面的澄清汁液蒸馏、陈化。出售前用淡朗姆或浓朗姆兑和至合适程度。

（3）浓朗姆酒 在生产过程中，先让糖蜜放 2~3 天发酵，加入上次蒸馏留下的残渣或甘蔗渣，使其发酵，甚至要加入其他香料汁液，放在单式蒸馏器中，蒸馏出来后，注入内侧烤过的橡木桶陈化数年。

3. 根据风味特征，可将朗姆酒分为：浓香型、轻香型。

（1）浓香型 首先将甘蔗糖澄清，再接入能产丁酸的细菌和产酒精的酵母菌，发酵 10 天以上，用壶式锅间歇蒸馏，得酒精体积分数 86%左右的无色原朗姆酒，在木桶中贮存多年后勾兑成金黄色或淡棕色的成品酒。

（2）轻香型 甘蔗糖只加酵母，发酵期短，塔式连续蒸馏，产出 95 度的原酒，贮存勾兑，成浅黄色到金黄色的成品酒，以古巴朗姆为代表。

4. 根据酒体的不同，又可分为以下三种。

（1）酒体轻盈，酒味极干的朗姆酒。这类朗姆酒主要由西印度群岛西班牙语系的国家生产，如古巴、波多黎各、维尔京群岛、多米尼加、墨西哥、委内瑞拉等，其中以古巴朗姆酒最负盛名。

（2）酒体丰厚、酒味浓烈的朗姆酒。这类朗姆酒多为古巴、牙买加和马提尼克的产品。酒在木桶中陈酿的时间长达 5~7 年，甚至 15 年，有的要在酒液中加焦糖调色剂（如古巴朗姆酒），因此其色泽金黄、深红。

（3）酒体轻盈，酒味芳香的朗姆酒。这类朗姆酒主要是古巴、爪哇群岛的产品，酒香气味是由芳香类药材所致。芳香朗姆酒一般要贮存 10 年左右。

（四）朗姆酒的品鉴

在出产国和地区，人们大多喜欢喝纯朗姆酒，不加以调混。实际上这是品尝朗姆酒最好的做法。而在美国，一般用朗姆酒来调制鸡尾酒。朗姆酒的用途也很多，它可用作甜点的调味品，在加工烟草时加入朗姆，可以增加风味。

图 3-16　百加得朗姆酒

六、其他蒸馏酒

除了前述几种蒸馏酒外，市场上常见的蒸馏酒还有金酒、龙舌兰酒、韩国烧酒等，它们各具特色，也受到消费者的欢迎。

1. 金酒

金酒（Gin），香港、广东地区称为毡酒，台北称为琴酒。又因其含有特殊的杜松子味道，所以又被称为杜松子酒。最先由荷兰生产，在英国大量生产后闻名于世，是世界第一大类的烈酒。金酒按口味风格又可分为辣味金酒、老汤姆金酒和果味金酒。

图 3-17　孟买蓝宝石金酒

金酒是以谷物等为原料，经糖化、发酵后，放入蒸馏酒器中蒸馏，然后再将杜松子果与其他的香草类加入蒸馏酒器中，再进行第二次蒸馏后酿制而成的一种烈酒。金酒带有浓烈的杜松子香味。从酿造方法上讲，金酒是加香伏特加。

杜松子是所有金酒主要风味的来源，除此之外，酿酒厂还会添加其他香料，少则

三、四种，多则几十种。这些香料会给金酒带来各种各样的风味，例如亨德里克斯（Hendricks）的黄瓜和玫瑰风味，飞行金酒（Aviation）的薰衣草风味，以及孟买蓝宝石东方金酒（Bombay Sapphire East）的柠檬草和黑胡椒风味等。可以说是香料赋予了金酒各种风味，让金酒大放异彩。

金酒具有芳芬诱人的香气，味道清新爽口，可单独饮用，也是调配鸡尾酒不可缺少的酒种。公元1660年，荷兰莱顿大学教授西尔维斯以大麦、黑麦、谷物为原料，经粉碎、糖化、发酵、蒸馏、调配而成。选择优质酒精处理后，加入经处理的水稀释到要求的度数，再加入金酒香料配制而成的方法。最初制造这种酒是为了帮助在东印度地域活动的荷兰商人、海员和移民预防热带疟疾，作为利尿、清热的药剂使用。不久，人们发现这种利尿剂香气和谐、口味协调、醇和温雅、酒体洁净，具有净、爽的自然风格，很快就被人们作为正式的酒精饮料饮用。

金酒的怡人香气主要来自具有利尿作用的杜松子。杜松子的加法有许多种，一般是将其包于纱布中，挂在蒸馏器出口部位。蒸酒时，其味便串于酒中，或者将杜松子浸在中性酒精中，一周后再回流复蒸，将其味蒸于酒中。有时还可以将杜松子压碎成小片状，加入酿酒原料中，进行糖化、发酵、蒸馏，以得其味。有的国家和酒厂配合其他香料来酿制金酒，如芫荽子、豆蔻、甘草、橙皮等。准确的配方，厂家一向是保密的。据说，1688年流亡荷兰的威廉三世回到英国继承王位，于是杜松子酒传入英国，受到欢迎。

金酒不用陈酿，但也有的厂家将原酒放到橡木桶中陈酿，从而使酒液略带金黄色。金酒的酒精体积分数一般在35%~55%，酒度越高，其质量就越好。比较著名的有荷式金酒、英式金酒和美式金酒。

荷式金酒产于荷兰，称为杜松子酒，是以大麦芽与稞麦等为主要原料，配以杜松子酶为调香材料，经发酵后蒸馏三次获得的谷物原酒，然后加入杜松子香料再蒸馏，最后将精馏而得的酒，贮存于玻璃槽中待其成熟，包装时再稀释装瓶。荷式金酒色泽透明清亮，酒香味突出，香料味浓重，辣中带甜，风格独特。无论是纯饮或加冰都很爽口，酒度为52度左右。因香味过重，荷式金酒适于纯饮，也可调制成各种鸡尾酒饮用。

英式金酒在17世纪威廉三世统治英国时，由欧洲大陆扩展到英国。1702—1704年，当政的安妮女王对法国进口的葡萄酒和白兰地课以重税，而对本国的蒸馏酒降低税收。金酒因而成了英国平民百姓的廉价蒸馏酒。另外，金酒的原料低廉，生产周期短，无需长期增陈贮存，因此经济效益很高，不久就在英国流行起来。

英式金酒的生产过程较荷式金酒简单，它用食用酒槽和杜松子及其他香料共同蒸馏而得干金酒。由于干金酒酒液无色透明，气味奇异清香，口感醇美爽适，既可单饮，又可与其他酒混合配制或作为鸡尾酒的基酒，所以深受世人的喜爱。英式金酒又称伦敦干金酒，属淡体金酒，意思是指不甜，不带原体味，口味与其他酒相比，比较淡雅。

图 3-18　知名金酒品牌“哥顿”

美国金酒为淡金黄色，因为与其他金酒相比，它要在橡木桶中陈酿一段时间。美国金酒主要有蒸馏金酒（Distiled gin）和混合金酒（Mixed gin）两大类。通常情况下，美国的蒸馏金酒在瓶底部有“D”字，是美国金酒的特殊标志。混合金酒是用食用酒精和杜松子简单混合而成的，很少用于纯饮，多用于调制鸡尾酒。

其他金酒。金酒的主要产地除荷兰、英国、美国以外，还有德国、法国、比利时等国家。

2. 龙舌兰酒

龙舌兰酒（Tequila）是墨西哥的国酒，被称为墨西哥的灵魂，是以龙舌兰（Agave）为原料酿制的蒸馏酒。每年出口价值远超 10 亿美元。

龙舌兰是一种龙舌兰科植物，又名番麻，其汁液有毒。通常要生长 12 年，成熟后割下送至酒厂，再被割成两半后泡洗 24 小时。根据法规，只要使用的原料有超过 51%是来自蓝色龙舌兰草，制造出来的酒就有资格称为 Tequila，其不足的原料是以添加其他种类的糖（通常是甘蔗提炼出的蔗糖）来代替，称为 Mixto。100%使用蓝色龙舌兰作为原料的产品，才有资格在标签上标示“100% Blue Agave”。

图 3-19　龙舌兰

酒厂在接收到收割回来的龙舌兰心后，会先将其预煮，以便除去草心外部的蜡质或残留的叶根，这些物质在蒸煮的过程中会变成苦味的来源。使用现代设备的酒厂则是以高温的喷射蒸气来达到相同的效果。蒸煮的过程也可以将结构复杂的碳水化合物转化成可以发酵的糖类。直接从火炉里面取出的龙舌兰心尝起来非常像是番薯或是芋头，但多了一种龙舌兰特有的气味。经蒸煮的龙舌兰冷却后，进行磨碎除浆。取出的龙舌兰汁液，掺入纯水，放入大桶中等待发酵。

用来发酵龙舌兰汁的容器可能是木制或现代的不锈钢酒槽，天然的发酵过程往往耗时7~12天。为了加速发酵过程，许多现代化的酒厂添加特定化学物质以加速酵母的增产，把时间缩短到两三日内。较长的发酵时间可以换得较厚实的酒体，酒厂通常会保留一些发酵完成后的初级酒汁，用来当作下一次发酵的酒母。

龙舌兰汁经过发酵后，发酵液酒精体积分数在5%~7%。传统酒厂以铜制的壶式蒸馏器进行两次蒸馏，现代酒厂则使用不锈钢制的连续蒸馏器，初次蒸馏出来的酒液体积分数在20%上下，第二次蒸馏出的可达55%。大约每7kg的龙舌兰心，可制得1L龙舌兰酒。

龙舌兰新酒完全透明无色，市面上看到有颜色的龙舌兰是因为放在橡木桶中陈酿过，或添加了酒用焦糖。龙舌兰酒并没有最低的陈酿期限要求，但特定等级的酒有特定的最低陈酿时间。白色龙舌兰酒是完全未经陈酿的透明新酒，装瓶销售前直接存放在不锈钢酒桶中，或蒸馏后直接装瓶。

大部分酒厂在装瓶前，以软化过的纯水将产品稀释到所需的酒精体积分数（大部分都是37%~40%），并经过活性炭或植物性纤维过滤，去除杂质。每一瓶龙舌兰酒里面所含的酒液，都可能来自多桶年份相近的产品，利用调和的方式确保产品口味的稳定。

在墨西哥，龙舌兰酒的饮用方法十分独特。首先把盐撒在手背虎口上，用拇指和食指握一小杯纯龙舌兰酒，再用无名指和中指夹一片柠檬片。迅速舔一口虎口上的盐巴，接着把酒一饮而尽，再咬一口柠檬片，整个过程一气呵成，无论风味或是饮用技法，都堪称一绝。此外，龙舌兰酒也适宜冰镇后纯饮，或是加冰块饮用。它特有的风味，更适合调制各种鸡尾酒。

第四节 配制酒

配制酒（Integrated Alcoholic Beverages），是以发酵酒、蒸馏酒或者食用酒精为酒基，使用不同酒类进行勾兑配制，或以酒与非酒精物质（包括液体、固体和气体）进行勾调配制而成。它的诞生晚于其他单一酒品，但发展却很快。有名的配制酒产地是欧洲产酒国，其中西班牙、葡萄牙、法国、意大利、英国、德国、荷兰等国的产品最为有名。

由于配制酒是一类较为复杂的酒品，分类方法上也不统一。在西方国家，按照饮用时间分类，可分为开胃酒、甜食酒和利口酒三大类别。在中国，配制酒也单独列出，构成中国酒品中的一大类别。下面简单介绍这四大配制酒类别。

一、 开胃酒

开胃酒的名称来源于在餐前饮用能增加食欲之意。能开胃的酒极多，威士忌、伏特加、金酒、香槟酒、某些葡萄原汁酒和果酒都是比较好的开胃酒精饮料。开胃酒的概念是比较含糊的，随着饮酒习惯的演变，开胃酒逐渐专指为以葡萄酒和某些蒸馏酒为主要原料加入植物的根、茎、叶、药材、香料等配制而成，如味美思、比特酒、茴香酒等。广义的开胃酒泛指在餐前饮用能增加食欲的所有酒精饮料，狭义的开胃酒专指以葡萄酒基或蒸馏酒基为主的有开胃功能的酒精饮料，将要介绍的是狭义的开胃酒，即味美思、比特酒、茴香酒。

（一）味美思

图 3-20　一种味美思酒

味美思（Vermouth），也称威末酒或苦艾酒（台湾）。是一种餐前开胃酒，以葡萄酒为酒基，用芳香植物的浸液调制而成的加香葡萄酒。它因特殊的植物芳香而“味美”，因“味美”而被人们“思念”不已，真是妙极了。

1. 味美思的历史与发展

“味美思酒”的名称是从德语单词 Wermut 演化过来的，意思是苦艾。历史上德国使用苦艾作为饮料中的配方。16 世纪前后，以苦艾为主要成分的加强葡萄酒遍布德国各地。此时，一个叫做德阿莱西奥（D’Alessio）的意大利商人开始在皮埃蒙特（Pied mont）生产一种类似的产品，并称之为苦艾酒（Wormwood Wine）。到 17 世纪中叶，这种饮料以味美思（Vermouth）的名字在英国名声大噪，沿用至今。

大约公元前 400 年，在古希腊就已经出现了使用草药及根茎的加强葡萄酒。加入额外的成分，将葡萄酒做成药酒，同时也可以掩盖葡萄酒变质后产生的气味和口味上的变化。这其中一种主流的成分就是苦艾，因为人们认为它可以有效治疗胃功能紊乱和肠道寄生虫疾病。除了苦艾，德阿莱西奥制作的药酒还添加了其他植物成分。此后不久，在法国东部和东南部出现了许多竞争产品，含有自己专有的配方，包括草本植物、根茎和香料。

随着时间的推移，两种味美思酒确立了主流地位：一种白色，干型，味道发苦；另一种红色，带甜味。商人安东尼奥 · 贝尼迪托 · 卡帕诺（Antonio Benedetto Carpano）于

1786 年首先将第一款甜味美思酒引入意大利都灵（Turin）。据说，这种饮料在都灵的宫廷中迅速流行。大约在公元 1800 年到 1813 年，Joseph Noilly 在法国生产出第一款干型白味美思酒。然而，随着时间的推移，并不是所有白味美思酒都是干型的，也不是所有的红味美思酒都是甜的。

19 世纪末，味美思酒作为药酒的需求减弱了，但随着鸡尾酒的发明，一个新的用途出现了。人们发现，味美思酒是许多鸡尾酒的理想成分，包括马提尼（在 19 世纪 60 年代）和曼哈顿（约 1874 年初）。此外，1869 年首次出现了味美思鸡尾酒，配方是冷藏的味美思酒，几片柠檬皮，偶尔加点少量比特酒（Bitters）或黑樱桃。1880 年至 1890 年，浓郁味美思鸡尾酒，经常使用两份味美思酒，一份金酒或威士忌，持续流行。尽管如今鸡尾酒配方中使用的量有所下降，但味美思酒仍在调制许多流行的鸡尾酒时使用。出于这个原因，从 20 世纪到 21 世纪，对这种饮料的需求一直保持相当稳定。

2. 味美思的生产要素

味美思的生产工艺，要比一般的红、白葡萄酒复杂。它首先要生产出葡萄酒作原料。优质、高档的味美思，要选用酒体醇厚、口味浓郁的陈酿葡萄酒才行。然后选取 20 多种芳香植物，把这些芳香植物直接放到葡萄酒中浸泡，或者将这些芳香植物的浸液调配到葡萄酒中。再经过多次过滤和热处理、冷处理，经过半年左右的贮存，才能生产出质量优良的味美思。

味美思酒中经常使用的加香物质包括：苦艾、丁香、肉桂、奎宁、柑橘皮、豆蔻、马郁兰、洋甘菊、香菜、杜松子、牛膝草、生姜。20 世纪初一些国家禁止在饮料中使用苦艾，也导致味美思酒中大幅减少其使用，但有时仍然使用少量的药草。味美思酒品牌配方多种多样，大多数厂家推销自己独特风味的味美思酒，制造商对他们的配方严格保密。

3. 味美思的分类

目前，世界上的味美思有三种类型，即意大利型、法国型和中国型。意大利型的味美思以苦艾为主要调香原料，具有苦艾的特有芳香，香气强，稍带苦味。法国型的味美思苦味突出，更具有刺激性。中国型的味美思是在国际流行的调香原料以外，又配入我国特有的名贵中药，工艺精细，色、香、味完整。

许多鸡尾酒都使用味美思酒调制，作为餐前酒（Apéritif），味美思酒可以单独饮用，偶尔也作餐后酒（Digestif）来帮助消化。味美思酒用作许多不同鸡尾酒的配方。人们发现，当使用烈酒作为鸡尾酒的基酒时，味美思酒可以降低鸡尾酒的酒精含量，并产生一种令人愉悦的草药味道和香气，从而强化基酒的风味。味美思酒是马提尼（最受欢迎和最知名的鸡尾酒之一）的一种配料。起初，马提尼使用甜味美思酒。从 1904 年左右，开始使用法国干味美思酒调制这种鸡尾酒。“干马提尼”（dry martini）一词，便源自使用的干味美思酒，而非表示使用较少的味美思酒，这一名词沿用至今。

（二）比特酒

比特酒（Bitters），又称苦酒或必打士，是在葡萄酒或蒸馏酒中加入树皮、草根、香料及药材浸制而成的酒精饮料。比特酒味苦涩，酒精体积分数在16%~40%。

1. 比特酒的历史与发展

比特酒最早的起源可以追溯到古埃及人，可能在贮存葡萄酒的坛子中加入了草药。中世纪时期，伴随着生药学的复兴，这一作法进一步发展为用蒸馏酒浓缩植物精华以作补药。如今许多不同的品牌和风格，都声称使用文艺复兴时期的配方和传统。到19世纪，英国的作法是添加草药苦味剂（作为预防药物）到加纳利葡萄酒中，在前美国殖民地变得非常流行。

产于意大利米兰的菲奈特·布兰卡（Fernet Branca），是最有名的比特酒。创始于1845年的布兰卡家族，一直以来都延续着选用天然草本植物为原料的传统酿制方法，精选超过30种草药和香料，经灌输、萃取、煎制巧妙地与酒水融合，把精华及有益成分都保留在了最终的产品中，酒精体积分数在40%~45%，其味甚苦，被称为“苦酒之王”。

2. 比特酒的种类

比特酒种类繁多，有清香型，也有浓香型；有淡色，也有深色；也有不含酒精成分的。但不管是哪种比特酒，苦味和药味是它们的共同特征。用于配制比特酒的调料主要是带苦味的草卉和植物的茎根与表皮。如阿尔卑斯草、龙胆皮、苦桔皮、柠檬皮等。著名的比特酒产于法国、意大利等国，其品牌有意大利康巴利（Campari）、法国杜宝内（Dubonnet）、意大利西娜尔（Cynar）、法国苦·波功（Amer picon）和安格斯特拉（Angostura）。

图3-21 康巴利（Campari）酒

（三）茴香酒

茴香酒是用茴香油和蒸馏酒配制而成的酒。茴香油中含有大量的苦艾素。

1. 茴香酒的历史与发展

公元前1500年，埃及人就开始酿造和饮用茴香酒了，早期的茴香酒酒劲猛烈，人们用作治疗肠胃痛，发展到后来很多人每天都要喝几杯才会浑身舒服。无论百姓还是皇室，甚至连法老也开始喜欢上这种酒，并下令全国大范围酿造。茴香酒也许是现在最富有神秘色彩的酒，每一个厂家的配料、酿造方法、蒸馏时间都是严格保密的，不同品牌

图 3-22　两种受欢迎的茴香酒品牌

的茴香酒口味完全不同。茴香酒里面最基本的配料是：茴香、薄荷、蜂花、甘菊、肉桂、甘草、婆婆纳、丁香等香料，在 18 世纪，欧洲把茴香酒作为一种疗效显著的药酒出售。

在法国，“茴芹”一直作为一种“通便剂”。在早期，“茴芹”以其可以使人产生松弛感的特性，备受酿酒蒸馏师们的推崇。1755 年，Marie Brizard 女士在法国波尔多制造了一瓶甜味的“茴香酒”，但有更为强烈的茴香味道。

在众多酿制蒸馏师中，有位名叫 Paul Ricard 的蒸馏师，他把试验带到了各种酒吧内，并要求酒客们尝试，使其配方更加完美。1932 年，Paul Ricard 开展这种酒的商业生产“Ricard”——真正的法国马赛茴香酒（le vrai pastis de Marseille）。至今，茴香酒是法国最受欢迎的开胃酒之一。茴香酒经常用于味美的鱼、贝壳类、猪肉和鸡肉菜肴中。此外，添加过的色素和焦糖，可以加强其口感。现今，茴香酒，仍然是法国消耗量最大的利口酒。

2. 茴香酒的品鉴

茴香酒饮用时非常随意，可以根据个人口味添加橙汁、柠檬汁、汽水以及任何想喝的饮料，不同的混合方法所带来的感觉也完全不一样，因此茴香酒特别受人们的欢迎，许多家庭在餐后把茴香酒倒入咖啡里一起喝。法国南部喝茴香酒不讲究兑果汁，那会失去品尝原味茴香酒的特有乐趣。特别是马赛地区，茴香酒的惟一喝法就是兑少量水将其稀释后直接饮用。

最常见的有 5 种牌子：Pernod（潘诺）、Ricard（里卡）、Casanis（卡萨尼）、Janot（加诺）、Granier（卡尼尔）。但最流行的有两个牌子：Pernod 和 Ricard，这两个牌子已经成为法国茴香酒的代名词。人们常用 Pernod 牌这种无色的、带有焦糖味的茴香酒调制诸多鸡尾酒。Pernod 牌茴香酒口味甘甜、不含苦艾酒的苦味并且酒精含量较低，是由许多植物酿制成的酒，其中包含苦艾（artemesia absinthium）。

二、甜食酒

甜食酒（Dessert Wine），又称餐后甜酒，是佐助西餐的最后一道食物——餐后甜点时饮用的酒品。通常以葡萄酒作为酒基，加入食用酒精或白兰地以增加酒精含量，故又称为强化葡萄酒，口味较甜。常见的有马德拉酒、波特酒、雪莉酒等。

（一）马德拉酒

马德拉酒是马德拉岛特产的葡萄酒，属加强葡萄酒（Fortified Wine）一类，而且带有氧化味，其性质跟一般葡萄酒不太一样，基本上属于在装瓶后无变化的酒。装瓶后，也正是因为完全氧化和酒精度高的缘故，不容易变质，但也会随着时间成熟或者老化。品质比较高的被用作开胃酒或饭后酒，品质比较低的也用在烹调中。

1. 马德拉酒的历史与发展

马德拉（Madeira）岛是非洲西海岸外、北大西洋上一个属于葡萄牙的群岛和该群岛的主岛的名字。马德拉酒以产于该岛而得名。这些海岛由于特别的地理位置和群山地貌，有着令人惊叹的温和气候，非常稳定的平均温度，夏季22℃和冬天16℃，湿度也保持在一个适度水平，体现出这些海岛特别的亚热带特点。

15世纪，葡萄牙人从塞浦路斯或克里特岛引进了葡萄，甘蔗可能是1452年从西西里引进的。据说世界上第一个甘蔗种植园就诞生在马德拉岛。

来自马德拉的葡萄酒是17世纪美国人最喜爱的饮品。1665年，英格兰国王查理二世下令禁止欧洲货物出口到西印度和美洲殖民地，除非这些货物是由英国船只运载，并经过英国的港口才可以。在反抗英国贵族的过程中，殖民地进口了马德拉葡萄酒，这些酒被认为是来自非洲，因此不在英国控制之内。这些酒一般是以葡萄的名字、运货者的名字、长年贮存这些酒的富贵家庭的名字来命名，偶尔也有以运载这些酒的船只或进口的年份来命名的。马德拉酒比较便宜，并能保存较长时间，因此一般不会变质。葡萄牙在酿酒及运酒方面做得很好，但不幸的是，马德拉岛遭受了两次灾难性的打击。1852年，细雪状的霉菌破坏了葡萄藤。当种植者刚从这场打击中恢复过来时，第二个而且是更严重的打击来临。1872年，另一种霉菌几乎破坏了全部葡萄藤。19世纪末，重新种植葡萄的过程开始，美洲的葡萄根被嫁接到岛上的葡萄藤上。

2. 马德拉酒的生产工艺

制造马德拉酒的葡萄品种比较甜，采葡萄从八月中旬开始，约持续六个星期，每年的产量为530万瓶。发酵后掺入高酒精度的蒸馏酒来停止发酵过程，使酒保持其甜度。通过加热来使酒精度提高，再次掺入白兰地。马德拉酒的酒精体积分数在18%~21%。

酒在发酵时需导入空气，且容器需保持冰凉的状态。发酵后掺入高酒度蒸馏酒终止发酵过程，可控制马德拉葡萄酒的甜度。再加入48%的白兰地，成品马德拉酒的酒精体积分数在18%~21%，然后将酒放在罐中加热催熟。在完成加热贮存过程之前由蒸馏酒强化的（但它们还保留着残余的糖分）。故而这个做法出来的是甜马德拉。干马德拉酒在完全发酵之后在强化之前完成加热贮存的过程，与甜马德拉酒相反。

马德拉酒之所以拥有独特味道，是因为它被放置在一个特殊的高温屋子长达90~180天。把酒加热到40~49℃，一直加热5个月，到第六个月时，温度降到22℃。马德拉酒尝起来富含坚果味、烟雾味和丝滑的葡萄干味，尝起来有焦糖的味道，并带有焦味的浓烈芳香。

图3-23 陈酿中的马德拉酒

待发酵完成后，便将新酒分级。通常马德拉酒会在大的水泥容具中贮存。封存五年即出厂的是普通马德拉葡萄酒。贮存越久，品质越佳的葡萄酒，比较高级的方式是把酒贮存在橡木桶中，存放在30~40℃的房间中。有的马德拉酒是放在木桶中成熟的，而将存放木桶的房间的温度提高，至于陈放时间，根据不同的需要而有所不同。马德拉酒很有特色，它特别抗氧化，开瓶后放两三个月都不容易变质。

3. 马德拉酒的分类

简单说，马德拉酒有以下几个类别。

（1）舍西亚尔（Sercial） 这是以酿制葡萄命名的。舍西亚尔葡萄在种植方式上与德国的约翰雷司令相似。然而，舍西亚尔在味道上与约翰雷司令截然不同。舍西亚尔是最干的马德拉酒，它有点像菲诺（Fino）雪莉酒，但它尝起来有点甜。味道清淡，酸度重，需要三四十年的时间才能醇化柔和。酒色金黄或淡黄，色泽艳丽，香气优美，口味醇厚、浓正，西方厨师常用来做料酒。

（2）弗德罗（Verdelho）　弗德罗葡萄被认为是西班牙的 Pedm. Xim6nez 葡萄和希腊的 Verdea 葡萄的杂交品种。这种葡萄酒是半干的，比舍西亚尔略甜，味道清香，并具有温和柔滑的气味。弗德罗是最适合用于烹饪的马德拉酒，因为它能赋予菜肴足够的味道。弗德罗属于半干型的马德拉酒。

（3）布阿尔（Bual）　布阿尔葡萄是法国勃艮第的 Pinot Noir 葡萄的后代。而这种葡萄酒颜色比舍西亚尔和弗德罗黑，有黄油的清香，还有独特的甜味。是半干型或半甜型酒，丰厚，带坚果味，跟欧罗索（Oloroso）雪莉类似。

（4）玛尔姆赛（Malmsey）　这是甜型酒，有焦糖、柑橘、坚果的香气，是马德拉酒家族中享誉最高的酒。呈棕黄色或褐黄色，香气悦人，口味极佳，比其他同类酒更醇厚浓重，风格和酒体给人以富贵豪华的感觉。

4. 马德拉酒的品鉴

马德拉酒是一种强化葡萄酒，比一般的餐酒保存的时间长。开瓶之后，马德拉酒有六周的保存时间，但不可保存于高温、日晒或潮湿的地方。饮用马德拉酒之前，不加冰，应在冰箱中冷藏后饮用。舍西亚尔、弗德罗可在冷藏之后作为开胃酒饮用，布阿尔和玛尔姆赛应在室温下于餐后饮用。马德拉酒是世界上保存时间最长的酒之一，有一些酒甚至能保存 200 年或更久的时间，在美国生产马德拉酒是合法的，但大多数只是劣质的仿制品。

（二）波特酒

波特酒（Port 或 Porto）在全世界很多国家都有生产，但真正的波特酒是产于葡萄牙北部的杜洛河流域及上杜洛河区域。波特酒属酒精加强葡萄酒，以葡萄牙所产最为出名，产量也最大。

1. 波特酒的历史与发展

波特酒之所以能在全球风靡一时，主要是英国人的功劳。英国没有自然条件种出好葡萄来酿酒，但对他国葡萄酒有着浓厚兴趣。英国商人在 12 世纪就开始在葡萄牙生产葡萄酒并出口到英国市场。特别是在 17 世纪，英国的一名侯爵制定了葡萄酒的产区和严格的管制规则，划分了葡萄园的区域。在 17 世纪末和 18 世纪初，葡萄酒酿造出来通常主要是运往英国的，而当时是用橡木桶作为容器运输。由于路途遥远，葡萄酒一般很容易变质。后来，酒商就在葡萄酒里加入了中性的葡萄蒸馏酒精，这样酒就不容易腐败，保证了葡萄酒的品质，这就是最早的波特酒。在 18~20 世纪，酒商已经学会了在酿造的过程中直接加入酒精，并且开始陈酿，酿造出多种形态的其他酒，比如香型、甜型、加强酒精型以及色如墨水般的红葡萄酒。杜罗河流域的酒酿好后，一般都会用橡木桶运到河下游入海口的波特市进行调配、装瓶、陈酿，如同我们今天能看到河岸一边成为博物馆的一排房子，都是当初各酒商的仓库和木桶储存波特酒的地方。

2. 酿造波特酒的葡萄品种

用来酿造波特酒的葡萄品种有 80 多种，通常一个葡萄园会种植若干个不同的葡萄品种。有 5 个品种被公认可以酿造出优秀的波特酒，分别是国产多瑞加（Touriga Nacional）、卡奥红（TintaCao）、巴罗卡红（Tinta Barroca）、法国多瑞加（Touriga Francesa）和罗丽红（Tinta Roriz，西班牙称 Tempranillo），其中国产多瑞加最为著名，酿造的波特酒颜色深黑，单宁强劲。

3. 波特酒的分类

波特酒与普通的葡萄酒不同，所有类型的波特酒都具有丰富、浓郁、持久的香气和风味特征，其酒精体积分数也高于普通的葡萄酒，通常为 19%~22%。

根据陈酿类型的不同，波特酒可以分为几种类型。在瓶中陈酿者，有年份波特酒、宝石红波特酒、迟装瓶波特酒、沉淀波特酒；在木桶中陈酿者有茶色波特酒、谷物波特酒、白色波特酒；不经过陈酿者有桃红波特酒。

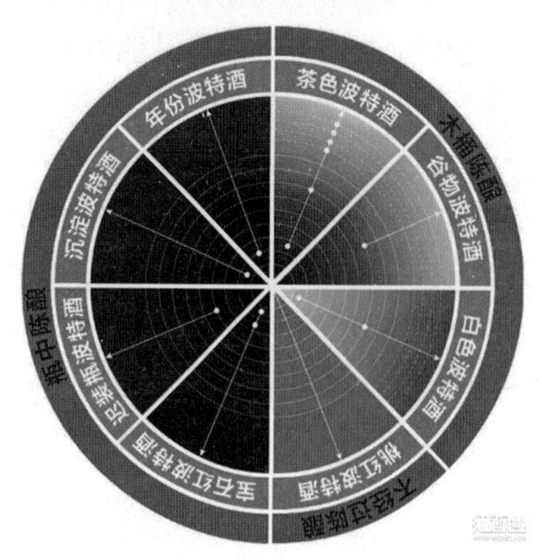

图 3-24 波特酒的分类

（1）年份（Vintage）波特酒　年份波特是一种采用单一年份收获的葡萄制作而成的品质优良的葡萄酒。它被认为是“波特酒之王”，其产量只占到波特酒总产量的一小部分。装瓶时间一般为葡萄采收后第二年的 7 月 1 日到第三年的 12 月 31 日之间。装瓶后可立即饮用，但生产商通常还是会将其窖藏一段时间，有时长达到 40 年。年份波特酒的颜色很黑，酒体饱满，在瓶中陈酿后其口感会变得非常柔顺。单一酒园（Single-Quinta）与年份波特酒的生产过程相同，但是来自一家单独的农场。在葡萄牙，波特和杜洛河葡萄酒协会（Instituto dos Vinhos do Douroe Porto，简称 IVDP）负责识别和分类年份波特酒。

品质较好、经过允许的波特酒可以采用酒龄来标示。一般包括：10 年、20 年、30 年和 40 年。这种黄褐色的波特酒是由多个不同年份采收酿制的葡萄酒调配而来，这样可以增加葡萄酒的感官特征（如颜色、香气和风味）。在木桶中的陈酿过程是可变的，瓶标上的酒龄对应的是调配中不同葡萄酒的平均年龄（会采用 2 个或以上的葡萄品种进行混合）。

（2）宝石红（Ruby）波特　这种葡萄酒的颜色与红宝石相类似，因此得名。这是因为其陈酿的过程中很少或几乎没有受到氧化的影响（通常在橡木桶中放置的时间不超过 3 年）。这是一种年轻、酒体饱满、果香味丰富的葡萄酒。

另外，宝石红珍藏（Ruby Reserva）。相比宝石红波特酒，更芳香、更圆润、结构更复杂。在生产调配的过程中，筛选也会更为仔细。

（3）迟装瓶波特（Late Bottled Vintage，简称 L. B. V.）　具有良好陈酿潜力的品质较好的波特酒。其葡萄原料的采收时间较晚，是由这些采收后酿成的不同葡萄酒调配而成。陈酿过程在橡木桶中，极其缓慢的氧化会在不锈钢罐中进行。这种酒的装瓶时间在葡萄采收后第 4 年的 7 月 31 日至第 6 年的 12 月 31 日之间。

在迟装瓶波特酒中还可以找到瓶中成熟波特酒（Bottle Matured Port）。这是一种高品质的波特酒，至少会进行 3 年的瓶中陈酿，因此可能会产生一些沉淀。

（4）"沉淀"波特（Crusted）　是一种高品质的葡萄酒。由不同年份酿制的葡萄酒调配而成，在装瓶前会进行 3~4 年的橡木桶陈酿。此种葡萄酒独有的特征是瓶壁上会有沉淀。

（5）茶色（Tawny）波特酒　它是调配而来的葡萄酒，通常会在旧木桶中放置 3 年左右。这些旧木桶不会赋予葡萄酒任何橡木的特色。在陈酿的过程中，会进行几次分离操作，来促进氧化以及赋予葡萄酒金黄的色泽。

茶色珍藏（Tawny Reserva）波特酒比茶色波特品质更高，根据生产方式的不同，其色调也存在一些差异，包括红色、近似红宝石色、褐色以及类似最老的茶色。茶色珍藏是由酒龄为 5~7 年的陈酿酒调配而成。

（6）谷物波特酒（Colheita）　这种酒是指由单一年份收获的葡萄生产的品质较好的茶色波特酒。这种酒至少会在橡木桶中陈酿 7 年。由于长时间陈酿，酒中新鲜的水果香气会发生氧化而变成酒香，包括干果、木材及香料等香气。

（7）白色（White）波特酒　白色波特酒的甜味和陈酿过程，不同于其他的波特酒。其中，最年轻的酒通常可以在吃饭初时饮用。最老的酒则是经过了很长的陈酿过程，风味浓郁，可以作为餐后酒饮用。白色波特酒的甜度分为 4 类：特干（Extra Seco）、干（Seco）、甜（Doce）和眼泪波特酒（Lágrima）。

白色珍藏（Reserva White）波特酒，是一种品质更高的白色波特酒，它是由经过至少 7 年橡木桶陈酿的酒调配而成。它的色泽为金黄色，味道非常持久。

（8）桃红（Rosé）波特酒　桃红波特酒是一种最新的波特酒，它不需经过陈酿。是一种新鲜、顺滑、万能的波特葡萄酒。粉色来自于非常浓郁的红葡萄以及生产过程。

波特酒应在 15℃~20℃饮用，白波特酒例外，可以冷藏饮用。茶色波特酒也可在稍凉的温度下饮用。一旦开瓶，一般波特酒比未加强的葡萄酒保存时间更长，但最好和葡萄酒一样尽快喝完。一般瓶塞封装的波特酒可以在黑暗的地方保存几个月，而软木塞封装的波特酒则必须尽快喝完。通常情况下，越是年代久远的波特酒，越应该尽快喝完。

（三）雪莉酒

雪莉酒（Sherry）是一种来自西班牙西南部的加强葡萄酒，是甜食酒的一种，在西餐中配最后一道菜，其主要特点是口味较甜。这种酒的酒精含量超过普通餐酒的一倍，开瓶后仍可保存，搬运时也无须特别照顾，著名的甜食酒大多产于欧洲南部，如葡萄牙、西班牙、意大利、希腊、匈牙利、法国等。不同国家有其不同的称呼：西班牙称加的斯（Jerez）、法国称为塞勒士（Xerds）、英国称为雪莉酒（Sherry）。

图 3-25　两种西班牙雪莉酒

1. 雪莉酒的历史与发展

雪莉酒可说是至今仍在生产的最古老的醇酒。腓尼基人早在公元前 8 世纪就开始在地中海地区从事小麦、橄榄和产自大西洋地区的葡萄酒的贸易活动，至今人们还会间或在海上发现一种密封的双耳细颈小底瓶，而瓶中的液体很可能就是当时酿造的葡萄酒。公元 2 世纪，古罗马人对这一地区出产的葡萄酒十分推崇。在莎士比亚时代，雪莉白葡萄酒被认为是当时世界上最好的葡萄酒。雪莉酒的顶峰时期在 17~18 世纪，这种带甜味的有劲的酒很流行，而当时的人们还是靠喝甜酒来补充糖分，雪莉酒自然就比不甜的烈酒要好得多，这也使雪莉成了王公贵族的时尚饮品。在 19 世纪 50 年代，雪莉酒一度非常出名，这得益于雪莉酒酒精度高，在密封不很好的容器里就是经过长途运输酒质也不会变酸，所以雪莉在欧洲北部非常热销，特别是英国和荷兰。

图 3-26　西班牙奥罗索雪莉酒

2. 雪莉酒的分类

西班牙的雪莉酒一般是从 9 月初葡萄充分成熟后开始酿制，到 10 月中旬结束。其酿造工艺复杂，口味独特，分类繁多。大致可分为干型雪莉、天然甜型雪莉和混合型雪莉三大类。干型雪莉有菲诺、曼萨尼亚、阿蒙蒂亚、奥罗索、帕洛柯勒达多，天然甜型雪莉有佩德罗-西曼尼斯和麝香雪莉，混合型雪莉大体有中型雪莉、奶油雪莉和白奶油雪莉三种。

3. 雪莉酒的品鉴

温度和湿度是影响雪莉酒存储的两大关键。温度是雪莉酒贮存最重要的因素，这是因为葡萄酒的味道和香气都要在适当的温度中才能最好地挥发。更准确地说，才会在酒精挥发的过程中令人产生最舒适的感觉。如果酒温太高，苦涩、过酸等味道便会跑出来；如果酒温太低，应有的香气和美味又不能有效挥发。菲诺雪莉酒应该在非常低温的状态下饮用，适合搭配贝类食物，如味道清新的煮小虾。奥罗索雪莉酒在开瓶后可以保持 2~3 个星期，过期就会变质。它是冬季开胃菜的理想美酒，既可热身，又可以让人陶醉在坚果的香气中。它使用的酒杯应该是略微收口的酒杯，使香气汇聚、酒香浓郁。这类雪莉酒搭配菜汤可以让汤的味道发挥得淋漓尽致，特别是法式清炖肉汤，它搭配坚果也别有一番风味。

三、 利口酒

利口酒（Liqueur）可以称为餐后甜酒，是由法文 Liqueur 音译而来的，它是以蒸馏酒（白兰地、威士忌、朗姆酒、金酒、伏特加）为基酒配制各种调香物品，并经过甜化处理的酒精饮料。具有高度或中度的酒精度，颜色娇美，气味芬芳独特，酒味甜蜜。因含糖量高，相对密度较大，色彩鲜艳，常用来增加鸡尾酒的颜色和香味，突出其个性，是制作彩虹酒不可缺少的材料。还可以用来烹调、烘烤，制作冰激凌、布丁和甜点。

根据国际葡萄与葡萄酒组织的规定，利口酒是总酒度不低于 17.5 度、酒精体积分数在 15%~22%的特种葡萄酒。

1. 利口酒的分类

（1）根据酿造方式不同，利口酒包括高度葡萄酒和浓甜葡萄酒两大类。

高度葡萄酒是在自然总酒度（即原料含糖量/17）不低于 12 度（即原料的含糖量≥17×12g/L）的新鲜葡萄、葡萄汁或葡萄酒中加入酒精后获得的产品。但是，由发酵产生的酒精体积分数不得低于 4%；

浓甜葡萄酒是在自然总酒度不低于 12 度的新鲜葡萄、葡萄汁或葡萄酒中加入酒精和浓缩葡萄汁，或葡萄汁糖浆，或新鲜过熟葡萄汁，或它们的混合物后获得的产品，但由发酵产生的酒精体积分数不得低于4%。

（2）利口葡萄酒包括自然甜型葡萄酒、加香葡萄酒和加强葡萄酒等。世界上很多著名的葡萄酒，如法国的索泰尔纳酒、西班牙的雪莉酒、葡萄牙的波特酒等，都属于这一大类。近些年，国内又出现了不少用苹果等水果酿造的利口酒，如嘉百利等。

（3）根据口味不同，可以分为以下几类：蓝莓利口酒、桑布加利口酒、杏子利口酒、奶油利口酒、香草利口酒、咖啡利口酒、可可利口酒。除上述几大类风味特点十分显著的酒品外，还有其他很多种独具特色的利口酒。

总之，利口酒的酒度比葡萄酒高。其酒度的提高，可以通过冷冻浓缩、加入酒精、加入浓缩汁或它们的混合物等方式获得。但所加入的酒精，必须是酒精体积分数不低于95%的葡萄精馏酒精或酒精体积分数为52%~80%的葡萄酒。

图3-27 两款利口酒

2. 利口酒的品评

利口酒气味芬芳，口味甘美，适合饭后单独纯饮，不过，根据利口酒品种不同，对温度也会有要求。如饮用水果类和草本类利口酒宜冰镇饮用；奶油类利口酒采用冰桶降温后饮用。还有些酒可以直接加冰饮用：在杯中加入半块碎冰块，用葡萄酒杯或鸡尾酒杯，注入利口酒，插入吸管。当然，高纯度的利口酒可以混合饮用，一点点细细品尝，也可以加入苏打或矿泉水，但酒先入，可加适量柠檬水。也可加在冰淇淋、果冻中，以及做蛋糕时替代蜂蜜。

四、中国配制酒

根据GB/T 17204—2008《饮料酒分类》的定义，配制酒是指以发酵酒、蒸馏酒或食用酒精为酒基，加入可食用或药食两用的辅料或食品添加剂，进行调配、混合或再加工制成的、已改变了其原酒基风格的饮料酒。又可分为以下四类：植物类配制酒、动物类配制酒、动植物类配制酒（动植物类露酒）、其他类配制酒（除上述以外的配制酒）。根据这一国家标准，中国配制酒等同于露酒。

（一）中国配制酒的分类方法

中国配制酒的种类很多，分类方法各异。除了常见的如国家标准中按香源物质的分类方法外，还有一些其他的习惯分类方法，如按生产工艺的分类、按照保健作用来分类等。

1. 按香源物质分类

这是行业管理和生产厂家常用的分类方法，也是国家标准中的主要分类依据。

（1）植物类配制酒　是指利用食用或药食两用植物的花、叶、根、茎、果为香源及营养源，经再加工制成的、具有明显植物香气及有用成分的配制酒。其中，果酒（浸泡型）配制酒极为常见，利用水果的果实为原料，经浸泡等工艺加工制成的、具有明显果香的配制酒。植物类配制酒常常以植物的根、茎、叶、花、果、种子为呈色、呈香、呈味的原料，以食用酒精、白酒、黄酒、葡萄酒以及各种原料酿制的果实酒为酒基，依原材料性能确定生产工艺及产品风格。

植物类配制酒产品要求为：植物的花、果原料主要突出原花或原果的香味特点；香辛植物类原料，应具有典型香气及诸香协调；滋补疗养类原料，不宜过于侧重配伍，应体现香、味的整体效果，并具有本品特有的色泽。

（2）动物类配制酒　是指利用食用或药食两用动物及其制品为香源和营养源，经再加工制成的、具有明显动物有用成分的配制酒。动物类配制酒常常以动物的整体或皮、体、骨、角、尾、鞭等部位为呈色、呈香、呈味的原料，以食用酒精、白酒、黄酒、葡萄酒以及各种原料酿制的果实酒为酒基，依原材料性能确定生产工艺。动物类配制酒产品要求具有酒香和动物原料的脂香，诸香和谐，香、味一体，并就其选用的原料，具有某些补益功能以及本品应有的色泽。

（3）动植物类配制酒　是指同时利用动物、植物有用成分制成的配制酒。动植物类配制酒常常以植物及动物的各部位为呈色、呈香、呈味的原料，以各种粮谷类、果实类原料酿造的酒为酒基，依原材料性能确定生产工艺。动植物类配制酒产品要求以动物或植物香味主体，香气协调，其选料具有某些补益功能，具有本品应有的色泽。

2. 按生产工艺进行分类

行业管理及生产厂家常用的分类方法，也归入国家标准认可的其他类配制酒范畴。

（1）直接调配型　直接调配型配制酒是将食用酒精经过脱臭处理后，直接调入商品香精，或调入各种方法制得的香料进行配制。直接调配型配制酒可以用食用色素着色，具鲜艳的色泽和浓郁的香气，酒度和糖含量高，近似国际上的利口酒类，属于餐后酒或调制鸡尾酒的调配用酒。

（2）再蒸馏型　再蒸馏型配制酒是以植物及动物的各部位为呈香、呈味原料，先将原料用酒精或白酒进行浸泡，再与酒共同蒸馏，馏液为香料液，依选料及调配技术，确定产品风格。再蒸馏型配制酒产品要求无色或微黄，具本品特有香气，诸香和谐，酒质纯正。

3. 按保健作用分类

根据原卫生部对保健食品的具体要求，保健功能分别是：免疫调节、调节血脂、调节血糖、延缓衰老、改善记忆、改善视力、促进排铅、清咽润喉、调节血压、改善睡眠、促进泌乳、抗突变、抗疲劳、耐缺氧、抗辐射、减肥、促进生长发育、改善骨质疏松、改善营养性贫血、对化学性肝损伤有辅助保护作用、美容（祛痤疮、祛黄褐斑、改善皮肤水分和油分）、改善胃肠道功能（调节肠道菌群、促进消化、润肠通便、对胃黏膜有辅助保护作用）、抑制肿瘤（原卫生部已于2000年1月暂停受理和审批）等。

上述功能可以作为保健酒开发研究的对象，但在具体的实施过程中则必须结合实际能力和生产条件而定，行业管理中也不过多地强调保健疗效。

（1）营养型配制酒　是指根据中医理论，针对不同的消费人群，采用动、植物中的微量元素、维生素、活性物质（核酸、酶、激素、黄酮类）等各种营养成分，进行科学配比并以调整机体内外环境的平衡或增加机体免疫功能为目标而制成的配制酒。

营养型配制酒产品要求动、植物及其他添加物中各种营养成分，能够以基酒为载体被人体吸收并迅速发挥作用，如人参酒、八珍酒、蔓仙延寿酒、百益长春酒以及周公百岁酒等。

（2）功能型配制酒　是指针对人体的某种生理功能将要或已经发生变化时，如感觉器官、神经功能发生退行性变化时，利用中草药中的营养成分及特殊的药理作用预防、改善或延缓这种现象的发生，在提高机体整体功能的基础上，重点突出某种作用而制成的配制酒。功能型配制酒是既适用于特定人群食用，又有调节机体功能的作用，但并不以治疗为目的的饮料酒。其同时必须具备三种属性，即食品属性、功能属性、特定的功能。

功能型配制酒采用的中草药往往味苦而难于被人们接受，但酒却是普遍受欢迎的食物，酒与药的结合，弥补了药的苦味的缺陷，也改善了酒的风味，相得益彰。功能型配制酒的功效通过配方溶解于酒中的有效成分的综合效果来体现，利用基酒将配方原辅材料的香气及有效成分最大限度地提取出来，酒助药威，药借酒力，互相促进。功能型配制酒中具有美容功能的有红颜酒、换骨酒、桃花酒、五加泽肤酒以及中山还童酒等；具有辅助医疗功能的有枸杞酒、国公酒、止痢酒以及接骨草酒等。

（二）中国配制酒的生产要素

配制酒产品的生产，主要包括辅料处理、香源成分提取、酒基选择、调配和后处理等过程。配制酒产品要求香气谐调，口味舒顺、醇和、适口，保留各种香源材料的有效成分，体现配制酒产品特点，注重产品风味，兼顾补益功能，加强工艺处理，以保持产品质量稳定性。作为配制酒，其生产要素主要包括原材料中的酒基、辅料以及生产用水等。

1. 酒基的选择

配制酒生产所用的基础酒简称酒基或基酒，是决定产品风格的重要组成部分。原则上，白酒、食用酒精、黄酒和果酒均可作为配制酒的基酒。所用基酒必须符合国家标准，尤其是卫生指标，不得有异香、邪杂味；优级食用酒精可直接使用，无需进行处理。

酒基选择的原则是依据配制酒产品风格而定：花果香源型，宜选择食用酒精、葡果类酒品为酒基，以衬托花果香源的芳香特点；植物、动物香源型，宜选择黄酒或清香型、米香型白酒，突出醇厚、浓郁的特点。浓香或酱香型白酒由于其香味成分含量高，自身风格突出，会对配制酒固有风格的典型性造成影响，皆不宜选用。

2. 辅料及食品添加剂

配制酒产品是饮料酒中辅料取材最广泛的酒种，配制酒生产中所使用的辅料包括食用果蔬、药食同源的物品、可用于保健食品的中草药或动物类等。但野生动物应慎重选用，不可违反国家野生动物保护法。

配制酒中常用的动植物材料。我国地域广袤，各种动植物品种繁多，如宫丁香、枸杞、人参、当归、动物、动物的骨骼等。可以说，凡是中医能够入药的品种，基本上都能按照生产工艺生产配制酒。特别是近年来随着科学技术的发展，原料选用范围不断扩大。

（1）植物香源物质有：

草类：主要有刺草、迷迭香、牛至等。

根及根茎类：主要有龙胆根、当归根、姜、大黄等。

花类：主要有刺槐、香石竹、母菊、玫瑰、香橙花、梨花、玫瑰、茉莉、菊花、桂花等。

树皮类：主要有桂皮、奎宁等。

干燥子实类：主要有茴香、橡子、黑胡椒等。

果皮类：柑橘等。

野生果：主要有红景天、刺梨等。

植物资源因品种、产地、种植方法、环境条件的不同，即使同一种植物，其功效成分的种类和含量也会有很大的差距。为保证用料的质量，最好固定选自同一产地的品种。如宁夏红的制备，专门选择宁夏产枸杞。

（2）动物香源物质有：

全动物类：主要有水蛭、地龙、全蝎、蜈蚣、海龙、海马、蚂蚁、金钱白花蛇等。

角骨类：主要有鹿茸、鹿角、羚羊角、水牛角、龟甲、鳖甲等。

贝壳类：主要有牡蛎、石决明、珍珠母、海螵蛸等。

脏器类：主要有熊胆、鸡内金、海狗肾、鹿鞭、鹿胎等。

骨胶类：主要有阿胶、鹿角胶、鳖甲胶、龟甲胶、水牛角浓缩粉等。

制品类：主要有珍珠、牛黄、麝香、僵蚕、蝉蜕、蛇蜕、蜂胶、蜂蜜、人工牛黄等。

（3）配制酒中常用的药食同源物品。

作为配制酒材料，不需做毒理病理试验，可缩短产品研制周期。原卫生部公布的《关于进一步规范保健食品原料管理的通知》（卫法监发〔2002〕51号）中，对药食同源物品做出具体规定。2013年国家机构调整后，原国家卫生计划生育委员会专门发文对相关文件进一步确认，但内容并无更改。入选药食同源物品的种类如下：

丁香、八角茴香、刀豆、小茴香、小蓟、山药、山楂、马齿苋、乌梢蛇、乌梅、木瓜、火麻仁、代代花、玉竹、甘草、白芷、白果、白扁豆、白扁豆花、龙眼肉（桂圆）、决明子、百合、肉豆蔻、肉桂、余甘子、佛手、杏仁（甜、苦）、沙棘、牡蛎、芡实、花椒、赤小豆、阿胶、鸡内金、麦芽、昆布、枣（大枣、酸枣、黑枣）、罗汉果、郁李仁、金银花、青果、鱼腥草、姜（生姜、干姜）、枳子、枸杞子、栀子、砂仁、胖大海、茯苓、香橼、香薷、桃仁、桑叶、桑椹、桔红、桔梗、益智仁、荷叶、莱菔子、莲子、高良姜、淡竹叶、淡豆豉、菊花、菊苣、黄芥子、黄精、紫苏、紫苏籽、葛根、黑芝麻、黑胡椒、槐米、槐花、蒲公英、蜂蜜、榧子、酸枣仁、鲜白茅根、鲜芦根、蝮蛇、橘皮、薄荷、薏苡仁、薤白、覆盆子、藿香。

3. 配制酒中常见的有用成分及功能

（1）黄酮类　黄酮类化合物在植物体内多以游离态或与糖结合成苷的形式存在，是许多药用植物的主要活性成分。它包括二氢黄酮、二氢黄酮醇、槲皮素、黄碱素、山柰素、黄酮醇、异黄酮和儿茶素等。黄酮类化合物主要存在于水果、蔬菜和植物中，有很好的抗氧化、抗炎和抗病毒作用。现有研究证实，从植物提取的黄酮类化合物有多种药理作用，尤其对于心脑血管有保护作用。

（2）花色素　花色素是存在于植物中的一类水溶性天然色素，属黄酮类多酚化合物，主要有花青素和花黄素。花黄素分布在植物组织细胞中，花青素广泛存在于植物的花、果、叶、茎或根中，在自然状态下以糖苷的形式存在。花色素不仅使酒液呈现美丽色泽，而且是具有多种保健功能的生物活性物质。花色素有抗氧化的功能，它能消除体内的自由基，有抗衰老作用；可降低胆固醇水平；有抗血小板凝聚的作用；还可降低毛细血管壁的通透性和增强毛细血管的弹性，因此可通过改善微循环来防治与心血管有关的一些疾病，例如糖尿病、动脉粥样硬化等。

（3）单宁 又名鞣酸或鞣质，广泛分布在植物的秆、皮、根、叶或果实的表皮或果核中，易溶于水和乙醇。

（4）多糖 植物中的多糖种类很多，如黄精多糖、香菇多糖、灵芝多糖、松茸多糖、枸杞多糖等。多糖无色无异味，不影响酒的品质，具有延缓人体衰老的作用。

4. 水质

水是酿酒行业的主要基础性物质，其质量是否符合标准规定要去，会直接影响到配制酒的产品质量。

配制酒生产的一般用水要求达到生活饮用水卫生标准的规定；而用于直接勾调酒品，应采用净化及软化处理过的水。

水质净化的处理方法，主要有砂滤、炭滤、曝气法、硅藻土过滤法、活性炭吸附过滤法、砂滤棒过滤法等。

水的软化处理方法主要有煮沸法、加石灰软化法、石灰-纯碱法、离子交换法、电渗析法和反渗透法等。软水硬度低，溶解在水中的碱金属盐含量少，有利于酒液的贮存和酒质的稳定。水的总硬度应控制在 1.783mmol/L 以下。

（三）中国配制酒的典型代表：竹叶青酒

竹叶青酒以汾酒为底酒，保留了竹叶的特色，再添加砂仁、紫檀、当归、陈皮、公丁香、零香、广木香等十余种名贵中药材以及冰糖、雪花白糖、蛋清等配伍，精制陈酿而成。

竹叶青酒是中国的传统配制酒，其历史可追溯到南北朝。以优质汾酒为基酒，配以十余种名贵药材采用独特生产工艺加工而成。其清醇甜美的口感和显著的养生保健功效从唐、宋时期就被人们所肯定。当时是以黄酒加竹叶合酿而成的配制酒。梁简文帝肖纲有“兰羞荐俎，竹酒澄芳”的诗句，说的是竹叶青酒的香型和品质，酒的色泽金黄透明而微带青碧，有汾酒和药材浸液形成的独特香气，芳香醇厚。北周文学家庾信在《春日离合二首》诗中有：“三春竹叶酒，一曲昆鸡弦”的佳句，赞美春日里的竹叶酒最为浓香。《水浒传》中写道：“西门庆说……那酒是个内臣送我的竹叶青”，视其为珍贵。

现代的竹叶青酒用的是经过改进的配方，据说这一配方是明末清初的爱国者、著名医学家傅山先生设计并流传至今的。新中国成立以后，杏花村汾酒厂从精选药材，浸泡兑制，到勾兑陈酿等工序建立了完整的竹叶青酒生产工艺，使竹叶青酒酒体完整、谐调匀称、包含多种药材香气，但其中的任一种香气成分均不吐露，因之在全国配制酒类中独树一帜，深受国内外消费者的欢迎。

图 3-28　竹叶青酒

该酒色泽金黄透明而微带青碧，有汾酒和药材浸液形成的独特香气，芳香醇厚，入口甜绵微苦，温和，无刺激感，余味无穷。药随酒力，穿筋入骨，对心脏病、高血压、冠心病和关节炎都有一定的辅助疗效。通过国家卫生监督检验所运用先进的检测手段，经过严格的动物和人体试食实验得出的科学数据进一步证明，竹叶青酒具有促进肠道双歧杆菌增殖，改善肠道菌群，润肠通便，增强人体免疫力等保健功能。

小结

纵观世界各国用谷物原料酿酒的历史，一类是以谷物发芽的方式，利用谷物发芽时产生的酶将原料本身糖化成糖，再用酵母菌将糖转变成酒精；另一类是用发霉的谷物，制成酒曲，用酒曲中所含的酶制剂将谷物原料糖化发酵成酒。

凡含有酒精（乙醇）的饮料和饮品，均称为“酒”。酒饮料中酒精体积分数称作“酒度”。按照酿造方法和酒的特性进行基本分类，即划分为发酵酒、蒸馏酒、配制酒三大类别。

根据我国最新的饮料酒分类国家标准 GB/T 17204—2008 规定，对三大酒种进行了定义。

发酵酒是以粮谷、水果、乳类为主要原料，经发酵或部分发酵酿制而成的饮料酒，包括啤酒、葡萄酒、果酒（发酵型）、黄酒、奶酒（发酵型）及其他发酵酒等。

蒸馏酒是以粮谷、薯类、水果、乳类为主要原料，经发酵、蒸馏、勾兑而成的饮料酒，包括白酒的全部类别（如大曲酒、小曲酒、麸曲酒、混合曲酒）、洋酒（如白兰地、威士忌、伏特加、朗姆酒、金酒）以及奶酒（蒸馏型）及其他蒸馏酒等。

配制酒是以发酵酒、蒸馏酒或食用酒精为酒基，加入可食用或药食两用的辅料或食品添加剂，进行调配、混合或再加工制成的、已改变了其原酒基风格的饮料酒，包括露酒的全部类别，如植物类配制酒、动物类配制酒、动植物类配制酒和其他类配制酒（营养保健酒、饮用药酒、调配鸡尾酒）等。

现代科学技术的进步，对酒的分析提供了许多精密准确的方法。然而直到如今人们还不能单靠鉴定酒中的成分来给它的质量以恰如其分的评价。现代技术只能辅助感官分析而不能代替感官分析。一般来讲，我们可以从色、香、味、格四个方面对酒进行感官分析。

思考题

1. 什么是酒，酒度？
2. 葡萄酒生产中如何选择酿酒葡萄？
3. 怎样评价一瓶啤酒的优劣？
4. 黄酒是怎样进行分类的？
5. 日本清酒与中国黄酒有何异同？
6. 配制酒的大致分类。
7. 开胃酒、利口酒、甜食酒的基本种类。
8. 中国配制酒的分类及基本工艺。
9. 试比较中西配制酒的异同。

参考文献

[1] 张文学，谢明．中国酒及酒文化概论．成都：四川大学出版社，2010.

[2] 章克昌．酒精与蒸馏酒工艺学．北京：中国轻工业出版社，2007.

[3] 葛向阳，田焕章，梁运祥．酿造学．北京：高等教育出版社，2005.

[4] Roger B. Boulton、赵光鳌等译．葡萄酒酿造学：原理及应用．北京：中国轻工业出版社，2009.

[5] 顾国贤．酿造酒工艺学．北京：中国轻工业出版社，2016.

[6] 章家清，朱艳．我国葡萄酒产业发展 SWOT 分析．合作经济与科技，2013(18)：12-13.

[7] 崔东元．美国葡萄酒产业的历史发展进程．中外葡萄与葡萄酒，2002（5）：62-64.

[8] 李华．葡萄与葡萄酒研究进展——葡萄酒学院年报（2000）．西安：陕西人民出版社，2012.

[9] 朱宝镛等．葡萄酒科学与工艺．北京：中国轻工业出版社，2011.

[10] 王文静．感官评价在葡萄酒研究中的应用．山东食品发酵，2007（2）：57-59.

[11] Ludwig Narziss 著，孙明波译．啤酒厂麦芽汁制备工艺技术．北京：中国轻工业出版社，2010.

[12] 王志坚．浅谈冰啤酒生产技术．食品工业，2000（4）：8-9.

[13] 王志坚．浅谈干啤酒生产技术．食品工业，1998（3）：41-43.

[14] 刘秉和，王燕春．淡爽型啤酒生产技术的研究．酿酒科技，2001（1）：56-58.

[15] 栾金水．绍兴黄酒的传统酿造工艺．中国酿造，2005（1）：35-38.

[16] 王栋，经斌，徐岩，赵光鳌．中国黄酒风味感官特征及其风味轮的构建．食品科学 2013（5）：90-95.

[17] 吴建新．淋饭法、摊饭法在半甜型绍兴黄酒生产中的应用与比较．中国酿造 2005（9）：38-39.

[18] 万伟成，丁玉玲．中国酒经．天津：百花文艺出版社，2008.

[19] 张文学，赖登燡，余有贵．中国酒概述．北京：化学工业出版社，2011.

[20] 沈怡方．白酒生产技术全书．北京：中国轻工业出版社，1998.

[21] 余泽民．欧洲醉行．济南：山东画报出版社，2010.

[22] 李祥睿，陈洪华．配制酒加工技术与配方．北京：中国纺织出版社，2016.

[23] 赵树欣．配制酒生产技术．北京：化学工业出版社，2012.

[24] 康明官．配制酒生产技术指南．北京：化学工业出版社，2001.

[25] 肖江春．配制酒生产新工艺、新配方、新产品、质量控制与检验标准及经营管理实务全书．北京：中国轻工业出版社，2005.

[26] 彼得·梅尔著，林佳鸣译．永远的普罗旺斯．西安：陕西师范大学出版社，2004.

[27] 张琰光．汾酒通志．北京：中华书局，2015.

第四章

酒与养生

【学习目标】

通过对本章的学习，既可以认识黄酒、葡萄酒、啤酒、白酒等的营养及养生价值，了解药酒的发展历程、优点和制作、贮存、服用等方法以及与保健酒的区别，还可以对药酒的药用及保健作用有更深的认知，对酒与养生有更系统的把握，从而充分发挥酒的优势，为人类的健康作出更多贡献。

人类最初的饮酒行为与养生保健、防病治病有着密切的联系。酒的种类有多种，各种酒类的原料与制作过程不同，营养与养生价值也各有不同。而将不同的中药材浸入蒸馏酒或经过滤清的发酵酒中制成的各种药酒，其价值主要在于它的辅助医疗作用和养生保健作用。

第一节　酒的营养与养生价值

酒作为含酒精成分的饮料品种，千百年来生生不息，具有强大的生命力。在各类酒中，都不同程度地含有营养成分，因此酒具有一定的营养价值。

酒的主要成分是酒精和水。酒精能够在人体内产生大量的热量，实验证明，100mL酒精体积分数为50%的白酒可产生热量350kcal（1kcal＝4186J），100mL葡萄酒一般可产生热量65kcal，100mL啤酒可产生热量18～35kcal。而且各类酒中还含有多种元素，适量饮用不但补充了身体所需的各类营养，对机体的保健还有重要作用。

一、酒的营养与养生价值概述

（一）驱寒作用

中国古代很多文献都有酒能祛寒的论述。如《本草纲目》曰：酒“少饮则和血行气，壮神御寒”；《本草求真》曰：“烧酒则散寒结”；《养生要集》曰：“酒者，能益人，亦能损人。节其分剂而饮之，宣和百脉，消邪却冷也。”

（二）增进食欲

酒能助食，促进食欲，增加营养。例如：啤酒中含有一定数量的碳水化合物、蛋白质、无机盐及多种维生素。这些营养成分都能对人的胃产生刺激作用，适量饮用酒精体积分数为10%左右的低度酒，可以增加胃液的分泌，增进人的食欲；红酒中单宁略带涩味，也能促进食欲。实验发现，人在适量饮酒 60 分钟后，人体内的胰岛素含量比饮酒前明显增多，而胰岛素是胰腺分泌的、可降低血糖的激素，对人们的健康是很有利的。所以，进食之前适量饮用一些酒，能够刺激人的食欲，有益于消化。

（三）安神镇静

酒中的酒精成分对人的大脑有一定的刺激作用，可以使中枢神经兴奋，促进血液循环。当人还没有完全失去知觉或因脑贫血而晕倒时，喝上一点酒，就可以很快地恢复常态。所以，在一些紧急情况下，人们往往会给突然昏迷的人喝上几口酒，就是因为酒精有安神镇静作用。

（四）舒筋活血

由于酒中的主要成分酒精具有较强的刺激作用，对人的外伤有消肿、止痛的辅助功效。我国民间早已普遍使用酒来为发生扭伤或因寒湿引起的疼痛患者进行摩擦，就是利用酒可以舒筋活血的作用。

（五）解毒作用

酒中的酒精是一种原生毒物，因此它具有一定的杀菌作用。人在饮酒时，酒进入消化器官，便可以将随食物带入体内的细菌杀死。酒的解毒作用，在我国古代医药典籍中多有记载。民间以酒解毒的方法也很多。由于酒有杀菌之功效，因此人们也常常把酒作为消毒剂来使用，当意外发生而没有医疗上的专用的酒精时，乙醇含量较高的白酒就可以临时代替专用酒精。

（六）防疫作用

酒中的某些成分，特别是一些药酒中的特殊成分，使酒具有防治瘟疫的作用。我国劳动人民很早就懂得用酒防疫的道理，古来素有“除日驱傩，除夜守岁，饮屠苏酒”的传统习惯。屠苏酒含有大黄、白术、桔梗、蜀椒、去目桂心、皮乌头、去皮脐茇葜七味药，其实它是一种药酒。酒中的七味药，具有排除滞浊之气，健胃、利水、解热、解毒、杀虫、化瘀、活血、散寒、止痛之功效。由此可见，古人守岁饮屠苏酒，不仅仅是除夕之夜助兴的需要，也是为了防止疫病的发生。

（七）延年益寿

近年来，很多医学实验表明，适量饮酒比滴酒不沾者要更健康、更长寿。美国和日本的医学研究人员发现，少量饮酒能使血中的高密度脂蛋白升高，有利于将胆固醇从动脉壁向肝脏转移，并能促使纤维蛋白溶解，减少血小板聚集，促进血液循环流畅，减少

图 4-1 科学饮酒保健康-古井酒科技馆中的展示

血栓形成，因而有利于减少冠心病的发生和猝死的风险。对老年人来说，少量饮酒有益健康。

二、 酒的营养和养生价值分析

由于酒的种类很多，不同种类酒的营养价值和养生作用都不尽相同，下面，分别对常见的酒类的营养和养生价值进行分析。

（一）黄酒的营养与养生价值

所谓黄酒，顾名思义，因其色泽黄亮而得名，又名“老黄”。黄酒是世界最古老的酒种之一，迄今已有六千多年的历史，与啤酒、葡萄酒并称世界三大古酒，在我国酒文化中曾享有相当重要的地位，其中尤以绍兴黄酒最为著名。《吕氏春秋》载：“越王之栖于会稽（今绍兴）也，有酒投江，民饮其流而战气百倍。”这里的酒，指的就是黄酒。这说明，两千多年前，绍兴已经有了酿酒业。到了五代时期，绍兴酒已经名扬四海了。

1. 黄酒的营养价值

黄酒是以糯米、大米、黍米、粳米、粟米和玉米等为原料，以特制曲和酒母为糖化发酵剂酿制而成的发酵原酒，保留了发酵过程中产生的营养和活性物质，黄酒的酒精体积分数一般为 14%～20%，属于酒度较低、口味独特的低度酿造酒，是一种兼饮料、食疗、药疗及佐料等多功能于一身的特殊酒类。其营养丰富，含有大量蛋白质、糖分、糊精、醇类、有机酸、甘油、酯类、维生素、无机盐（常量元素和微量元素），及多种氨基酸。正是黄酒有这些营养，故被誉为“液体蛋糕”。其具体营养价值如下：

（1）微量元素 黄酒中含有锰、铁、铜、锌、硒等多种微量元素。如每100毫升黄酒中含硒量为1~1.2微克，比白葡萄酒约高20倍，比红葡萄酒约高12倍。在心血管疾病中，这些微量元素均有防止血压升高和血栓形成的作用。

（2）功能性低聚糖 低聚糖又称寡糖类，低聚糖能被肠道中的有益微生物双歧杆菌利用，促进双歧杆菌增殖。自然界中只有少数食品中含有天然的功能性低聚糖。黄酒中的功能性低聚糖就是在酿造过程中在微生物酶的作用下产生的，黄酒中的低聚糖有异麦芽糖、潘糖、异麦芽三糖三种异麦芽低聚糖，每升绍兴加饭酒就高达6克，是葡萄酒、啤酒无法比拟的。有关研究表明，每天只需要摄入几克功能性低聚糖，就能起到显著的双歧杆菌增殖效果。因此，每天喝适量黄酒，能起到很好的保健作用。

（3）维生素 黄酒中维生素含量十分丰富，如含有维生素 B_1、维生素 B_2、维生素 B_5、维生素 B_6 及维生素 E（生育酚），维生素 E 可与谷胱甘肽过氧化物酶协同作用，清除体内自由基。酵母是维生素的宝库，黄酒在长时间的发酵过程中，有大量酵母自溶，将细胞中的维生素释放出来，可成为人体维生素很好的来源。

（4）蛋白质 蛋白质是构成一切细胞核组织结构的重要成分。黄酒中含有的蛋白质为酒中之最。每升绍兴加饭酒的蛋白质为16克，是啤酒的4倍。黄酒中的蛋白质经微生物酶降解，绝大部分以肽和氨基酸的形式存在，极易为人体所吸收利用。

（5）氨基酸 黄酒中含氨基酸多达21种之多，每升黄酒中氨基酸的含量平均达30克以上，分别是啤酒的9倍和葡萄酒的3倍，其中含有人体必需但自身又不能合成的8种氨基酸，这类必需的氨基酸如果供应不足或不平衡时，临床则表现为幼儿、青少年发育迟缓，成年人则疲惫、肌肉萎缩、水肿、抵抗力下降等。因此，有人把黄酒称为“液体蛋糕”，是有一定道理的。

（6）碳水化合物 黄酒中的碳水化合物主要为葡萄糖、糊精、纤维素和淀粉。

另外，黄酒的热量非常高，每升可供给1200kcal，是啤酒的3~6倍、葡萄酒的1.19~2.37倍，为世界营养酒类中所罕见。所以，饮用600毫升黄酒的热量，相当于食用二两米饭或面粉的热量。

2. 黄酒的养生价值

（1）预防高血压和血栓的形成 黄酒中含有的镁、硒等均高于红、白葡萄酒，这些元素均有防止血压升高和血栓形成的作用。

（2）活血祛寒，通经活络 在冬季，喝黄酒时在酒中加入几片生姜煮后饮用，既可以起到活血祛寒的作用，又能通经活络，还能有效防止感冒。

（3）抗衰护心 在各类酒中，黄酒的营养价值最高，适量饮用黄酒，可以起到美容作用，而且如果长时间坚持饮用，可以起到抗衰老的作用 。

（4）调节肠胃功能　黄酒中的碳水化合物有很多低聚糖，这些低聚糖易被肠道中有益于健康的微生物利用，起到调理肠胃的作用。

（5）理想的药引子　相比于白酒、啤酒，黄酒酒精度适中，是较为理想的药引子。白酒虽对中药溶解效果较好，但饮用时刺激较大，不善饮酒者易出现腹泻、瘙痒等现象；而啤酒则酒精度太低，不利于中药有效成分的溶出。此外，黄酒还是中药膏、丹、丸、散的重要辅助原料。中药处方常用黄酒浸泡、烧煮、蒸炙中草药或调制药丸及各种药酒，据统计有 70 多种药酒需用黄酒作酒基配制。同时，这一药引子还可以起到增强疗效、解毒、矫味、保护胃肠的作用。

（6）营养丰富　黄酒中大量的氨基酸、碳水化合物等，是人体丰富营养的重要来源。

（二）啤酒的营养与养生价值

啤酒是以大麦芽和啤酒花为主要原料酿造而成的一种饮料。炒麦芽具有治疗积食、腹胀的作用，啤酒花的雌花具有镇静、健胃、利尿、减轻口渴的作用。而酿制啤酒的酵母，还可以治疗消化不良和脚气。啤酒被称为清凉饮料，主要是由于在酒体内含水量为 92%~96%，并含有二氧化碳。由于啤酒经常在 4~8℃的冷库内保存，故它的清凉性和发泡性，形成了清爽功能，对降温解暑大有裨益。

1. 啤酒的营养价值

啤酒是一种富有营养价值的饮料。啤酒内含有丰富的维生素 B_1、维生素 B_2、维生素 B_6、维生素 B_{12}、尼克酸、泛酸、叶酸、生物素及维生素 C 等，还含有钙、磷、钾、钠、镁等常量元素和硒、锌、铬等微量元素。啤酒中糖类很齐全，每升啤酒含糖 34 克，其中含糖精 27 克，果糖、蔗糖、戊糖、戊聚糖共 8 克。据测定，一升普通啤酒（含 3. 2%的乙醇、5%的浸出物）所产生的热量约为 1776 千焦，因此，历史上埃及人称啤酒为“液体面包”。此外，据日本酿造协会分析，除色氨酸外，其他人体所需的 8 种必需氨基酸（包括组氨酸）啤酒都有。啤酒中已分析出 17 种氨基酸，这 17 种氨基酸中有 7 种是人体不能合成的，且是人体所不可缺少的。啤酒中还含有蛋白质的水解产物肽和氨基酸（每升啤酒约有 3. 5 克），它们几乎可以 100%被人体消化吸收和利用。啤酒中碳水化合物和蛋白质的比例约在 15∶1，最符合人类的营养平衡。

2. 啤酒的养生价值

长期适量饮用啤酒，对身体会有以下好处：

（1）软化血管、改善血液循环　由于啤酒中含有多种维生素，可增加食欲，帮助消化和利尿消肿，烟酸则有软化血管、降低血压、改善血液循环的作用，还能够预防动脉硬化。啤酒中的叶酸含量虽不多，但它有助于降低人体血液中的半胱氨酸含量，而血液中半胱氨酸含量过高则会诱发心脏病。另外，啤酒中的乙醇含量是各种酒类中最低的，适量饮用啤酒，有助于抵御心血管疾病，特别是可以冲刷血管中刚刚形成的血栓。

（2）消暑解渴、利尿 啤酒中含有 CO_2，可以协助肠胃运动，有益于人体消暑解渴。啤酒中还含有钠、钾、核酸等，能增加大脑血液供给，扩大冠状动脉，并通过提供的血液对肾脏的刺激而加快人体的代谢活动。

（3）抗氧化、防癌抗老 现代医学研究发现，人体中代谢产物——超氧离子和氧自由基的积累，会加速人体机能老化，引发心血管疾病和癌症。啤酒中含有多种抗氧化物质，如多酚或类黄酮、还原酮、类黑精以及酵母分泌的谷胱甘肽等，都是减少氧自由基积累的最好的还原性物质。特别是多酚中的酚酸、香草酸和阿魏酸，可以避免对人体有益的高密度脂蛋白（HDL）被氧化，防止心血管疾病的发生。研究发现，喝下啤酒、红酒和白酒，然后用科学仪器测量饮酒者体内的抗氧化物变化的情况，结果发现喝下啤酒和红酒的受试者体内抗氧化指数提高最多。可见，啤酒能提高体内抗氧化指数。另外，研究人员还发现啤酒中似乎有某种未知的化学物质，这种物质对于多氨异环类（heterocyclic polyamine）强力致癌物的致癌力具有有效的抑制作用。

（4）防止骨质疏松 研究人员证明，硅能刺激有关骨骼强健及柔软度的胶原形成，而且硅的摄取量和骨质的密度密切相关。而每升啤酒约含 50~150 毫克硅，经常饮用啤酒有助于保持人体骨骼强健。

（5）清理肠道 啤酒中有很多聚糊精，其中大部分是支链寡糖，这些支链寡糖可被肠道中有益于健康的肠道微生物（如双歧杆菌）利用，使肠道得以快速清理。

（6）可防治神经炎、脚气病、口角炎、舌炎、皮肤炎等炎症。

（三）葡萄酒的营养与养生价值

葡萄酒是用新鲜的葡萄或葡萄汁经完全或部分发酵酿成的酒精饮料。通常分红葡萄酒和白葡萄酒、桃红葡萄酒三种。

1. 葡萄酒的营养价值

葡萄酒的营养价值很高，内含有糖、蛋白质、核黄素、果胶、各种醇类、维生素 B_6、叶酸及维生素 B_{12}、铜、维生素 C、氨基苯甲酸、泛酸，这些都是人体生长发育所必不可少的物质，特别值得一提的是葡萄酒中有 25 种氨基酸，其中有 8 种人体不能合成。这些必需的氨基酸的含量与人体血液中必需氨基酸的含量十分接近。葡萄酒中还含有多种维生素及其他物质：

（1）有机酸 葡萄酒中含琥珀酸、苹果酸、酒石酸、柠檬酸，这些酸类既是维持人体内酸碱平衡的重要物质，也可以调味，有助于消化。

（2）无机盐微量元素 葡萄酒中包含的无机盐微量元素有氧化钾、氧化镁、五氧化二磷，以及可以被人体直接吸收的钙。

（3）多种糖类 葡萄酒中含有果糖和戊糖，这些糖都可以被人体直接吸收。

（4）含氮物质 葡萄酒中含有蛋白质、苏氨酸、缬氨酸、蛋氨酸、色氨酸、苯胺酸、异氨酸、赖氨酸等，这些氨基酸都是合成人体蛋白质所必需的原料。

（5）维生素 葡萄酒中的维生素含量丰富，既含有硫胺素、尼克酸、维生素 B_6、维生素 B_{12}、叶酸等，肌醇含量也较为丰富。

2. 葡萄酒的养生价值

（1）有助于消化 葡萄酒是酒精性饮料中唯一的碱性食品，适量饮葡萄酒，可以中和日常饮食中的猪、牛、羊、鸡、鸭、鹅、鱼及米面类等呈酸性的食物，以降低血液中的不良胆固醇，促进消化。如吃海鲜时，饮用白葡萄酒最佳；而吃鸡、鸭、肉时，饮用红葡萄酒更易消化。

（2）有助于延缓衰老、美容养颜 红葡萄酒中含有较多的抗氧化剂，如维生素 C、维生素 E，微量元素硒、锌、锰等，能消除或对抗氧自由基，有助于抗老防病。对此，古代书籍早有记载，李时珍在《本草纲目》中记载“葡萄酒暖腰肾，驻颜色，耐寒”就是非常好的证明。

（3）有助于预防心脑血管疾病 葡萄酒内含有抗氧化成分和丰富的酚类化合物，能使血中的高密度脂蛋白升高，有效降低血胆固醇，可防止动脉硬化和血小板凝结，保护并维持心脑血管各级组织正常机能，起到保护心脏、预防中风的作用。美国心脏病学家证明每天饮用 200 毫升红葡萄酒能降低血小板聚集和血浆黏度，使血栓不易形成，因而能预防冠心病的发生。美国哈佛大学医学院研究证明，常喝葡萄酒能减少 70%的心脏病死亡率。

（4）有助于预防癌症 葡萄皮中含有的白藜芦醇，可使癌细胞丧失活动能力，可以防止正常细胞癌变，并能抑制癌细胞的扩散。

（5）利尿作用 一些白葡萄酒中，酒石酸钾、硫酸钾、氧化钾含量较高，具有利尿作用，可防止水肿和维持体内酸碱平衡。

（6）有助于减肥 葡萄酒有减轻体重的作用，每升干葡萄酒中含 525 卡热量，这些热量只相当人体每天平均需要热量的 1/15。饮酒后，葡萄酒能直接被人体吸收、消化，在 4 小时内全部消耗掉而不会使体重增加，所以经常饮用干葡萄酒的人，不仅能补充人体需要的水分和多种营养素，而且有助于减肥。

（四）白酒的营养与养生价值

1. 白酒的营养价值

白酒的营养价值，远不能和黄酒、葡萄酒、啤酒等相比。白酒成分中的 99%是乙醇和水，而杂醇油、多元醇、甲醇、醛类、酸类和酯类共占约 1%。白酒不同于黄酒、啤酒和果酒，除含有极少量的钠、铜、锌外，几乎不含维生素和钙、磷、铁等。

（1）乙醇 在白酒中乙醇所占成分最高，乙醇含量越高，酒性越烈。

（2）酸类　酸类主要包括甲酸、乙酸、丁酸、乳酸、酒石酸、琥珀酸等，酸类与白酒的风味直接相关。

（3）酯类　酯类包括乙酸乙酯、乙酸戊酯、丁酸乙酯、乳酸己酯、己酸乙酯等，酯类主要关系到白酒的香气。

（4）醛类　醛类主要包括甲醛、乙醛、丁醛、糠醛等，少量乙醛是优质白酒的香气成分。醛类成分如果过高，则会引起头晕。

（5）多元醇　多元醇包括甘油、环己六醇、丁四醇、戊五醇、甘露醇等，其中甘油、丁四醇、戊五醇、甘露醇与形成白酒醇厚风味相关。

（6）杂醇油　杂醇油在液体里呈油状，包括异戊醇、丁醇、异丁醇等。杂醇油含量的多少与酒的气味有关。适量则芳香，过量则有苦涩怪味。

（7）甲醇　甲醇是一种麻醉性较强的无色透明液体，毒性很大，白酒内含量应严格限制低于 0.4g/100mL。

（8）水　水中含有少量的钙、镁、钠、铵盐、亚硝酸盐等。

2. 白酒的养生价值

服用适量的白酒可有以下养生功效：

（1）预防心血管病　少量饮用白酒，能够增加人体血液内的高密度脂蛋白，而高密度脂蛋白又能将可导致心血管病的低密度脂蛋白等从血管和冠状动脉中转移，从而便可有效减少冠状动脉内胆固醇沉积，预防心血管病。

（2）消除疲劳和紧张　少量饮用白酒，能够通过酒精对大脑的中枢神经的作用，起到消除疲劳，松弛神经的功效。

（3）促进消化　在进餐时饮用少量白酒，能够增进食欲，促进食物的消化。

（4）增加热量　白酒含有大量的热量，饮入人体后，这些热量会迅速被人体吸收，增加人体的热量。

（5）加速新陈代谢　白酒因为含有较高的酒精成分，且热量较高，能够促进人体的血液循环，对全身皮肤起到一定良性的刺激作用，从而可以达到促进人体新陈代谢的作用。这种良性的刺激作用还能作用于神经传导，对全身血液都有良好的贯通作用。

（6）活血化瘀　白酒具有舒筋通络、活血化瘀的功效。在民间，此功效得到了普遍应用。

（五）香槟酒

香槟酒其实就是一种有气泡的白葡萄酒，即在发酵好的白葡萄酒中加入酵母和糖，在 8~12℃的温度下发酵成含二氧化碳的葡萄酒，其酒精体积分数为 13%~15%。

香槟酒中含有铁、铜、钙、镁等微量元素以及维生素和复合糖等多种物质，因而对人体有神奇的药物治疗功效。早在 18 世纪，医生们就已经发现香槟可恢复产妇的健康。

香槟酒还可以增进消化系统的功能。香槟酒还可以兴奋神经，舒展经络，益气补神，耐饥强志。香槟酒中还含有甲醇和锌，具有安神催眠的效果。

小结

由于酒的种类不同，成分不一，所以营养价值也不尽相同。在所有的酒类中，黄酒的营养价值最高，最突出的优点是有益无害。无论是从振奋民族精神、继承民族珍贵遗产，还是从药用价值、烹调价值和营养价值来讲，黄酒都应该成为我国普遍饮用的第一饮料。白酒则属于众多酒中营养价值较低的一种。而啤酒和葡萄酒的营养价值居中。虽然各类酒的营养价值不同，但适量饮用都会对人体有益处。

【延伸阅读：中国酒文化之最】

人类最先学会酿造的酒：果酒和乳酒

我国最早的麦芽酿成的酒精饮料：醴

我国最富有民族特色的酒：黄酒和白酒

我国最早的机械化葡萄酒厂：烟台张裕葡萄酿酒公司

我国最早的啤酒厂建于1900年，哈尔滨

我国最早的酒精厂建于1900年，哈尔滨

我国的第一个全机械化黄酒厂：无锡黄酒厂

记载酒的最早文字：商代甲骨文

最早的药酒生产工艺记载：西汉马王堆出土的帛书《养生方》

葡萄酒的最早记载：司马迁的《史记·大宛列传》

麦芽制造方法的记载：北魏贾思勰的《齐民要术》

现存最古老的酒：1980年在河南商代后期（距今约三千年）古墓出土的酒，现存故宫博物院。

传说中的酿酒鼻祖：杜康、仪狄

最早提出酿酒始于农耕的书：汉代刘安《淮南子》："清盎之美，始于耒耜"

最早提出酒是天然发酵产物的人：晋代的江统《酒诰》

现已出土的最早成套酿酒器具：山东大汶口文化时期

现已出土的最早反映酿酒全过程的图像：山东诸城凉台出土的《庖厨图》画像石

最早的酿酒规章：周代的《礼记·月令》

古代学术水平最高的黄酒酿造专著：北宋朱肱《北山酒经》

最早记载加热杀菌技术：北宋《北山酒经》

古代记载酒名最多的书：宋代张能臣的《酒名记》

古代最著名的酒百科全书：宋代窦苹的《酒谱》

最早的禁酒令：周代的《酒诰》

最早实行酒的专卖：汉武帝天汉三年（公元前98年）

酒价的最早记载：汉代始元六年（公元前81年），官卖酒，每升四钱

最早的卖酒广告记载：战国末期韩非子《宋人酤酒》："宋人酤酒，悬帜甚高"，帜：酒旗。

第二节 药酒养生

药酒是以酒为溶媒，一般用白酒或黄酒浸制药材或食物中的有效成分，所泡得的澄明浸出液体即是药酒。也有一些药酒是直接用药材或食物与酒曲、米等混合，直接发酵酿制而成的。药酒不但取材容易、制作简单，而且服用方便、费用低廉，内服、外用均可，适用于各科疾病。随着现代人生活水平的不断提高，人们对健康的追求也日益重视，药酒，尤其是养生药酒已成为许多家庭日常生活中不可缺少的重要内容。

一、 药酒的发展历程

药酒是中医药学宝库中一颗璀璨的明珠，它既是中华民族长期与疾病斗争的经验总结，也是中医学中防病、治病和保健养生的独有方法。药酒制作自古至今已有数千年历史，为中华各族人民的身体强健做出了重要贡献。

（一）远古时期

对于殷商时期的药酒，甲骨文中就已经提到。甲骨卜辞中有酒名为"鬯"，据汉代班固《白虎通德论》解释"鬯者，以百草之香，郁金合而酿之，成为鬯"，鬯很有可能就是用各种芳香中草药为原料酿制而成的药酒，这是有文字记载的最早药酒。这种药酒的作用之一是用于驱恶防腐，如《周礼》中载："王崩，大肆，以鬯"，大肆，即大浴，指帝王驾崩之后，用鬯酒洗浴其尸身，使其长久不腐。我国一些医学典籍中，也对这一时期的药酒做了记载，如《黄帝内经》中的《素问·汤液醪醴论》指出"自古圣人之作汤液醪醴，以为备耳"，所谓"汤液"即今之汤煎剂，而"醪醴"即药酒也。这就是说，古人酿造醪酒，是专为药用而准备的。该书还对其他的药酒及作用做了记载，如"或曰尸厥……鬄其左角之发，方一寸，燔治，饮以美酒一杯，不能饮者灌之，立已"，即治疗突然昏倒不省人事，状如昏死者；"醪酒"治经络不通，病生不仁，治疗麻木不仁者；"鸡矢酒"治臌胀，即鸡屎干后，醅之酒，以治疗腹水。

战国时期，对药酒的医疗作用、酒的制作方法等已有了较为深刻的认识。如《黄帝

内经》中专设“汤液醪醴论篇”来讨论用药之道。马王堆汉墓中出土的公元前3世纪末的抄本医方专书——《五十二病方》中，有不下35个药方用到了酒，而且至少有5方可认为是酒剂配方。而在该墓出土的另两部帛书《养生方》和《杂疗方》中，都记载有酒剂配方、药酒用药、酿制工艺等，其中《养生方》就记载了六种药酒的酿造方法，并在“醪利中”中还列出了炮制某一药酒的十道工序。

但值得注意的是，远古时代药酒的制作方法，大多是将药物加入到酿酒原料中同时发酵，而非后世常用的浸渍法。主要原因可能是由于远古时酒的保藏技术较低，浸渍法容易导致酒变酸腐败，致使药物成分尚未充分溶解，酒却已经变质。而采用药物与酿酒原料同时发酵，可使药物成分充分溶出。

（二）汉代至魏晋时期

这一时期，药酒制作方法已有了突破，酒煎煮法和酒浸渍法已经出现。如在汉代成书的《神农本草经》中就有如下一段论述：“药性有宜丸者，宜散者，宜水煮者，宜酒渍者，宜膏煎者，有一物兼宜者，亦有不可入汤酒者，并随药性，不得违越”，可见此时，用酒浸渍法制中药已经较为常用，并且对入汤酒的情况有所限制。汉代名医张仲景的《金匮要略》中，有多例浸渍法和煎煮法的实例，如“鳖甲煎丸方”“红蓝花酒方”都是用浸渍法制成。“鳖甲煎丸方”的制作方法如下：以鳖甲等二十多味药为末，取煅灶下灰一斗，清酒一斛五斗，浸灰，候酒尽一半，着鳖甲于中，煮令泛烂如胶漆，绞取汁，内诸药，煎为丸。此外东汉时张陵（张道陵）将研制的祛病健体的神秘草药浸于酒中送于百姓，使得很多人得以从当时肆虐的瘟疫中活命，也是用的此法。

两晋时，制作药曲和使用药曲酿酒工艺开始出现。通过此工艺制成的药酒，不但有大曲酒的风味，还有中草药的芳香，同时兼具健身祛病之功效，这是世界酿酒史上的一种创举。在我国著名的农业科学专著《齐民要术》中，贾思勰就曾专列一章记载该酿酒法，其中对浸药专用酒的制作，从曲的选择到酿造步骤，都有详细记录。

南朝齐梁时期的著名本草学家陶弘景，还对冷浸法制作药酒技术有了推进。他在《神农本草集经注》中提出了一套冷浸法制药酒的方法：“凡渍药酒，皆须细切，生绢袋盛之，乃入酒密封，随寒暑日数，视其浓烈，便可漉出，不必待至酒尽也。滓可暴躁微捣，更渍饮之，亦可散服”。他不仅注意到了药材的粉碎度、浸渍时间及浸渍时的气温对于浸出速度、浸出效果的影响，而且提出通过多次浸渍，可以充分浸出药材中的有效成分，从而弥补了冷浸法本身因药用成分浸出不彻底，药渣本身吸收酒液而造成的浪费的缺陷。同时，他还指出了包括矿石类、植物类、动物类共71种不宜浸酒的药物。由此可见此时药酒的冷浸法已达到了较高的技术水平。

此外，关于麻醉的药酒也开始出现。如北魏高祖时期，杀废太子恂采用的就是先使其饮“椒酒”，醉后而行刑。“椒酒”就是具有麻醉作用的一种药酒。传说华佗用的

“麻沸散”，就是用酒冲服。

（三）隋唐至两宋时期

这一时期，药酒、补酒的酿造更为盛行，使用也日益广泛。这期间的一些医药巨著如孙思邈《备急千金要方》、王焘《外台秘要》，宋代官修《太平圣惠方》《圣济总录》等都收录了大量药酒和补酒的配方和制法，并且很多著作中还专门开辟章节来详细介绍多种药酒的制作方法及诸多药方。如《备急千金要方》共有药酒方 80 余种，卷七设“酒醴”专节，详尽记载了多种药酒制作方法，而且对服用药酒的注意事项做了说明。孙思邈《千金翼方》卷十六设“诸酒”专节，《外台秘要》卷三十一设“古今诸家酒方”专节，唐代孟诜《食疗本草》集古代食疗之大成，记载了葱豉酒、桑椹酒的制作方法，并指出很多药酒的作用，同时，该书还首次提到可用多种植物酿制药酒，如“地黄、牛膝、虎骨、仙灵脾、通草、大兰、牛蒡、枸杞等，皆可和酿作酒”。

宋代，无论药酒的制作方法还是应用范围，都有了很大提高。我国现存最早的论酒专著朱翼中《北山酒经》除介绍 40 余种酿酒方法及 10 余种药曲外，还首次提到了领先欧洲数百年的通过加热杀菌来存酒液的方法。此外《太平圣惠方》《圣济总录》等几部著作共记药酒种类多达百种，涉及内、外、妇、儿、五官等各科多种疾病。在制药方法上，酿造法、冷浸法、热浸法以及隔水加热的“煮出法”都已经成为制作药酒的常用方法。

唐宋时期的药酒配方中，用药味数较多的复方药酒所占的比重明显提高，这是显著特点。复方的增多表明药酒制备整体水平的提高。

（四）元明清时期

随着经济、文化的进步，这一时期医药学有了新的发展，尤其在整理前人经验、创制新配方、发展配制法等方面都取得了新的成就，使药酒的制备达到了更高的水平。仅李时珍的《本草纲目》中的药酒配方就有约 200 种之多，还对如何服用药酒做了详细论述。朱橚等人在《普济方》中也收录药酒配方 300 余种，而方贤的《奇效良方》、王肯堂的《证治准绳》同样辑录了大量前人诸多药酒配方。

这一时期，强身补益受到了重视，保健药及药酒显著增多。如元代蒙古族营养学家忽思慧任宫廷饮膳太医时，将累朝亲侍进用奇珍异馔、汤膏煎造，及诸家本草、名医方术，并日所必用谷肉果菜，取其性味补益者，集成《饮膳正要》这部我国营养学的第一部专著，就是重视保健的重要表现。书中关于饮酒避忌的内容，直到现在仍然具有重要参考价值。明代吴旻的《扶寿精方》中，有著名的“延龄聚宝酒”“史国公药酒”等补益药酒；龚庭贤《万病回春》和《寿世保元》两书中，补益药酒占有显著地位，其中“扶衰仙凤酒”“长生固本酒”“延寿酒”“长春酒”等都是配伍较好的补益性药酒。

吴，龚二氏辑录的药酒方，对于明清时期的补益性药酒的繁荣起了积极的作用。

清代宫廷益加重视保健，用药酒补益调理十分流行，这一时期可说是补益药酒繁荣的时期。清代孙伟的《良朋汇集经验神方》，陶承熹的《惠直堂经验方》，项友清的《同寿录》，王孟英的《随息居饮食谱》等都记载着不少补益性药酒，其中归圆菊酒、延寿获嗣酒、参茸酒、养神酒、健步酒等都是较好的补益性药酒。乾隆的长寿酒方中，龟龄酒、春龄益寿酒、松龄太平春酒等都是极好的保健药酒。同时抗老美容的清宫玉蓉葆春酒等药酒，不但具有很好的美容效果，而且又能祛病固齿，深受后宫及大臣们喜爱。

明清时还出现了一批从理论上阐述用药道理和配伍规律的方论专书，如明代吴昆的《医方考》，清代汪昂的《医方集解》等，这些专著阐述配方时也涉及了药酒。在药酒配制方法上，突出表现了热浸法的普遍使用，因为人们认识到适当提高浸渍温度可使植物性药材组织软化、膨胀，增加浸出过程中的溶解和扩散速度，有利于有效成分的浸出，而且还可以破坏药材中的一些酶类物质，增强药酒的稳定性，因此采用热浸法对于许多药物来说具有更好的浸出效果，是一种科学方法。

（五）新中国时期

由于中华民国时期受战乱影响，药酒研制方面进展缓慢；新中国成立以后，政府对中医中药事业的发展十分重视，通过建立中医医院、中医药院校、开办药厂等大力发展中药事业，使药酒的研制工作呈现出新的局面。药酒酿制方面，在继承并发扬传统药酒制备的优良方法基础上，药酒研制工作取得了长足进步：一是文献整理取得了新进展，出版了《中华药酒谱》《中国药酒大全》《中国药酒》《药酒配方 800 例》等专项著作，更加方便药酒的推广；二是理论认识逐渐加深，通过临床研究和实验研究，对五加皮酒、十全大补酒、史国公药酒、龟龄集酒等传统中药名酒的药理、毒理、有效成分等有了全新认识。为其拓展应用、增强疗效提供了依据；三是药酒品种日益增多，根据市场需求，研发出清宫大补酒、十全大补酒、金童常乐酒、罗汉补酒、藿香正气水、大黄酒等多种新药酒，受到国内外欢迎；四是制备工艺不断改进，发明了渗滤法等制酒新工艺，大大降低了药酒的制作成本，增强了药酒的作用效果；五是质量标准日趋严格，药酒规范被收入药典，国家中医药管理局也公布了允许制作药酒的中药，药酒生产逐步转向标准化和工业化，不仅逐渐满足了人民群众的需要，并且打入了国际市场，博得了国际友人的欢迎，甚至有的国家还用大黄等制成“大黄酒”，应用于健脾和胃、行气活血及减肥等治疗上。

二、 药酒的医疗养生作用

药酒的医疗养生作用主要体现在以下几点。

（一）药酒的治病作用

“酒为百药之长”。酒未问世之前，人们得了病要求助于“巫”。而在饮酒过程中，发现酒能“通血脉、散湿气”“行药势、杀百邪、恶毒气”“温肠胃，御风寒”……，可以直接当“药”来治疗疾病，并且用酒入药还能促进药效的发挥，于是“巫”在医疗中的作用便被“酒”逐渐取而代之。

在古代，用酒治病，特别是制成药酒防治疾病十分普遍，因而古人视“酒为百药之长”。药酒不但能治疗内科、妇科疾病，而且治疗外科疾病也独具风格。如唐代王焘《外台秘要》里有“治下部痔疮方”，即“掘地作小坑，烧赤，以酒沃之，纳吴茱萸在内，坐之，不过三度良。”明代郭世霖《使琉球录》中也有用药酒治“海水伤裂”的记载。

现代医学研究表明，用酒浸药，不仅能将药物的有效成分浸泡出来，使人易于吸收，而且由于酒性善行，能疏通血脉，可引导药物的效能达到需要治疗的部位，从而提高药效。在发明激素很久以前，酒饮料是糖尿病患者的药物；即使在能够使用激素以后，酒饮料特别是烈性佐餐葡萄酒，依然作为糖尿病患者饮食的重要部分。

其实，用酒治病在国外也很流行。

（二）预防疾病作用

药酒在古代民间季节性疾病的预防中应用广泛。据典籍记载，元旦除夕饮屠苏酒、椒柏酒；端午节饮雄黄酒、艾叶酒；重阳节饮茱萸酒、腊酒、椒酒等。其目的在于，在不同季节，通过饮用不同药酒来预防那个季节可能产生的瘟疫。如屠苏酒，是用酒浸泡大黄、白术、桂枝、桔梗、防风、山椒、乌头、附子等药制成，相传是三国时华佗所创制。每当除夕之夜，男女老少均饮屠苏酒来预防疾病。唐朝孙思邈所著《千金方》对酒预防疾病的作用也阐述的非常明白：“一人饮，一家无疫；一家饮，一里无疫。”可见饮用药酒预防疾病的重要性。至今，我国南方一些地区和台湾人民还沿用这些风俗。

（三）增强机体免疫作用

很多药酒都可以增强人的免疫功能。有人对比观察了龟龄集酒、龟龄集原始粉和龟龄集升炼药粉三种药剂对小鼠免疫功能的影响，结果证明，三种药剂均能显著提高小鼠巨噬细胞吞噬功能，并对小鼠溶血抗体的产生有显著促进作用，但以药酒的作用最强。

（四）延年益寿作用

药酒确有延年益寿之效，这一点在历代的医疗实践中已经得到了证实。如对老年人具有补益作用的寿星酒；补肾壮阳、乌须黑发的回春酒等。李时珍在《本草纲目》中列举了近70种不同功效的药酒，如五加皮酒可以“去一切风湿痿痹，壮筋骨，填精髓”；当归酒可“和血脉，壮筋骨，止诸痛，调经”，人参酒可以“补中益气，通治诸虚”等。

（五）病后调养和辅助治疗的作用

药酒可通过扶助肌体正气，或发挥药物的祛邪作用，辅助治疗疾病，又有助于病后的调养，可促进病体早日康复。

三、药酒养生特点

中药药酒在中华民族医疗保健方面的应用源远流长，且占有极其重要的地位。至今，中药药酒特别是中药保健药酒不断推陈出新，在中成药市场上占有重要的位置。中药药酒在养生方面有自己独有的特点：

（一）食药合一

酒是人们宴饮时不可缺少的饮料，药酒是将作为饮料的酒与治病强身的药“溶”为一体，既是酒，又是药，形成了食药合一的特点。

（二）酒行药势

中国现存最早的药物学专著《神农本草经》曾这样表述酒的药效：“酒味苦、甘、辛，大热，有毒，主行药势，杀百虫。”即认为酒的重要功能之一是行药势，也就是说借助酒来发挥其他药物的效用。李时珍也说酒有“行药势，杀百邪，恶毒气”的药用价值。元朝王好古更举例指出酒“行药势”的作用：“黄芩、黄连、黄柏、知母，病在头面及手梢皮肤者，须用酒炒之，借酒力以上腾也”，即借助酒的升提作用，黄柏和知母等便可治疗上焦病变；而“大黄，为苦寒攻下之品，以酒将之，可行至高之分”，同样，借酒气轻扬，引药上行，还可使整个处方抵达病位。此外，张仲景的栝楼薤白白酒汤，即是借助酒性升提，达到通阳散结、豁痰蠲痹、治疗胸痹的作用。

（三）酒助药力

酒有助于药物有效成分的析出。有些中药成分不溶于其他液体，但却能比较容易的溶入酒中，而且酒精还能有效进入药材的细胞中，通过溶解作用，提高药物的浸出速度和效果，使药物的作用得到充分发挥。元代著名医生王好古就说“（药）有宜酒浸以助其力”，指的就是这个道理。一些药物加入酒以后，治疗效果明显增强。如明代《炮炙大法》载，菟丝子、生地黄、淫羊藿、红蓝花、莪术、白头翁等药物，俗称“得酒良”，其含义正在于此。

（四）酒剂取效迅速

酒是一种良好的有机溶媒，易于进入药材组织细胞中，可把中药里大部分水溶性成分，以及水不能溶解而需非极性溶媒溶解的有机物质溶解出来，最大限度地保留药物中的生物活性物质。同时，服用后可借酒的宣行走窜之性，促进药物中有效成分迅速而最大程度地吸收入血，在较短时间内发挥治疗作用。

（五）药酒可防治并举

药酒在中医临床方面的应用十分广泛，有病时用它可祛疾，如驱除风寒、活血化瘀、舒筋活络等；无病时也可以养生防病，如古代人在重阳节间饮菊花酒，目的在于防老抗衰，夏季饮用杨梅酒则可预防中暑，而常饮山楂酒可以防止高脂血症的形成。

（六）酒可矫味杀毒

一些动物药，如白花蛇、乌蛇等，经酒制后可消除或掩盖其不良气味，并减缓其毒性，如《本经逢源》载：常山之药“若酒浸炒过，则气稍缓”；另外，大黄酒制，则峻下之势锐减。因此，可根据酒的这些作用调剂药物，祛除药物的异味与毒性，缓和其峻烈之性，更好地发挥养生祛病的功能。

（七）酒可防腐，便于贮藏

药酒中含有乙醇，可延缓许多药物的水解，增强药剂的稳定性，并有不同程度的抑菌作用。故而酒剂可长期存放，不易腐败变质。这样，可以随时饮用，十分方便。

四、药酒的优点

药酒之所以越来越受到人们的重视和欢迎，并乐于接受，有其独到优点。概括起来，主要表现在以下几方面：

（一）配制简单

药酒的配制相对来说比较简单，只要选择合适的药物、合适的酒和合适的器具，就可以配制。有些人甚至可以自己选择合适药物，根据自己的需要，有针对性地自行配制。

（二）适应范围广

首先，药酒可以治病。由于药酒的种类非常多，而每种药酒所选取的药材又有所不同，所以药酒可治疗疾病的范围也比较广，包括内科、外科、妇科、儿科、骨科、男科等在内的上百种疾病。而且相对于西药来说，药酒对身体的副作用要小得多，效果也更好。其次，药酒又可以防病。如古代就有饮屠苏酒的习惯，其实就是通过饮屠苏酒来防疫疾病。再次，很多药酒还可以养生保健、美容润肤。再次，有些药酒还可有病后调养和日常饮酒而延年益寿之功能。因此，药酒可谓神通广大。难怪有人称药酒为神酒，称它是中国医学宝库中的一股香泉。

（三）便于服用

首先，药酒易于掌握剂量。药酒是中药通过酒作为溶媒经过固定时间的浸泡后而一次制得的，溶液比较均匀，不会有浓淡变化，每次只要服用所需剂量即可。这要比汤剂每次煎熬所得液体浓度会有变化的情况好得多。

其次，药酒一次成型后，便可随用随取，省时省力，非常方便，这就避免了汤剂每天煎煮的麻烦。另外，药酒既可内服，又可外用，同样也非常方便。

（四）发挥药效迅速

酒本身就有“通血脉”“行药势”之功能，且被称为“百药之长”，而药酒又是将酒作为溶剂与中药结合而生成的特殊饮料，这就使得药物的保健、治疗作用通过药酒这种形式发挥出来。临床观察，药酒一般比汤剂的治疗作用快到 4~5 倍，比丸剂作用更快。

（五）人们乐于接受

首先，在口味上人们乐于接受。大多数药酒因为加入了糖或蜂蜜，饮用起来使药物本身难以忍受的苦涩之味，以及酒的辛辣之味都变得平和很多，甚至有些还会有些许甘甜之味，因此无论对于习惯饮酒的人，还是不喜欢饮酒之人，都比较容易接受。

其次，在经济上人们乐于接受。药酒的有效成分溶出率高、剂量浓，可以节省很多药材，进而也节省了一定经济支出。

（六）容易保存

药酒较其他剂型的药物易于保存。因为酒本身就具有一定的杀菌防腐作用，可以延缓很多药物成分的水解，增强药剂的稳定性，所以药酒只要配制适当，遮光密封保存，便可经久存放，不至于发生腐败变质现象。

五、药酒的制作

（一）制酒工具

按照中医传统习惯，一般中药药酒的制作需要一些“特殊”材质的工具，如玻璃器皿、瓷器皿、砂锅、瓦坛等，即非金属容器。因为一些金属器皿，在煎煮药物或盛装药酒时容易发生沉淀，导致溶解度降低，甚至一些器皿还会和药物及酒发生化学反应，影响药性的正常发挥。当然，特殊药酒的制作会对器皿有特殊要求。

（二）制作方法

对于药酒的制作，我们祖先早有论述。《黄帝内经》就曾有“上古圣人作汤液”“邪气时至、服之完全”的记载。后来很多名医、医药著作中也都对药酒的制作做了介绍，如孙思邈在《备急千金要方》中，比较全面地论述了药酒的配制方法。虽然我们现代的药酒制作方法源自祖先，但已经和古代有了很大不同。通过概括古今医学文献资料，现将药酒的常用制备方法加以介绍：

1. 冷浸法

这种方法适用于有效成分容易浸出且药材量不多，或含较多挥发性成分的中药材。其具体的制作方法，是将药材切成薄片或粗碎成大颗粒，直接放置瓷坛或其他非金属的容器中，加规定量白酒，密封浸渍，每日搅拌1~2次，一周后，每周搅拌1次；共浸渍30天，取上清液，压榨药渣，榨出液与上清液合并，如欲加适量糖或蜂蜜矫味着色，应将糖或蜂蜜用酒溶解、过滤，再将糖液倒入药酒中搅拌均匀，密封，静置14日以上，滤清，灌装即得。对有效成分遇热易破坏或含有挥发油成分的药材，可用纱布包药后入酒中浸泡，方便药渣取出。

2. 热浸法

又称煮酒法，是一种古老而有效的制酒方法。适用于中药材品种多、酒量有限或用冷浸法时药材的有效成分不易浸出的情况。此法取药材饮片或粗粉，用布包裹，吊悬于容器的上部，加白酒至完全浸没包裹；加盖，将容器浸入水液中，文火缓缓加热，温浸3~7昼夜，取出，静置过夜，取上清液，药渣压榨，榨出液与上清液合并，加冰糖或蜂蜜溶解静置至少2天以上，滤清，灌装即得。此法称为悬浸法。此法后来改良为隔水加热至沸后，趁热取出，倒入大容器中，加糖或蜂蜜溶解，封缸密闭，浸渍30天，收取澄清液，与药渣压榨液合并，静置适宜时间后，滤清，灌装即得。此法既能加快浸取速度，又能使中药材中的有效成分更容易浸出。此法适用于花、叶和质地松软的中药材。

3. 渗漉（滤）法

此法适用于工业大规模生产。其制作方法是：将药材碎成粗粉，放在有盖容器内，再加适量白酒密闭，放置15分钟至数小时，使药材充分膨胀后多次均匀地装在底部垫有脱脂棉的渗滤筒（一种圆柱型或圆锥型漏斗，底部有流出口，以活塞控制液体流出）的底部，每次投入后，均要压平。装完后，用滤纸或纱布将上面覆盖。然后先打开渗滤筒流出口的活塞或开关，排除筒内剩余空气，再向渗滤筒中缓缓加入白酒，待溶液自出口流出时，关闭活塞。继续添加溶媒至高出药粉数厘米，加盖放置24~48小时，使溶媒充分渗透扩散。然后打开下面的活塞，使漉（滤）液缓缓流出。如果要提高漉液的浓度，也可以将初次漉液再次用作新药粉的溶媒进行第二次或多次渗漉。收集渗漉液，静置，滤清，灌装即得。采用该方法应注意以下两点：（1）该方法中中药材不能处理得过细，也不能遇酒就软化成团而阻塞液体从活塞口流出，影响提取率。（2）填装中药材时，不能过松、过紧或过量，一般装到渗滤筒的2/3即可。

4. 酿制法

酿制法是古人制作药酒时常用的方法，即是以药材为酿酒原料，加曲酿造药酒的方法。如《千金翼方》记载的白术酒、枸杞酒等，都是用此方法酿造。这种方法适用于制作低度药酒。具体做法是：先将中药材加水煎熬，过滤去渣后，浓缩成药汁（有些药物如桑葚、梨、杨梅等可以直接榨汁），再将适量糯米煮成粥状，然后冷却至30℃左右，然后，将药汁、糯米饭和酒曲拌均，装入干净容器密闭保温。整个发酵过程必须保持一定的温度，如果过热，则可以通过搅拌方法降温。经过4~6天发酵完成后，压榨、过滤，取得清液，放入容器，再隔水加热至75~80℃来杀菌，以易于贮存。不过，由于此法制作难度较大，步骤繁复，现在家庭一般较少选用。

5. 煎煮法

将中药材细切放入砂锅中，入酒适量或水、酒合并，浸泡4~6小时，然后加热煮沸1~2小时，当即滤得药液而成。这种方法有三大特点：其一，制作时间短，因此，对一些急性病的治疗多用此法。其二，用酒量少，比较经济。其三，酒味不重，便于不善饮酒者饮用。但煎煮法制作过程中有些药物成分容易挥发，故药酒配方中如有含有挥发油的芳香性药材则不宜用此制作方法。

药酒在制备过程中，还要根据需要加入适量矫味剂和防腐剂。矫味剂主要以食用糖和蜂蜜为主，而防腐剂主要是苯甲酸和尼泊金乙脂。

药酒在制作时，一般选用酒精体积分数50%~60%的白酒作为原液，对于不善于饮酒或有特殊病情需要的患者，可采用低度白酒或用黄酒、米酒，但要适当延长浸泡时间，或复出次数适当增加，以保证药物中有效成分的析出。

（三）制作药酒的注意事项

（1）对药物粉碎要适度　太大会影响扩散，而太细又会破坏药物细胞，使酒体浑浊，所以药物体量大小要适中。

（2）浸泡时间要适度 适当延长浸出时间能有效增加药物有效成分的浸出，但时间过长，会使有效成分被破坏。

（3）浸泡温度要适度 适度提高浸出温度能促使药物有效成分浸出，但温度过高又会使某些有效成分挥发，故不同的药酒要根据具体情况采用不同的浸泡温度。

（4）所用器具要经过严格消毒，制作过程都保持卫生，以保证药酒不被污染。

六、 药酒的贮藏

无论购置的药酒还是自制药酒均应注意保存，否则，不但浪费了药酒材料，若误饮了变质或被污染的药酒，还会对身体造成极大危害。因此，药酒必须要妥善保存，在保存时要注意以下几点：

（一）容器的选择

合适的容器对药酒的浸制及质量保证至关重要。容器的材质应以陶制、瓷制或玻璃制品为宜，因为这些材质的容器不但具有能防潮、防燥、保气及不易与药物发生化学反应的优点，而且陶、瓷容器还能避光，玻璃容器价格低廉也容易得到。但它们也有自己的劣势，如陶制和瓷制容器防渗透方面要比玻璃制品差，而玻璃因其透明，容易吸收热量，会对药酒的稳定性产生一定影响，故选用玻璃容器贮藏药酒时应以深色玻璃容器为好。最好不用金属器皿来贮存药酒，因为很多金属器皿会与药酒发生化学反应，如果被人体吸收后，会产生很多不良反应。从形状来看，最好以广口容器为好。从卫生角度看，无论何种贮藏酒的容器，都应清洁，防止污染。家庭制作可用煮沸法消毒，玻璃制品不能直接投入沸水中，可用冷水微火慢慢煮沸，或先用 75%酒精消毒。

（二）贮藏条件

1. 加盖密闭

药酒制作完成后，应及时装入容器中并加盖盖紧密封，取酒后也应及时密封，这样既可以防酒精及易挥发药物有效成分挥发，也可以防止空气与药酒接触而被污染或氧化。

2. 地点适合

密封好的药酒应放置于干燥、避光处保存，以有效保护药物的功效、色泽及稳定性。贮存的环境温度一般应保持在 10~20℃，若是果酒还应该低温保存，而以黄酒、米酒作为药剂配制的药酒，在冬天要避免温度过低而受冻变质。

3. 贴标签

在贮酒容器外，应该贴上标签，上面标上药酒名称、配制时间及功效和用法用量等，以免时间长久后与其他药酒或物品发生混乱，影响使用，甚至发生差错，导致危险。

4. 与有刺激性气味的物品隔离

药酒还应避免与煤油、汽油及腥、臭等怪味较大、刺激性较强的物品或有毒的物品共放一处，防止串味，同时还不得与蜡烛、油灯等同放以防火。

七、 药酒服用方法与注意事项

（1）服用药酒后，应禁止服用其他药物。尤其是西药中的巴比妥类中枢神经抑制药、精神安定类药、抗凝血类药、各种糖尿病药、各类降压药、磺胺类药等。

（2）女性在妊娠期和哺乳期不宜饮用药酒，以防对胎儿和婴儿带来不良影响。儿童一般不宜口服酒剂，但可外用。

（3）保健药酒冬季饮用较佳，夏季少饮为佳，因为有些药酒药性温热，易助火伤阴，会引发阴虚阳亢之症。

（4）饮用中药药酒时，应避食生冷、油腻、腥臭之食物。

（5）对酒剂过敏者，不应使用中药药酒。

（6）无论何种药酒，均只宜少量服用，不可大量饮用，否则会引起慢性中毒，进而损肝伤脑。

（7）药酒不宜佐餐或空腹饮用。服药酒应在每天早晚分次服用，如佐餐饮用则影响药物的迅速吸收，影响药物疗效的发挥。空腹饮酒则更能伤人，空腹饮药酒 30 分钟，药酒中的酒精对机体的毒性反应可达到高峰。

（8）外用药酒不能内服。过去民间有端午节饮雄黄酒的习俗，其实雄黄酒只宜外用杀虫，不宜内服。雄黄主要成分为二硫化砷，遇热可分解为三氧化二砷，毒性更大，饮用雄黄酒易引起中毒，轻则头晕、头痛、呕吐、腹泻，重则引起死亡。

八、 药酒与保健酒的联系与区别

药酒与保健酒在我国已经有几千年的历史，这是我国传统酒文化的精华部分。二者虽然有同有异，但在古代却未加区分，只笼统地称之为“药酒”。药酒与保健酒科学的界定始于 20 世纪 70 年代后，二者相同之处在于，酒中有药，药中有酒，且均能起到强身健体之功效，但区别也是十分明显的。

（一）范畴不同

保健酒首先是一种食品饮料酒，具有食品的基本特征，属于“饮料酒”范畴；而药酒则以药物为主，具有药物的基本特征，属于“药”的范畴。

（二）特点不同

保健酒以滋补气血、温肾壮阳、养胃生精、强心安神为主要目的，还用于生理功能减弱、生理功能紊乱及特殊生理需要或营养需要者，以此来补充营养物质及功能性成分，它的效果是潜移默化的；而药酒则是以治病救人为目的，主要作用有祛风散寒、养血活血、舒筋通络等，用于病人的康复和治疗期病理状态，有其特定的医疗作用。

（三）饮用对象不同

保健酒适用于健康人群、有特殊需要之健康人群、亚健康人群、及老年人；而药酒则仅限于患有疾病的人群饮用，它是医生开的一剂方药，有明确的适应症、禁忌症、限量、限期，必须在医生的处方或在专业人士的指导下服用。

（四）原料组成不同

保健酒中的原料首选传统食物、食药两用之药材，且中药材、饮片必须经食品加工，功能强烈、有毒性者则不可用；而药酒中的原料首选安全、有效的中药，以滋补药为主，可适当配合其他中药（清、温、消、补、下、和等类中药），以药物为主。

（五）风味不同

保健酒讲究色、味，注重药香、酒香的协调；而药酒则不必做到药香、酒香的协调，俗话说“良药苦口利于病”。

（六）生产管理部门不同

保健酒由食品生产企业生产，由食品部门主管，产品质量不合格可以调整或回收；药酒由药厂生产，由药品管理部门主管，产品质量不合格只能报废。

（七）销售场所不同

保健酒主要在酒店、商场、超市等一般商品销售场所销售；药酒主要在药店或医疗场所销售。

【延伸阅读：饮酒养生小知识】

饮量适度：古今关于饮酒利害之所以有争议，问题的关键即在于饮量的多少。少饮有益，多饮有害。宋代邵雍诗曰："人不善饮酒，唯喜饮之多；人或善饮酒，难喜饮之和。饮多成酩酊，酩酊身遂疴；饮和成醺酣，醺酣颜遂酡。"这里的"和"即是适度。无太过，亦无不及。太过损伤身体，不及等于无饮，起不到养生作用。

饮酒时间：从季节温度高低而论，冬季严寒，宜于饮酒，以温阳散寒。

饮酒温度：有人主冷饮，有人主温饮。冷饮者认为，酒性本热，如果热饮，其热更甚，易于损胃。如果冷饮，则以冷制热，无过热之害。元代医学家朱震亨说：酒"理直冷饮，有三益焉。过于肺入于胃，然后微温，肺先得温中之寒，可以补气；次得寒中之温，可以养胃。冷酒行迟，传化以渐，人不得恣饮也。"但清人徐文弼则提倡温饮：酒"最宜温服"，"热饮伤肺""冷饮伤脾"。

辩证选酒：保健酒随所用药材的不同而具有不同的性能，用补者有补血、滋阴、温阳、益气的不同，用攻者有化痰、燥湿、理气、行血、消积等区别，因而不可一概而用。有寒者用酒宜温，有热者用酒宜清。

坚持饮用：任何养身方法的实践都要持之以恒，久之乃可受益，饮酒养生亦然。古人认为坚持饮酒才可以使酒气相接。唐代大药学家孙思邈说："欲使酒气相接，无得断绝，绝则不得药力。多少皆以和为度，不可令醉及吐，则大损人也。"当然，孙思邈经年累月、坚持终身饮用，他最终活了 101 岁，无疾而终。

小结

药酒的产生是中国医药发展史上的重要创举，作为历史悠久的传统剂型，它不但用于防病，还用于治病，并具有制作简单、服用方便、疗效确切、便于存放的优点，因而深受历代医家重视，成为我国传统医学中的重要治疗方法。在国内外医疗保健事业中，享有较高声誉。由于药酒具有其他药物制剂不可替代的特点和优势，所以几千年来得到不断发展，应用范围不断扩大，时至今日仍为广大人民群众乐于接受并采用的养生疗疾的一种有效方法。

药酒的发展，不仅逐渐满足了人民群众的需要，并且打入了国际市场，博得了国际友人的欢迎。我们相信，在不久的将来，具有中华民族特色和历史悠久的，又符合现代科学水平的中国药酒，必然和整个中医中药的发展一样，为人类的健康长寿，做出新的贡献。

思考题

1. 中国黄酒的营养与养生价值是什么？
2. 啤酒的养生作用表现在哪些方面？
3. 中药药酒养生的特点是什么？

4. 中药药酒的服用方法与禁忌有哪些？

参考文献

[1] 王强虎．药酒．北京：人民军医出版社，2007.
[2] 刘进，徐月英．中药药酒养生．沈阳：辽宁科学技术出版社，1996.
[3] 施旭光．中华养生药酒600款．广州：广州出版社，2009.
[4] 孙仲伟，曾汇．药酒．武汉：湖北科学技术出版社，2003.
[5] 张梅．常用药酒．四川科学技术出版社，2002.
[6] 丁兆平．养生药酒．济南：山东画报出版社，2011.
[7] 金霞．中华传统文化与养生．北京：大众文艺出版社，2004.
[8] 王春．兰陵酒文化．济南：山东人民出版社，2013.
[9] 路哲鑫，郎延梅，崔今淑．药酒保健百科．延吉：延边大学出版社，2010.
[10] 王学礼，郑怀林．世界传统医学养生保健学．北京：科学出版社，1998.
[11] 高景华．名医珍藏药酒大全．西安：陕西科学技术出版社，2012.
[12] 陈潮宗．学做药酒不生病．青岛：青岛出版社，2012.
[13] 尤优主编．学做药就不生病．北京：北京联合出版公司，2014.
[14] 胡志明，谢广发主编．黄酒．杭州：浙江科学技术出版社，2008.
[15] 郭航远，傅建伟著．绍兴黄酒与养生保健黄酒．杭州：浙江大学出版社，2007.
[16] 胡小毅．酒文化与养生．延吉．延边人民出版社，2009.

第五章

酒与食

【学习目标】

通过本章的学习，既了解酒的源起、古今宴饮的相关礼俗，以及中国特有的酒令文化，掌握酒宴与酒文化之间的相互关系，对中国酒文化有更深入了解；还可以掌握酒与食搭配的基本原则，对酒与食品搭配的宜与忌有更深的认识，从而使我们不但可以吃出美味，更能吃出健康。

酒是人类生活和社交中的主要饮料之一，在漫长的饮食文化发展过程中，酒始终扮演着重要的角色，而以酒为中心，也产生了众多的酒文化，这些酒文化，大大增加了酒的魅力。酒与食又是紧密联系的，孔子曾有“有酒食，先生馔”的名言，称有了好酒好食好吃的，就拿给父母长辈吃，就是孝顺。苏东坡游赤壁时也曾留下“有酒无肴，如此良夜何”的感叹，可见，酒与食关系之密切。而酒与食如何搭配，又是一门一向为人们所乐道的学问。通过本章的学习，不仅可以了解中国酒文化的相关知识，对酒与食的搭配也会有一定认识。

第一节 酒宴与酒文化

在各类酒宴活动中，酒成为社交活动的重要媒介。此时的酒已不仅仅是一种饮料，而是被赋予了文化特征，成为了一种文化符号、一种文化消费。中国酒宴中的每一环节都体现出了中国特有的酒文化，而酒文化又使酒宴充满了无限魅力。

一、 宴饮礼俗

宴饮文化，是酒文化的重要内容之一。而宴饮文化又受到“礼”的约束，宴饮文化中的礼仪、礼法和习俗不但由来已久，而且从内涵之丰富、影响之深远来看，堪称是中国宴饮礼文化。

中国人自古以来就十分好客，经常设宴款待客人，上至天子诸侯，下至贩夫走卒，每人都设过宴，也都赴过宴。宴会的名称更是五花八门、丰富多彩。与这些宴饮文化活动相伴而生的，则是各种各样的宴饮礼俗。

（一）古代宴饮礼俗

中华饮食文化源远流长，中国被誉为“礼仪之邦”“食礼之国”，懂礼、习礼、守礼、重礼的历史非常久远。饮食礼仪自然成为礼仪文化的一个重要部分。食礼诞生后，为了使它更好的发挥“经国家、定社稷、序人民、利后嗣”的作用，周公首先对其神学观念加以修正，提出“明德”、“敬德”的主张，通过“制礼作乐”对皇家和诸侯的礼宴做出了若干具体的规定。接着，孔子又继续对食礼加以规范、补充，后来其学生又对先师的理论加以阐述、充实，最后形成《周礼》《仪礼》《礼记》三部经典著作。由于强调“人无礼不生、事无礼不成、国无礼则不宁”的信条，宴饮之礼与其他的礼共同组成了古代社会的道德规范。

1. 君臣酒礼

（1）君臣的定位　在古代酒宴的各种礼制中，酒宴上的座次与方位是非常有讲究的，席置、坐法、席层等无不受到严格的礼制限定，因为它最能反映出宴饮者地位的高下尊卑，如果违反，则视为非礼。

《礼记》规定：“诸侯燕礼之义，君立阼阶之东南，南乡（向）尔卿，大夫（臣）皆少进。定位也，君席阼阶之上，居主位也；君独升立席上，西面特立，敌也，与之相匹之作也”。阼，指东面的台阶，即主人迎宾所在的地方。国君居主位，所谓“践阼”，反映出君臣之间定位是非常讲究的。

（2）酒器的摆放和使用　酒器的摆放和使用也要体现君臣地位的高低，《礼记・王藻》称：“凡尊必尚元酒，唯君面尊，唯饷野人皆酒，大夫侧尊用木于士侧尊用禁。”尚元酒，系君专饮之酒。春秋时有国人和野人之分，野人是指普通群众。“饷野人皆酒”，意思是让他们吃一般的饭菜，喝普通的酒。而倒酒时同样也讲究地位的尊卑。倒酒时先给君王倒，然后才是群臣，这象征着让酒从君王面前流出，恩惠赐给群臣。以上礼仪反映出古代君臣之间存在着严格的等级差别。

（3）饮酒之礼　饮酒的礼节包括赐酒、受酒和爵数的有关规定。燕礼规定，君主如欲向大臣们敬酒时，不是自己亲自敬，而是让宰夫代表自己举爵来敬。这是因为君位尊，臣位低，君臣有别，让宰夫代敬来凸显君位。君主如依次劝酒，臣要降阶再拜稽首。接受君王赐酒时，饮一爵酒时要体现出足够的恭敬之态，饮二爵酒后要体现和气恭敬，而饮三爵酒后要应高高兴兴恭敬地退下。饮酒的爵数也是有明确规定的，最多不得超过三爵，如若超过，甚而开怀畅饮，则是违反礼制的。

（4）进食的规定　根据《礼记》记载，进食有三条规定：一是饮前必祭。也就是吃饭之前，等食物摆好之后，主人引导客人行祭。所谓行祭就是古人为了表示不忘本，每次吃饭之前都必须先从盘碗中拨出一些菜，放在祭拜用的桌案上，以报答发明饮食的先人。在祭祀时，君若以客礼待臣，而臣则不得以客礼自居，必须奉命后才祭；二是正式用餐时，君先臣后，不得颠倒，君王如果还没用餐，而臣子先用，则属违礼；三是若受君王命尝菜时，必须由近及远，不得反向而行；四是臣不得先于君先吃饱，必须等君王吃饱，放下筷子，臣才能放下筷子。

2. 尊卑长幼酒礼

一方面酒宴活动的参与者都是独立的个人，每个人都可能有自己的饮食习惯，另一方面酒宴活动又表现出很强的群体意识，它往往是在一定的群体范围内进行的。无论在家庭内，或在某一社会团体内，每个个体的行为都要纳入到“礼”的正轨之中。

中国传统文化中，特别强调尊卑之礼，长幼有序。《礼记・乐记》曰：“所以官序贵贱各得其宜也，所以示后世有尊卑长幼之序也”。上级或长辈对下级或晚辈可以实施任何权力，而下级或晚辈只能无条件地听从。理学大师朱熹的《朱子家训》中就曾说：“凡诸卑幼，事无大小，毋得专行，必咨禀于家长。”如果违背了尊卑长幼之礼，就会受到严惩。

（1）敬赐授受之礼 《礼记》中明确规定，少者、幼者要陪长者饮酒，进酒时少者、幼者必须起立，对尊者的方位实行拜礼，然后才受酒。少者给老者敬酒时，如长者推辞，少者要回到自己的座位去饮酒。饮酒时，如果长者酒杯未干，少者是不能饮酒的，必须要等到长者把酒杯里的酒喝完之后才能饮。长者给少者赐酒时，少者是不能推辞的，也不能推辞后再接受，否则就是把自己抬到与长者、尊者同等的高度，是越礼的。

（2）进食之礼 《礼记》规定，“虚坐尽后，食坐尽前”，即在一般情况下，少者要坐得比尊者、长者靠后一些，以示谦恭，而宴饮进食时要尽量坐得靠前一些，靠近摆放馔品的食案，以免不慎掉落的食物弄脏了座席。同时《礼记》还规“食至起，上客起，让食不唾。”也就是说酒菜来时、尊者或长者来时，少者必须起立以示尊敬，不得坐着不动，主人让食，客人要热情取用，不可置之不理，否则就是失礼。“客若降等，执食兴辞。主人兴辞于客，然后客坐。”如果来宾地位低于主人，必须双手端起食物面向主人道谢，等主人寒暄完毕之后，客人方可入席落座。此外，《礼记》还规定，少者、贱者与尊者、长者同席，不要与尊者、长者距离太远，必须靠近，以便聆听应对；在尊者、长者面前不得叱狗、乱吐食物，以免造成不必要的误会。

宴请宾客往往都选择在室内进行，而中国的房屋建筑一般都是面南背北、东西横向的，门通常都开向南方，因此《礼记・典礼》规定：“主人入门而右，客人入门而左，主人就在东阶，客人就在西阶。”也就是说主人入门后由右边（即东边）登阶入室，客人则从左边（即西边）登阶入室，然后坐在自己的位置，即主人坐在东面，客人坐在西面。长幼之间相对时，长者东向，幼者西向。宾主之间宴席的四面座位，以东向最尊，次为南向，再次为北向，西向为侍坐。清代学者凌廷堪以及顾炎武分别指出“室中以东向为尊”“古人之坐，以东为尊。”

（3）酌献酬酢 坐定后，主人要按照一定顺序给客人斟酒，通常是先长后幼，斟酒时要斟八分满。宴饮正式开始时，主人先向客人敬酒。敬酒有两种：满满一杯叫“酌”，八分满则叫“斟”。一般由主人先酌满一杯酒来敬客人，称为“献礼”，以示主人对客人的欢迎，客人则以“呷酒”的方式来表示已承主人之礼；客人饮后要回敬主人酒，称为“酢酒”，主人接受酒后再答谢客人，称为“酬酒”。如此三次，即“酒过三巡”，在此期间尝少量菜肴，称“菜过五味”之礼。当然，不同时代、不同地域也有不同之处。

（二）当代宴席礼俗

现在，宴会已经成为人际交往中较为普遍的一种应酬形式，而饮酒则是其中不可缺少的重要内容。如果懂得宴会的礼俗，不仅可以在宴会上“挥洒自如”，而且还能达到增进友谊、联络感情的目的。

1. 酒具摆放

在我国，日常家宴所需要的酒器，一般是陶瓷酒器和玻璃酒器。如果是用陶瓷酒器的话，就要配有陶瓷的酒壶。一般情况下不必用酒壶，可直接用酒瓶斟酒即可。在布置餐桌时，要同时把酒器具摆好。中式宴会一般使用水杯、葡萄酒杯、烈性酒杯组成的三套杯。葡萄酒杯居中，左侧是水杯，右侧是烈性酒杯。三杯横向成一条直线，杯与杯之间相距1厘米。

如果是西餐宴会，也要事先摆好酒具。摆酒具时，要拿酒具的杯托或底部，水杯摆在主刀的上方，杯底中心在主刀的中心线上，杯底距主刀尖2厘米，红葡萄酒杯摆在水杯的右下方，杯底中心与水杯中心的连线与餐台边成45°，杯壁间距1厘米；白葡萄酒杯摆在红酒杯的右下方。

如果是西餐，餐具的摆法是：正面放食盘或汤盘，左边放叉，右边放刀，汤匙和甜食匙放在食盘上面，再上方放酒杯，右起放烈性酒杯或开胃酒杯、葡萄酒杯、香槟酒杯和啤酒杯等。

2. 就座礼仪

（1）家宴　若是在家里宴请宾朋，家宴的席次相对简单，男主人与女主人一般相对或者交叉而坐，主人一般背对厅壁。以男主人和女主人为基准，近高远低，右上左下，依次排列。其次，通常要把主宾安排在最尊贵的位置，即主人的右手位置，左手边的是次重要的客人。主宾夫人安排在女主人的右手位置。再次主人方面的陪客要尽可能与客人相互交叉，便于交谈交流，避免自己人坐在一起，冷落客人。若家宴纯粹都是家里人，上座一般让给老人，以示尊敬。

（2）宴会　座位安排并非简单的分配座位，而是社会关系的一个缩影。通过分配座位，中国人暗示谁对自己最重要。要注意的是，让主人和客人相对而坐，或让客人坐在主座上都算失礼。如果碰上外宾，翻译一般都安排在主宾右侧。

3. 斟酒的礼仪

作为主人，首先要为来宾斟酒。酒瓶要当场打开，酒杯要大小一致。斟酒是要讲究顺序的：首先，如有年长者、长辈者、远道而来者或职务较高者在座，要先为他们斟酒，以示尊重。其次，一般情况下，可按顺时针方向依次斟酒。在国内，斟酒时，白酒和啤酒要斟满杯子，以示对人尊敬，但不要溢出，其他酒则无此讲究。中国人饮酒习惯为“上酒在左，斟酒在右”，由主人或主人请的陪客或服务员按照宾主的要求斟酒。斟酒时应从宾主的右侧开始，依序而斟。斟酒时应右手持酒壶，中指齐瓶签处，食指朝上抵住瓶颈，徐徐倒出。斟完酒，应把瓶口向上转一下，以免瓶口的余酒滴到桌布或客人的衣服上。当客人在搛菜或吃菜时，不要为他斟酒。作为客人，当主人或陪酒者为自己斟酒，一定要起身或俯身，以手扶杯或做欲扶状，以示敬意。

4. 敬酒的礼仪

敬酒也就是祝酒，是指在正式宴会上，由男主人向来宾提议，提出某个事由而饮酒，敬酒也是有一定文化在里面的。

（1）逐一敬酒，不可厚此薄彼　如是仅是一桌客人，主人应向所有客人逐一敬酒；如是多桌宴请，主人应逐桌敬酒，不可厚此薄彼，有的敬，有的不敬。

（2）起立干杯，面带微笑　如有人提议干杯时，应站起身来，右手端起酒杯，或者用右手拿起酒杯后，再以左手托扶杯底，面带微笑，目视其他人，特别是自己的祝酒对象，嘴里同时说着祝福的话。

敬酒可以随时在饮酒的过程中进行，在敬酒时如果要进行干杯，需要有人率先提议，可以是主人、主宾，也可以是在场的人。

5. 劝酒的礼仪

设宴请客，主人都希望客人多喝几杯，尽兴而归。这样，席间自然少不了劝酒。劝酒之人一般是主人、陪客或主人委托的“代东”“酒官”完成。劝酒是渲染宴席气氛的重要工作。劝酒得法，会使席间气氛融洽而热烈。要劝好酒，需掌握以下原则：一是量力而行。事先了解对方的酒力，以把握劝酒的分寸。二是讲究艺术。选择对方关心的话题，采用更能产生共鸣的表达方式，往往更能说动对方。三是适可而止，不可勉为其难。尤其是对方是领导或长辈时，更不可强求对方多喝酒。

6. 碰杯

据说碰杯来自古罗马“角力”竞技。竞技前选手们要先饮酒，在喝酒之前，对方要把自己酒杯中的酒倒给对方一点，以证明里面没有毒药，然后再喝。后来这一习俗演变成为碰杯礼。祝酒时，主人先举杯，杯口应与双目齐平，微笑点头示意，其余人举杯。主人向客人碰杯，要亲自执瓶斟酒，然后与客人碰杯。客人之间相互碰杯是礼貌、友好的表示。一般应起立举杯，轻轻相碰，碰杯时目视对方，口念祝酒辞。碰杯时杯口要与对方的齐平，或比对方杯口稍低，以示谦恭。但晚辈或下级与长辈或上级碰杯时，晚辈或下级一定要将杯口放低。人多时可举杯示意，不必一定要碰杯。喝果汁、矿泉水者，不必碰杯，但大家起立举杯相碰时，也应站起来举杯。碰杯时不宜双手举杯，如果想表达对对方特别尊敬，可右手端杯，左手四指部分托住杯底。

7. 谢酒

谢酒是宴饮中的常事，也就是说在酒桌上由于健康、生活习惯等原因不能过量饮酒，可以采用合乎礼仪的方法谢酒，这属于正常现象，不算失礼。对于谢酒，也是有多种方式的：一是申明自己不喝酒的原意，如“厚意我领了，但非常遗憾的是肠胃不好，不能再饮了，请多包涵”。二是当敬酒者向自己杯子里斟酒时，用手轻轻敲击酒杯的边缘，这种做法的含义是“我不喝了，谢谢”。当别人向自己热情敬酒时，切忌东躲西藏，乱推酒杯、遮掩杯口、偷偷将酒倒掉等，更不要把酒杯倒过来扣在桌上，或把自己已经喝过的酒倒入别人酒杯中。

二、 宴饮酒令

酒的魅力，其实不完全在于酒本身，还在于酒文化丰富的内涵和附加的娱乐功能。在宴会上，人们一般不会自顾自独斟独饮，而往往喜欢通过各种游戏来调节宴会的气氛，使宴会的气氛更加高涨。其中，行酒令就是非常好的一种娱酒手段。

饮酒行令，自古至今长盛不衰，是中国人在饮酒时所表现出来的一种独特的文化现象。它包含着浓厚而广泛的文化娱乐性，是中国酒文化的一种重要表现形式，深受古今各阶层人们的喜爱。

酒令是伴随饮酒所进行的娱乐和游戏，是中华民族独特的文化现象。中国有着悠久的酒史，又有着悠久的游戏史。酒席上把饮酒和游戏二者综合为一形成了酒令，古人又称之为酒戏，它包含着比较宽泛、浓厚的文化娱乐性，旧时在文人儒士之间和乡俚市井间广为流传，可谓雅俗共赏。春秋战国时代的饮酒风俗和酒礼有所谓“当筵歌诗”“即席作歌”；秦汉之际，承前代遗风，人们在席间联句名之曰“即席唱和”，用之日久便逐渐丰富，作为游戏的酒令也就产生了。

酒令作为人们发明的一种在宴饮时佐酒助兴的游戏，行令前要先推选同座中一人为令官，其他人听令官发号施令，轮流依照规定方式游戏，违者罚酒，或者按令喝酒。种类多样，形式灵活，有雅有俗，适合各色人等。

《史记》记载西汉时吕后曾大宴群臣，命刘章为监酒令、刘章请以军令行酒令，席间，吕氏族人有逃席者，被刘章挥剑斩首，为喝酒游戏而戏掉了脑袋这也许就是戏中之戏了。此即为“酒令如军令”的由来。

“觞”，酒杯之意。“觞政”指酒令，事小体大，关乎政事。“一国之政观于酒”。“觞政”又代表行令规则，宋代赵与时就曾撰有《觞政述》一书，考释了各种酒令的来源及行令方法。酒令具有趣味性、知识性、娱乐性、竞技性的特征，能给宴饮宾主带来智慧的快感、娱乐的快意，增添了不少“酒外之趣”。

酒令早在两千多年前的春秋战国时代就在黄河流域的宴席上出现了。酒令分类标准不一，有二分法：俗令与雅令。猜拳是俗令的代表，雅令即文字令，通常是在具有较丰富文化知识的人士间流行。白居易曰："闲征雅令穷经史，醉听新吟胜管弦。"认为酒宴中的雅令要比乐曲佐酒更有意趣。清代俞敦培将酒令分为四类：占令、雅令、通令、筹令。今人何权衡等在《古今酒令大观》中将酒令分为词令、诗语令、花鸟虫鱼令、骰令、拳令、通令、筹令七类。因为从古到今酒令品种很多，为叙述方便，现以有无物质性辅助工具为标准，略举几例酒令。

图5-1 南阳汉画馆馆藏的投壶汉画像石拓片（两位官吏模样的人坐在壶两旁，怀中皆抱矢欲投，中间壶内已有投中的矢，壶旁有三足酒樽和舀酒用的勺。画面最右边的司射（即投壶时的裁判），手执一木质的兽形器，也叫"筹"，用以计算投入壶内矢的数目）

（一）酒令发展史

酒令，是古人宴饮时根据一定规则以罚代劝的一种侑觞佐酒、助兴、活跃宴席的重要形式，它几乎与酿酒同时出现。是文化入于酒的一种形式，更是中国酒文化的重要体现。

在我国，酒令是对酒礼的变革、丰富和发展。酒令产生之始，是用来辅助饮酒礼仪的，而非娱酒助兴的。西周时期，饮酒的礼仪非常具体而严格，"酒以成礼""有礼之会无酒不行"是其真实写照。为了维护酒席上的礼法，西周还专门设立了监督酒礼仪的官职——"史""监"，无论敬酒、罚酒，都要受到这些官员的节制，不许过度饮酒，不准有失礼仪，违者会受到严惩。这种以强制手段确立的酒法，是以法行酒礼的开始，也是酒令萌发的一种表现。

东周时期，随着礼崩乐坏和王侯将相饮酒之风日盛，酒令便丧失了"礼"的内容，而成为了宴饮娱乐的助兴游戏。当时在贵族宴席上，以壶代靶、以短矢代长箭的投壶游戏，已经开始流行。

投壶是最古老的酒令之一，是由礼射演化而来。古代乡射时，射礼不能举行，改行投壶令，后成为酒令的形式之一。投壶时，要求执箭者站在一定的距离之外，将（一支支）箭投入特制的箭壶中，以投中数量的多寡决定胜负，寡者罚饮酒。汉代，投壶令流行。三国时的左思在《吴都赋》中描写吴都人民的娱乐生活是，“里宴巷饮，飞觞举白。翘关、扛鼎、卞、射、壶、博”。这里说的“壶”即是投壶。赋中再现了当时吴国都城投壶令的盛况。欧阳修《醉翁亭记》中记述“射者中，弈者胜，觥筹交错”就是这种投壶令。明代万历皇帝的定陵，曾出土一件金投壶。

到了秦汉时期，人们在饮酒时，开始出现联句唱和的娱乐形式，日久成习，于是便产生了最初的酒令。由汉武帝和群臣在柏梁台宴饮时，要求每人依次即席作诗一句，最后联句成诗的娱酒形式，被称为“柏梁体”，成为当时被人们极力效仿的娱酒形式。

魏晋南北朝时期，酒令得到迅速发展。晋代，贵族石崇在宴请宾客时，在即席赋诗的基础上又提出“或不能者，罚酒三杯”的规定，自此又产生了以诗为令进行罚酒的酒令。王羲之等人兰亭集会时的曲水流觞、桓玄等人的危语令等都相类于此。至此，具有中国文化特色的酒令便最终形成。

有曲水流觞令。这是一种由民俗演化而来的酒令活动。江南地区有三月三上巳节在曲水池边沐浴饮酒的风俗，借以驱除邪秽之气。行曲水令时对地势的要求颇高，越弯曲的细流越好。其方法是在水的上游放置一只羽觞，顺流而下，酒觞停在谁的面前，谁就取饮吟诗。历史上最著名的曲水令宴，非王羲之等于公元353年3月3日在绍兴兰亭举行的莫属。此次行酒令作的诗被王羲之汇编成册，就是我们今天所看到的《兰亭集》。后代许多富豪帝王，请能工巧匠，在府邸中修建曲水池，以弥补行曲水令时择时择地的缺陷。发展至后代，曲水令的文化形式，渐渐被“击鼓传花”令所取代。《红楼梦》六十三回：平儿还席，“众人都在榆荫堂中以酒为名，大家顽笑，命女先儿击鼓。平儿采了一枝芍药，大家约二十来人传花为令，热闹了一回。”

又有赋诗令。与“曲水令”有相似之处，但不需再曲水之滨。赋诗令源于先秦时期，诸侯会盟时在酒宴上“赋诗言志”。后来汉武帝和朝中群臣在柏梁台上饮酒作诗，每人依次作一句，都有相同的平声韵脚，连缀成一组诗，被称为“柏梁体”诗。古人崇尚雅致，当筵作诗，不仅活跃了酒席上的气氛，又彰显了自己的才华。因此，赋诗令最为文人雅士所喜爱。到近代，诗学衰微，赋诗令才渐渐隐没于历史的帷幕后。

唐宋时由于受文人雅士的普遍欢迎，使得我国酒令无论从内容上还是形式上，都得到了极大丰富。此时的酒令不仅种类繁多，形式也日益丰富，同时酒令在执行时也日益严格，欧阳修诗中曾有“罚筹多似晶阳矢，酒令严于细柳军”的描述，用西汉周亚夫细柳军的军令比喻宋代的酒令，可见当时酒令之严。

明清时期，饮酒行令之风更盛，无论达官贵人还是樵夫走卒，宴饮行令已蔚然成风。此时，不仅酒令种类更加丰富多彩，酒令内容也应有尽有，花鸟虫鱼，诗词歌赋、戏曲小说、时令月令、曲牌词牌，以及各种风俗、药物等无不入令。清人俞敦培还专门编著了一部有关酒令的书籍——《酒令丛抄》，在书中把众多酒令分成了古令、雅令、通令、筹令四大类。此时对酒令的执行要求却越来越松，时人张晋寿《酒德》中的“量小随意，客各尽欢，宽严并济”“各适其意，勿强所难”，即是很好的体现。

民国时期，由于战乱频仍及外来文化的进入，流传两千余年的中国传统的酒令文化逐渐衰落。

（二）酒令构成要素

酒令主要由以下三个要素组成：

1. 酒律

酒律是指宴席行令时，每个人都必须遵守的行令规则。酒律由令官执掌，不遵令者，根据情节轻重设有不同的惩罚手段。由于古今酒令种类繁多，五花八门，酒律也就各式各样、不尽相同。

2. 令官

令官是指在宴席上行令时专设的主持行令、维护宴席秩序、监督酒律执行，并对酒席上违规的人进行惩罚的人。令官不是任何人都能担任的，必须具备懂酒令、善词令、酒量大的人才能担当。

3. 令具

令具是行酒令时所需要的游戏工具。由于酒令不同，令具也不同，如有筹、骰子、扑克牌、瓜子、花生、花朵、火柴等。

（三）酒令的种类

随着历史的发展，酒令从最初较为单一的射箭、投壶等内容，逐渐形成了雅俗共赏、形式多样的酒令形式。清朝的俞敦培通过对古人酒令的整理后，将酒令分为四大类：古令、雅令、通令、筹令。随着社会的发展，酒令也在不断创新，今人麻国钧等又将古今酒令重新划分，共分为射覆猜拳、口头文字、骰子、牌、筹子、杂等六类。酒令主要分为以下几种类型：

1. 骰子令

骰子类的酒令是以骰子为行令工具的酒令，故名。骰子令早在两千多年就已经出现在宴会酒席上。是古人常行的酒令之一。以骰为行令工具，枚数不定，有时用一枚，有时用多枚，最多不超过六枚，通常依据酒令来限制骰子的数量。骰子是饮酒行令的娱酒之物，由于其操作简单快速，并带有较大偶然性，无需过多技巧就可以轻松活跃酒宴气氛，因此很受宴饮者欢迎。考古学家在西汉中山靖王刘胜妻子墓中出土了一枚制作精美的酒令铜骰，这说明在汉代用骰子行酒令已非常流行。魏晋时期，骰子形状由原来的十八面变为六面。唐宋时以骰子来祝酒兴的场面已经非常常见。皇甫松的《醉乡日月·骰子令》曰："大凡初筵，皆用骰子。盖欲微醉，然后迤逦入令"，说的就是筵席之初，通过行骰子令来调动大家情绪的情景。此外，白居易的"醉翻衫袖抛小令，笑掷骰盆呼大采"，张祜、杜牧《骰子赌酒》联句："骰子逡巡里手拈，无因得见玉纤纤"，元稹《赠崔元儒》诗："今日头盘三两掷，翠娥潜笑白髭须"等，都是描写行骰子令时掷骰子赌酒的热闹场面。

《红楼梦》六十三回，晚上怡红院的丫头们要庆贺宝玉生日：

宝玉因说："咱们也该行个令才好。"袭人道："斯文些的才好，别大呼小叫，惹人听见。二则我们不识字，可不要那些文的。"麝月笑道："拿骰子咱们抢红罢。"

骰子令的种类很多，玩法也很多。《红楼梦》第108回宝钗寿辰，贾母给宝钗过一个热热闹闹的生日，鸳鸯问老贾母要行什么令？贾母道："那文的怪闷的慌，武的又不好，你倒是想个新鲜顽意儿才好。"鸳鸯想了想道："如今姨太太有了年纪，不肯费心，倒不如拿出令盘骰子来，大家掷个曲牌名儿赌输赢酒罢。"贾母道："这也使得。"便命人取骰盆放在桌上。鸳鸯说："如今用四个骰子掷去，掷不出名儿来的罚一杯，掷出名儿来，每人喝酒的杯数儿掷出来再定。"

在用骰子行酒令时，方法多样，名目不一，常用的主要有以下几种：

（1）点将令　骰子递摇，得四为帅。邻座人再摇得帅，甲乙两帅猜拳，甲胜即点在座中某人为将；同样，乙帅也点某将迎战，两将猜拳，败者饮酒。一方之将败完，帅要亲自迎战，若败则饮大杯，又斟一巨杯，败将分饮。

（2）赏花灯令　用两骰子为令具递摇，五为花，四为灯，遇到花灯，即两个骰子一为四点、一为五点，所有人都喝酒。如摇动后只有一个是四点或五点，免饮，如果既无花（即五点），又无灯（即四点），则摇者饮。

（3）掷骰令　可用骰子一枚，有时也可用多枚，最多可达六枚。可依令限数或因人而定。掷骰行令时全席之人依次轮摇，多采用两种方法，一是用骰盒摇骰成采。二是将骰子投入骰盆内，骰停稳以后成采。以采点数论输赢，输者罚酒。

（4）六顺令　全席之人用一枚骰子轮摇，每人每次摇六次，边摇边说令辞，曰："一摇自饮幺，无幺两邻挑；二摇自饮两，无两敬席长；三摇自饮川，无川对面端，四摇自饮红，无红奉主翁；五摇自饮梅，无梅任我为；六摇自饮全，非全饮少年。"辞令的意思是得摇第一次时，如得幺要自饮，无幺左右邻居各饮半杯；摇第二次时，得"二"自饮，无"二"要敬给坐中的长者一杯；摇第三次时，得"三"自饮，无"三"对座者饮一杯；摇第四次时，得"四"自饮，无"四"主人饮；第五次时，得"五"自饮，无"五"掷者任指一人饮一杯；第六次时，得"六"自饮，无"六"则由席间最年轻者饮一杯。

（5）五日延龄令　两个骰子摇，得五点为庆赏端阳，全席皆饮；点多，上一位饮。

此外，还有正月掷骰令、长命富贵令、事事如意取十六令、歌风令、连中三元令、头连令、赏雪令等。

2. 拳令

拳令，又称猜拳、豁拳、划拳、猜枚、拇指战，在古今宴席上一直比较流行。与骰子令的无需太多技巧、偶然性较强不同，拳令的技巧性较强，可以充分调动划拳者的智谋，给划拳的双方留下了斗智斗勇的空间。而且划拳时欢呼斗胜，举座瞩目，容易调动划拳双方的情绪，同时也非常吸引同桌的"观战者"，极富竞争性。

拳令形式多样，常见的有：

（1）霸王拳　二人划拳，甲胜一拳，乙站起来；甲再胜，乙向甲作揖；甲三胜，乙向甲深深鞠躬；甲四胜，乙一膝跪地；甲五胜，乙双膝跪地；甲六胜，乙叩头，饮酒。乙胜同样如此。有时两人对跪，竟一杯未饮。

（2）猜数拳　猜拳时，以数字0~10为范围，以双方出的手指数为准，双方在喊数字的同时要伸手指，如果双方伸出的手指数合计正好为其中某人口中喊出之数字，则赢，对方要喝酒。如果两人同时猜中或同时未猜中，再重新开始。

猜拳的种类甚繁，如抬轿令，三人划拳，两人手势相同则为轿夫，另一坐轿人饮酒。又有对坐猜拳令、点将令等。猜拳的术语，反映了一定的民族文化心理和民族志趣。如"哥俩好"，体现中国传统伦常；"三桃园"，表现义气；"四敬财"，寄托人民对福禄的期盼；"六顺风"、"十八如意"，寄托美好的愿望。因为简便易行，雅俗共赏，猜拳一直流传至今，经久不衰。

（3）摆擂台令　某人摆擂台，先自饮一大杯酒，然后向席间所有人宣战，席间任何人欲应战，同样须先饮一大杯酒后再与擂主猜拳较量，胜则擂主退位而胜者为擂主，败则退去。新擂主如百战百胜，全席所有人再无应战者，则封擂完令。

此外，还有一字清不倒旗拳、七星赶月拳、连环拳、一箭双雕拳、状元游街拳、通关拳、空拳等。

3. 酒牌令

牌令是由古代的叶子戏发展演变而来，又叫"叶子""叶子酒牌"，是古人饮酒行令以助兴的佳品。起初是纸牌，明清时叫"马吊"，大概至明清时，牌类酒令的牌具用上了骨牌。《红楼梦》第四十回"金鸳鸯三宣牙牌令"便是用骨牌（今称为"牌九"）行的酒令。酒牌令是把古代著名的饮酒掌故书写在叶子上而在酒宴上行令。除了"叶子"酒牌，还有专门用以行令的铜质的酒牌，其形似钱。牌面上有人物版画、题名和酒令，行令时抽牌按图解意而饮。其行令方法是将牌扣置席间，从某人开始依次揭牌，然后按照牌中所书行令，以牌中所注方法罚酒。酒牌令兴起于唐，当时也叫"彩笺"。刘禹锡等《春池泛舟联句》："杯停新令举，诗动彩笺忙"，其中"彩笺"即是叶子，这说明唐代已经开始通过叶子酒牌来行令了。酒牌令在宋元时期得到快速发展，元代人曹绍的《安雅堂觥律》，是一部比较早的且较为系统的牌类酒令。至明清时期，酒牌令已经盛极一时，明代《酣酣斋酒牌》、陈洪绶所刻的《水浒叶子》《安雅堂觥令》等酒牌令，颇受时人青睐。酒牌令的牌具材料不尽相同，可用铜做，亦可用骨作。

4. 酒胡令

是唐代盛行的一种酒令。“酒胡子”，又称舞胡子，是人们用坚木雕刻成的不倒翁式的胡人玩偶，上身丰满，下身瘦削，有点像陀螺的形状。胡人善舞，旋转式如风似掣，故有此名。行令时，加力于酒胡子，使其旋转，待其停息之际，视其手指所指，谁就饮酒。这是唐代受“胡风”影响的表现。唐代诗人元稹《指巡胡》一诗：“遣闷多凭酒，公心只仰胡。挺身唯直指，无意独欺愚。”便是对宴会上的指巡胡的刻意描述。

唐代受“胡风”的影响很深，上到皇帝，下至黎民，不仅喜欢胡食，而且喜行胡令，又按西域少数民族的方式劝酒，以歌舞为手段，劝宾客饮酒。唐时胡旋舞盛行，大概酒令也起了推波助澜的作用。歌舞令的风俗至今仍在新疆西部少数民族中流传，少数民族女子载歌载舞，每唱一首歌，就手捧一杯酒给客人，客人接来饮尽。这是他们至高的礼节。

5. 筹令

筹令是古人常用的酒令之一。筹，本来是古代的算具，古代人一般用木或竹制成筹来进行运算，但到唐朝，筹开始被运用到饮酒行令上。作为行令的工具，筹此时有两种用法，一是用来计数，即根据酒筹的多少，来计算喝多少酒，唐代诗人白居易《同李十一醉忆元九》诗中：“花时同醉破春愁，醉折花枝当酒筹”，指的就是用花枝作为计算饮酒数量的酒筹。其二，是将筹用作行令的工具。这类筹需要提前制作，可以选择木、竹、象牙、兽骨等作为材料，在上面刻上各种酒令酒约，行令时令官让参与人按顺序轮流摇筒抽筹，按酒筹上的酒令酒约要求的对象和数量进行饮酒或罚酒。这类筹令虽然制作复杂，但行令时既不用费太多脑筋，又非常高雅有趣，临席行令时只需要依次轮流抽取酒筹，按酒令、酒约饮酒即可。筹令不但全席都有参与的机会，也使饮酒的机会基本等同，能使人人尽兴，个个举杯，酒宴气氛轻松活跃。

1982年，在江苏丹徒出土了一套名为“论语”的完整的唐代银质宴饮行令工具，包括50枚酒令筹、一个金龟背负的酒令筒以及酒旗。酒筹所刻内容为《论语》中语句及酒约所记饮酒的对象和数量，现在摘取其中一些酒令录于下：

有朋自远方来，不亦乐乎。上客人五分

巧言令色，鲜矣人。自饮五分

与朋友交，言而有信。请人伴十分

君子不重则不威。劝官高处十分

敏于事而慎于言。放

贫儿无谄，富儿无娇。任劝两人

朋友数斯疏矣。劝主人五分

后生可畏。少年处五分

唯酒无量不及乱。大户十分

克己复礼，天下归仁焉。在座劝十分

……

上列酒令筹中前部分是《论语》语句，后部分的分数，是酒量单位，五分为拿到此酒筹的人饮酒杯的一半，十分则为饮完。“放”为放过，不饮酒。

筹令的种类非常多，除了“论语”筹令外，还有诗、词酒筹令、根据《红楼梦》人物“金陵十二钗”制成的筹令等。《红楼梦》第六十三回，“寿怡红群芳开夜宴”中，宝玉、黛玉等在怡红院夜宴时行的“花名签”令就是筹令的一种：

晴雯拿了一个竹雕的签筒来，里面装着象牙花名签子，摇了一摇，放在当中。又取过骰子来，盛在盒内，摇了一摇，揭开一看，里面是五点，数至宝钗。宝钗便笑道：“我先抓，不知抓出个什么来。”说着，将筒摇了一摇，伸手掣出一根，大家一看，只见签上画着一枝牡丹，题着“艳冠群芳”四字，下面又有镌的小字一句唐诗，道是：任是无情也动人。又注着：“在席共贺一杯，此为群芳之冠，随意命人，不拘诗词雅谑，道一则以侑酒。”众人看了，都笑说：“巧的很，你也原配牡丹花。”说着，大家共贺了一杯。

6. 雅令

雅令，亦称文人酒令，指具有较高文化素养的文人学者在酒宴上爱行的酒令。在唐代的酒令中，这种酒令多是从律令转换而来的，最为深奥，这是饮酒者较量文墨、显示才学的酒令游戏。这种酒令主要以文字为主、即席而作，其内容包括经史百家、诗文辞赋、民俗典故等，属酒令中品位最高，难度最大的酒令。

雅令的行令方法是：先推一人为令官来作首令，该首令可为诗句、对子、成语等，其他人按照首令的形式和意思续令，如不符合，则被罚酒。行该酒令时，通常需要引经据典、博古通今，而且要当席构思，即席应对，这就对行令者的才学、智慧、反应力等提出了足够高的要求，因此，它是酒令中最能展示参与者才思的项目。雅令的形式很多，下面摘要介绍以下几种：

（1）诗令　中国的诗歌非常丰富，文人们在饮酒时，借诗句为酒令便成为重要形式。由于诗令内容可以由令官随意规定，因此，诗令的种类也非常多，如：

①“天”字头古诗令：要求每人吟诗一首，第一句的第一个字必须是“天”字，合席参与者依次而作，不能吟者或违背要求者，皆罚酒一杯。如“天风吹我上南楼，为报姮娥得旧游。宝镜荧光开玉匣，桂花沉影入金瓯”“天为罗帐地为毡，日月星辰伴我眠。看来气象真喧赫，创业鸿基万万年。”

②“二月”诗令：要求每人吟诗一句，每句必须以“二月”二字。席间轮流吟咏，不成则罚酒一杯。如“二月山城未见花”“二月春风似剪刀”“二月卖新丝”“二月亭

亭玉女峰”等。

③五色诗令：席中人轮流吟诵古诗，每人一句，以青、黄、赤、白、黑五色为条件。推举一人为令官，如令官出示一“青”字，第一人就要吟带有“青”字的诗句，如“曾于青史见遗文”；第二人按顺序该吟带“黄”字诗句，如“蝉鸣黄叶汉宫秋”，后面依次如“红叶青山水急流”“更醉谁家白玉钩”“黑云压城城欲摧”。

（2）字令　字令即文字令，也称口令。该令不需要行令工具，只需要口头吟诗、作对、猜谜等。该令源于春秋时的“当筵歌诗”“投壶赋诗”“即席作歌”，后逐渐发展为古代知识分子在宴饮时用来争奇斗巧、显示才华、娱酒行令的一种游戏，极受文人雅士推崇。

①拆字令：有一则轶闻就是有关拆字令的。明朝有一大臣名陈询，因触犯权贵遭谪贬，同僚陈循、高谷为他饯行，席间饮酒行令，此令要求各用二字分合，以韵相按，以诗一句终之。陈循曰：“轰字三个车，余斗字成斜，车车车，远上寒山石径斜。”高谷接着说：“品字三个口，水酉字成酒，口口口，劝君更尽一杯酒。”陈询最后叹息曰：“矗字三个直，黑出字成黜，直直直，焉往而三黜。”通过不同人的酒令，不但反映出各自的心态，同时也道出了陈询被贬的愤懑之情。

②酒字令：行此令时，席中每人依次吟诗一句，诗句中必须嵌入“酒”字。如“酒敌先甘伏下风”“列筵邀酒伴”等，对答不上，则要罚酒。

③“一字茂六字令”：每人举出一个字，要求能将该字分剖成包括本字在内共六个字，座中人轮流说，不能说出者或说错者罚酒。如“章”字可被分为“立”　“六”“日”“早”“十”“章”。

④对字令：《全唐诗》中记载令狐楚与顾非熊对饮时所用的酒令就是对字令。令狐楚曰：“水里取一鼍，岸上取一驼。将者驼，来驮者鼍，是谓驼驮鼍。”顾非熊答曰：“屋里取一鸽，水里取一蛤。将者鸽，来合者蛤，是谓鸽合蛤。”这一对字令格式严密，平仄合律，颇有难度。

清代小说《镜花缘》中有一则字体象形的酒令。“春辉道：我说一个‘甘’字，好像木匠用的刨子。施春燕道：我说一个‘且’字，像个神主牌。褚月芳道：我说‘非’字，好像篦子。”其中的“甘”“且”“非”都需要根据字形来扩展想象。另外还有字体增损令、数目令、并头离合字令、省小令、成语接龙令、声韵令、一字中有反义词令、一字五行偏旁皆成字令、饮中八仙字令，等。

另外还有口语类，如唐太宗与李君羡将军宴饮时，曾行过的“言小名令”，猜谜令，填字令等。

文字令对行令的文化修养要求较高，所以也是较受文人欢迎的一种酒令。

雅令既是文字游戏，也是刁难人的手段，有些酒令故意出的刁钻古怪，很难应对，有些酒令则用来挖苦对方，借以增添谑戏成分。当然，饮酒行雅令，既讲究精神享受，又追求兴奋程度，历来被视为风流韵事，历代文人乐此不疲。酒令的不断推陈出新，同时又把文学艺术融入到杯盏之间，已经使其变成多彩智慧的艺术形式，成为中国所特有的酒文化。

7. 猜枚令

猜枚古时叫藏钩，得名于汉武帝的钩弋夫人。《汉书》记载，汉武帝巡狩过河间，望气者言此处有奇女，天子急速派遣使者召之。来到时，少女两手皆紧握拳，武帝亲自掰披，少女的手即时伸开。此女即是后来的钩弋夫人。后人说钩弋夫人双手藏钩，便有一种藏钩游戏，源头于此。唐代诗人李白《宫中行乐词》中，就有一句“更怜花月夜，宫女笑藏钩”的诗句，说明这种藏钩游戏曾盛行于唐朝皇宫。游戏的方法是：人分为猜、藏两拨，参与藏的一拨人将钩藏于某人的一只手中，让另一拨人猜，猜中一藏者得一筹，连得三筹者胜。

《红楼梦》中也多次提到猜枚。行酒令的人取些小物件，如棋子、钱币、瓜子、莲子等物，握在手心里，让其他人猜，可猜单双数目、颜色，未猜中罚酒。

猜枚到晋代才形成，取分曹射覆形式。参加游戏的人数是偶数，正好分为两曹；如果是奇数，则剩下的一个人可属上曹，也可属下曹，叫游附。以猜枚令为题材的诗歌，古今为数不少，最著名的如李商隐的《无题》：“隔座送钩春酒暖，分曹射覆腊灯红。”

（四）酒令的功能

酒令自形成以来，一直是酒宴之上人们喜爱的游戏内容。之所以如此，是与其自身特有的功能密切相关的。

1. 调节气氛，增加乐趣

古代人宴饮往往持续时间较长，如唐代，始自上午而结束于黄昏；而清朝，由官方付钱的酒宴，往往持续两三天，甚至四五天。如此长的时间，话题早已聊尽，一味饮酒则会既无趣味，又显尴尬。而带有游戏性质的酒令，就如宴席上的催化剂，会使酒席上气氛顿时活跃起来。在酒令实施过程中，全体人员都会全身心投入，时而寂然无声、目光专注，时而哄堂大笑、拍案叫好，气氛之热烈，是其他饮酒方式所不能取代的，因此酒令深受饮酒之人喜爱。

2. 限制饮酒，增进了解

酒是兴奋剂，几杯酒后有些人行为和语言上便开始肆无忌惮、无拘无束、丑态百出，甚而至于出现伤人或被伤的情况，这既会使主人难堪，也会使客人不快，宴席自然是不欢而散。而酒令之行，在座之人必须遵守。在预设的酒令中，不但让在座者有基本均等的喝酒机会，而且受罚者也往往通过开动智慧、施展才华等方式，避免自己多喝，因为被罚总不是一件好事，常被认为是知识、智力、反应速度不如人的一种表现。因此，酒令在一定程度上可以对酗酒行为有所控制。同时，通过行酒令，也会放慢了饮酒速度，使参加宴会之人不但尽享饮酒之乐，也减少了醉酒的概率。

主人宴请宾朋，其间不可避免会有首次相逢之人，双方或多方之间彼此并不了解，可能会出现比较尴尬的局面。而行酒令，不但能打破这种僵局，还能使席中各位增加交流的机会，进而增进对对方的了解。如在行筹令过程中，客人会根据筹令的内容饮酒，而筹令的内容往往成为对方了解彼此的一条途径。如唐诗令筹中有“西楼望月几十圆——将婚者饮”“此时相望不相闻——耳聋者饮”“看人门下放门生——教师者饮”等，都能反映出某些人的一些信息，通过这些信息，双方或多方就会找到共同话题，进而增加彼此的了解。

3. 陶冶情操，增进学识

中国酒令之多世所无敌，而各种酒令基本都是对参加者智力、知识、反应力和修养的一种考验，尤其是文人行的酒令更是如此。在此类酒令中，诸子百家、诗词歌赋、文字典故、曲牌词牌、时令药物等均会囊括到酒令中去，酒宴始终都充溢着浓浓的书卷气和文化味，因此，行酒令可以陶冶人的情操。另外，一令一出，往往要求参与者几乎不假思索、对答如流，而要达到这种水平，往往需要人们有深厚底蕴、博闻强识的能力以及广阔的知识背景。为了不使自己在酒令实施的过程中“出丑”，这就促使人们不断深入学习各方面的知识，不断增加自己的文化底蕴，以便在下次酒令中一鸣惊人。因此，好的酒令既丰富了饮酒的乐趣、远离了粗俗，更使参与者陶冶了情操、增长了知识。

【延伸阅读：石崇杀姬劝酒】

西晋初年有个叫石崇的人，他富可敌国，极尽豪奢。

石崇专门修建了一座宅园，经常在那里大摆筵席招待各界名流。若是宴请文人名士，则要宾客们饮酒赋诗，诗不成就罚酒若干升；若是宴请达官显贵，则务必使来客醉倒方休，否则客人甭想离席。若说他这样做是为了客人喝得尽兴倒也罢了，最不可容忍的竟是“杀姬劝酒”，就是他时常在酒席上让美人行酒，由美人劝客人干杯，倘若客人不干杯，便令军士将美人斩首。

有一次，丞相王导和大将军王敦兄弟俩一道往石崇家赴宴。石崇照样搬出美人行酒。丞相王导一向酒量不大，但知道自己不干杯事小，可怜劝酒的美人会因此丢掉性命，只得勉强喝下去，因此喝的个烂醉。大将军王敦却不买账，他原本倒是能喝酒，却硬拗着偏不喝，看你石崇能奈我如何！第一杯没喝，石崇招令家丁拖走了美女；第二杯照旧未饮，又一个美女被拉走；……。眼看三个美女被斩首，一旁的陪客们心惊肉跳，而王敦依然故我，石崇也谈笑如旧。王导于心不忍，责怪大将军几句，王敦冷冷地说：“他杀他自己家里人，管你什么事?”

第二节 酒与食的搭配

酒与食的搭配如同花与绿叶，互相协调。中国人说“酒菜不分家”，吃菜的时候一定要有酒相伴，而饮酒的时候也一定少不了佳肴。法国人把一桌没有葡萄酒的饭菜比作“没有阳光的春天”。五光十色芬芳醉人的葡萄酒与美味佳肴的和谐配置，使人置身于艺术享受和酒文化的熏染之中，留下令人难忘的印象。可见“酒”和“食”是相辅相成、密不可分的。在酒与食的搭配上，我们必须感谢历史上的食客们，正是他们的苦心孤诣和孜孜以求，才让我们的饮食文化日益博大精深。

酒与食搭配是门深刻的学问，也是门艺术，如果搭配得当，会使二者相互提携、相得益彰，搭配不当，不仅食之无味，甚至危及健康。因此，有必要对酒与食的搭配做一了解。

一、 葡萄酒与食物的搭配

各种酒类中，葡萄酒在现今中西式餐饮文化中是最常见的佐餐饮料，也是酒中之佳品。如此之佳品，要用何种美食来搭配才能更使其增色，且能与美食相得益彰呢？虽然目前众口不一，但只要掌握各种葡萄酒的特点，与食物搭配起来并不太难。

（一）葡萄酒与食物搭配原则

图 5-2 葡萄酒与美食

1. 白酒配白肉、红酒配红肉

大家常说“红酒配红肉，白酒配白肉，无法取舍桃红酒”，是一个最基本的准则。葡萄酒的颜色和食物的颜色有着奇妙的组合性。因为葡萄酒按颜色分，可分为红酒、白酒和玫瑰红酒（桃红酒）；我们经常食用的肉大致分为白肉和红肉两大类，白肉主要包括海鲜类、鱼肉、鸡肉等，红肉主要指牛羊肉、鸭鹅肉以及野味等。红肉一般味道较重，清淡的白葡萄酒如遇红肉，则白葡萄酒的味道被遮盖的几乎荡然无存；红肉如果遇到口感浓郁的红葡萄酒后，不但会使红酒味道更加浓厚，而且因为葡萄皮、葡萄籽产生的酸性化合物单宁可以软化“红肉”纤维，使肉质更嫩，肉味也更香浓。而白葡萄酒，则比较适宜与口感清淡的海鲜、鸡肉等相搭配，这样不但可以使白肉类中的腥味去除，并能将这些佐餐食物的美味推到极高的境界。

当然，这个原则不是绝对的，由于酒的年份、产地、酿造方法等等的差异，以及同样食材不同的加工方法所造成的菜肴口味变化，为葡萄酒配餐平添了无穷乐趣，有时候陈年存放的老熟的红葡萄酒也可以搭配鱼等传统意义上的白肉。

2. 甜酒配甜食

一般来说，甜味和半甜的葡萄酒配甜味的食物感觉会很好，因为酒中的酸不仅会让你感觉到食物甜而不腻，还会让你感觉到甜品的曼妙，同样酒也会使甜的食物而变得很甜美。如阿尔萨斯的特浓查曼拿甜酒和科西嘉岛的蜜思嘉甜白酒，因具有浓厚圆润的口感，就很适合用来搭配浓稠且香滑圆润的鹅肝酱和蓝纹奶酪。半甜型的白酒还可以用来搭配许多日常的菜点，对一些口味辛辣浓香的菜肴会有一些缓冲效果。

3. 注重风格搭配

通常情况下，酒与食在搭配时要保持风格的一致，浓烈的酒与口味较重的食物比较适合，而清淡的酒最好与清淡的食品相配合。例如，强劲的解百纳适合搭配丰盛的纽约牛排，可口的波特应该配蓝纹奶酪；而口感细致的葡萄酒，如霞多丽应选择清淡的菜品，如鱼。

（二）葡萄酒与食物的搭配示范

1. 清淡型的白葡萄酒与食物搭配

清淡型的白葡萄酒无论闻起来，还是喝起来，都会让人觉得新鲜、清爽，而且这类酒的酸度较高，有的产区该类型的白葡萄酒还带有矿物质的风味。这一类型的白葡萄酒适合与所有清淡的菜和海鲜类菜品以及冷菜相配合。比如清蒸鱼的酸度和鱼肉相结合可以相互提鲜，再饮用清淡型的白葡萄酒，其淡淡的酒香正好与清蒸鱼的鲜味相得益彰。刺身与白葡萄酒也是情理之中的配对，而口味较轻的海鲜刺身，配起霞多丽，令其鲜味恰到好处。同样，生蚝也相当适合与清香型的白葡萄酒共食，因为本来吃生蚝就要放柠檬汁和葡萄酒醋的，喝酸一点的白葡萄酒刚好帮助消化。

2. 中等柔滑、芬芳型的白葡萄酒与食物搭配

这类酒的香气令人心旷神怡，在白葡萄的品种中，最浓艳的香就要数麝香玫瑰和琼瑶浆了。搭配这一类型葡萄酒的菜，通常以比较细腻的食物为主，且酱油类的作料要少放。比如放了香料的鱼类和其他海鲜和河鲜等，都是不错的选择。

3. 带有橡木味的浓郁白葡萄酒与食物搭配

用橡木桶陈酿的葡萄酒，使葡萄酒风味增色不少，尤其是带有来自橡木的烧烤味道，提升了葡萄酒的口感。这类葡萄酒基本都是丰满、浓郁、酒精度高的酒。由于带有烘烤的气息，很适合于配烧烤类的菜品，其他的肉类如鸡肉、猪肉也都比较适合。

4. 果味型、轻柔的红葡萄酒与食物搭配

这类酒的特点是果味足、单宁低，酒精度也低。由于这类酒可以在喝之前冰到15℃左右，因此可以在吃头盘色拉的时候喝，如果对中国菜的话，则可用来佐凉菜享用。对于西餐来说，它适合于配意大利面条、比萨，或者较为肥腻的香肠、奶油土豆等。

5. 单宁重的红葡萄酒与食物搭配

高单宁的葡萄酒，酒色浓郁，成熟后香味馥郁，酒精度通常较高，

但却最不容易配菜，尤其是在刚刚酿制完成时更是如此，因为它和咸、甜的菜搭配会发苦，和辣的菜搭配会更增加辣感，和清淡的菜搭配则会盖过菜味。然而这种酒却非常适合与烤肉搭配，如西菜中的牛排、羊排等，同时，与加了芝士烹调或调味的菜搭配也同样不错。

6. 奢华而柔顺的红葡萄酒与食物搭配

奢华而柔顺的红葡萄酒主要来自梅乐和仙粉黛品种。这类葡萄酒无论年轻时还是在成熟后，味道都较为柔顺，有着令人舒服的果甜味，且比较容易使人们接受。梅乐配口味较重的海鲜翅鲍，更加显得浓郁甘美、口中回味清新。梅乐还可以搭配炖肉类食物，如果与中国菜搭配，最好是肉丝炒的菜；而金粉黛由于果香味浓郁且容易获得高酒精度，因此，它适合搭配较有刺激感的菜，如咸的、辣的。同时，这类酒与西方常用的一些香料如肉桂、百里香较为协调，因此这类酒也适合于配烤肉食物。

（三）葡萄酒与食物搭配常见的误区

葡萄酒与食物的合理搭配，并非短短的两句“红酒配红肉、白酒配白肉”所能概括的，现在有些敢于冒险的人也不再完全遵从这一原则，而是随心所欲地来搭配，来满足自己好奇的味蕾。但是，有些食物与葡萄酒搭配可能会产生一些“灾难性”后果，这也不得不使我们对这些搭配有一些认识。

1. 葡萄酒配巧克力

巧克力可谓是葡萄酒的克星之一。原因在于，巧克力甜腻浓稠，味道厚重，而且带有一定苦味。如果葡萄酒遇到巧克力后，浓重的巧克力味道会完全覆盖葡萄酒的味道，使葡萄酒的原味消失殆尽，而巧克力的丝滑感也会因为葡萄酒里单宁而变得酸涩异常，毫无享受可言。当然白巧克力由于不含可可粉，比较适合与有一定甜度的雪莉酒、波特酒、意大利甜型红起泡酒、浓郁的马德拉等搭配，这样可使巧克力的香甜味道更突出。

2. 葡萄酒配蓝纹奶酪

虽然大部分的奶酪都能和葡萄酒完美搭配，不过重口味的蓝纹奶酪却成了例外。原因在于蓝纹奶酪浓郁的味道和独特的香气实在是太过强烈，能完完全全将葡萄酒香甜的口感破坏掉。

对于蓝纹奶酪这样重口味的食物，其实也不是无酒可配，波特酒和加强酒就是与其搭配较好的饮料。加强酒中的甜度不但可以在一定程度上改变蓝纹奶酪的味道，同时还能很好的与该奶酪的绵柔口感很好的结合，而且酒中的酸度也中和了奶酪强烈呛人的腥味。

3. 葡萄酒配芦笋

芦笋有着清新爽口的味道，但这样的味道隐约有泥土味和类似硫黄的矿味以及青草风味。一般来说，搭配清甜蔬菜，我们都会用风味较为强烈的白葡萄酒。但当白葡萄酒的风味配上泥土味和硫黄味，这真真切切是一场灾难。

但也有适合葡萄酒与芦笋搭配，雪莉酒就是不二之选，雪莉酒氧化风格恰恰可以和芦笋的风味神奇地相互呼应，甚至为其增色不少。

4. 葡萄酒配寿司

寿司之所以与葡萄酒难搭配，主要是因为寿司中生鱼片的鱼油常会与葡萄酒中的铁元素紧密结合在一起，这样，不仅使二者的腥味被迅速放大，而且这种腥味还会长久盘旋在口中，久久不能消失，造成对其他美食或美酒品尝的干扰。

5. 葡萄酒配酱油

日常几乎可以为所有菜调味的酱油，与葡萄酒却是相当冲突的。最主要原因是酱油本身所具有的发酵后的风味，会使与其搭配的葡萄酒的香气黯然失色，而其中酱油浓郁的咸味，也会掩盖过葡萄酒的单宁口感。

针对酱油选酒，一般要选择两种类型的，一种是口感香甜的葡萄酒，这种酒的甜味与酱油中的咸味相互作用，变成了一种特有的咸甜组合。另一种是选用与酱油的发酵味有共同或相近味道的葡萄酒，如佳丽酿（Carignan），这样的搭配往往会激发葡萄酒中潜在的果香。

6. 葡萄酒配甘蓝菜（卷心菜）

甘蓝菜也有与芦笋一样的泥土味和类似硫黄的味道，如果甘蓝与葡萄酒搭配，会使甘蓝的这种味道更强烈地表现出来，而葡萄酒则呈现出难闻的腐败之味。

如果要用甘蓝菜来佐酒的话，可以选择香味较重的马德拉酒，或法国的密斯卡岱葡萄酒，来遮蔽甘蓝菜中的令人不愉悦的味道，也可以选择与甘蓝菜味道相近的法国卢瓦河北部沙文尼亚产区的白葡萄酒。

7. 葡萄酒配醋

醋可以钝化人的口腔感觉，在饮葡萄酒时，如果与醋相遇，就会使美味的葡萄酒变得平淡无奇。因此，饮葡萄酒时应避免与添加了醋的食物搭配。

二、 啤酒与食物的搭配

啤酒的种类非常丰富，色泽也不尽相同。由于不同色泽的啤酒有不同的味道，而味道不同，搭配的是食物也不相同。

（一）啤酒与食物的搭配原则

啤酒源自谷物的特性使它本身就是一种食物，丰富的品种、香气和口味，使它几乎可以和世界上任何食物形成绝妙搭配。选择啤酒和食物来获得相辅相成的口感，也需要遵循一定的搭配原则。

1. 实力相当的原则

精致的啤酒要与精致的菜肴搭配，味道浓烈的食物要与浓香型啤酒来搭配。这是最简单也是最不容易犯错的搭配方式。只有高档的酒配高档菜，低档酒配低档菜，才能使酒和菜的质量相当，相得益彰。

图 5-3 啤酒与美食

2. 寻求和谐原则

如果当啤酒和食物拥有共同的味道和香气元素时，这种搭配是最保险的，效果也是最佳的。比如世涛啤酒（使用焙烤麦芽酿制的黑啤酒）搭配烧烤，世涛啤酒可以和烧烤中的烟熏味相辅相成，使得烧烤味更加浓郁；帝国世涛醇厚的烧烤味与松露巧克力搭配也是如此。为增加食物与啤酒搭配的效果，可以在食物上添加多层香料、香草和其他调味品。

3. 对比平衡原则

啤酒与食物在搭配时，要注意在味道上要保持平衡，即食物中各元素的味道和啤酒中的甜、苦、碳酸味、辣（香）等味道，可以相互作用，以确保食物味道与啤酒味道彼此平衡，不会抢对方的风头。如果食物风味和口感较重，而你又想让口腔变得优雅和清爽，可以采取平衡对比原则。例如，啤酒花丰富的 IPA 啤酒可以搭配烤鸭、红烧肉等，因为它可以将烤鹅、红烧肉中的油腻解掉，而烤鹅和红烧肉又能弱化啤酒的苦味。

（二）啤酒与食物搭配示范

1. 啤酒与甜点

啤酒与甜点的搭配实在是美味。啤酒和甜点中共有的浓郁的、甜甜的焦糖味和烘烤味，使二者搭配起来非常合理。如用比利时风格的三料啤酒来搭配甜味山核桃派或杏仁挞类的甜点，就非常美味。但要注意，在选择搭配甜点的啤酒时，啤酒的酒精度要不低于6%。

2. 黑啤与巧克力

牛奶巧克力适合与高浓度黑色爱尔或任何色泽不太黑、不过度带烘焙味道的高浓度啤酒相搭配，而最纯正、最浓厚的松露巧克力可以与帝国世涛搭配，这些搭配可以说是最佳搭档。

3. 啤酒与奶酪

由于奶酪本身所具有浓厚、滑腻、辛辣等特点，往往会将与之搭配的绝大部分饮料的味道掩盖掉，所以很难找到能与它搭配的饮料。然而啤酒由于融合了碳酸味、苦味及焦味等诸多味道，正好可以应对奶酪中滑腻、厚重味道，所以二者可以很好搭配。

（三）啤酒与食物搭配常见的误区

1. 啤酒配海鲜

啤酒配海鲜要谨慎而为。喝啤酒和吃海鲜确实能引起血液中尿酸水平的增加，但并不是说喝啤酒和吃海鲜必然会引起痛风发作。痛风的发生是在高尿酸基础上多种因素作用的结果。但由于个人体质的差异，高尿酸人群和有痛风史的患者要减少高嘌呤食物的摄入，均衡饮食为好。

2. 啤酒配咖啡

啤酒中含有酒精成分，具有兴奋的作用，而咖啡中含有咖啡因，也有兴奋作用，两者同时饮用会对身体产生巨大的刺激，如果在心情紧张时饮用，会加重紧张情绪，若患有神经性头疼的人如此饮用，则会立即引发病痛。还有经常失眠者、心脏有问题者更不能将啤酒和咖啡一同饮用。

3. 啤酒配熏烤食物

因为啤酒中的酒精能将熏制食品中含有的致癌物质溶于酒中，促进饮者对致癌物质的吸收而增加患癌的风险。

4. 啤酒配柿子

柿子含有大量的鞣酸，可以跟啤酒中的物质发生反应，导致“胃柿石症”，产生腹胀、腹泻等症状。

三、 白酒与食物的搭配

（一）白酒与食物搭配原则

饮用白酒时对菜肴搭配总的要求是冬热夏凉、荤素搭配。而不同香型的白酒，所搭配的菜也是不同的。一般来讲，白酒与菜肴的搭配要遵循以下原则：

1. 健康原则

酒进入人体后，需要在肝脏中分解转化后才能排出体外，这无形中加重肝脏的负担，因此，对肝脏保护非常重要。而食物中糖对肝脏有较好的保护作用，所以饮用白酒时应该有几款甜菜来搭配，如糖醋鱼、糖藕片、糖炒花生米等，这从健康的角度来讲是至关重要的。

图 5-4 白酒与美食

其次，进入体内的酒精会影响人体的新陈代谢，而鸡肉、排骨、鱼、蛋等都有丰富的蛋白质，如果用它们来搭配白酒，则会弥补流失掉的蛋白质。但这些肉类都呈酸性，因此再有些碱性的蔬菜、水果作为菜品会更好，这样就会使人体内酸碱达到平衡。

2. 风味原则

比起健康，人们似乎更注重食之有味，因此，酒菜搭配更要注意口感。白酒和菜如果搭配合适，会使双方无论在口感上、味道上，还是香气上，都会相得益彰。花生米与白酒便是一对完美组合。花生米的香脆不但可以大大提升白酒带给食客们的愉悦感，其香气还能弥补酒香的些许不足，同时，花生米中富含的油脂又能弱化白酒刚烈的味道。

另外对味觉刺激大的白酒，在选择配菜时也要选择一些口味较重的菜品，如川菜，这样可以调动味蕾的状态。

3. 节奏原则

与白酒搭配菜时，还要注意节奏。喝白酒一般按喝酒-吃菜-喝酒-吃菜这一节奏交替进行，因此所配的菜一般以小巧体积的为宜，如花生米、豆腐块等，这样可以在两次饮酒间能很容易吃下几口菜，如果菜的体积太大，如四喜丸子，往往这边还没吃完，那边酒杯又举起，这会使吃的人很狼狈，也容易乱了节奏。

（二）白酒与食物的搭配示范

白酒的最佳搭档是中餐，不过白酒香型丰富，每种香型的酒都有自己的绝妙搭档，这里只简单举几个例子来说明。

1. 浓香型白酒搭配川菜

浓香型白酒风格较为暴烈，芳香比较浓郁，入口之后香气较重。这种类型的白酒应该与味道较重的菜肴搭配。而川菜口味香醇浓重，以善用麻辣著称，最大特点是“味辣口重”。浓香型白酒搭配具有浓重味道的川菜可谓相得益彰。

如浓香型的泸州老窖配以四川泡菜做成的酸菜鱼，不仅使鱼肉辣而不腻，更有细嫩之感，而且在酸汤的衬托下，细细品味丰满醇厚的酒体，酒味与鱼肉味相互叠加，口感并重，可谓是绝佳的享受。

2. 酱香型白酒搭配湘菜

酱香型白酒属于大曲酒类，主要产自贵州，经传统固态发酵而成。其香气香而不艳、低而不淡、醇香幽雅、不浓不猛，而且香味细腻、回味悠长，所以应该以一些味道鲜美、丰富的菜肴搭配最好。而以酸辣菜和腊制品著称的湘菜正是酱香型白酒的最佳搭档。如酱香型的茅台酒搭配具有浓郁湘菜风味的干锅鸡，会使口中交织出馥郁的香气，并在辣味的衬托下使茅台酒口感更加柔顺，余味更加悠长。

3. 清香型白酒搭配凉菜

清香型白酒风格清雅、清香纯正、诸味协调、余味爽净。喝这种香型白酒时，一般不宜搭配太油腻、口味太重的菜肴，而应以清淡的菜肴为主，如凉拌菜，这样可以避免菜的味道遮蔽酒的清雅香味。

4. 米香型白酒搭配黄豆酸笋小黄鱼

黄豆酸笋小黄鱼是广西柳州的特色名菜，将尚未长大的小黄鱼事先炸透，与黄豆酸笋同炒，酸香爽口，令人食欲大开。桂林三花酒是米香型酒中的经典，它是米香型小曲白酒，以大米为原料，酒曲中加入当地特产的香酒药草，酒体晶莹、蜜香清雅、入口柔绵，其爽冽的口感与黄豆酸笋小黄鱼的酸香风味宛若天作之合。正所谓“桂林山水甲天下”，而桂林三花酒搭配黄豆酸笋小黄鱼的绝美滋味，也会使人回味无穷。

四、 黄酒与食物的搭配

图 5-5 黄酒与美食

不同风味的黄酒，要配以不同风味的菜：干型的元红酒宜配蔬菜类、海蜇皮等冷盘；半干型的加饭酒，宜配肉类、大闸蟹；半甜型的善酿酒，宜配鸡鸭类；甜型的香雪酒，宜配甜菜类。用黄酒搭配各种食材，不但好吃好喝，还有养生的奇效。此外，黄酒还可以配以小菜，如茴香豆、煮花生、煮毛豆、小豆腐干等。

【延伸阅读：饮酒的趣闻】

关于饮酒的趣闻举不胜举，这里仅选述若干。

法国的成年人每顿饭都喝葡萄酒，法国人常说："人是喝葡萄酒的，鸭子才喝水。"即使是小孩，也要在吃饭时的水中滴入几滴葡萄酒。在有些国家，也有以啤酒带水喝的习惯。

英国人称朗姆酒为"纳尔逊之血"。原来纳尔逊是英国人心目中的大英雄，他在一次海战中身负重伤，但仍指挥战斗，在临死前完成了任务。士兵们为完好地保存他的遗体，将其浸在装满朗姆酒的桶中，护运回国。人们听到这一消息，无不为之悲痛，纷纷争饮这桶内的酒，声称化悲痛为力量。从而"纳尔逊之血"成了朗姆酒的代名词。

我国浙江有的地方，称一种黄酒为"女儿红"，即在生下女儿后即酿酒，将酒装坛埋入地下，待女儿出嫁时，再取出请宾客们庆饮。据说福建的产妇，在产后要陆续喝几十斤黄酒，以滋补。福建的耕牛在春天耕水田时也喝点黄酒。

有的地方，农民在春天插秧时，身上挂一个盛酒的小葫芦，随时可以享用一口。

蒙古人在喜庆的日子，爱吃手把羊肉，以马奶酒等佐食物。蒙古族同胞好客，在敬酒时，主人往往手捧酒碗，唱着祝酒歌，十分喜悦。

藏族同胞的青稞酒是欢庆节日和待客的饮品。来了客人，主人端壶连斟三杯，前两杯客人可酌量而饮，但不能不饮，而最后一杯须一饮而尽，以示对主人的尊重。献酒时，也常唱酒歌，诚挚热情，与蒙族风习相似。藏族同胞还常带酒食至野外餐饮，如在预祝丰收的望果节，携青稞酒、酥油茶到林中、草地上边饮边娱乐。

小结

酒，是人类物质文明的产物与标志之一。但酒自从与人类社会生活发生了联系以后，便超越了纯粹的物态意义，而成为人们精神文明的反映与表征，成为一种行为文化，积淀了丰富的文化因素，具有特定的文化内涵。

中国历来就有"无酒不成席，无酒不成礼，无酒不成欢"的传统，在作为民族文化重要组成部分的酒文化中，宴饮的礼仪无疑是酒文化重要角色。宴饮礼仪，其实代表的是一种宴饮秩序和宴饮的社会规范；与宴饮礼仪同时存在的，还有酒令，这是中国酒宴上独有的现象。酒令使得饮酒的文化气息更加浓重，使得酒成了一种流淌着文化基因的液体。

中国酒文化博大精深，不仅涵盖了中华传统文化的方方面面，而且对人类生活的多个层面和诸多领域都产生了极其深远的影响。从我们耳熟能详的成语，如杯弓蛇影、画蛇添足，到"酒壮英雄胆""无酒不成席"等俗语，无不与酒有关。因此，品味酒的同时，传承酒文化，正是我们传承民族文化的应有之义。

在任何宴席上，酒与食都很难分家。酒有水的形，火的性，在清泉般色泽的陪衬下，佳肴更加可口，在火焰般的口感衬托下，宴会的气氛更加热烈明快。酒与食的搭配虽然依据各民族文化的不同而有所差别，但总的原则是酒与食的风味要对应、和谐，为饮食者所接受。佐餐酒要有助于食品色、香、味的充分体现，不抑制食欲和消化功能；佐酒食品要有助于酒的色、香、味、格的体现。总之，酒与食搭配如果得当，不但使二者色、香、味都相得益彰，更对人体大有益处。因此，掌握饮与食的合理搭配，既能满足味蕾的需要，更对健康至关重要。

思考题

1. 古人饮酒时，为什么喜欢行酒令？
2. 酒在人际交往中有哪些作用？
3. 古代文人喜欢的酒令有什么特点？
4. 红酒与食物如何搭配更科学？

参考文献

[1] 张文学，谢明．中国酒文化概论．成都：四川大学出版社，2011.
[2] 大中国上下五千年编委会．中国酒文化，北京：外文出版社，2010.
[3] 王赛时．中国酒史．济南：山东大学出版社，2010.
[4] 忻忠，陈锦．中国酒文化．济南：山东教育出版社，2009.
[5] 朱世英，季家宏．中国酒文化词典．合肥：黄山书社，1990.
[6] 杜金鹏，岳洪彬，张帆．古代文物与酒文化．成都：四川教育出版社，1998.
[7] 金霞．酒文化与养生．北京：大众文艺出版社，2004.
[8] 郭广民，王毅．齐鲁酒文化趣谈．北京：中国文联出版社．2000.
[9] 杜景华．中国酒文化．北京：新华出版社，1993.
[10] 罗启荣，何文丹．中国酒文化大观．南宁：广西民族出版社，2001.
[11] 蒋雁峰．中国酒文化．长沙：中南大学出版社，2013.
[12] 吴书仙．葡萄酒的佐餐艺术．上海：上海人民出版社，2006.
[13] 刘沙，唐勇．法国：葡萄酒的盛宴．上海：上海文化出版社，2008.
[14] 张建才，高海生．走进葡萄酒．2009.
[15] 范恒杏．葡萄酒课．北京：北京出版社，2011.
[16] 马美惠．今朝放歌须纵酒．北京：北京工业大学出版社，2013.
[17] 陈君慧．中华酒典．哈尔滨：黑龙江科学技术出版社，2013.

[18] 杨敏编．葡萄酒的基础知识与品鉴．北京：清华大学出版社，2013.
[19] 黄亚东．啤酒生产技术．北京：中国轻工业出版社，2013.
[20] 李秀婷．现代啤酒生产工艺．北京：中国农业大学出版社，2013.
[21] 黄玉将．酒文化．北京：中国经济出版社，2013.
[22] 张澍园．酒事杂拾．呼和浩特：内蒙古人民出版社，2006.
[23] 康明官．中外名酒知识及生产工艺手册．北京：化学工业出版社，1994.

第六章

酒与社会

【学习目标】

通过本章的学习，了解酒与社会生活中各个方面的关系，了解酒楼的楹联文化以及酒席上的酒令文化，并在此基础上灵活运用酒联文化与酒令文化。

第一节 酒与政治

“悲欢聚散一杯酒”，酒文化之所以能千百年来相沿不衰，不仅在于它带给人们以口欲的满足，而且它还具备了很多的社会职能，酒文化作为政治文化的作用不容忽视。酒与政治，一直都有着不解之缘。在中国古代酒文化发展史上，社会政治因素往往在其中起着非常重大的作用。受政治意识形态的影响，饮酒行为往往在保健、养生、营养、口福享受等物质生理意义之上而被导向政治伦理，成为统治君主恩惠臣民笼络人心的施政手段，并且更成为专制王朝维护其尊卑贵贱、等级特权等一系列政治人伦关系的“礼治”工具。社会酒事活动、饮酒行为始终没有超然于国家政治之外独立存在，而是自觉或不自觉地受政治形态的干预改造而服务于社会政治，从而使中国古代酒文化的发展呈现出极为鲜明的政治意识形态化特征。

在历史长河里，政治家们以酒作为媒介，或粘合关系、或争权夺利，甚至有时酒仅仅就是政治家的借口，总之，酒与政治之间的关系是“剪不断、理还乱”。

一、 酒是政治舞台上的润滑剂

有政治的地方就有酒，酒早已脱离了它的物质属性，在中国的历史长河中，酒作为润滑剂的作用更是不可小觑，它甚至能替代千军万马，最有名的当数宋代赵匡胤的“杯酒释兵权”。

宋朝开国君王赵匡胤以黄袍加身的方式取代北周做了开国皇帝，担心部下再以此方式取代大宋，为了加强中央集权，解除那些位高权重的武将之权，便设酒宴招待他们，在酒宴上故意说出“担心他们被黄袍加身之类”的话，暗示他们自动交出兵权。“杯酒释兵权”不费一刀一枪、不伤君臣和气就解除了大臣的军权威胁，成功地防止了军队的政变，大大加强了宋朝专制主义中央集权制，造成了统一的政治局面，为经济、文化的高度发展，创造了良好条件。

在外交的舞台上，酒被作为增进了解、促进友谊的利器，酒食款待异国使节以敦促两国修好是最经常的事。在美国总统尼克松访华时，周恩来多次设宴款待大洋彼岸的客人，完成了象征两国人民友好情意的碰杯之举。随着谈判的顺利进展，周恩来还用贮藏了30

多年的茅台酒招待贵宾。2010 年在南非世界杯足球赛上，奥巴马和卡梅伦曾就英美大战赌球，赌注是各自家乡的一瓶啤酒。结果两队战平，双方很默契地互赠啤酒表示友谊。

图 6-1 贵州茅台酒

二、 酒是政治家手中笼络人心的重要手段

在古代，战士出征，皇帝或上级总是要以酒壮行。皇帝赐御酒犒赏出征将士以激励他们英勇作战；对文官，皇帝或上级则通过赐酒以鼓励其秉公勤政；对百姓，也会通过赐酒施惠。“赐酒”是显示上级恩宠、奖励、鼓励等的重要手段。

图 6-2 百姓为岳飞献酒壮行

传说赐酒行为最早起于女娲，她用泥土仿照自己创造了人。在人类生活的最早的一段时期，人们为了填饱肚子，日出而作，日落而息，没有时间娱乐，也没有娱乐项目。看到自己造的人如此劳苦，女娲起了悲悯之心，将藐姑射山上的甘露化成美酒，赐给凡间的人类。

当然女娲的故事只是传说，但在中国历史长河中，赐酒的事非常多。春秋时期雍城（今陕西凤翔）附近三百余“野人”杀掉并吃了秦穆公的几匹良马，被当地的官吏抓获，押往都城以盗治罪。秦穆公制止并赦免了他们所犯之罪，为了防止“食马肉不饮酒而伤身”，秦穆公遂将军中秦酒赐予“野人”饮用。后来，秦晋韩原之战爆发，秦穆公被晋惠公率军围困在龙门山下不得突围，正在危急关头，突然有一队人杀入重围，一阵大杀大砍，晋军大败，晋惠公被擒，秦穆公被救。这三百余人正是昔日的“野人”，拼死厮杀以报答穆公昔日“盗马不罪，更虑伤身，反赐美酒”之恩。

春秋时期，越王勾践被吴王夫差打败后，为了实现“十年生聚，十年教训”的复国大略，鼓励人民生育，并用酒作为生育的奖品："生丈夫，二壶酒，一犬；生女子，二壶酒，一豚。"越王勾践率兵伐吴，出师前，越中父老献美酒预祝他凯旋而归。勾践接酒后将酒倒在河的上游，与将士一起迎流共饮，以示和战士同甘共苦。士卒士气大振，终于灭了吴国，投醪河亦由此长传不朽。至今绍兴地区还有"投醪河"。

古代君主以酒示恩最为典型的是"赐酺"，即特别恩准天下臣民群聚饮酒。平日里是不允许聚会和饮酒的。"赐酺"饮酒活动缘起于天子推恩，并通常由国家重大政治喜庆事件所派生，它是一种遍及天下、与民同乐并且往往是连续数天举行的超大型社会性群聚群饮活动。在地方，"赐酺"表现为里社间、邻右或乡党宗族的集体饮酒聚会，而德高望重者，往往由官府召集赐饮聚食。在京师，天子往往亲临其间，直接参与赐酺活动。如宋真宗景德三年赐酺，"上御五凤楼观酺，召父老五百人列坐，赐饮于楼下。后二日，上复御楼，赐宗室、文武百官宴于都亭驿，赐诸班、诸军校羊酒。""赐酺"推恩，用群饮聚食方式粉饰太平，收买天下民心，这才是历代君主"赐酺"动机的政治意义所在。

酒是施惠的象征，但很多时候也会成为政治家"目无尊上"的借口，借酒达到"醉翁之意不在酒"的效果。

《庄子·胠箧》中记载有"鲁酒薄而邯郸围"的故事，楚聚会诸侯，鲁、赵二国俱献酒于楚王，鲁酒薄而赵酒厚。楚之主酒官吏求酒于赵，赵不与，酒吏怒，乃以赵之厚酒易换鲁之薄酒，奏之。楚王因为赵国酒薄，故而包围赵的都城邯郸。"苞茅缩酒"的故事也发生在春秋时期。"苞茅"是产于湖北荆山的一种茅草。相传楚王在这一带立国之初，环境非常艰苦，周天子优待楚人，让楚人上缴的贡品就有这种廉价的茅草。用这种茅草过滤酒浆，以祭祀祖先。春秋时期周王室衰落，齐桓公纠合诸侯讨伐楚人，问罪的理由之一，就是楚人不向天子贡奉苞茅，周天子"无以缩酒"。

在中国古代酒文化发展史上，社会政治因素往往在其中起着非常重大的特殊作用。受政治意识形态的影响改造，饮酒行为往往脱离保健、养生、营养、口福享受等物质生理意义而被导向政治伦理。

三、 酒别身份等级

"酒以成礼""用礼乐而饮之"，酒与礼的结合，是从早期社会的祭祀活动开始的，"酒之于世，礼天地，事鬼神。"而后，人们把供奉酒水尊祖敬神的祭祀之礼应用到现实社会政事关系中，"礼"的内涵不断延伸，最终演变成为一系列对社会成员进行严格等级身份定位的政治伦理秩序。酒器的使用、酒席座次的排列无不显示着尊卑高低。在古代饮宴或祭饮活动中，按盛酒器具安放的不同朝向位置以及使用不同类别、不同规格的饮酒器具去区分饮酒者的不同身份等级，是周代礼仪制度即周礼兴盛以来代相沿袭的常见现象。《礼记·少仪》：“尊者，以酌者之左为上尊。尊壶者面其鼻。”尊、壶均为古代筵席上盛酒备饮的一种容器，“尊与壶皆有面，面有鼻，鼻宜向尊者，故云‘尊壶者面其鼻’”。若君主参与宴饮，则各筵席上的尊鼻均必须面向君主，这就是《礼记·玉藻》所载的“唯君面尊”。除了盛酒器具的安放位置及面鼻朝向有尊卑之区分外，其他酒具的配置使用如《礼记·礼器》云：“尊者献以爵，卑者献以散（斝）。”“爵”和“散”是两种不同的酒器，身份不同不能混用，就是通过酒器来“别君臣、明贵贱”。尤其是爵这种酒器，因在先秦统治阶级饮酒活动中被用来区分饮酒者的不同身份地位而最终派生出“爵位”这一政治意识形态概念，所谓公爵、侯爵、伯爵、子爵、男爵等，最初的区分就开始于他们使用不同规格的酒器。到后来，封建国家在完善有关器皿具使用的礼制禁令中，又把不同质地材料制作的酒器酒具（包括食器饮具）作为划分不同政治身份的等级标准。《大明会典》卷六十二载：“凡器皿……公侯一品、二品，酒注、酒盏用金，余用银；三品至五品，酒注用银，酒盏用金；六品至九品，酒注、酒盏用银。余皆用瓷、漆、木器，并不许殊红及抹金、描金、雕琢龙凤文。”这类器用禁令的颁布实施，官场饮酒用器被纳入王制礼仪的严格规范之中，依照官品使用酒器成为官场等级秩序在饮酒活动中的一个非常重要的方面。

图6-3 连环画《鸿门宴》书影

不仅是酒器不一样，喝酒时的座次安排更是不能马虎。座次安排有政治。按古代礼仪，帝王与臣下相对时，帝王面南，臣下面北；宾主之间相对时，则为宾东向，主西向；长幼之间相对时，长者东向，幼者西向。宾主之间宴席的四面座位，以东向最尊，次为南向，再次为北向，西向为侍坐。下面是《鸿门宴》中的座次安排：“项王即日因留沛公与饮。项王、项伯东向坐，亚父南向坐。亚父者，范增也。沛公北向坐，张良西向侍。”对于这次酒宴的座次安排，大部分人都认为这是项羽的安排，指出鸿门宴上的座次安排充分显示了项羽的狂妄自大，借此羞辱刘邦：项羽、项伯朝东而坐，最尊；范增朝南而坐，仅次于项氏叔侄的位置；刘邦朝北而坐，又卑于范增。

【延伸阅读：《鸿门宴》的座次是谁安排的】

这次安排有可能是深谋远虑的政治家刘邦主动和项伯交换了位置，也显示了他的“狡猾”与“老到”。首先，直接表明了对项羽的“臣服”，表示不敢与项羽“同起同坐”，表示“籍吏民，封府库，而待将军”的诚意；其次，表示对项伯的尊重，让项伯感觉到“约为婚姻”“兄事之”的可信，从而使项伯更死心塌地地保护自己。但是刘邦为何不跟范增互换呢？因为刘邦有另外的考虑。

范增向项羽献计“急击勿失”的时候，应该不会避开楚左尹项伯，换句话说，刘邦已经知道范增要消灭他的意图了。如果跟范增互换位置，无疑是在项羽跟前按了一个引爆按钮，只要范增吹吹“耳边风”，自己随时可能会命丧鸿门；而把项伯安排在项羽的旁边，无疑起到保险的作用，项伯会“提醒”项羽“今人有大功，击之不义”，也会令项羽随时记得自己的“许诺”；更重要一点是，范增的所作所为，都可以尽收眼底。事实也果真如此，逼得范增只能“数目项王”，只能“举玦”示意。可以大胆地猜测，正是对范增的举动了若指掌，刘邦才会及时对张良以及项伯使眼色，来保护自己。

四、酒政规范社会秩序、调节税收和粮食安全

中国酒政的主要内容包括禁酒、榷酒和税酒三种政策。酒政实施的不同，一般源于社会现实导致的施政者的出发点不同。酒政的出发点有三点：一时为了规范社会秩序，担心饮酒误事或酒醉不能控制自己的行为。二是为了保证粮食安全，对酒类的生产、买卖和消费全部禁止。这一般发生在政局动荡、王朝初创、年歉灾荒之时。三是为了增加国家的财政收入。酒作为商品具有高收益的特点，当政府财政吃紧时或者对民间酒的生产经营实行高税收，或者禁止民间经营。

为了保证酒政的顺利执行，政府还设立酒政的执行机构。周朝设立的萍氏是中国第一个酒政机构，“萍氏掌国之水禁、几酒、谨酒”。所谓“几酒”，即“苛察沽买过多及非时者”；所谓“谨酒”就是“使民节用酒也”。另外还设有酒法执行机构司，即禁酒警察。秦朝则由田啬，部佐负责治理酗酒者。汉朝时设立榷酤官，北魏设立榷酤科，唐代酒政主要由州县长官兼管，后来也出现了专知酒务的官吏。皮日休和陆龟蒙懿宗时代都曾任过苏州府从事，陆龟蒙在《奉和袭美醉中偶作见寄次韵》诗中说“在公犹与俗情乖，初呈酒务求专判”。后周设立都务侯，辽代酒政隶属上京盐铁司。宋设置官监酒务，金则设置曲院和酒使司。元代仿照宋代，也设酒务，明则设宣课司和通课司来管理酒政，到了清朝，则取消专门的酒政管理机构，改由户部统一管辖。

第二节　酒与生活

“壶里乾坤大，杯中日月长”。在酒与上层社会的礼仪联系越来越亲密的同时，酒也逐渐走向民间，开始与下层的俗文化相结合。无论是岁时节俗还是人生不同阶段的庆贺

习俗如生育俗、结婚俗、丧葬俗都离不开酒。在这些抒发感情的习俗活动中，酒起着点画俗旨，渲染气氛的作用，“无酒不成俗”就是在这个意义上讲的。以后酒逐渐渗透到人们社会生活的各个方面。悲也酒，欢也酒，离也酒，合也酒。悲欢离合一杯酒。

一、 酒以合欢

《礼记》有言：“酒食所以合欢也”。合欢者，亲和、欢乐之谓也。在中国，“饮”与“食”同样具有极强的亲和力，把这一亲和力用之于人际交往，就形成了酒食的社会功能。

图 6-4　迦拿的婚礼

酒的社会功能围绕着社会生活无所不在：交朋友先要一起喝上二两，拜把子换帖以至歃血为盟时更要相互举杯盟誓。婚礼的筵席称“喜酒”，祝捷筵称“庆功酒”，此外端午节要喝菖蒲酒，重阳节要喝重阳酒，敬神、祭祖、开吊、发引都要奠酒。外国人称为小费的东西，中国称之为“酒钱”；外国人在婚礼上亲吻，中国人以喝交杯酒取代。由此可见，酒在中国较之西方更多地融入人际关系，人们通过酒来取得人际之间的沟通，以实现其特定的目的。酒既有如此强大的社会功能，随之便产生了“感情浅，舔一舔；感情深，一口闷”以及“酒杯一端，好办好办”等说道。

友人相逢，无论是初逢、路逢、久别重逢，都要把酒叙情，喝个痛快，“相逢一杯酒”。有如唐代王绩《过酒泉》中写的：“竹叶连糟醉，葡萄带曲红；相逢不令尽，别后谁为空？”这相逢畅饮现在称做“接风酒”“洗尘酒”，接风已毕，接下来再喝就是飨客酒了。中国人以酒飨客有极久远的传统，远在春秋时期《诗经·鹿鸣》与《豳风·七月》中就有：“我有旨

图 6-5　交杯酒-合卺

酒，以燕乐嘉宾之心。”“朋酒斯飨，曰杀羔羊。”久远的历史传统使这“飨客以酒”的风习遍及民间，无分贫富。

酒是美好、珍贵的象征物，我们一生中的各种庆祝活动都离不开酒。出生时有“三朝酒”“满月酒”，过生日有“寿酒”，结婚时要喝“交杯酒”。“女儿红”是糯米酒的一种，主要产于中国浙江绍兴一带。早在宋代，绍兴就是有名的酒产地，绍兴人家里生了女儿，等到孩子满月时，就会选酒数坛，泥封坛口，埋于地下或藏于地窖内，待到女儿出嫁时取出招待亲朋客人，由此得名“女儿红”。晋代上虞人稽含的《南方草木状》就有记载：“女儿酒为旧时富家生女、嫁女必备之物。”如果生的是男婴，便盼望他长大后饱读诗书、上京赴考，到有朝一日高中状元回乡报喜，即可把老酒开瓶招呼亲朋。话虽如此，能够真正考上状元的人万人无一，因此实际上“状元红”一般都是在儿子结婚时用来招待客人。现在“女儿红”“状元红”成了绍兴黄酒的两大品牌。

“酒以合欢”就是借助酒的刺激使人精神亢奋并在饮酒过程中开展各种活动使人们更加欢乐开心。所以古人形象地把酒叫做“欢伯”“忘忧物”。当代著名诗人艾青说：“它是欢乐的精灵，哪里有喜庆，哪里就有它光临”。没有酒的刺激，人们的情绪就激发不起来，欢乐气氛也调动不起来。而有了酒，就会有很多劝酒助兴的娱乐活动如猜拳、行令、吟诗、作赋等，把酒宴中的欢乐气氛推向高潮。西汉的邹阳在《酒赋》中说饮酒的功能是“庶民以为欢，君子以为礼”。广大人民群众饮酒的目的当然不是“为礼”而是“为欢”，就是以酒助兴，充分享受饮酒给他们并不轻松的生活带来的欢乐、情趣。

二、 酒托离悲

不过天下没有不散的筵席，相逢离不开酒，离别时也还离不开酒。唐代王昌龄的《送别》：“醉后不能语，乡山雨纷纷。”岑参《白雪歌送武判官归京》：“中军置酒饮归客，胡琴琵琶与羌笛。”白居易《琵琶行》：“醉不成欢惨将别，别时茫茫江浸月。”无尽的不舍尽在酒中。

离别中最为凄婉的是生死之别，即所谓“诀别”。诀别之际更离不开酒。当年项羽困于垓下，闻四面楚歌，“夜起，饮帐中”，面对着虞姬，高唱那“力拔山兮气盖世……”道出那最后的别情。即使是即将被行刑的犯人，临死之前也会让喝一碗“行刑酒”。

心情不好时，更是离不开酒。“何以解忧，惟有杜康”，曹操这句话说出了酒的另一种社会功能——解忧。据现代科学解释：人饮酒后，酒精迅速进入血液，从而使大脑皮层细胞极度活跃，逐渐使人产生幻觉，恍如进入飘飘然的仙境。古人原即笃信神鬼迷信，便想当然地把酒视作通神的媒介物了。不过对一般的人而言，酒能麻痹神经，使人暂时摆脱掉那些困扰的无味的琐事、无情的困顿、无尽的哀思。所以苏东坡把酒说成是“扫愁帚”，焦延寿说“酒为欢伯，除忧来乐”。而把酒这种解忧功能诠释最为准确的莫过于李白的《将进酒》：

君不见黄河之水天上来，奔流到海不复回。

君不见高堂明镜悲白发，朝如青丝暮成雪。

人生得意须尽欢，莫使金樽空对月。

天生我材必有用，千金散尽还复来。

烹羊宰牛且为乐，会须一饮三百杯。

岑夫子，丹丘生，将进酒，杯莫停。

与君歌一曲，请君为我侧耳听。

钟鼓馔玉不足贵，但愿长醉不愿醒。

古来圣贤皆寂寞，惟有饮者留其名。

陈王昔时宴平乐，斗酒十千恣欢谑。

主人何为言少钱，径须沽取对君酌。

五花马，千金裘，呼儿将出换美酒，与尔同销万古愁。

《酒德颂》是魏晋诗人刘伶创作的一篇文章。这篇文章虚构了两组对立的人物形象，一是“唯酒是务”的大人形象，一是贵介公子和缙绅处士，他们代表了两种处世态度。大人先生纵情任性，沉醉于酒中，睥睨万物，不受羁绊；而贵介公子和缙绅处士则拘泥礼教，死守礼法，不敢越雷池半步。从文章题目就能看出刘伶对酒的排忧作用的赞赏。酒虽然在生活中常被人当作解忧工具，但有时也会“举杯消愁愁更愁”“酒入愁肠，化作相思泪”。

三、 酒以养生

酒不仅在礼俗文化中占据重要地位，而且与人的健康养生关系密切。有俗语云：“酒是粮食精，越活越年轻”。电影《红高粱》中的歌曲《喝了咱的酒》中唱到：“喝了咱的酒，上下通气不咳嗽；喝了咱的酒，滋阴壮阳嘴不臭。”这歌就是歌颂酒的养生功能。

我国中医素有“医药源于酒”和“医食同源”的说法。在人类农业、医学的开创时期，人类为了生存，在大自然中寻找和辨识可食之物——食物；其次是当人们身体不适、痛苦或受伤时为了生存下去也要在大自然中寻找和辨识解除痛苦、康复身体之物——药物。经过漫长岁月的苦苦探索、甚至付出了生命的代价，人类终于能够辨识出了食物和药物，也认识到有些食物具有食、药两用的性质。这其中自然也包括了天然发酵水果酒的食、药两用功能。酒就以这样的双重角色走进了人类的生活之中。这就是

“医药源于酒”“医食同源”的来历。《汉书·食货志下》说：“酒，百药之长”。因为“夫酒者谷蘖之精，和神养气，性唯剽悍，功甚变通。能宣利肠胃，善引药势”。《圣蕙方》“药酒篇”中记载，在酒中加入各种中药材，借助酒“善引药势”的特殊作用，使酒变“食”为药，用以治疗疾病。我国古代各种医药典籍中的“药酒”就是利用酒作萃取剂提取药中的药用成分来治病的。如果在酒中加入的药材是具有强身健体、营养滋补作用的，酒就成了延年益寿的保健品。

酒之所以能养生是因为在酒中含有一种特定的成分——乙醇（酒精），乙醇在人体内，被分解为水和二氧化碳，可以放出大量的热量，成为人体活动的能源。另外酒还可以扩张皮肤血管，使人皮肤发红而有温暖感，具有舒筋活血、暖身御寒的作用。在边疆一些寒冷地区，风雪肆虐，喝一些酒，周身血液沸腾、经脉扩张，使人精神振奋、浑身发热。尤其是到了冬天的夜晚，长夜漫漫，室外寒风凛冽，酒既可破闷解乏又能御寒助睡。

【延伸阅读：酒驾害人又害己】

2009 年 1 月 24 日，河南滑县高平镇东留香寨村路段上，司机魏法照酒后驾驶小型面包车，在撞死两行人后，继续高速疯狂逃逸，接连撞倒 9 人，造成 8 死 3 伤惨祸。魏法照被判处有期徒刑 6 年；犯以危险方法危害公共安全罪判处死刑，剥夺政治权利终身，数罪并罚，决定执行死刑。这是河南省首例以危害公共安全罪对醉驾者判处死刑的案件。

类似这样的惨案不胜枚举，现在国家一直在严查严惩酒驾，2015 年新交通法对酒驾的处罚非常严重。道路交通安全法中关于酒后驾车处罚规定：饮酒驾驶机动车辆，罚款 1000~2000 元、记 12 分并暂扣驾照 6 个月；饮酒驾驶营运机动车，罚款 5000 元，记 12 分，处以 15 日以下拘留，并且 5 年内不得重新获得驾照。醉酒驾驶机动车辆，吊销驾照，5 年内不得重新获取驾照，经过判决后处以拘役，并处罚金；醉酒驾驶营运机动车辆，吊销驾照，10 年内不得重新获取驾照，终身不得驾驶营运车辆，经过判决后处以拘役，并处罚金。

第九十一条规定：饮酒后驾驶机动车的，处暂扣六个月机动车驾驶证，并处一千元以上二千元以下罚款。因饮酒后驾驶机动车被处罚，再次饮酒后驾驶机动车的，处十日以下拘留，并处一千元以上二千元以下罚款，吊销机动车驾驶证。醉酒驾驶机动车的，由公安机关交通管理部门约束至酒醒，吊销机动车驾驶证，依法追究刑事责任；五年内不得重新取得机动车驾驶证。饮酒后驾驶营运机动车的，处十五日拘留，并处五千元罚款，吊销机动车驾驶证，五年内不得重新取得机动车驾驶证。醉酒驾驶营运机动车的，由公安机关交通管理部门约束至酒醒，吊销机动车驾驶证，依法追究刑事责任；十年内不得重新取得机动车驾驶证，重新取得机动车驾驶证后，不得驾驶营运机动车。饮酒后或者醉酒驾驶机动车发生重大交通事故，构成犯罪的，依法追究刑事责任，并由公安机关交通管理部门吊销机动车驾驶证，终身不得重新取得机动车驾驶证。

该标准规定：车辆驾驶人员血液中的酒精含量大于或等于 20 毫克/100 毫升、小于 80 毫克/100 毫升为饮酒驾车；血液中的酒精含量大于或者等于 80 毫克/100 毫升为醉酒驾车。

据专家估算：

20 毫克/100 毫升大致相当于一杯啤酒；80 毫克/100 毫升则相当于 3 两低度白酒或者两瓶啤酒；而 100 毫克/100 毫升就大致相当于半斤低度白酒或者 3 瓶啤酒。

酒与我们的社会生活密切相关，但它在我们的生活中扮演的角色也是多面的，与社会的关系也是对峙与对视交错，“天之美禄”“欢伯”“忘忧物”等与酒“液体砒霜”“百病之源”“死亡之水”并存。对于此，我们必须本着唯物主义和客观的态度来审视。我们既不能因酒有有益而“好酒贪杯”也没必要因酒有害而“滴酒不沾”。我们应该趋利避害，倡导科学用酒，喝酒不过量，驾车禁喝酒，控制青少年饮酒。

从世界范围来看，酒水被监管和限制的范围正在不断扩大。2011 年 6 月，德国抵制足球场和公交车内饮酒，以减少球迷暴力的发生。2011 年 7 月，俄国法规通过将啤酒列为酒精饮料，并将其列入蒸馏酒的监管范畴；同时，晚上 11 点至凌晨 8 点，禁止酒精零售。2011 年 8 月，巴西规定晚上 9 点至凌晨 6 点，不得出现酒精饮料广播广告，并禁止任何体育赛事接受酿酒商的赞助；挪威明文禁止酒精饮料广告电视播放；西班牙规定晚上 10 点至凌晨 7 点，禁止销售任何酒精饮料，酒精饮料销售门市部不得超过 150 平方米；法国图卢兹市中心禁止户外饮酒；泰国《酒精饮料监管法案》禁止接受酒精饮料制造商赞助的民间乐队进行巡演。2012 年 1 月，中国中央电视台实施“限酒令”，规定除 12 家之外的白酒企业在招标时段只能播出形象广告，且不能出现“酒瓶、酒杯”等元素，在此基础上，央视一套 19 点~21 点之间限播 2 条白酒广告。2015 年新修订的《广告法》中对酒类产品的广告有了更为严格的规定。如：禁止出现诱导、怂恿饮酒或者宣传无节制饮酒；出现饮酒的动作；表现驾驶车、船、飞机等活动；明示或者暗示饮酒有消除紧张和焦虑、增加体力等功效。这四条广告禁令从国家层面提示消费者：告别劝酒和过度饮酒，回归理性饮酒；饮酒应有德，不鼓励消费者饮酒；醉酒驾驶等行为不被社会法律所允许。

第三节 酒楼酒吧

一、 酒楼文化

酒楼滥觞于专卖酒的酒馆，唐宋时期，酒楼的经营范围扩大，不仅提供饮食，还有供娱乐休闲的歌舞表演，酒楼也设有歌伎歌舞表演和陪酒。《水浒传》中《鲁提辖拳打镇关西》中鲁提辖就是在潘家酒楼和朋友吃酒，遇上在酒楼卖唱的父女俩诉苦才引出拳打镇关西。酒楼不仅是买酒饮酒的地方，也逐渐成为大家娱乐、交际、文化传播的场所。

唐代以前酒店大多开设在城市坊内或山乡之交通要道等处，一般规模都比较小。史料笔记、文学作品中偶见酒楼记述，往往规模有限。而到了唐宋之际，随着城市的发展，城市经济的繁荣，城市中新兴的店铺林立。当饮酒成为文人们、百姓们日常性的生活方式，酒楼、酒店便随之大量出现。宋代首都东京开封则酒楼林立，据《东京梦华录》等文献记载，当时东京有72座大酒楼。“在京正店七十二户。此外不能遍数，其余皆谓之脚店。”“正店”就是大酒店，“脚店”则是小酒馆，而著名者如遇仙酒楼、仁和酒楼、樊楼（丰乐楼）、秦楼等，已成为当时城市著名的景观。宋人刘子翚在诗中写道：“梁园歌舞足风流，美酒如刀解断愁。忆得承平多乐事，夜深灯火上樊楼。”

（一）酒楼是文化创作和传播的场所之一

酒楼文化既是古代城市发展的产物，又是城市文化的表征，或者乡村别样的风情。唐宋以来小说作品不断出现酒楼景观，说明酒楼在城市文化与乡村文明中的地位越来越重要。而这一切都与酒楼在后来承担的越来越多的交际功能和娱乐功能甚至还有文化传播功能分不开。

亲朋好友相会，聚散一杯酒，最好的场所就是酒楼。文人们诗文唱和，多是边看歌舞表演边诗酒风流。很多名诗名篇就诞生于此，再由歌伎传播出去。

【趣味阅读：旗亭画壁】

唐开元年间的一天，天空飘起了小雪，高适与王昌龄、王之涣在酒楼相聚小饮。正举杯间，忽然有掌管乐曲的官员率十余歌伎登楼聚宴，三人见状，便避席躲在一个角落里，观看她们表演节目。一会儿，有四位漂亮的歌伎登上楼来，乐声响起，演奏的都是当时有名的曲子。王昌龄悄声对高适和王之涣说：“我们都诗名远扬，但一直未能分个高低，今天咱们就听这些歌伎们唱歌，谁的诗唱得多，谁就是第一。”两个人都笑着表示同意。

只听一个歌伎唱道：“寒雨连江夜入吴，平明送客楚山孤……”王昌龄笑道：“我的绝句一首”，伸手在墙壁上画了一道。随后一个歌伎张口唱道：“开箧泪沾臆，见君前日书……”高适也在墙壁上画了一道，说：“这是我的。”第三个歌伎又出场了：“奉帚平明金殿开，且将团扇共徘徊……”王昌龄很得意，说道：“我已经两首了。”

王之涣自以为成名已久，可竟无人唱他的诗作，有些下不来台，于是对高适和王昌龄说：“她们都是不出名的丫头片子，唱的不过是不入流的歌曲，那阳春白雪类的高雅之曲，哪是她们唱得了的呢！”他用手指着其中最漂亮的一个歌伎说：“这个姑娘唱时，如果不是我的诗，我这辈子就不和你们争高下了；如果真是唱我的诗，二位就拜倒于座前，尊我为师好了。”两个人笑着说：“等着瞧。”

这位歌伎出场，果然唱道：“黄河远上白云间，一片孤城万仞山……”王之涣异常得意：“我说的没错吧！”三人开怀大笑。

古代大城市中的高档酒楼往往装修豪华，里面的饮、食、娱乐设施一应俱全。如明代冯梦龙小说“三言”中描写：“城中酒楼高入天，烹龙煮风味肥鲜。公孙下马闻香醉，一饮不惜费万钱。招贵客，引高贤，楼上笙歌列管弦。百般美物珍羞昧，四面栏杆彩画檐。”再如：“秦楼最广大，便似东京白樊楼一般，楼上有六十个合儿，下面散铺七八十副卓凳。当夜卖酒，合堂热闹。”

最能反映酒肆宏大之美的当数宋代笔记《东京梦华录》中描述的都城汴梁景象：“凡京师酒店，门首皆缚彩楼欢门，唯任店入其门，一直主廊约百余步，南北天井两廊皆小濩子，向晚灯烛荧煌，上下相照，浓妆妓女数百，聚於主廊面上，以待酒客呼唤，望之宛若神仙……凡酒店中不问何人，止两人对坐饮酒，亦须用注碗一副，盘盏两副，果菜碟各五片，水菜碗三五只，即银近百两矣。”

酒楼不仅装修豪华，里面还设有专供文人书写的笔墨纸砚和粉白的墙壁。《水浒传》中写到宋江因烦闷独自来到浔阳楼饮酒时，思索往事，不觉潸然泪下，便唤酒保索借笔砚，作了一首《西江月》词：“自幼曾攻经史，长成亦有权谋。恰如猛虎卧荒丘，潜伏爪牙忍受。不幸刺文双颊，那堪配在江州。他年若得报冤仇，血染浔阳江口！”末尾再写下意欲“造反”的句子：“心在山东身在吴，飘蓬江海漫嗟吁。他时若遂凌云志，敢笑黄巢不丈夫！”又在后面大书姓名：“郓城宋江作。”因此被告发，诬告为写反诗而差点丧命。文人酒后题诗似乎有着悠久的历史传统，这也成为文人的一个爱好。而酒楼也为文人的这种爱好提供了条件，也因此林林总总的文学样式，通过酒肆酒楼得以传播，酒肆酒楼成为文学传播与创作的重要场所。

（二）酒楼中的楹联文化

酒楼的楹联既是酒楼文化的一个重要组成部分，本身也是文化创作的产物和传播的媒介。

酒联又叫酒楹联。楹，指堂屋前面的柱子。楹联，就是挂或贴在堂屋前面柱子上的对联，又叫楹帖、对联、对子。通常雅称楹联，俗称对子。形式上，分为上下两联，字数相等，音律和谐，两两对应。内容上，内涵丰富，外延广阔，从写景状物、寄意抒怀、述志自警、赠答劝勉、庆贺吊挽，到戏谑嘲讽、自我解嘲，无一主旨不可。因而应用广泛，上至宫廷、宗庙，下到胜迹、书斋、茶楼、酒肆、随处可见。

楹联作为一种固定、独立的文化形式确立下来，不晚于五代。是结合了诗歌艺术与民俗文化，而推陈出新的一种新的文字形式。其得以广泛运用，则在宋代；兴盛时期，在明清两代。明代朱元璋大力倡导，提升了楹联的政治地位，登堂入室，身价倍增。有人统计，从对联的产生，至明清时代全盛，至少产生过 80 万~90 万副。

一副好的酒联比一个酒广告、酒说明书更具有吸引力。它既是诗化的广告，又是一种雅致的陈设，其古朴纯厚与店号、匾额、门面修嵌、室内摆设相配合，能收到珠联璧合、相映生辉之效，给人以丰富的知识和美的愉悦享受。千百年来，酒店和其他店馆都十分讲究酒联的撰拟与装潢，使得店馆酒联更加色彩纷呈，趣味盎然。

明末清初在杭州西湖平湖秋月处有一座“仙乐处”的酒楼，酒楼的楹联：

翘首迎仙踪，白也仙，林也仙，苏也仙，今我买醉湖山里，非仙亦仙；

及时行乐地，春亦乐，夏亦乐，秋亦乐，冬来寻诗风雪里，不乐也乐。

这一联很奇特，运用反复的手法，强调“仙”和“乐”二字，巧妙地将酒家名“仙乐”二字嵌入对联中，似有隐士的飘逸之感。这类楹联数不胜数，代表了酒楼文化大气豪放的一面。

民国初年，成都张有贵酒家的一副新联：

为名忙，为利忙，忙里偷闲，且饮两杯茶去；

劳心苦，劳力苦，苦中作乐，再拿一壶酒来。

江南某陈兴酒家对联：

东不管西不管酒管（馆）；兴也罢衰也罢喝罢（吧）。

楹联做得好会极大的带动酒楼的生意，甚至有时会使店家起死回生。

传说百年以前，一家酒楼和一家茶馆对门做生意，两者你做你的生意，我赚我的利润，倒也相安无事。直至一年春节，茶馆老板请一本家秀才撰写一联，才引起两家的争端。对联曰：“香分花上露，水吸石中泉。”联语写得很妙，颇得茶之真味且引人入胜，来往客人争先围观，啧啧称赞，茶楼生意因而也人满为患，自然抢去不少酒客了。酒楼老板一看不对，忙花重金请一秀才也写了一副对子贴在自家门上，是：“开坛千里醉，上桌十里香。”此语一出，引得许多人肚中酒虫立时而动，纷纷跑至酒楼中一醉方休，酒楼生意立马红火起来。茶楼老板连忙又请秀才撰得一联，联曰：“邂逅相逢，坐片刻不分你我；彳（chì）亍（chù）而来，品一盏漫话古今。”茶人雅事被写得活灵活现，使得许多顾客慕其高义，羡其闲情，仰其雅志，又纷纷掉转头进了茶庄。酒楼老板一看，心想：你写闲情，我写豪气，又请人续写一联曰：“劝君更尽一杯酒，与你同销万古愁。”借诗仙之生花妙笔抒胸中万千豪气。此联一出，气势凌云，已无有能与之颉颃者了。观者中酒客自是为之大动，而平常与酒相交不深的也为之吸引，不由自主地迈向了这家酒楼。茶楼老板观其已将气势写尽，只得将杀手锏打出，挂上一副对联：“茶可清心，酒能乱性。”酒老板一看大怒，心想你这摆明了是找我的麻烦，好，来而不往非礼也，也请秀才迎战，报以一联“有志者饮酒，无聊人喝茶。”

最后的结局未说，但从这个故事中可以看出楹联对生意也起到了至关重要的作用。

一般酒楼的酒联可分为以下数种：

（1）赞美酒菜：

楼小乾坤大；酒香顾客多。

美味招来天下客；酒香引出洞中仙。

佳肴美酒餐厨满；送客迎宾座不虚。

菜蔬本无奇，厨师巧制十样锦；酒肉真有味，顾客能闻五里香。

五洲宾客竞来，同品尝五香美馔；一样酒肴捧上，却别有一番风情。

东西盛馔，南北珍羞，酒溢奇香香四海；城乡佳宾，中外贵友，店归众望望三秦。

（2）劝客饮酒吃饭：

杯中酒不满实难过瘾；店里客怎依定要一醉。

店有佳肴，但可随心挑几样；客爱名酒，不妨就此喝一杯。

暖屋生辉话胜利，高兴喝几杯；满堂欢笑乐新春，努力加餐饭。

（3）突出环境美：

短墙披藤隔闹市；小桥流水连酒家。

挹东海以为觞，三楚云山浮海里；

酿长江而做醴，四方豪杰聚楼头。

筵前青幛迎人，当画里寻诗，添我得闲小坐处；

槛外杨柳如许，恐客中买醉，惹他兴起故乡情。

（4）表达服务态度：

人走茶不冷；客来酒尤香。

佳肴美酒君莫醉；真情实意客常来。

美食烹美肴美味可口；热情温热酒热气暖心。

（5）嵌入字号，叫响店名：

韩愈送穷，江淹作赋；刘伶醉酒，王粲登楼。（广东潮州韩江酒楼联）

兴家立业，可以取则取；顺理成章，不期然而然。（陕西咸阳兴顺酒家联）

（6）有巧用典故者，其一：

翁所乐者山水也；客所知夫风月乎。

此一对联暗用了欧阳修《醉翁亭记》，点出一个“醉”字：“醉翁之意不在酒，在乎山水之间也。山水之乐，得之心而寓之酒也。”

其二：

酒后高歌，听一曲铁板铜琶，唱大江东去；

茶边话旧，看几许星轺露冕，从海上南来。

此一联暗用苏轼《赤壁怀古》，化“大江东去，浪淘尽，千古风流人物”，“人生如梦，一樽还酹江月”之句，归结于酒。

二、酒吧

酒吧是西方的产物，在西方人生活中的地位几乎等同于中国的酒楼。英国赛缪尔·约翰逊曾说过，“世间人类所创造的万物，哪一项比得上酒吧更能给人们带来无限的温馨与幸福？”

（一）酒吧的起源和发展

酒吧起源于英国，在英文中的对应词是 bar，原意是指有木材、金属或其他材料制造而成的长形台子。由于这样的长形台子常常出现在贩卖酒水的各种的餐馆或旅店中，酒吧最终成为这些贩卖酒水的场所的代名词。关于酒吧出现的具体时间学界至今没有同一的结论，但可以肯定的是，酒吧的起源与酒馆有着密切的关系。酒馆在欧洲社会的普遍存在可以追溯到文艺复兴时期。小酒馆在欧洲的大量出现与宗教改革有关，16 世纪 30 年代英王亨利八世发动宗教改革运动，在这场宗教改革运动中，英国的教堂遭受了大面积的毁坏，这使得教堂这一原本提供人们交流机会的公共空间不能延续其功能，小酒馆的兴盛填补了由于教堂摧毁而留下在公共空间这一维度的空缺。

从小酒馆演变成酒吧的过程可以称之为酒馆吧化，这与中小资产阶层的不断壮大有着直接的关系。中小资产阶层的社会地位不断提高并表达出营造自身社会交往空间的诉求。然而在相当一段历史时期中，公共交往空间被控制在贵族阶层的手中，其主要表现形式是宫廷宴会。宫廷宴会以贵族身份作为准入依据，并利用严格的礼仪体系、话语方式与游戏规则限定其仅仅是属于少数人的聚会交往。新兴的中小资产阶层虽然在金钱面前趾高气昂，却无法获得参与宫廷宴会的资格。一方面，他们希望得到贵族阶层的认可并成为其中的一员；另一方面，由于缺乏正宗的出身、礼仪的教养，他们很难融入贵族阶层。正是在这样的窘境中，中小资产阶级小酒馆从偏远的乡下带到了城市，从海港的小巷带到了堂堂正正的大街。此时的酒吧完成了它的吧化，它不再属于小酒馆的范畴。与宫廷宴会相比，酒吧没有太多的准入限制，而是一个可以自由进出的平民化空间。在这里，人们可以高谈阔论，也可以把酒言欢，可以富有品位地品酒，也可以无品无味地烂醉。酒吧是小酒馆的变种，是对宫廷宴会的模仿形式，正是在这样的变种与模仿的过程中，中小资产阶层通过商业的力量在都市生活中构筑新的交际场所。

在西方社会中，酒吧是群众生活的一个中心，它始终承载着社会交往的功能。酒吧有助于不同的个人观点凝结成共同的理念，有助于将不同的个体联结在共同社会互动中，是一种崭新的公共交往空间，所以酒吧在英文中也成为 public house。它是社会底层乌托邦式的娱乐天堂，更是知识分子思想交流的重要平台。和中国的茶馆酒楼功能相似。现在酒吧文化已经从英国蔓延到欧洲再到世界各国，但最发达的还是英国，这可能跟英国人的性格和生活习惯有关。英国人很保守，他们很少像中国人那样去朋友家中拜访、聊天，因此所有日常的邻里交往、朋友聚会都需要一个场所来进行。其次，当地人又酷爱足球，尤其是有欧洲杯和英超联赛的时候，他们会欢聚一起，和朋友们一起喝酒，感受进球的喜悦，所以酒吧这样一个能够承载大家喜悦的场所最终成为英国人户外进行交流的首选。

由于文化上的差异，英国酒吧是没有侍应生端酒的，需要自己去酒吧吧台买酒。这点乍看上去好像使人不便，可事实上这种做法却有着深刻的内涵。英国人素以保守、冷漠著称，他们不喜欢主动与人亲近，而酒吧中的这种仪俗恰恰可以改变这种状况，促进人与人之间的交往。人们在吧台前排队买酒的时候，可以和其他等待买酒的人交谈。你不需要刻意的介绍自己，随便聊聊天气、谈谈啤酒等都可以作为和陌生人沟通的很好话题，接下来适时地请新朋友喝一杯，这样可以帮助你很好地融入酒吧氛围。如果你是和英国的朋友一同前往，或者是去酒吧和客户进行工作上的洽谈，那么通常是提议的人会请第一轮酒，那么为了表示感谢，你也应该快速的回请。当对方的酒还剩下 1/4 的时候，这是你回请的最佳时间。

英国人很喜欢遵守秩序，所以在英国你会看到无论干什么，大家都会排队，但是酒吧除外。在酒吧里，没有比较正规的队形，酒客们都是挤到柜台等候，在英国的酒吧里，你可千万不要给酒保现金当小费，因为现金小费会使人想到服务员是侍候人的，而正确的做法则是请酒保喝一杯酒以示感谢，他们会为你的这种平等相待而感到很高兴的。

英国的酒吧关门很早。每间酒吧都有严格的打烊时间，通常是晚上 11 点。因此到晚上 10 点 50 的时候，就可以听到店老板摇响清脆的打烊铃，示意大家还剩 10 分钟的时间，这时候顾客再消费买的就是今天最后的啤酒（last order）。超过这个时间以后，无论是谁都不能再要酒喝。到 11 点整，老板会再次摇铃声明：酒吧停止供应酒水。客人即使兴致再高，也不得不离开酒吧，最多停留20分钟喝完余酒。据说这是因为在战争时期，不少工人因贪杯而耽误了第二天的炮弹生产，致使国家蒙受巨大的损失，于是议会便制定法律以限制酒吧的营业时间。战争的硝烟早已散去，这条法律却被沿用至今 。

现在的酒吧文化气息更浓，酒吧的主题文化性越来越成为吸引顾客的因素，越来越多的主题酒吧开始涌现。

【延伸阅读：主题文化酒吧】

棺材酒吧　比利时布鲁塞尔有家30多年的棺材酒吧，生意一直非常红火。酒吧走廊是一条长约10米的窄窄通道，通道的两边画着阴森墓园气氛的壁画。通道尽头是挂着黑色帷幕的入口。“棺材酒吧”的室内装潢以黑色为基调，墙上、天花板上挂着几副棺材的盖板，花圈与骷髅挂件点缀其间。大厅里有一张用木质棺材当基座的玻璃茶几，棺材板上附有耶稣被钉在十字架上受难的木刻。酒吧的服务生面如骷髅、戴着一副眼镜，咧着嘴笑嘻嘻地递上酒单。酒水的名字很特别，有“吸血鬼之吻”“魔鬼”“僵尸水”等，其实就是普通的鸡尾酒和啤酒。酒具也是骷髅头，众人举起骷髅头干杯，并小心翼翼地喝起饮料。棺材酒吧名声在外，吸引了很多远道而来的客人，顾客遍及欧洲各国。

黑暗酒吧　伦敦、巴黎、巴斯罗那和曼谷有这样的黑暗酒吧。会让你置身黑暗之中。酒吧里的盲人向导是经过精心训练的，所以他们会确保每位顾客感到舒适并提供相关指导。顾客在这里要依靠自己的听觉、嗅觉和触觉。此外，在这家黑暗的酒吧里，盲人员工会引导并为顾客服务，所以顾客会感受到那种在自己和盲人之间转换的奇怪魔力。有那么一刻，盲人成了顾客的眼睛。这种角色的转化暗示着顾客对盲人的信任，因为没有他们，游人就会迷失方向的。

诊所酒吧　是一个以医院为主题的酒吧，它坐落在新加坡市商业区克拉码头中心。正如酒吧名字所暗示的那样，这里的装饰和氛围就如同一个医疗诊所。医院床铺分开放置，每个床铺都有白色的挂帘、手术室灯和轮椅。轮椅桌、注射器、静脉滴注、试管和相关设备一定能吸引你的眼球。鸡尾酒盛在附有静脉滴注的血浆袋中或是大型注射器中。

（二）酒吧在中国的发展及本土化

上海是最先引进酒吧的中国城市，1848年上海开埠，英国最先在上海划立“外滩”作为租界，随后，法国和美国也相继在上海获得租借地。上海成为殖民化程度最高的城市，正是在这样的殖民化过程中，酒吧作为西方文化的一部分也开始在中国的土地上出现。然而，当时的酒吧从营业者到消费者都是西方人，酒吧在中国社会大量出现的时间应该是 20 世纪 80 年代到 90 年代。在这一时期中，酒吧在中国的各大城市中的涉外宾馆转移到各城市的外国人聚居区：北京出现了三里屯酒吧一条街，上海出现了新天地与衡山路酒吧区，广州出现了环市路与沿江路酒吧街等。

起初，这些酒吧的目标客户群依然是外国人，与本地人的日常生活保持着一定的距离。但随着酒吧在中国近年的发展，已经培养了本地的消费群。从营业者到消费者，中国人的比例远远超过外国人的比例。各大城市中的酒吧片区发展迅速，并各自形成不同的特色。有学者认为：北京酒吧粗犷开放、上海酒吧细腻感伤、广州酒吧热闹纷繁，色彩纷呈而又有共同理念和功能。中国的酒吧远不是社会底层乌托邦式的娱乐天堂，更不是知识分子思想交流的重要平台。中国的酒吧实际上是以消费作为一种手段来构筑新型的社会交往方式，从而融入人们的日常生活之中。酒吧作为一种中国人面对的新型消费，由于其自身的外来性，本身就具有异文化想象的色彩从而体现出符号消费的属性。

第四节　酒席文化

一、 古希腊的酒会文化

公元前 16 年，雅典悲剧家阿伽桑在一年一度的戏剧节上获得了一等奖，为此他特意举办了庆祝酒会。受到邀请的是雅典的几位文化名人，其中包括哲学家苏格拉底、喜剧大师阿里斯托芬、一位名叫埃里克马科斯的医生、阿伽桑的情人宝桑尼阿斯和苏格拉底的一个仰慕者阿里斯托德漠。在晚餐后所举行的酒会上，宾主开怀畅谈，阐发各自对爱这一永恒主题的看法。柏拉图的名著《会饮篇》对这次酒会的始末作了详细的描述。无独有偶，和柏拉图同时代的色诺芬也作过一篇题为《会饮篇》的对话录，它的主角同样是苏格拉底，谈话的内容之一同样是对爱的看法，而谈话的场合也仍然是在一次酒会上。

酒会是古代希腊政治、社会和文化生活的一个重要方式，也是贵族阶层身份和地位的象征。古希腊的酒会虽然常常是娱乐的场合，但却是以祭神为开始的。酒会上祭祀的神主要是酒神狄奥尼修斯。为了表示对神明的尊敬，参加酒会的人们先要清洁自己。参加酒会前要洗澡，到达主人家后还要洗脚、洗手，再由仆人们为他们洒上香水，戴上花冠，这样才能算作洁净，不至亵渎神明。其后宾主在主持人的带领下进行祭酒。酒会主持人称作“巴昔琉斯”，这个词在古希腊文中通常用来称呼“国王”，足以说明酒会主持人作用之重要性。举办酒会的房间中央设有专门的祭坛。酒会上的祭酒就是由主持人把第一杯酒洒在祭坛上，同时宾主们要一起唱赞美神的颂歌，以祈求神明的保佑，希望避免世上的不幸。

在酒会开始前所举行的祭神已经成为一种传统，有着较为固定的仪式。除此之外，希腊人还对酒会上的其他方面也作了较为严格的规定。在酒会开始之前，先要将酒和水进行调制。调酒的规定也十分严格，由酒会的主持人亲自负责，而且酒会上备有专门用于调酒的彩陶器皿，称作 karetr。酒和水进行调制的通常比例是1∶3。在希腊人看来，未经调制过的酒不仅有害于身体健康，同时也会迷惑人的心智。古希腊的酒会从其诞生之时起，就与政治产生了密切联系，是商讨有关政治、军事等事宜的场所。常在一起参加酒会的人们由于兴趣相投，政见一致，结成了一些政治小集团，这种通过酒会结成的政治俱乐部有很强的稳定性。酒会对于各城邦的政治影响也进一步加深。

图6-6　特鲁瓦（de Troy）《盛宴》

酒会也是警句和演唱的主要场合。古希腊古风时代的诗歌与酒会的关系同样密切。从一些描写酒会的诗歌来看，诗歌本身也是酒会上的产物。反过来，酒会又对艺术的繁荣产生了很大影响。

古希腊的哲学家作为当时社会的“贤良”，受人尊敬，经常被邀请参加酒会。酒会便成了哲学家们探讨并传播哲学思想的重要场所。

讲座的主题往往是关于哲学的。对哲学的发展起了一定的作用。而对围绕在苏格拉底周围爱好哲学的人来说，酒会则常常是进行讨论和争论、相互交流思想的理想场合。

酒会通常在私人家里举行，举办酒会房间称作 andorn，这个词在希腊文中的意思是“男人的房间”，也就是说酒会是男人的聚会，有身份的妇女不能出席，只有女奴和舞女才能出现在这种场合。有身份的妇女是不能出席男人们的酒会或宴会的。如果有人要妇女参加，对主人来说是一种莫大的侮辱。

在饮酒的同时，总要举行一些娱乐活动来助兴。通常的形式有游戏和舞女的表演。酒会上最为流行的一种游戏称作 kottbaos，它是一项由参加酒会的所有人集体参与的项目。

古希腊的酒会是贵族阶层区别于社会其他阶层的一种独特的生活方式，其贵族特征同它的起源密不可分。从因承关系来看，希腊的酒会最早可追溯到荷马社会贵族首领的宴会。在那里，宴会是贵族阶层社会与政治生活的一个重要方式。无论是在日常的政治生活中，还是在战争中，宴会都是贵族首领讨论重大政治与军事决策的主要场所。

在社会生活中，酒宴是贵族之间建立联系的主要方式。无论何时何地，只要有客人到来，不管是亲属、使节、还是陌生的贵族，当地的贵族首领都要举行酒宴，接待来访者。酒宴不仅是同一地区的贵族首领建立联系与联盟的主要方式，也是不同地区的贵族之间建立联系的一个重要手段。

早在荷马社会，酒宴就已经成为贵族阶层的一种生活方式，并且成为贵族身份的一个显著标志。随着古希腊社会的发展，酒会的形式也日趋完善和仪式化，但其作为贵族阶层的一种生活方式的特性却始终未变。在古代希腊，只有贵族才有足够的财富和充足的空闲时间享受酒会的快乐。同样，在古代希腊人的观念中，酒会被认为是不适合下层人民的。

酒会和体育是贵族身份的双重象征。古希腊人把能够经常参加酒会和体育比赛看作是一种荣誉，以区别于平民。酒会作为古希腊一个独特的社会现象，折射出了当时社会、政治与文化生活的状况。一方面，作为贵族阶层的一种特有的生活方式，它反映了贵族的封闭性和排他性，表现出了其在生活方式上与社会其他阶层的区别以致对立。另一方面，它又与当时的社会、政治与文化生活有着十分密切的联系。由于有闲的贵族阶层是希腊社会生活，尤其是文化生活的主体，作为贵族阶层生活方式的酒会深深地影响了古代希腊人社会生活的各个方面，对政治状况、哲学探讨、诗歌艺术发展更是有着直接的推动作用。通过对酒会的了解，藉以了解到政治与文化在实际生活层面的表现，从而更加深刻地理解当时社会的主要特征。

二、 中国酒席的由来

酒席在先秦时期被称为“筵席”，“席”原是古代的一种卧具。先秦时期，古人的宴饮活动主要是在室内铺筵加席进行，“筵”和“席”就是铺在地上的坐具。筵一般用蒲、苇等粗料编成，粗糙宽大，直接铺在地上；席则类似今日之坐垫，一般用草、竹篾等细料编成，短小精致。饮酒时，先把筵铺在地上，然后根据饮者的身份和地位加席。商周时期，筵席制度是非常严格的，天子之席五重，诸侯之席三重，大夫之席二重。至于寻常百姓，在宴饮时能在筵之上加一席就很体面了。从《诗经》开始，它才有了酒馔的含义。《诗经·大雅·行苇》中有“肆筵设席，授几有缉御”之句，描写的是酒宴开始之前，座次的安排和酒菜的准备。后来，“筵”在坐具的发展中被淘汰，“席”也由坐具演变为了卧具。到了魏晋南北朝时期，随着高桌大椅的出现，“席”也被淘汰了，但人们仍习惯地称酒馔为酒席。

三、 中国酒席的安排

酒席的安排主要包括座次的安排和点菜。总的来讲，中国座次是“尚左尊东”“面朝大门为尊”。若是圆桌，则正对大门的为主客，主客左右手边的位置，则以离主客的距离来看，越靠近主客位置越尊，相同距离则左侧尊于右侧。若为八仙桌，如果有正对大门的座位，则正对大门一侧的右位为主客。如果不正对大门，则面东的一侧右席为首席。

主人应该提前到达安排酒席，然后在靠门位置等待，并为来宾引座。被邀请者，听从东道主安排入座。

如果时间允许，应该等大多数客人到齐之后，将菜单供客人传阅，并请他们来点菜。点菜时，一定要心中有数。点菜时，可根据以下三个规则：

一看人员组成。一般来说，人均一菜是比较通用的规则。如果是男士较多的餐会可适当加量。

二看菜肴组合。一般来说，一桌菜最好有荤有素，有冷有热，尽量做到全面。如果桌上男士多，可多点些荤食，如果女士较多，则可多点几道清淡的蔬菜。

三看宴请的重要程度。若是普通的商务宴请，平均一道菜在 50 元到 80 元左右可以接受。如果这次宴请的对象是比较关键人物，那么则要点上几个够分量的硬菜，例如龙虾、刀鱼、鲥鱼，再要上规格一点，则是鲍鱼、翅粉等。

点菜还要注意“三优四忌”。“三优”是优先考虑有中餐特色的菜肴，优先考虑有本地特色的菜肴和优先考虑本菜馆的特色菜。在安排菜单时，还必须考虑来宾的饮食禁忌，特别是要对主宾的饮食禁忌高度重视。这些饮食方面的禁忌主要有四条：

（1）宗教的饮食禁忌。主要针对有特殊宗教信仰的人，比如穆斯林教徒忌食猪肉、血液等，佛教徒忌食荤腥等。

（2）出于健康的原因，对于某些食品，也有所禁忌。

（3）不同地区，人们的饮食偏好往往不同，在安排菜单时要兼顾。

（4）有些职业，出于某种原因，在餐饮方面往往也有各自不同的特殊禁忌。例如，国家公务员在公务宴请时不准大吃大喝，不准超过国家规定的标准用餐。

在就餐的时候，客人入席后，不要立即动手取食。而应待主人打招呼，由主人举杯示意开始时，客人才能开始。搛菜要文明，一次搛菜也不宜过多。要细嚼慢咽。不能挑食，只盯住自己喜欢的菜吃。另外酒席上使用筷子时，筷子的禁忌必须注意，这也是酒席礼仪的重要内容。

中国筷子文化十五忌：

疑筷：忌举筷不定，不知夹什么好；

脏筷：忌用筷子在盘里扒拉搛菜；

指筷：不能拿筷子指人；

抢筷：就是两个人同时搛菜，结果筷子撞在一起；

刺筷：就是夹不起来就用筷子当叉子，扎着夹；

横筷：这表示用餐完毕，客人和晚辈不能先横筷子；

吸筷：即使菜上有汤汁也不能嘬筷子；

泪筷：搛菜时不干净，菜上挂汤淋了一桌；

别筷：不能拿筷子当刀使用，撕扯肉类菜；

供筷：忌讳将筷子插在饭菜上；

拉筷：正嚼着的东西不能拿筷子往外撕，或者当牙签；

粘筷：筷子上还粘着东西时不能搛别的菜；

连筷：同一道菜不能连夹3次以上；

斜筷：吃菜要注意吃自己面前的菜，不要吃得太远，不要斜着伸筷够菜。

分筷：摆筷子，不要分放在餐具左右，只有在吃绝交饭时才这样摆。

用餐结束后，在主人还没示意结束时，客人不能先离席。

小结

酒文化渗透到人们生活中的各个方面，从政治到社会生活，从酒楼酒吧文化到酒席文化。在政治方面，酒是政治舞台上的润滑剂，也是政治家笼络人心的一种手段，酒文化也是区别身份等级的一种手段。在社会生活方面，酒与生活密切相关，悲欢离合都离不开酒。酒不仅用来烘托悲喜之情，还具有养生功能，但喝酒不能贪杯，过度饮酒不仅伤害身体而且损害神经，酒后驾车造成的事故很多，所以必须严厉打击酒驾、醉驾。酒楼和酒吧是中西方文化创作和传播的场所之一，本身也是酒文化的重要内容和载体，尤其是酒楼的楹联文化更是中国酒文化的瑰宝，值得进一步的传承和发扬。酒席文化属于酒文化的重要内容，和我们的日常生活息息相关，需要我们了解和掌握。

思考题

1. 古代希腊的酒会有着怎样的地位？
2. 人们常说“酒好喝但不能贪杯”，为什么不能贪杯？
3. 酒与政治有哪些关系？
4. 西方的酒吧是怎么产生的？酒吧在西方人生活中具有什么样的地位？
5. 英国的酒吧有什么特有的礼仪和规则？

参考文献

[1] 徐兴海．中国酒文化概论．北京：中国轻工业出版社，2010.

[2] 姜潮洋．论古代酒肆建筑的艺术特质及社会功能．艺术教育，2015（08）：280.

[3] 黄修明．酒文化与中国古代社会政治．中华文化论坛，2002（02）：127-132.

[4] 刘春香．魏晋南北朝时期的酒事、酒令与酒宴．郑州大学学报（哲学社会科学版），2012（01）：99-102.

[5] 杨乃济．中西酒文化比较．北京联合大学学报，1994（04）：84-99.

[6] 江于．英国酒吧的礼仪与习俗．世界文化，2001（01）：39-40.

[7] 崔利．酒的社会功能与生产消费．酿酒科技，2007（02）：120-123.

[8] 傅昱．古代希腊的酒会．文史杂志，1998（4）：45-48.

[9] 张媛．英国别具特色的酒吧文化．前沿，2013（12）：141-142.

[10]《鸿门宴》的座次是谁安排的. 思考的石子的博客. http：//blog. sina. com. cn/s/blog_ 86544f870100uwa7. html

[11] 盘点全球最“不寻常”的十大酒吧. 挥舞青春的翅膀 360doc 个人图书馆. http://www. 360doc. com/content/13/0804/10/13033527_ 304618687. shtml

第七章

酒礼仪

【学习目标】

了解酒礼仪在我们生活中的重要性以及由于文化差异所造成的中西方饮酒礼仪的区别，掌握中西方座次安排的原则以及敬酒饮酒礼仪，进而应用到我们的工作生活当中，和谐我们的生活。

礼仪是维系人类交往的道德规范，也是交流的基础所在，作为社会的人，如果没有礼仪，人类的文明秩序就不能建立，人际关系就难以维系。在诸多的礼仪规范中，酒礼仪是我们生活中不可规避的。为了不在宴会上“失礼”，引发尴尬和冲突，我们必须学习和掌握一些酒礼仪，酒礼仪包括交际中的饮酒礼仪和酒宴上的服务礼仪。

第一节　饮酒礼仪

生活或工作中，人们会经常参加或举办一些宴会等交际活动，但参加宴请时常常因不知道坐在哪里而迟迟不敢落座，招待客人也不知道从何做起。要表现得得体、大方、有礼，必须掌握一些必要饮酒礼仪包括座次的安排和敬酒礼仪等。中餐的饮酒礼仪和西餐的饮酒礼仪是不一样的。

一、 中餐的饮酒礼仪

（一）座次的安排

座次安排既属于服务礼仪，也是个人必须熟知的饮酒礼仪。

礼仪具有传承性和渐变性，这也表现在座次所传递的文化信息。

1. 中国古代的宴席座次

在中国古代，官场座次尊卑有别，十分严格。官高为尊者居上位，官低为卑者处下位。要通过座次来别尊卑，必须要先了解座次代表的含义。

中国汉代及以前的建筑通常是：坐北朝南、堂室结构，堂和室建在同一个堂基上，上方为同一个房顶覆盖，堂在前，室在后，堂前有阶，堂的前沿不封闭，堂室之间隔着一道墙，墙外属堂，墙内属室。“登堂”才能“入室”。这道墙靠西边有窗（牖），靠东边有户（古代单扇门称户，双扇门称门）。堂的东、北、西三面有墙，东墙叫东序，西墙叫西序，南边临院子敞开，式样仿佛今日的戏台。堂上不住人，是议事、行礼、交际的场所，室中住人。堂室之中皆席地而坐。

古代座次礼仪一般“尚北”“尚西”，在堂上举行的礼节活动是南向为尊。皇帝聚会群臣，他的座位一定是坐北向南的。因此，古人常把称王称帝叫做“面南背北登基座殿”，打了败仗，臣服他人叫“败北”“北面称臣”，堂内座位尊卑顺序依次为：南面（座在北而面朝南）、西面（座在东而面朝西）、东面（座在西而面朝东）、北面（座在南而面朝北）。

室一般是长方形，东西长而南北窄，因此，室内座位最尊的是东向（座在西而面朝东），其次是南向（座在北而面朝南），再其次是北向（座在南而面朝北），最卑是西向（座在东而面朝西）。清人顾炎武在《日知录》中说：“古人之坐，以东向为尊；故宗庙之祭，太祖之位东向：即交际之礼，亦宾东向，而主人西向。”这就是说，中国固有的习惯，让客人东向坐，以表尊敬。《史记》关于“鸿门宴”有这样的记载：“项王即日因留沛公与饮。项王、项伯东向坐；亚父南向坐——亚父者，范增也；沛公北向坐；张良西向侍。”刘邦是客人，按说应居上座，但项羽不顾礼仪，自己占了上座，显示了项羽的傲慢自大，也反映出汉代室内以东向为尊的习俗。

秦汉以后，堂、室结构简化，堂的有些社交功能被合并于室中，因之室内的座次相应地发生了一些变化。会见宾客时，一般都是宾在西、主人在东，即所谓“东家”“西宾”。古人所谓“分宾主坐下”，即是这样的坐法。《清史稿・礼八》记载清代的乡饮酒礼也还是大宾位西北，而作为主人的府、州、县官位东南（见）。这种习惯一直延续到了今天。我国古代，教师被称为“西席”，就是缘于这种座次尊卑的礼仪。清人梁章钜《称谓录》卷八记载：“汉明帝尊桓荣以师礼，上幸太常府，令荣坐东面，设几。故师曰‘西席’。”

至于左右位置的尊卑问题，不同的时代又有不同的规定。周代，诸侯朝见天子，其座次以左为尊；到了战国，又以右为尊。如《史记・廉颇蔺相如列传》中说：“既罢归国，以相如功大，拜为上卿，位在廉颇之右。”秦至西汉仍是右尊左卑。《史记・陈丞相世家》记载：“孝文帝乃以绛侯（周）勃为右丞相，位次第一；（陈）平徙为左丞相，位次第二。”东汉至唐宋，随着官职的以左为大，座次也基本上变为以左为尊。这种情况一直持续至南宋。元朝曾一度以右为尊，但到了明初，又恢复了以左为尊的习俗。早在朱元璋即位的前一年（1637 年）十月，即“令百官礼仪尚左。改李善长左相国，徐达右相国”。清代依然沿袭以左为尊，《红楼梦》中林黛玉进贾府的座次安排：“贾母正面榻上独坐，两边四张空椅：黛玉在左边第一张椅上坐了……迎春便坐右手第一，探春左第二，惜春右第二。”黛玉远来是客，故有此种安排。此后，这种尚左的习俗便一直延续到了现在。今天，无论政府还是民间，在安排座次时，都有意让地位尊贵的人坐在左边，而晚辈或地位较低的人则在右侧陪坐。

2. 现代中餐的座次安排

座次安排包括桌次和位次安排，遵循的原则基本一致：“面门为上”“中座为尊”

“以远（门）为上”等规则。至于左右，因为中国传统文化“以左为上”，所以在国家的政务礼仪宴会上，遵循以左为尊，而在商务涉外交往中，是“以右为尊”，在日常礼仪中，大多遵守“以右为尊”。

如果是由两桌组成的小型宴请，有两桌横排和两桌竖排两种形式。当两桌横排时，桌次左桌为尊，右桌为卑。这里所说的右和左，是由面对正门的位置来确定的。当两桌竖排时，距门远者为上，距门近者为下。

如果是由三桌或三桌以上的桌数所组成的宴请。除了“面门为上”“中座为尊”“以远为上”等规则外，还会兼顾其他各桌距离主桌的远近，距离主桌越近，桌次越高；距离主桌越远、桌次越低，即“以近为尊”如图 7-1 所示。

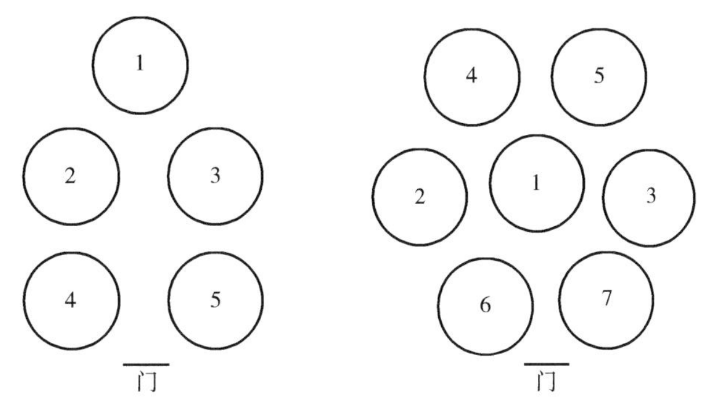

图 7-1 餐饮座次 1

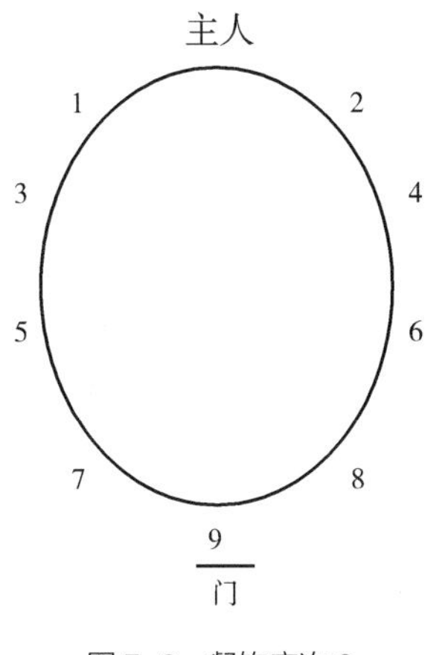

图 7-2 餐饮座次 2

位次排列除了遵循和桌次排列相同的原则外，也有其的具体情况。位次排列有两种情况：一是每桌一个主位的排列方法。特点是每桌只有一名主人，主宾在右首就坐，每桌只有一个谈话中心，如图 7-2 所示。

二是每桌两个主位的排列方法。特点是主人夫妇在同一桌就坐，以男主人为第一主人，女主人为第二主人，主宾和主宾夫人分别在男女主人右侧就坐。每桌从而客观上形成了两个谈话中心，如图 7-3 所示。如果主宾身份高于主人，为表示尊重，也可以安排在主人位子上坐，而请主人坐在主宾的位子上。

如果一桌就餐者特别多，为了便于来宾准确无误地在自己位次上就坐，除招待人员和主人要及时加以引导指示外，也会每位来宾所属座次正前方的桌面上，事先放置醒目的个人姓名座位卡。

（二）敬酒饮酒礼仪

敬酒也就是祝酒，是指在正式宴会上，由主人向来宾提议，提出某个事由而饮酒。在饮酒时，通常要讲一些祝愿、祝福类的话甚至主人和主宾还要发表一篇专门的祝酒词。祝酒词要简单明了。祝酒词适合在宾主入座后、用餐前，也可以在吃过主菜后、甜

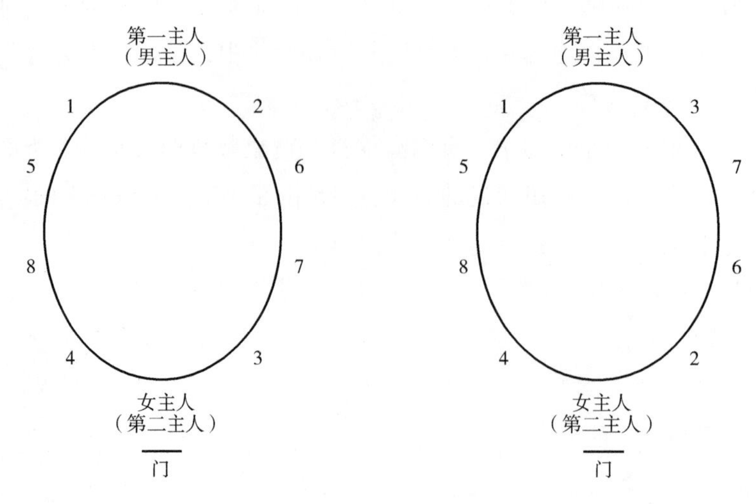

图 7-3 餐饮座次 3

品上桌前进行。一篇激情洋溢的祝酒词，不仅为热烈欢乐的气氛助兴添彩，增进宾主之间的情感和友谊，还会使祝酒者在觥筹交错间尽显风采。祝酒词一般有两种：一种是简约型，多用一两句精粹的词语，把自己最美好的祝愿表示出来，有时也可以引用诗句成名言来表达自己的心意。书面型即文章式，全文由标题、称呼、正文和祝愿语等几部分构成。书面型标题可以直接写为《祝词》《祝酒词》等。除非特别重大场合有书面型，一般都是简约型居多。

在饮酒特别是祝酒、敬酒时进行干杯，需要有人率先提议，可以是主人、主宾，也可以是在场的人。提议干杯时，应起身站立，右手端起酒杯，或者用右手拿起酒杯后，以左手托扶杯底，面带微笑，目视他人特别是自己的祝酒对象，嘴里同时说着祝福的话。有人提议干杯后，要手拿酒杯起身站立。即使是滴酒不沾，也要拿起杯子做做样子。将酒杯举到眼睛高度，说完“干杯”后，将酒一饮而尽或喝适量。喝完后还要手拿酒杯与提议者对视一下以示已经喝过了。干杯前，可以象征性地和对方碰一下酒杯；碰杯的时候，应该让自己的酒杯低于对方的酒杯，表示对对方的尊敬。如果离对方比较远时，也可以用酒杯杯底轻碰桌面这种方式表示和对方碰杯。

在酒宴上，斟酒而饮谓之“行酒”，遍饮一轮谓之“一行”，也叫“一巡”；主人向客人敬酒谓之“酬”，客人回敬主人谓之“酢”，客人之间相互敬酒叫做“旅酬”。普通敬酒常以三杯为度。之所以以三杯为度，是因为“三”在古代哲学中具有圆满之意。“道生一，一生二，二生三，三生万物。”

一般情况下，敬酒应以年龄大小、职位高低、宾主身份为先后顺序：主人敬主宾——陪客敬主宾——主宾回敬——陪客互敬。敬酒前一定要充分考虑好顺序，分清楚主次。即使和不熟悉的人在一起喝酒，也要先打听一下身份，避免失礼。

【知识拓展：祝酒的传说】

祝酒的历史可以一直追溯到开始有历史记录的年代，古代的勇士向他们的神祝酒。希腊人、罗马人如此，古代的北欧人则相互祝酒。几乎每一种文化都有祝酒的习俗，最终演变成今天关于爱情、友谊、健康、富有和幸福的祝酒词。

在 17 世纪的英格兰，有一个关于祝酒的传说。那时的人们在喝酒时，有斟满祝酒的习俗。在著名的温泉胜地（今天的英国巴斯，那里的水以有益健康而知名），住着一位出名的美女，一天他的情人在斟满酒后又舀了些温泉水，加在酒杯中，祝愿她健康并一饮而尽，而后所有的朋友依次向她祝酒，其实朋友们并非真的想喝那水，但祝酒的形式被流传了下来。

二、 西餐的饮酒礼仪

（一）座次安排

在欧洲，所有跟吃饭有关的事，都备受重视，因为它在提供美食的同时还有最受赞赏的美学享受——交谈。中西都讲究正式的宴请活动的座次安排，但安排原则有同有异。相同点是都遵循“面门为上”和“距离定位”，根据其距离主位的远近决定尊卑，距主位近的位置要高于距主位远的位置。但有明显差别的是：西餐位置还遵循“女士优先”和“交叉排列”原则。在西餐礼仪里，往往体现女士优先的原则。排定用餐席位时，一般女主人为第一主人，在主位就位，面对着门。而男主人为第二主人，坐在第二主人的位置上，背对着门。另外在西方人眼里，宴会除了吃饭之外，餐桌交谈是一门历史悠久的艺术，宴会场合是拓展人际关系的最好机会，所以在排位置时，往往男女交叉排列，熟人和生人交叉排列，这样交叉排列，用意就是让人们能多和周围客人聊天认识，达到社交的目的。与中餐逐渐趋同的是“以右为尊”原则。就某一具体位置而言，按礼仪规范其右侧要高于左侧之位。所以西餐排位时，男主宾要排在女主人的右侧，女主宾排在男主人的右侧，按此原则，依次排列。

因为西餐使用的是长条桌，主位的确定和客人座次的安排和中餐有明显区别。另外法式和英美式也有区别（如下图所示），除此之外，还要考虑是否偕同夫人出席。

偕同夫人出席的宴会座次安排有两种：一种是男女主人坐在纵台的两边，女主人入座在长桌的一头，视觉面对大门或者包房的入口；而男主人则会就座在长桌的另外一头（背对着门的那头），女主人右手边的第一个位子为男性第一主宾客，左手边的第一位子则为女性第二主宾客。男主人右手边第一个位子为女性第一主宾客，左手边的第一个位子为男性第二主宾客。这是法式就座方式，如图 7-4 所示。

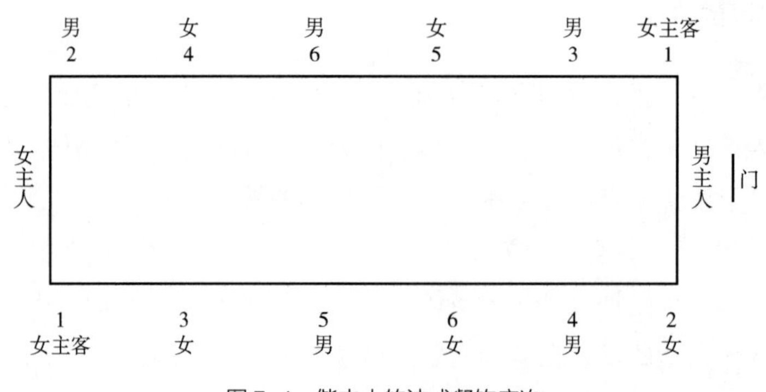

图 7-4 偕夫人的法式餐饮座次

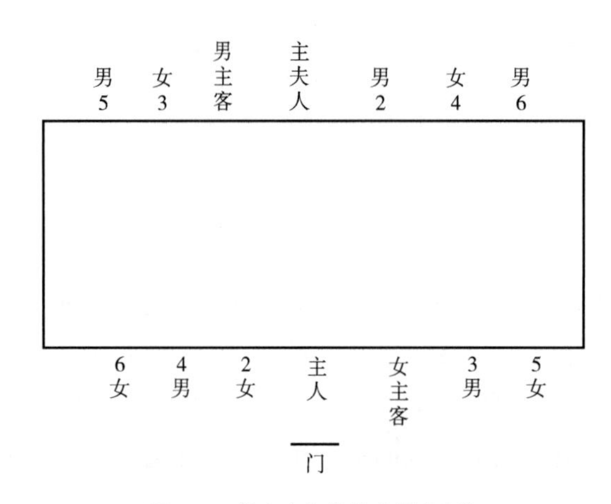

图 7-5 偕夫人的英美式餐饮座次

另一种是男女主人坐在餐台的横向中间，主夫人面对门或包厢入口，依然是男主人右手边第一个位子为女性第一主宾客，左手边的第一个位子为男性第二主宾客；女主人右手边的第一个位子为男性第一主宾客，左手边的第一位子则为女性第二主宾客。这属于英美式就座方式，如图 7-5 所示。

无论英美式还是法式，配偶或者一起出席的异性朋友一般不会被安排在一起。

不偕夫人的场合，也是有法式和英美式两种，主人和主宾分别坐在在餐台的横向中间或者长台纵向的两端，主宾面对着门，主人右侧为第二主宾，主宾右侧为第三主宾，主人左侧为第四主宾，主宾左侧为第五宾客，以此类推。地位越低，离主人和主宾越远。总之，还是遵循“以右为尊”“以近为尊”“以中为尊”等原则，如图 7-6 和图 7-7 所示。

在隆重的场合，如果餐桌安排在一个单独的房间里，在女主人未请客人入席之前，不应擅自进入设有餐桌的房间。在其他场合，客人要按女主人的指点入座。客人要服从主人的安排，其礼貌的做法是，在女主人和其他女士坐下之后方可坐下。一般说来，宴会应由女主人主持。如果女主人说：“祝你们胃口好”，这就意味着你可以吃了。如果女主人没有发话就开吃，那可是非常失礼的行为。

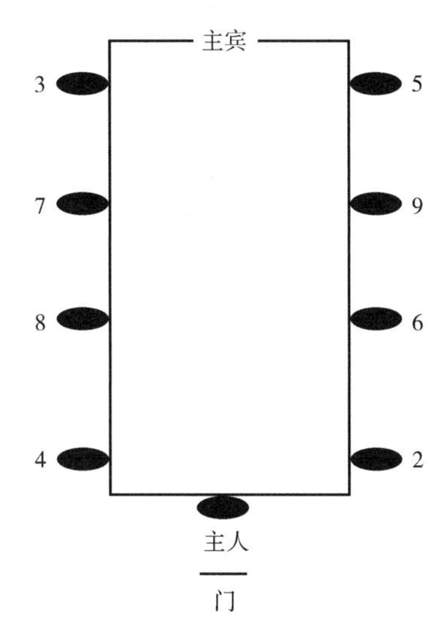

图 7-6 不偕夫人的法式餐饮座次

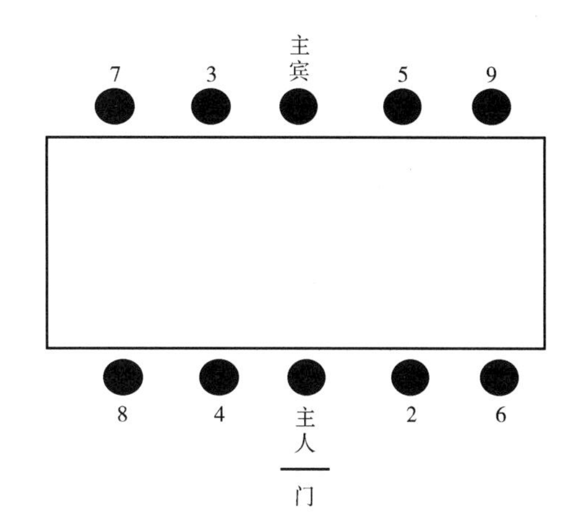

图 7-7 不偕夫人的英美式餐饮座次

（二）饮酒敬酒礼仪

正式的西餐宴会上，酒水是主角。西餐非常讲究酒与菜的搭配，不同的菜肴配不同的酒。吃一道菜便要换上一种酒水。西餐宴会所上的酒水，一共可以分为餐前酒、佐餐酒、餐后酒三种。它们各自又拥有许多具体种类。餐前酒别名叫开胃酒。它是在开始正式用餐前饮用，或在吃开胃菜时与之搭配的。餐前酒有鸡尾酒、味美思和香槟酒。佐餐酒又叫餐酒。它是在正式用餐时饮用的酒水。常用的佐餐酒均为葡萄酒，而且大多数是干或是半干红/白葡萄酒，基本搭配原则是“白酒配白肉，红酒配红肉”。这里所说的白肉，即鱼肉、海鲜、鸡肉等，需要和白葡萄酒搭配；红肉是指牛肉、羊肉、猪肉，要用红葡萄酒来搭配。餐后酒指的是用餐之后，用来助消化的酒水。最常见的是利口酒，又叫香酒。最有名的餐后酒是有“洋酒之王”的白兰地。西方人尤其是法国人还特别注重酒杯与酒的配合，合适的酒杯能使酒的品质得到最好的发挥。所以饮不同的酒水会用不同的酒杯，每位用餐者面前桌面上右边餐刀的上方，会摆着三四只不同的酒水杯，包括红葡萄酒杯、白葡萄酒杯、香槟杯和白兰地杯等。

红酒杯配合法国两个著名的红酒产区波尔多和勃艮第的特点设计出波尔多杯和勃艮第杯。波尔多红酒杯形状是郁金香高脚杯形状，杯身较长且杯壁不垂直，杯壁的弧度正可以适度调控酒液在口里的扩散，而且较宽的杯口可以让酒体和空气充分接触，令饮者更好地感受到波尔多酒渐变的香气。勃艮第红酒酒杯是大肚球形高脚杯形状，因为勃艮第的酒果味较重，在口里流动的幅度较大，球状杯身可以令红酒先流向舌头中间再向四方流散，使果味、酸味相互融合；向内收窄的杯口可以更好地凝聚深奥的酒香。相较之波尔多葡萄酒杯来说它浅一些，而且杯子直径更大一些，更易于散发葡萄酒的香气，适用于餐酒。白葡萄酒杯与红葡萄酒不同，喝白葡萄酒的酒杯，杯肚和杯口都偏小，这样容易聚集酒的香气，不至于让香气消散得太快。香槟杯以郁金香型或长笛型为主，杯身比红酒杯要长，杯子较细，在杯口略变窄。杯身长是为了保留香槟的气泡，不让它快速跑掉，方便观察把玩；杯口细窄是为了聚拢香气，便于闻香、品尝。白兰地杯是一种杯口小、腹部宽大的矮脚酒杯。圆润的身材可以让百年琼浆的香味一丝一毫存留于杯中。酒杯并不会改变酒的本质，但酒杯的造型决定了酒入口时的最先接触点、酒的流向以及酒香的散发强度。通过引导，可以让酒精确流进舌头适当的味觉区，从而得到最好的味觉享受。如图 7-8 所示。

图 7-8　各种酒杯

喝红酒时，握杯姿势是很重要的。一般红酒对温度有极高的要求，温度太高会直接影响红酒的口感，所以红酒一般都用高脚杯，正确的持杯姿势应该是用拇指、食指和中指夹住高脚杯杯柱。在观察酒色、欣赏酒香阶段，用拇指和食指夹住杯柱底端——拇指竖起垂直倚在杯柱上，食指弯曲卡在杯座上面，其余手指以握拳形式垫在杯座底下起固定作用。

喝白兰地时，饮用时常用手中指和无名指的指根夹住杯柄，让手温传入杯内使酒略暖，从而增加酒意和放香。喝酒时绝对不能吸着喝，而是倾斜酒杯，像是将酒放在舌头上似的喝。轻轻摇动酒杯让酒与空气接触以增加酒味的醇香，但不要猛烈摇晃杯子。杯底应该留有少量剩余，不可一饮而尽。

在西餐宴会干杯时，人们只是祝酒不劝酒，只敬酒而不真正碰杯，更不能离开座位去敬酒，在西式宴会上，是不允许随便走下自己的座位、越过他人之身，与相距较远者祝酒干杯，尤其是交叉干杯。交叉干杯会形成十字形，触犯西方人的忌讳。另外祝酒干杯只用香槟酒，香槟酒丰满的气泡有助于渲染热烈的气氛。吃西餐时，不能拒绝对方的敬酒，即使自己不会喝酒，也要端起酒杯回敬对方，否则是一种不礼貌的行为。

第二节 服务礼仪

酒水服务是餐饮服务的一个重要内容，适时、得体、周到的酒水服务礼仪对提升提升酒店形象有重要作用。从帮客人选酒到送酒、斟酒，这一整套服务过程显示的酒店服务人员的服务技能的高低。

一、 推荐酒水的时机

酒店的酒水消费来源有两种情况：一种是顾客自带的，一种是在酒店临时点的。顾客自带酒时服务人员只需在斟酒这个环节的服务就行。当顾客在酒店临时点酒时，服务员必须把握好时机向客人推荐酒水。一般五星级酒店或高级餐厅里都专门设有侍酒师，侍酒师的任务是能配合餐厅的主题来设计酒单，确保前线服务人员能够正确地侍酒。如果他觉得有需要，也会亲自服务客人。一个好的侍酒师应该能够让客人很舒服地用餐喝酒，而且愿意支付较高的费用来换取这种服务。

酒水推荐时间一般在上好冷菜后，服务员主动走到客人餐桌前，向客人递上酒水单，询问客人需要什么样的酒水，若客人难以决定喝何种酒水时，应根据客人的性别、年龄、国籍、民族等因素主动向客人介绍酒水。当客人点酒水时，服务员要站在客人右侧，注视客人并仔细听清楚每个客人点的酒水，准确记录在酒单上，书写时，必须站直身体，订单放在左手掌心，忌在餐桌上书写。

二、 斟酒

1. 示瓶

广义的斟酒是从示瓶开始的，示瓶就是把酒瓶展示给客人以确认，这是斟酒的第一道程序。

示瓶分为两种：整瓶酒和盒装酒。如果是整瓶酒，服务员应拿着未开启的酒水走至主人（点酒宾客）的右侧，距离大约 30cm；左手托住瓶底，右手大拇指与其它四指成“V”字形托住瓶颈，商标朝向宾客，让宾客确认所点的酒水。如果是盒装酒，服务员应拿着未开封的酒走至主人（点酒宾客）的右侧，距离大约 30cm 处将左手五指并拢伸直托住盒底，右手食指轻靠盒顶，拇指与中指、无名指、小指握住盒上部两侧；商标朝向宾客请其确认。

2. 客人饮用前的酒水的前期处理

不同的酒水有不同的特性，对饮用温度也有要求，有的酒饮时需要降温，有的酒饮时需要通过温烫增温。所以在客人饮用之前，必须先期处理。

（1）冰镇　很多红酒夏季饮用前需要先期降温。白葡萄酒的最佳饮用温度是8~12℃，红葡萄酒为20℃左右，香槟酒和其他汽葡萄酒的最佳饮用温度为4~8℃。啤酒，很多人喜欢喝冰啤，斟酒前都需要先冰镇降温。近几年黄酒在夏季也流行起了冰镇喝法。

降温的方法主要有三种：一种是冰桶降温，在冰桶中放入冰块，再将酒瓶放入冰桶中，酒牌朝上，冰桶架放置在主人右后边。另一种是溜杯，用冰块对酒杯进行降温处理。服务员手持酒杯的下部，杯中放入一块冰，摇转杯子，以降低杯子的温度。第三种是通过冰箱降温 将酒瓶直接放入冷藏箱中降温。

黄酒在很多人印象里，一般是冬天喝的，而夏季则是黄酒的消费淡季。现在越来越多的消费者开始在夏季饮用黄酒，而且逐渐成为一种时尚。据业内人士分析，夏季饮黄酒渐成风尚，与黄酒企业的不遗余力的推广分不开，也与人们追求健康的饮食理念有关。这几年黄酒企业加快了新产品的开发步伐，一大批低酒度的清爽型老酒相继问世，像古越龙山清醇系列、乌毡帽冻藏冰雕系列等，在酒度上、口感上作了相应改良，很受年轻消费者喜爱。另外夏日炎炎，人体消耗大，身上无机物、盐分流失比较多，人体急需补充养分。黄酒冰着喝，不只能及时补充人体所需养分，而且口感极为爽冽，能起到消暑、促进食欲的作用。对于喜食海鲜却又胃寒者，尤为适宜。

（2）温烫　有些酒尤其在冬天喝的时候加热喝味道更好，比如中国的黄酒、日本的清酒、国外的一些烈酒如威士忌，甚至红酒也有加温喝的。

提起温酒，估计多数人都会想到《三国演义》中的桥段——关云长温酒斩华雄。原来早在汉代，人们就已经意识到温酒喝的好处。古代典籍中对温烫后再饮酒多有记述。元代的贾铭曾在《饮食须知》中说：“凡饮酒宜温。”而明代的陆容也在《寂园杂记》写道：“热酒因能伤肺，然行气和血之功居多，冷酒于肺无伤，而胃性恶寒，多饮之，必致郁滞其气。而为亭饮，盖不冷不热，适其中和，斯无患害。”古代人饮的酒，大多都是米酒或黄酒。

图7-9　黄酒

黄酒热喝是最常见的一种饮用方式。酒中甲醇沸点是64.7℃，乙醛沸点21℃，酒精沸点78.3℃，加热后这些物质都会挥发很多，减少酒对饮者身体的毒害。温饮的显著特点是酒香浓郁，酒味柔和。温酒的方法一般有两种：一种是将盛酒器放入热水中烫热，另一种是隔火加温煮，在煮的时候可以在酒中加姜丝和话梅，调节口味之余，还能增加抵御寒冷的功效。但黄酒加热时间不宜过久，否则酒精都挥发掉了，反而淡而无味，乙醇是酒的辛辣气味的主要构成因素。另外，酒太热，饮后会伤肺。因此热酒的温度一般以40~50℃为好。

日本清酒的制作方式类似于我国的黄酒，当地人喜欢夏天喝凉的清酒，但到了冬季，则会选择热饮。热日本清酒的方式通常都会是隔水加热，在热酒专用的不锈钢杯中注入热水，并严格控制水的温度，再将装了清酒的杯子放入其中加热。热饮清酒，温度不够，不足以让酒的香味散发出来，但又不能使之过热，不然口味变酸，影响口感之余，也会破坏酒中的活性营养成分。因为对温度和经验的严格要求，所以懂得热好一杯清酒的人，在当地一般都是考取了清酒侍酒师的才能胜任。

不仅黄酒和清酒在冬天热饮，就是红酒，在高寒地区的北欧和德国周边的很多欧洲国家，也流行冬天温饮：在红葡萄酒中加入干柠檬皮、干橙子皮、肉桂以及丁香等香料，加热饮用。加入香料的热红酒的由来可追溯至古罗马时代，当时的美食家阿皮基乌斯的著作《论烹饪》中就有记载。红酒加入香料加热之后，散发出淡淡的香草、橙子和柠檬的香气，尝起来或甜或辣，风味各异。加热时要用小火，但不能煮开，热到感觉有酒精和香味散发出来时即可。

3. 开瓶

当客人点整瓶或整罐的啤酒、葡萄酒、香槟酒后，服务员必须在餐厅的餐桌上或吧台上当着客人面开瓶。如果是罐装酒水开罐前首先将酒罐的表面冲洗干净，擦干，左手固定酒水罐，用右手拉酒水罐上面的钥匙。从而打开其封口。如果是瓶装啤酒，首先将瓶子擦干净，然后将啤酒瓶放在桌子的平面上，左手固定酒水瓶，右手持开瓶起子，轻轻地将瓶盖打开。开瓶后，不要直接将瓶盖放在餐桌或吧台上，可放在一个小盘中，待开瓶后，撤走该小盘。红酒瓶开启相对麻烦，因为葡萄酒往往借助柱状软木塞密封，要拔出软木塞一般要借助酒钻。开瓶前用干净的餐巾包住酒瓶，商标朝外，拿到客人的面前。让顾客鉴定酒的标签，经过客人认定酒的名称、出产地、葡萄品种及级别等符合自己所点的品种与质量后，再在客人面前打开葡萄酒。

先用小刀将酒瓶口的封口上部割掉，然后用干净的餐巾把瓶口擦干净。用酒钻从木塞的中间钻入，转动酒钻上面的把手，随着酒钻深入木塞，酒钻两边的杠杆会往上仰起，待酒钻刚刚钻透木塞时，两手各持一个杠杆同时往下压，木塞便会慢慢地从瓶中升出来。将葡萄酒的木塞递给主人，请主人通过嗅觉鉴定该酒（该程序用于较高级别的葡萄酒），再用餐巾把刚开启的瓶口擦干净，斟倒少许酒给主人品尝，注意手握酒瓶时，不要覆盖标签。在开瓶过程中，动作要轻，以免摇动酒瓶时将瓶底的酒渣泛起，影响酒味。

如果客人点的是香槟酒，香槟酒因为是起泡酒，瓶中有压力，开启时要注意。示瓶得到主人认可后，将酒瓶放在餐桌上并准备好香槟酒杯，左手持瓶，右手撕掉瓶口上的锡纸。左手食指必须牢牢地按住瓶塞，右手除掉瓶盖上的铁丝及铁盖。瓶口倾斜约45°，用右手持一干净布巾紧紧包住瓶口，这时，由于酒瓶倾斜，瓶中会产生压力，依靠瓶内的压力和手拔的力量把瓶塞慢慢的往外拉（不要让软木塞忽然弹出，以免发生意外），酒瓶的木塞开始向上移动，然后，右手轻轻地将木塞拔出。注意瓶口不要朝向客人，以防木塞冲出。然后用干净布巾将瓶口擦干净，先为主人斟倒少量的香槟酒，请主人品尝，得到主人认可后，从女士开始斟倒。香槟酒饮用前一般需冰镇，因此开瓶前一定要擦干净瓶口瓶身。

4. 滗酒

滗酒是滤除贮存时间较长的陈酒中的沉淀物质的一种服务方法。存放5年以上出厂的红葡萄酒或少数白葡萄酒，其单宁以及因年代久远而凝集的色素构成了所谓的“沉淀物”，沉淀物如果过多，不仅有碍观瞻，而且也会有可能造成一些苦涩和沙粒般的口感。为了保持酒液的纯净和口感，需要把原瓶中的酒过滤到另一个较宽口的玻璃瓶中，使沉淀物留在原瓶中。滗酒前，必须先竖放让酒中所有的沉淀物都沉到瓶底。打开软木塞后，在瓶颈下面放置一个手电筒或蜡烛。接着平稳而缓慢地将酒倒入滗酒瓶中，直到看到瓶底的沉淀物随着酒出现在瓶颈部。

5. 醒酒

让葡萄酒充分与空气接触，挥发掉异味、杂味，促进单宁快速氧化使葡萄酒的口感变得更加柔顺，香气更散发。不是所有的葡萄酒都需要进行醒酒，比如非常老的波尔多干红、勃艮第干红、年轻的干白，起泡酒都不需要醒酒。需要醒酒的往往都是那些没有达到适饮的陈年期的新年份红酒，因为这些酒中的单宁还没有融合而较为青涩。醒酒的过程是在打开软木塞后，缓慢将葡萄酒倒入醒酒器中，然后放置一定的时间，时间从几十分钟到几个小时不等。

6. 斟酒

斟酒的基本方式有两种：一种叫桌斟，一种叫捧斟。桌斟指顾客的酒杯放在餐桌上，服务员持瓶向杯中斟酒。斟一般酒时，瓶口应离杯口2厘米左右为宜；斟汽酒或冰镇酒时，二者则应相距5厘米左右为宜。总之，无论斟哪种酒品，瓶口都不可沾贴杯口，以免有碍卫生及发出声响。捧斟多适用于酒会和酒吧非冰镇处理酒的服务。其方法是：左手将酒杯捧在手中，用右手握住酒瓶下半部和酒标背部，把酒的正标显示给客人。手臂尽量伸直，避免胳膊肘弯曲过大影响后面客人。

斟酒时，服务员要注意站立的位置和斟酒的姿势。要站在客人的右后侧，右脚伸入两椅之间，面向宾客，身体微向前倾，身体与客人保持距离，不可贴靠在客人身上。

斟酒时机也是检验服务品质的重要方面，斟酒时机是指宴会斟酒的两个不同阶段：

一个是宴会前的斟酒；另一个是指宴会进行中的斟酒。如果顾客点用白酒、红葡萄酒、啤酒时，在宴会开始前五分钟之内将红葡萄酒和白酒斟入每位宾客杯中。斟好以上两种酒后就可请客人入座，待客人入座后，再依次斟啤酒。如饮用冰镇的酒或加温的酒，则应在宴会开始后上第一道热菜前依次为宾客斟至杯中。

宴会进行中的斟酒，应在客人干杯前后及时为宾客添斟，每上一道新菜后要添斟，客人杯中酒液不足一半时也要添斟。客人互相敬酒时要随敬酒宾客及时添斟。斟酒顺序是从主宾开始，按男主宾、女主宾再主人的顺序顺时针方向依次进行。如果是两位服务员同时服务，则一位从主宾开始，一位从副主宾开始，按顺时针方向进行。西餐宴会斟酒顺序是女主宾、女宾、女主人、男主宾、男宾、男主人。斟酒时也要把握分寸，中国有“茶七酒八”的说话，也就是说酒一般斟八分满。这一般指传统的酒如黄酒、白酒以及啤酒的斟酒标准，斟啤酒时泡沫还不能溢出。西餐中白葡萄酒一般斟 2/3 分，红葡萄酒斟 1/3 ，白兰地、威士忌的酒一般斟 1/2，香槟一般先斟 1/3，待泡沫消退，再续斟至 7 分。

【知识拓展：为什么一瓶葡萄酒的容量是 750mL】

这里有一个历史遗留原因。就如同我们每每说到波尔多的葡萄酒，就不能不提起那个隔海而望的大不列颠国，古往今来，它一直都是法国葡萄酒的最大进口国。但是两国的计量体系却大为不同。高卢人用“升”作单位，而英国人则用“加仑（gallon）”作单位，一加仑约等于 4. 54609 升。

当时运往英国的酒往往被装在 225 升的橡木桶中，约合 50 加仑。为了简便计算，经销商想出用装瓶的运送方式来取代橡木桶。而 225 升正合 300 瓶 750 毫升的酒。于是，一个简化了的公式就产生了：1 橡木桶 = 50 加仑 = 300 瓶 750 毫升（75cL）的酒。也是为什么葡萄酒总是 6 或 12 瓶装一箱。因为 6 瓶正合 1 加仑，而 12 瓶则 2 加仑。

小结

随着社会经济的发展和社会交往的增多，酒礼仪已经成为现代人必须掌握的基本素质。在生活中或工作中，参加宴会或组织宴会一定要懂得座次安排以及饮酒祝酒的一些礼仪。由于中西方文化的差异，表现在酒礼仪上也有所差别。中国的宴会一般使用圆桌，座次安排一般遵循“面门为上”“中座为尊”“近尊远卑（以主位为基准）”“左尊右卑”等原则。西方宴会一般使用长桌，在宴会礼仪中，除了“面门为上”“中座为尊”“近尊远卑（以主位为基准）”等原则外，西方文化中有“崇右”和“尊重妇女”等原则，表现在座次安排上是“右尊左卑”“女尊男卑”。在饮酒礼仪上，中西方在祝酒方面上具有文化的一致性，但在敬酒方面差异较大，中方在祝酒之后，主人会离开这位置从主宾开始，按顺时针依次向客人敬酒，主人敬完后，按地位高低从第二主人开始依次向客人敬酒，顺序依然是从主宾开始，按顺时针方向。主人敬完后客人要回敬。在西方礼仪中，没有离开座位敬酒的环节，尤其忌讳交叉敬酒。在酒的服务礼仪中，不同的酒有不同的特性以及最佳饮用温度，作为服务人员必须及时做好冰镇或温烫，在斟酒环节一定要注意站立的位置、斟酒的姿势，把握好斟酒时机以及不同酒的斟酒分寸。

思考题

1. 如果中国古代在“室”内举办宴会，宴会座位如何安排才符合礼法？
2. 中西方在座次安排原则上有什么不同？
3. 饮红酒时正确的握杯姿势是什么？

参考文献

［1］张文侠．饭店服务技能．天津：南开大学出版社，2006.

［2］张崇琛．中国传统文化中的社交礼仪．秘书之友，2011（02）：9-12.

［3］吴慧颖，刘荣．酒品调制与酒水服务．上海：上海交通大学出版社，2012.

［4］徐文翔．《聊斋志异》中的酒席与酒礼．淄博师专学报，2013（01）：66-71.

［5］祝酒．百度百科．http：//baike. baidu. com/link？url=-IB0_ k9yTZrRu0gGvOWrw3T3FOxX3YcHyjmwu_ n5pTBtXNexxCozH99hehA_ gxO6thCVy8pctExD9Ox - 8hJ1k_ 7kgR9jfUqPF6QqfUZUCh

第八章

酒与语言文学

【学习目标】

语言文字是人类重要的交际辅助工具。没有语言，社会不能存在，而文字是在已存在语言的基础上产生并发展起来的。语言文字是一个民族对历史的记忆，也是民族最高智慧的体现。本章从汉语言文字对酒与酒文化的描述开端，说明其在社会生活中重要的地位。中国是诗的国度，诗人几乎无不钟情于酒，而诗歌的创作也离不开酒，是为酒与诗歌的关系。同理，酒与小说也有不解之缘。

通过本章的学习，了解汉语言文字、文学与酒的关系，认识酒如何通过语言文学深深地影响到中国人的思维及行为方式，进一步掌握酒文化的社会功能，其对社会的影响。

第一节 酒与语言文字

一、 酒与文字

1. “酒”的字形与含义

骨刻文在甲骨文之前，是指在兽骨上刻画的符号——象形文字或图形文字，那时就已经有了“酒”字，说明了中国酿造酒的历史源远流长。如图 8-1，这五种字体，都有象形的成分，或者像流动的酒，或者像盛酒的器具。

图 8-1 “酒”字的不同字体：骨刻文-甲骨文-金文-小篆-隶书（从右到左）

可以从部首的角度观察酒与酒文化在汉语言文字中的地位。所谓部首，汉语字典里根据不同偏旁划分的部目部首，为东汉许慎首创。他在《说文解字》中把形旁相同的字归在一起，称为部，每部把共同所从的形旁字列在开头，这个字就称为部首，所以部首本身也是独立的汉字。如木、杜、李等字都属木部，木就是部首。自许慎创立以形旁编排文字的方法以后，这种方法千百年来一直为编纂字书的人所采用，只是分部的多寡有所不同。如《说文解字》分为 540 部。

所谓“部首”原则上是表示一组文字的共通意义。《说文解字》用“酉”做部首，“酉”是象形，金文字形，像酒坛的样子。《说文解字》的解释：“酉，就也。八月黍成，可为酎。”酉即酒字，像酿器形，中有实。可以看到，《说文解字》对“酒”字和

“酉”字的解释都是用声训的办法，结论也是一致的，认为其社会功能都是“就”，无所谓善恶，而是俯就于人之生性。

一个部首所拥有字数的多少直接说明了这个部族的字在汉语体系中的地位与影响。从“酉”部首的字多与酒或因发酵而制成的食物有关。

2. “酒”家族的字

部首为“酉”的汉字，共124个，字数之多说明与酒相关的部族十分强大，也说明“酉”的组字能力十分强。这使得酒或与酒相关的字的表意性很强，表达的意义之宽广为其他许多字所不及。这些字除去酮、酰、酯、酯、酫 酼 醂、醌这些新造字以外基本上与酒有关。比如第一类，其中有指酒本身的：如“酋”：本义指“加料加时酿制的醇酒”，即“劲酒”。引申为“强有力”，也是“酒熟”的意思，此外还是古代对造酒的女奴的称谓。“配”：本义是用不同的酒配制而成的颜色。《说文》：配，酒色也。还有指不同的酒，如“酏”：既指酿酒所用的原料清粥；也指酿制成的米酒，甜酒，黍酒。酎（zhòu）：指经过两次或多次复酿的重酿酒。醱（pō）：未滤过的再酿酒。酤：一夜酿成的酒。酮：苦酒。截（zài）：古代一种酒。酷：酒味浓；香气浓。醙：①白酒。②两次酿酒。醝：白酒。醁：美酒。醋：称之为“苦酒”，说明“醋”是起源于“酒”。醀（wéi）：肉酒。醿：酒名。醹：美酒名。醾（mí）酒名。醿：古同“醾”，酒名。

第一类中有表达酒味不同的字：醕：古同“醇”，醇酒。酓：酒味苦。醨：薄酒。醥：清酒。醠：清酒。醴：甜酒。醲：浓烈的酒。醰（tán）：（酒味）醇厚。醪：①浊酒。②江米酒。③药酒。④醇酒。

第一类中有表达酒味厚薄的字：醇：酒味厚。醈（tán ）：酒、醋味淡。醹（rú）：（酒味）醇厚；味醇厚的酒。醲：味醇。酽（yàn）：本指酒味浓厚。醶（yàn）：古同“酽”，浓烈。

第一类中有说明酿酒的字：醖：酿酒。醞：酿酒，亦指酒。酝：酿酒，亦指酒。醗：酿酒。酟：给酒中掺和。酋：有两个读音：qiú，酒官；chōu：滤（酒）。

第一类中有和酿制酒的过程相关的字，如 醡：榨酒。醩：古同“糟”。做酒剩下的渣子。醷：浊浆。酛：指生酛，酒的原料。酴（tú）：酒母，酒曲；重（chǒng）酿的酒。醨（shī）：滤酒、斟酒、分流。醑：经多次沉淀过滤的酒。酵：酒母。酸：酒味变化。醅：未滤过的酒。醱：同酘（dòu），酒再酿。醸：古同“酿”，酿酒。釀：利用发酵作用制造酒、醋、酱油等。

第一类中有表示酿制酒工具的字：醢：古代盛酒的容器。醫本来和酒有关：“医”字，古代的医生所用的医案有酒。“酉”，表“酒”，是最早的兴奋剂和麻醉剂，更能“通血脉”、“行药势”，还可用作溶剂，故《汉书》称之为“百药之长”。

醯（xī）从“酉”旁，但是本意指醋，引申为酸，也指酒。说明它和发酵——制酒的工艺有关。

第二类，是和饮酒有关的字。

第一种，醉酒的字：醺：酒醉。“酊”：《说文》酩酊，醉也。醉（zuì）：古同“醉”，酒过昏也。醄：醄醄：醉酒的样子。酖：本义为嗜酒，引申为耽于享乐，沉溺；又是鸩的异体字，用于“毒酒、用毒酒害人”之义。酘：清代桂馥《札朴》：“造酒者既漉，复投以他酒更酿，谓之酘酒。”古人认为饮酒过多，次日须再饮方适，因称酒后再饮叫“酘”。酕（máo）：大醉的样子。酗：无节制地喝酒，酒后昏迷乱来。醉：古同“醉”。酡（tuó）：醉酒。引申为因喝酒而脸红。酩：醉得迷迷糊糊的。酲（chéng）：喝醉了神志不清。醉：饮酒过量。醒：酒醉、麻醉或昏迷后神志恢复正常状态。醟（yòng）：酗酒。

第二种，表达酒宴宴席仪式的字：酭（yòu）古同“侑”，佐助酒宴。酹（lèi）：把酒洒在地上表示祭奠或起誓。斟：古同“斟”。酢：客人用酒回敬主人：酬~。酣：《说文》：酒乐也。酺：聚饮。古指国有喜庆，帝赐大酺特赐臣民聚会饮酒。醊（zhuì）：祭祀时把酒洒在地上。酌：《说文》：酌，盛酒行觞也。釃（shī）：滤酒，斟酒。酳（yìn）：吃东西后用酒漱口。醆（zhǎn）：浅小的酒杯。酬：劝酒。酧（chóu）：同酬。醧（yù）：①古指在家庭举行私宴。②酒美。③能者饮，不能者停饮。醮（jiào）：古代婚娶时用酒祭神的礼。醵：众人凑钱饮酒。醳（yì）：指酒；赏赐酒食。醻：马拉松宴饮。醼：同“宴”宴饮，宴席。醑：饮尽杯中酒。酑（yú）：饮。

第三种，和发酵有关的字：酱：取义发酵，引申出用发酵后的豆、麦等做成的一种调味品。醏（dū）：酱，通过发酵取得。酪：和发酵有关，表示“乳汁介于不发酵与发酵两种状态之间的状态”。酶：发酵所依赖的一种物质。醤：同酱。醬（同酱）。醦（chǎn、chěn）醋，发酵而成。醢：肉酱，与酱有关。醭：醋或酱油等表面上长的白色霉，与发酵有关。醃：用盐腌制。

和酒有关但关系不大的字：醍：从牛奶中提炼出来的酥油醐。醍醐：古时指从牛奶中提炼出来的精华，佛教比喻最高的佛法。醓：肉酱。釁（繁体“衅”），血祭。醣：糖，与酒无关。

二、 酒与歇后语

歇后语是人们口头语言中的一种形式，一般由前后两部分组成。前一部分起“引子”作用，像谜语，后一部分起“后衬”的作用，像谜底，十分自然贴切。有酒有关的歇后语共有四种。

其一，与酒、烧酒有关的歇后语。开头的烧酒——冲劲足（大）；刚打开瓶的烧酒——有股冲劲儿；甜酒里掺酱油——真说不出个滋味来；烧酒当冷水卖——太贱；老白干（白酒）泡砒霜——又毒又辣；甜酒里对水——亲（清）上加亲（清）；喝酱油要酒疯——闲的；烧酒就辣子——好汉访英雄；白酒泼在蜘蛛网上——罪（醉）不容诛（蛛）。

其二，与喝（吃）酒、敬酒有关的歇后语。如：龙王老爷请喝酒——够吃；小猫喝烧酒——够呛（够受的）；女说书陪酒——瞎应酬；李逵敬酒——非喝不可；当（卖）了衣服买酒喝——顾嘴不顾身；敬酒不吃吃罚酒——不知好歹，不识抬举；三人喝一杯酒——轮流来；喝烧酒穿皮袄——浑身都热火了；喝酒晒太阳——周身火热；霸王敬酒——干也得干，不干也得干；戏（舞）台上喝酒——不见得有；糟鼻子不喝酒——空有其名；一口喝了一斤白酒——牢（醪）骚（糟）满腹；饮酒的上台——低头认罪（醉）；喝酒不就菜——各有所爱；火炉旁边喝烧酒——心烧火燎的；喝足酒跳太湖——罪（醉）该万死；潘金莲给武松敬酒——不怀好意；酒逢知己——千杯少；萝卜就酒——咯嘣脆；螃蟹下酒——自不带盐、自不待言、不需盐、不需言；吃狗肉喝白酒——里外发烧；新郎新娘喝喜酒——正在热乎劲上；饮鸩止渴（鸩酒，剧毒）——自取灭亡；爱喝酒的不给烟——投其所好；雷公喝了酒——胡劈乱打；关公喝酒——不怕脸红；小孩子喝烧酒——满脸通红。

其三，与酒具、酒器有关的歇后语。如：酒杯掉进酒坛里——罪（醉）上加罪（醉）；酒缸边搭床铺——醉生梦死；酒缸里泡鸭子——醉不了；酒杯里量米——小气（器）；酒翁里伸头——罪（醉）人；酒坛里的菩萨——醉鬼；沙包装酒——不在壶（乎）；一斤酒装进十两的瓶子里——正好；拿着酒壶打架——豁（喝）着干；大笸箩扣酒盅子——抓不住中心；酒杯里拌黄瓜——兜不转；酒缸里掺水——充碗数；旧瓶装新酒——古为今用；长虫爬进酒瓶里——进退两难；酒壶当夜壶用——派错了用场；酒坛里洗澡——得罪（醉）了；壶中无酒——难留客。

其四，其他与酒有关的歇后语。如：孙二娘开的酒店——进不得；夜壶搁（摆）在八仙桌上——不是盛酒（成就）的东西；吕太后的筵席——这酒不是好吃的；卖酒的掺水——对花；酒桌上的盘子——碟碟（喋喋）不休；坟地里躺个酒鬼——醉生梦死；坟地里摆酒席——鬼作乐；叫花子摆酒席——穷排场；船头办酒席——难铺排；醉翁之意不在酒——另有所图；醉汉走路——七撞八跌；醉汉骑驴——颠头簸脑算酒账；酒鬼掉进酒池里——求之不得；酒鬼喝汽水——不过瘾；酒鬼划拳——输得起；三个醉汉撒酒疯——闹个不停；酒醉靠门帘——靠不住；尿鳖子（夜壶）盛酒——不是正经的东西；暖酒不喝喝盐卤子——送死，寻死，自己打死，找死，自己找死；酒里下蒙汗药——存心害人；老母猪吃醪糟——酒足饭饱；酒店里寻宿儿（处）——搂（篓）上睡；酒店里吵架——胡（壶）闹；酒精点火——当然（燃）；酒渣倒地——一团糟；酒肉交朋友——全靠吃喝；酒肉朋友——臭味相投；酒店不挂幌——变招了；借着酒醉说胡话——别有用心；姜子牙开酒饭馆——卖不出去自己吃；皇帝老爷发酒疯——咋说咋有理。

第二节 酒与诗歌

一、 日本诗人与酒

1. 日本江户时代（公元1603—1867年）的诗人

江户时代的诗人祇园南海，一生景仰中国的诗仙李白，对李白的诗歌烂熟于心。有一天读书，看到杜甫的诗句“李白斗酒诗百篇”，便心驰神往，意欲效仿，于是在春分之日，与同人聚饮，一夜“赋五言律诗一百首，大为时所称”。这一年他17岁。但是有人怀疑他的诗是事先拟就的，于是当年秋分这一天，未成年的祇园南海一夜再赋五百首，据说“凡二百篇，无一雷同者，众皆磋赏。”

江户时代另一名著名诗人菅茶山模仿李白《月下独酌》也成一首：“把酒邀明月，杯中金作波。豪来频吸进，腹葬几嫦娥?”豪情满怀的诗人“酒肠”如江似海，竟然淹没了月亮，不知会腹葬几位嫦娥呢！其豪放之情一点不减当年的李白。

2. 大伴旅人的酒诗

大伴旅人（公元665—731年）是日本奈良时代初期的政治家、歌人。他写作的汉诗被收入汉诗集《怀风藻》,《万叶集》中也选录了他的和歌78首，其中的《赞酒歌》13首更是脍炙人口。13首短歌如下：

无谓之思，思之何益；一杯浊酒，饮之自适。

所以称酒，以圣为名；古之大圣，其言巧成。

曩昔曾有，竹林七贤；其所欲者，酒而盈坛。

高谈阔论，自作聪明；莫如饮酒，醉泣涕零。

无从言之，无术为之；极贵之物，非酒莫属。

不为英杰，宁为酒壶；有酒其中，常浸肚腹。

貌似良贤，其丑不堪；不饮酒者，细看如猿。

贵虽宝珠，其价难数；怎能抵挡，浊酒一壶。

夜光宝珠，不足解忧；莫如饮酒，宽心消愁。

人世之间，优游途多；开心之处，醉哭最乐。

此生当乐，来世任之；即或虫鸟，我亦变之。

生者终将，一死了之；此生此世，亟当乐之。

无为不言，可自为贤；怎及饮酒，醉泣心宽。

奈良朝廷重臣长屋王遇害后，晚年时期的大伴旅人失去政治靠山，贬官至九州，又遭受丧妻的打击。思妻的悲痛、政治的失意、老死边疆的愁绪都促使他渐渐亲近酒与和歌，创作了这些诗歌。诗歌的主题是对酒的赞颂，称说它的价值无量，贵虽宝珠，其价难数。再多的金银，怎能抵挡浊酒一壶。财物的占有，已经无从解除忧愁了。因此，大伴旅人欲想追随中国古代的圣贤，学习中国魏晋时期的竹林七贤，将美酒变成排遣忧伤、尽情享乐之物。大伴旅人对死后的设想也和酒相关，指出中国三国时期的吴国大夫郑泉，就是榜样，希望自己死后能够像他那样，一定葬于陶器制作人家的侧旁，期待自己百岁之后，化而成土很幸运的被取来做成了酒壶，那样实在是趁了心愿了啊！

二、　中国诗人与酒

酒与中国古典文学密不可分，据研究，《诗经》305 篇中与酒有关的就有 48 首之多。山水田园派代表诗人陶渊明，现存诗文 174 篇，与酒结缘的达 56 篇；值得注意的是，他还专写《饮酒》诗 20 首，成为这一诗歌题材的发起者，后人更评论其诗“篇篇有酒”。唐代文学中，大诗人李白现存诗文 1050 篇，与酒相关的 170 篇，而诗圣杜甫诗现存 1400 多首中，涉及酒的有 300 多首。南宋文豪陆游赋诗上万首，以酒为题材的达千首以上。此外，著名诗歌选本《唐诗三百首》中，与酒结缘的 46 首；《宋词三百首》中，与酒相关的 126 篇；《全元散曲》涉酒篇章多达三分之二以上，其中“酒”出现 1121 次，“醉”936 次，“饮”211 次，“杯”259 次，“樽”192 次，可见散曲与酒密不可分的关系。可以说，我国古代大多数文人都爱酒、好酒，甚至嗜酒如命。饮酒与吟诗作画几乎就是他们全部的生活内容。

美酒中有诗歌荡漾，诗歌中有美酒流淌。酒与诗歌的结合，既是中国美酒的灵魂，亦是中国诗歌的灵魂。“形同槁木因诗苦，眉锁愁山得酒开”。

1. 士人与酒

（1）士人与酒的关系　对于文人来说，酒后能产生异常的创作冲动和丰富的联想，使灵感如泉奔涌，一发而不可收。这是许多文人的共同体验。李白就是杰出的代表。张旭行草书也是醉中出奇，《唐书・张旭传》载：“张旭，苏州吴人，嗜酒，每大醉，呼叫狂走，乃下笔，或以头儒墨而书。既醒，自视其墨，以为神，不可复得也。”其二，酒是浇愁的麻醉剂。古代的文人，有生性豪放，不拘小节者；有恃才傲物，洁身自好者；更有仕途坎坷，怀才不遇者。但他们都有一个共同特点，那就是面对宦海沉浮、渺茫人生，既不愿折腰事权贵，阿谀逢迎，以求升迁，又无力改变不平的社会现实。于是，便借酒消愁，花钱买醉，以求解脱。

士人和酒的关系，甚至涉及到了价值观和情感。如宋代欧阳修城外饮酒归来，头插野花，一派天真，全无太守模样。明人徐渭饮酒时“科头戟手，鸥眠其几”，如果此时有人呼他老贼，则“饮更大快”。饮得酣畅时，不管是衰童遢妓还是屠贩田怡，只要操腥热一盛，螺蟹一提，敲门乞火，叫拍要挟，征诗得诗，征文得文，征字得字。徐渭身上体现着中国传统士人的精神气质和生命形象。唐代皮日休《酒箴》称："酒之所乐，乐其全真。"这种杯酒中的全真就是了解中国文人生命形态的重要内容。

（2）酒隐 在中国古代士人的酒文化中，酒隐是一个反复出现的概念。唐人孟郊在诗中说："彼隐山万曲，我隐酒一杯。"苏轼《酒隐赋》中有"引壶觞以自娱，期隐身于一醉"之语。陆游也有"酒隐凌晨醉""酒隐东海溟"的诗句。而所谓"酒隐"，是中国士人对隐逸文化的发展。其和棋隐、茶隐、菊隐、梅隐、睡隐等概念一起，打破隐逸文化原来构架，将隐逸的形式与内容分开。在这些观念之下，是否隐居山林、汲泉伐樵已经无关紧要，真正的隐逸是一种不拘泥任何形式的精神超越。

隐身于醉，一方面中国士人超越了现实中的苦难和忧愁，得到精神上的解脱，只有隐身于酒中，中国文人才能远离现实，消却的忧愁，获得心灵的片刻宁静。另一方面，文人士大夫往往于微醺中进入一种恬淡深邃的审美境界。酒隐中的士人，有一种"酒杯轻宇宙，天马难羁絷"的气概，这就是酒隐的无限魅力。

图 8-2 韩云朗画–张旭草书

（3）酒与诗书画 中国士人是一个具有高度文化修养的阶层。他们浸淫于音乐、书诗画、围棋以及其他文化艺术，将其发展到至精至微的地步。然而，这些高度精致的士人文化和艺术，却常离不开酒。

我们熟知唐代书法家怀素醉酒后挥笔疾书，"须臾扫尽数千张，飘风骤雨惊飒飒"。无独有偶的是，他亦有如张旭，"醉来得意两三行，醒后却书书不得"。没有酒，就没有"癫张狂素"高绝的艺术创造。唐代画圣吴道子"每一挥毫，必须酣饮"，他的磊落雄放的作品往往诞生于蒙眬醉意之中。没有酒力的兴发，中国艺术将少去几多气势，少去几多千古不灭的神品。诗人和书画家相若。梁昭明太子萧统为《陶渊明集》作序说："有疑陶渊明诗，篇篇有酒。"唐代郑谷在《读李白集》后感叹说，"何事文星与酒星，一时钟在李先生。高吟大醉三千首，留着人间伴月明。"对李白来说，醉是孕育诗与哲理思考的销魂荡魄的瞬间，是天才的创造力迸发的时刻。

酒之所以与中国士人艺术文化具有不可睽离的关系，其关键在于中国文人艺术从来不去追求体物象形，而是强调主体的自由意志，强调直觉顿悟的非逻辑思维，强调得意忘言的恍惚陶醉。而饮酒则在所创造的心醉神迷的意境中，启动了写意感性，强化了艺术灵性，畅发胸臆，挥洒激情，从而创造出不可复现的艺术珍品。

2. 酒诗见证历史

酒是一种麻醉剂，能够协调人的味觉，反映到大脑神经，使饮者进入一个特殊的境界。和谐、简洁和对称美，即具有诗意，有诗的意境。诗的意境与饮者进入的境界可以说是十分相近的。诗人进入醉乡可以保持人的真纯之性。如此时挥毫写诗，其境界之真善可为至境，难怪古人喜欢把酒与美好的人生联系起来。顺着酒诗的步伐可以窥见中国的历史演进。

从古到今，酒与诗歌伴随着历史的进程。先秦酒诗之主旋律是祭祀神灵祖先，祈求赐福；两汉酒诗的主旋律是揭露社会黑暗，反对封建旧礼教对男女婚姻爱无情的横加干涉；建安时期的酒诗则以歌颂统一，反对分裂之理想为其主旋律；魏晋酒诗则以隐居世外，不与统治阶级合作为主旋律；南经朝时门阀制度森严，统治阶级内部斗争激烈，朝代更替频繁，文人有志难伸，且时遭杀戮，故南北朝酒诗的主旋律是慨叹人生短促，何不及时行乐；隋唐五代酒诗的主旋律则是表现诗人忧国忧民的忧患意识；有宋一代，异族入侵，国土沦丧，故其酒诗之主旋律乃为爱国主战；金、元两朝，民族压迫特别严重，汉人处于社会底层，儒士之位竟排在丐之上娼之下，故忧郁悲愤、愁苦厌世之情，乃为元代酒诗之主旋律；大明一朝，诗歌处于低谷，酒诗以饮酒作乐为其主旋律；清代之酒诗以抒写爱国豪情为主旋律。

诗酒交融产生的酒诗具有强烈的时代气息，它深刻而全面地反映了当时社会面貌，再现了时人的广阔生活和风土人情。每一历史时期的酒诗的主旋律与其时代的主旋律基本上是吻合的。酒，以神功妙用使古代知识分子把现实与理想的矛盾统一起来。在政治清明之时，他们以酒抒写大济苍生之志，不乏进取之心；而在政治腐败的浊世，他们以就表示不与昏君佞臣同流河污。“自得酒中趣，岂向头上冠”。此时，他们以酒表明洁身自好，独善其身，或酣饮沉醉以争得一时自由。在他们看来，官场黑暗污浊，远不如“采菊东篱下，悠然见南山”的恬淡幽静。于是东晋末年的陶渊明毅然归隐田园，寄酒为迹；唐代诗人孟浩然弃官醉卧，陶然忘机。在这些人的心目中，理想就是一首诗，酒是理想与现实矛盾的调节物，诗酒交融，以柔克刚，此乃古代诗人的人生哲学。

东晋兰亭“曲水流觞”之戏，实是借酒兴赋诗，书圣王羲之乘着酒兴挥毫写下了著名的《兰亭集序》。唐代是诗酒交融的时代，几乎没有一个诗人不饮酒，没有一个诗人不写到酒。“李白斗酒诗百篇，长安市上酒家眠。天子呼来不上船，自称臣是酒中仙。”北宋诗人苏舜钦工诗善文，其性嗜酒，又善书，酣醉落笔，草字飘逸，人竞相收

图 8-3 曲水流觞图

集为宝。明代扬州八怪之一的郑板桥曾经自我批评说，每每有人求我写字作画时，就是我烂醉的日子。难怪佛教把酒称作般若汤，般若，在梵语里是“智慧”的意思。

3. 酒刺激诗歌的创作

酒对诗歌创作的刺激是明显的。北宋的三位诗人都支持此说。苏轼《和陶渊明〈饮酒〉诗》说：“俯仰各有态，得酒诗自成”；唐庚《与舍弟饮》：“温酒浇枯肠，戢戢生小诗。诗中何等语，酒后那复知。”；范成大《分弓亭按阅》云：“老去读书随忘却，醉中得句若飞来”；陆游。（《凌云醉归作》）曰：“饮如长鲸渴赴海，诗成放笔千觞空”，都赞同诗和酒的密切关系。杨万里则更进一步，说饮酒与好诗的数量和质量相匹配。其《留萧伯和、仲和小饮》说：“三杯未必通大道，一醉真能出百篇”，《重九後二日同徐克章登万花川谷，月下传觞》：“酒入诗肠风火发，月入诗肠冰雪泼。一杯未尽诗已成，诵诗向天天亦惊”。罗愿《和汪伯虞求酒》：“明朝秀句传满城，笑指空樽卧墙壁”，极写“秀句”与“空樽”之间的关系，没有那么多的空酒瓶，哪里会有惊动全城的优美诗句呢！

酒是诗人离愁别绪的载体。李白的《金陵酒肆离别》“风吹柳花满店香，吴姬压酒劝客尝……请君试问东流水，别意与之谁短长”，诗佛王维的《送元二使安西》“劝君更尽一杯酒，西出阳关无故人”，都表达了诗人与友人之间的，依依惜别之情。范仲淹的《苏幕遮》“黯乡魂，追旅思，夜夜除非，好梦留人睡。明月楼高休独倚，酒入愁肠，化作相思泪。”通过诗来体现乡愁，也为酒找到了最好的载体。李清照的《声声慢》“三杯两盏淡酒，怎敌他，晚来风急，雁过也正伤心，却是旧时相识……”

诗意与酒情并存。诗人借着一壶酒，往往超脱了现实世界，酣醉之中，诗兴勃发，浮想联翩，平添了许多真情与童心，以至能与自然界的万事万物把酒言欢，创作出想象丰富、意象活泼的作品，无论是写唯美的小品，还是作豪迈的长歌；无论是倾诉离愁别绪言，还是抒发兴亡感慨，无数精彩篇章，大多是酒后放歌而来。陆游那首有名的《红楼吹笛饮酒大醉中作》就是如此，“世言九州外，复有大九州。此言果不虚，仅可容吾愁。许愁亦当有许酒，吾酒酿尽银河流。酌之一斛玻璃舟，酣宴五城十二楼。天为碧罗幕，月作白玉钩，织女织庆云，裁成五色裘。披裘对酒难为客，长揖北辰相献酬。一饮五百年，一醉三千秋。却驾白凤骖斑虬，下与麻姑戏玄州。锦江吹笛余一念，再过剑南应小留。”此诗想象力之丰富，艺术手法之夸张，达到了登峰造极的地步，颠堪称历代诗酒文学之冠。

古代诗人以酒酿诗，以诗喝酒，每个诗人酿出来的诗，亦同我国名目繁多的美酒那样有千家风味，万种情调，令人叹为观止。故晋代陶渊明的“田园诗酒”，闲适而恬淡，又不乏酒的清芬；以岑参为代表的“边塞诗酒”，是大漠里悲壮的豪情与欢歌；李白的“浪漫诗酒”，融旷达与豪迈于一炉子，映照出一个“醉魂归八极”“啸傲御座侧”的自由、奔放的不屈性格；与李白同为“唐诗双璧”的杜甫，酿的大多是“民间诗酒”，与绍兴花雕一般，醉香中略带苦涩之味，大多都是因为渗透了他上悯国难、下痛民穷的一片苦心之故。

古人观醉酒诗，别有滋味。如南宋人彭龟年《酒醒》一首，略云：“世间颠倒事，一切自酒出。醒时清明心，醉后不可觅。醉时颠倒苗，或发醒时实。酒能醉人形，不能醉人心。心傥有主宰，万变不可淫。大禹恶旨酒，拜善功最深。”最喜其“酒能醉人形，不能醉人心”一句。俗语云“酒醉心明白”，此之谓也。酒醉酒醒之间，确实有诸多人世颠倒之处。多少悲情，借酒而发；多少凄苦，借酒道出；多少悲怆，借酒以倾泻；多少情愫，借酒以描摹。万般情感，无论昂扬奔放，还是柔情万种，都可在一杯酒中。彭亦是一大起大落之人，见过世间万象，故其词句颇动人心。然则落入理学窠臼，动辄板起脸孔说理说心，实在可恶。

4. 诗中的名酒

古代诗歌中写出了当时的名酒名称，使我们对古代名酒有了一个大致的了解。如王仲修“郢坊初进荼縻酒”，梁武帝“浮郁金酒”，沈约“酿酒爱乾和”，庾信“方饮松叶酒”，岑参“五粒松花酒”，陆游“壶中春色松肪酒”，高九万“先生自酿松精酒”，王建“茱萸酒法大家同”，骆宾王“山酒酌藤花”，白居易“酥暖薤白酒”，“薄黄酒对病眠人”，李商隐“不劳劝君石榴花”，杜甫“芦酒多还酒”，李白“小槽酒滴真珠红”“兰陵美酒郁金香”，苏轼“试开云梦羔儿酒”，丁仙芝“十千兑得余杭酒”，陆机“葡萄四时芳醇”等。当然，诗人所到只是部分名酒，但从这些描述中足可看到我国酿酒技术的高度发达。

第三节 酒与小说

一部小说的内涵往往决定于饮食文化的描写的广度与深度，其场面的描写，饮食品种的描写，以及其所反映社会生活的深度与高度。而酒文化的描写占据着饮食描写的主角。

一、 外国小说中的酒

外国文学作品中有酒神，有酒宴，有酒礼酒仪。

古希腊神话中的酒神是狄奥尼索斯（Dionysus），他与罗马人信奉的巴克斯（Bacchus）是同一位神祇，他是古代希腊色雷斯人信奉的葡萄酒之神，他不仅握有葡萄酒醉人的力量，还以布施欢乐与慈爱在当时成为极有感召力的神。此外，他还护佑着希腊的农业与戏剧文化。在奥林匹亚圣山的传说中他是宙斯与塞墨勒之子，又有说是宙斯与普赛芬妮之子。古希腊人对酒神的祭祀是秘密宗教仪式之一，类似对于德米特尔与普赛芬妮的艾琉西斯秘密仪式。在色雷斯人的仪式中，他身着狐狸皮，据说是象征新生。而专属酒神的狄奥尼索斯狂欢仪式是最秘密的宗教仪式。

图 8-4 酒神

酒神的表征是一个由常春藤、葡萄蔓和葡萄果穗缠绕而成的花环，一支杖端有松果形物的图尔索斯杖和一只叫坎撒洛斯的双柄大酒杯。希腊国家博物馆的古币馆中陈列着一枚铸有狄奥尼索斯头像的古希腊钱币。酒神面带希腊众神所共有的平静表情，他的头发用葡萄蔓结成发髻，葡萄叶装饰着他的前额，犹如头戴王冠。传说酒神经常带领快乐的迈那得斯疯狂的女人和萨蒂洛斯醉汉在希腊到处游荡，他头上戴着葡萄藤，手里持着葡萄藤缠绕的酒神杖，走在前头。女人们围着他唱歌跳舞，醉汉们也笨拙地蹦跳，队伍后面是酒神的老师，骑驴的西勒洛斯，他醉得颠三倒四。狄奥尼索斯欢乐的在大地上到处游走，让人们服从他，他教人们种植葡萄，并用成熟的葡萄酿酒。狄奥尼索斯所到之处，召唤所有的姑娘和妇女到森林和山里去参加敬奉酒神的快乐的祭典，有身份的主妇们和少女们成群结队的在荒山上整夜狂欢歌舞，饮酒，并把野兽撕成碎片，生吃下去。这是一种神圣又野蛮的宗教仪式，充满了神秘主义色彩。这种崇拜一度在希腊产生非常大的影响。

图 8-5　委拉斯奎兹（Vālasquez）《醉鬼》，或是《巴克斯的胜利》

早在公元前 7 世纪，古希腊就有了“大酒神节”（Great Dionysia）。每年 3 月为表示对酒神狄奥尼索斯的敬意，都要在雅典举行这项活动。

罗马帝国时期的酒神是巴克斯（Bacchus），他是葡萄与葡萄酒之神，也是狂欢与放荡之神。在罗马宗教中，有为酒神巴克斯举行的酒神节（Bacchanalia）。这个节日从意大利南部传入罗马后，起初秘密举行，且只有女子参加，后来男子也被允许参加，举行的次数多达一个月 5 次。节日期间，信徒们除了狂饮外，还跳起狂欢的酒神节之舞。这种成了狂欢酒宴的节日使罗马元老院于公元前 186 年发布命令，在全意大利禁止酒神节。但多年来这一节日在意大利南部却没有被取缔。

希腊文艺作品中常有神的宴饮描写，是对生活的享乐一种肯定和羡慕的态度。希腊悲剧即是起源于酒神祭祀，是和当地盛产葡萄、酿造葡萄酒有关系的。古希腊神话传说有很多版本，但差别不太大。酒神崇拜是一种既特殊又重要的文化现象，现代人们普遍认为希腊神话与圣经神话对整个西方社会甚至人类的宗教、哲学、思想、风俗习惯、自然科学、文学艺术都有着全面深刻的影响。

日本也有酒神的描述。奈良时期（公元 710-794 年）的史书《古事记》《风土记》中与酒相关的记录基本上是神话传说和歌谣。例如，《古事记》的第 40 号歌谣大意是：

“圣酒不是我所酿。司酒是少名御神，如岩似的永恒。在长生不死国度的少名御神啊，狂舞酿之表祝福，狂舞酿之表祝福。献上的是这圣酒，请一饮而尽吧，请!”这首歌谣是在宴席上，神功皇后为祓禊归来的品陀和气命皇子所作。在这首歌中酒被认为是神所酿造的饮品，是供神饮用的。

文艺复兴时期，拉伯雷的《巨人传》中，一开头就写到喝酒，是对放纵自己的歌颂，在人的解放时代中，以畅饮为某种象征，追求各种知识和感官享受，和古希腊一脉相通，都是对人的欲望的赞赏。

《巨人传》主角高康大的父亲高朗古杰是当时的一个乐天派，爱喝酒，酒到杯干，世无敌手。新生儿高康大一出世就会说话，他大声喊着要“喝呀！喝呀！喝呀!”像是在劝酒。于是父亲脱口而出：“高康大!（好大的喉咙!）”众人为了平息这个婴儿的喊叫，给他喝了许多酒，并为他马上行了天主教的洗礼。这个情节与后来高康大之子庞大固埃的出生有密切联系，因为“庞大固埃”的名字意指“天下普遍地渴于酒”。

拉伯雷《巨人传》的惊世骇俗之处，是有意突出人们吃喝玩乐的世俗欲望，以及他们拉屎拉尿的日常功能。在叙述人们的一般生活需求时，他有意宣扬美酒佳酿，认为畅畅快快地多喝两杯，所有的人都会“尝到天堂的乐趣”。比如高康大在未满月时就有个神奇的怪癖，只要一听见酒杯、酒罐、酒瓶发出的碰撞声音，“就喜得浑身颤抖、摇头晃脑、手指乱舞，屁放得像吹大喇叭”。

到近代，19 世纪英国，狄更斯的长篇小说《荒凉山庄》中，写到有一个名叫克鲁克的邪恶酒徒，最后自燃而死，狄更斯以此象征社会邪恶终将自我毁灭：“如果你愿意，你可以以任何名字称呼这种死亡，将它归咎于某个人，或声称你可以如何避免，但是它一样是永远的死亡——与生俱来的、先天的、由邪恶的身体的腐败体液所自己产生的，并且是唯一的——自燃，而没有任何其他的死亡方式。”

因为狄更斯厌恶酒鬼，且那时的社会道德感、戒律较重，纵欲之类受到谴责。而在各种作品中，经常也会出现醉鬼啊什么的，都是否定性的，其实就是对放纵自己的责备。

二、　中国明清小说中的酒

明代四部小说《金瓶梅》《西游记》《水浒传》《三国演义》都不约而同地将酒的描写作为作品人物活动的主要内容，人物在饮酒活动中的表现成为他们个性的反映，每一个人对待酒都有着不同的态度，从而凸显出社会地位、兴趣爱好、教养与受教育程度，以及社会环境的影响的不同。

1.《三国演义》

小说第一回是“宴桃园豪杰三结义　斩黄巾英雄首立功”，张飞出场，刘玄德甚喜，遂与同入村店中饮酒。正饮间，见一大汉，推着一辆车子，到店门首歇了，入店坐下，便唤酒保：“快斟酒来吃，我待赶入城去投军。”这到的便是关羽，一出场便是呼唤拿酒来，岂不是带着一股豪气。不需三言两语，三人意气相投，遂同到张飞庄上，共议大事。“宰牛设酒，聚乡中勇士，得三百余人，就桃园中痛饮一醉。”

“煮酒论英雄”是《三国演义》的名段，有酒有英雄，相得益彰，曹操借着纵论天下人物揭出隐藏不露的刘备，刘备不意此时被揭露，惊恐失态。然而《三国志·蜀志·刘备传》虽然有此等事，却十分简略，仅寥寥数语：“先主未出时，献帝舅车骑将军董承辞受帝衣带中密诏，当诛曹公。先主未发。是时曹公从容谓先主曰：‘今天下英雄，唯使君与操耳。本初之徒，不足数也。’先主方食，失匕箸，遂与承及长水校尉种辑、将军吴子兰、王子服等同谋。”

曹操乃一代枭雄，盖世奇才，《三国演义》第四十八回特别设计曹操横槊赋诗，“宴长江曹操赋诗 锁战船北军用武”。长江浩荡千里的大背景，月明星稀的壮阔苍穹，酒后微醉的似醒不醒，连年征战扫平天下的奇功伟绩，勾起思念英雄共成大业的思绪，表露大英雄的气概。正是这段描写，千古之后的人无不兴叹，只有那经天纬地的人才有通古达今之胸怀，傲视天下的气派，顶天立地之神气，扭转乾坤之能力。曹操饮酒自不同于俗人，壮怀激烈，天地万物奔涌而来，“不戚年往，忧世不治”①。所以他这“人生几何”的慨叹，并不软弱消沉，而是为了执著于有限之生命，珍惜有生之年，思及时努力，干一番轰轰烈烈的事业。宋代苏轼《前赤壁赋》称颂道：“酾酒临江，横槊赋诗，固一世之雄也。”清人魏源说得好：“对酒当歌，有风云之气。”元代阿鲁威《双调·蟾宫曲·怀古》“问天下谁是英雄，有酾酒临江，横槊赋诗曹公！紫盖黄旗，多应借得，赤壁东风。更惊起南阳卧龙，便成名八阵图中，鼎足三分，一分西蜀，一分江东。”

《三国演义》的作者罗贯中最喜欢的人物是关羽，为了表现他的肝胆忠义，特地于第四回为他安排一场温酒斩华雄的戏，而这本来是江东吴国创始者孙坚、孙权的父亲所为。《三国志·吴书》卷第一：“（孙）坚移屯梁东，大为（董）卓军所攻，坚与数十骑溃围而出。坚常著赤罽帻，乃脱帻令亲近将祖茂著之。卓骑争逐茂，故坚从间道得免。茂困迫，下马，以帻冠冢间烧柱，因伏草中。卓骑望见，围绕数重，定近觉是柱，乃去。坚复相收兵，合战于阳人，大破卓军，枭其都督华雄等。”此乃汉初平二年（191 年）的事，与关羽本无关。

2.《红楼梦》

清代小说《红楼梦》写酒更有特色，更加成熟，将酒文化推向了新的高峰。有人统计《红楼梦》中“酒”字 584 次，可《红楼梦》的酒特别，酒也可以帮助谈兴，第二回：“（冷）子兴道：‘正也罢，邪也罢，只顾算别人家的账，你也吃杯酒才好。’雨

① 曹操．秋胡行．

村道：‘只顾说话，就多吃了几杯。’子兴笑道：‘说着别人家的闲话，正好下酒，即多吃几杯何妨。’”

3.《西游记》

《西游记》中最盛大的宴会场面是王母娘娘的蟠桃宴了，神仙们都吃些什么呢？他们也同人间一样喝酒吗？书中借着孙悟空的目光揭示出仙酒是怎么样酿造的，喝着口味是什么样子的：“这大圣点看不尽，忽闻得一阵酒香扑鼻，急转头见右壁厢长廊之下，有几个造酒的仙官，盘糟的力士，领几个运水的道人，烧火的童子，在那里洗缸刷瓮，已造成了玉液琼浆，香醪佳酿。大圣止不住口角流涎，就要去吃，奈何那些人都在这里，他就弄个神通，把毫毛拔下几根，丢入口中嚼碎，喷将出去，念声咒语，叫‘变！‘即变做几个瞌睡虫，奔在众人脸上。你看那伙人，手软头低，闭眉合眼，丢了执事，都去盹睡。大圣却拿了些百味八珍，佳肴异品，走入长廊里面，就着缸，挨着瓮，放开量，痛饮一番。吃勾了多时，酕醄醉了。”

4.《水浒传》

中国历来的各种英雄好汉们，都是“大块吃肉，大口喝酒”，显得豪爽、气派。《水浒传》的英雄人物“大块吃肉，大口喝酒”却有着深意。作者借此表达自己的反叛意识，寄寓自己的理想，也是代人立言，代历代的造反者立言。作者所勾画的反叛者的理想社会是这样的，其第一点，有酒喝，有肉吃；第二点，随时有酒喝，随时有肉吃；第三点，随时有足够的酒喝，随时有足够的肉吃，奢侈地喝，奢侈地吃。第四点，无论是喝酒还是吃肉，都不必遵从礼仪，不要什么讲究，抢着喝，夺着喝，躺着喝，吃喝时咂巴出很大声音也不必忌讳，也没有人忌讳。这是长期被压抑的饮食上的欲望的释放，对富人生活的向往，一旦有机会就能释放出来，这样的纵欲似乎有点畸形，但却是真实的。

造反人物有独特的胆气度量，他们自然有着异样的酒量、食量；异样的酒量、食量又使得他们具有了英雄气概。这符合一般人的认知。

在《水浒传》第四回中，鲁达对肉店老板郑屠的要求是：“奉着经略相公钧旨，要十斤精肉，切作臊子，不要半点肥的在上面……再要十斤，都是肥的，不要见些精的在上面，也要切作臊子。”这虽然是为了挑衅而故意向郑屠户提出的要求，但也隐含的表达了鲁达不同于一般人的食量。

《水浒传》还是我国酒文化的集大成者，一百零八将中几乎无一英雄不喜欢酒，无一章节不写饮酒，酒成了刻画典型环境中典型性的需要，成为喜剧美和悲剧美的体现。

英雄们都以酒壮胆，比如第二十三回，武松要回清河县，来到阳谷地面，前面就是景阳冈，此处有一酒店，挑着一面招旗在门前，上头写着五个字道：“三碗不过冈”。酒家的解释是：“俺家的酒，虽是村酒，却比老酒的滋味。但凡客人来我店中，吃了三碗的，便醉了，过不得前面的山冈去，因此唤做‘三碗不过冈’。若是过往客人到此，只吃三碗，更不再问。”谁料武松竟饮得十八碗，又有四斤熟牛肉下肚，真是好生了得。也正是这十五碗酒壮胆，武松闯得景阳冈，打得白眼吊睛虎，硬是过冈下得山来，直唬得那守护的两个猎户魂飞魄散，见了武松，吃一惊道：“你那人吃了㹂狸心、豹子肝、狮子腿，胆倒包着身躯，如何敢独自一个，昏黑将夜，又没器械，走过冈子来！不知你是人是鬼？”

英雄离不开酒，酒可以壮胆，可以壮行色，可以显示英锐之气，然而还有一点，水浒英雄的死，起码是领头的人物都死于酒。临到末了，水浒的人都散了，领袖人物宋江被药酒毒死。“自此宋江到任以来，将及半载，时是宣和六年首夏初旬，忽听得朝廷降赐御酒到来，与众出郭迎接。入到公廨，开读圣旨已罢，天使捧过御酒，教宋安抚饮毕，宋江亦将御酒回劝天使，天使推称自来不会饮酒。御酒宴罢，天使回京……宋江自饮御酒之后，觉道肚腹疼痛，心中疑虑，想被下药在酒里。却自急令从人打听那来使时，于路馆驿，却又饮酒。宋江已知中了奸计，必是贼臣们下了药酒，”宋江不只自己死，还给李逵下了药酒，毒死李逵。水浒另一领袖人物卢俊义同样死于酒：“再说卢俊义是夜便回庐州来，觉道腰肾疼痛，动举不得，不能乘马，坐船回来。行至泗州淮河，天数将尽，自然生出事来。其夜因醉，要立在船头上消遣，不想水银坠下腰胯并骨髓里去，册立不牢，亦且酒后失脚，落于淮河深处而死。”

5.《老残游记》

清代小说《老残游记》通过游方郎中老残四处行医的所见所闻，以揭露社会阴暗面和种种弊端，涉及当时社会生活的各个层面。晚清山东人怎样吃酒，如何通过酒完成人际关系的交流，在该书中得到很好的揭示。

小说《老残游记》的记述也反映礼仪，因此成为窥探社会关系、社会交往的途径，它的文学性描写反映了清代齐鲁地区官僚缙绅的食礼。比如“送酒席”的礼仪。小说第四回中记载了一则老残住在客店里，山东抚台特意派遣官员送来一桌酒席的详情。原来，老残去抚院见巡抚张宫保时谈得很投机，张宫保未能留老残吃饭，心存歉意，就打发武巡捕送去一个三屉的长方抬盒。老残揭开盒盖后只见顶屉是碟子小碗，第二屉是燕窝鱼翅等大碗，三屉里有一只小猪、一只鸭子，还有两碟点心。抚台是明清时地方军政大员之一，巡视各地的军政、民政大臣，以“巡行天下，抚军按民”而名。

书中所记“送酒席”的礼仪是当地人与抚台进行人际交往的一项活动，是迎来送往的应酬，这一礼仪是当地官员为了表示对客人的重视和礼貌，但是并不请在官府，也不在私宅，也不设在饭店，而是直接将酒席送到客人下榻的客舍。另外，地方官员并不曾前来，只是遣派个人送到客舍。可见这一礼仪表达的是尊重，但是却是有分寸的，既给了客人面子，又给自己留有余地。

“送酒席”本身就是一种表达敬意的方式，所表达敬意也可以有层次，比如官员亲自前来；比如官员遣派个人来，这里就有层次的区别。至于官员遣派何人前来送酒席，就有了伸缩的余地，这个差遣人的身份地位的不同，就可以于细致之处显示主人的态度。《老残游记》第四回中就提到送酒席来的人的身份很重要，从店主人的眼光看来，就是抚台对老残十分看重，店主人说道："刚才来的，我听说是武巡捕赫大老爷，他是个参将呢。这二年里，住在俺店里的客，抚台也常有送酒席来的，都不过是寻常酒席，差个戈什来就算了。像这样尊重，俺这里是头一回呢！"参将已经是中高级军官了，况且有武巡捕这个实职，那当然是个重要人物了。通过这个细节描写，说明老残身份还是十分重要的，连店主人都明显看得出来。以至于老残开玩笑说自己要拿这酒席顶店钱时，店主人忙说："我很不怕，自有人来替你开发。"岂不是将世事人情、世态炎凉一句话说的清清楚楚了么？

有人说《老残游记》早已成为济南的精美名片，确为实情，就说这饭店茶楼就描述的不少。上面说的抚台送给老残的酒席就是知名饭店北柱楼里的菜品。

三、 当代小说中的酒

当代的武侠小说，酒都是他们作品里必不可少的文化要素。说到武侠文化，绝大多数人的第一印象就是刀光剑影、飞檐走壁。诚然，"武功"是武侠文化的基本构筑材料，登峰造极的武功更是武侠文化吸引读者的主要原因。然而，一部好的武侠作品则绝不会只停留在对武功叙述的层面上，它应该包含得更多、更广，比如"情""义""理"等，才应该是武侠文化的精髓和精神，而其中，酒文化则是武侠文化中的一枝奇葩。

莫言 2012 年获得了诺贝尔文学奖。

莫言生在酒乡，志在酒文化，小说中他的自我介绍说：

我的故乡，也是酿酒业发达的地方……据我父亲说，解放前，我们那只有百十口人的小村里就有两家烧高粱酒的作坊，都有字号，一为"总记"，一为"聚元"，都雇了几十个工人，大骡子大马大呼隆。至于用黍子米酿黄酒的人家，几乎遍布全村，真有点家家酒香、户户醴泉的意思。我父亲的一个表叔曾对我详细地介绍过当时烧酒作坊的工艺流程及管理状况，他在我们村的"总记"酒坊里干过十几年。他的介绍，为我创作《高粱酒》提供了许多宝贵素材，那在故乡的历史里缭绕的酒气激发了我的灵感。

我对酒很感兴趣，也认真思考过酒与文化的关系。我的中篇小说《高粱酒》就或多或少地表达了我的思考成果。

莫言还有名言："酒就是文学""不懂酒的人不能谈文学"。

【延伸阅读：日本作家与酒的那些事儿】

日本人好酒，似乎作家尤其好。例如武田泰淳，据说写作要借着酒劲儿，不然，不好意思写。读完高中就闷在家里写小说的田中慎弥 2012 年获得芥川奖，每天写到晚，独酌几杯，次日继续写。西村贤太的小说《苦役列车》描写一个年轻人初中毕业后离开家，在港湾打工，没有朋友，没有目标，惟有喝廉价酒自慰，这是小说家本人的人生写照。2011 年获得芥川奖之后，他还是喝廉价酒，但不用自己买了，酒是厂家馈赠的。

在日本，花就是指樱花，酒就是指清酒。清酒是酿造酒，寡淡无味，压不住中国菜肴的油腻，正好配清淡乃至生鲜的日本菜。清酒的酒精含量和葡萄酒、绍兴酒差不多，但日本人半数以上是不能解酒的体质，易醉。好在他们乐于醉，而且有君当恕醉人的古风，对喝醉的丑态很宽容。作家并不高于生活，喝多了吵架斗殴。二十年前初到日本，有一阵子电视常播放这么个场面，叹为观止：电影导演大岛渚举办珍珠婚派对，预定野坂昭如致词，但大岛忘了叫他，这时野坂已喝得酩酊，上台给大岛一老拳，大岛也不示弱，用麦克风连击野坂老脸。事后当然是彼此谢罪，其乐融融。

濑户内晴美出家为尼，法号寂听，可叫作尼姑作家或者小说尼。僧尼喝酒不叫酒，叫般若汤。她四处讲演，说道：我能喝酒，曾喝得烂醉，滚楼梯受伤。医生说：你很年轻啊。问他为什么这么说。回答：我妈也 86 岁了，可没有你这般喝得烂醉的精神头儿。

喝酒讲规矩的是三岛由纪夫。他去喝酒总是要整装前往，而且绝不喝醉，半夜十二点回家执笔。他曾在《叶隐入门》中教训日本人：“在日本，酒席形成了不可思议的构造：人变得赤裸，暴露弱点，什么样的丢人事、什么样的牢骚话都直言不讳，而且因为是酒席，过后被原谅。不清楚新宿有多少家酒馆，在为数众多的酒馆里，上班族们今晚又把酒讲老婆的坏话，讲上司的坏话。尤其在朋友之间，酒席上的话题无非那些不像个男人的牢骚、鸡毛蒜皮的心里话，还有实际不会忘但说好第二天早上就忘掉的琐碎而卑陋的秘密。”

三岛是自爱型作家，而太宰治属于无赖派，自暴自弃，三岛从生理上厌恶太宰，公开说太宰的坏话，说了二十来年。无赖派作家离不开这几样：酒、烟、妓女、当铺和左翼思想。其他可以变，唯女人与酒是必需品，是素材与灵感的来源。太宰治有一帧照片很有名，他盘腿坐在高凳上，镜头仰视他，似乎正在跟柜台里的老板说笑。这是林忠彦拍摄的。他在银座的酒吧拍摄织田作之助，一旁的太宰醉醺醺说：不要光照他，给我也照一张。照出来就成为这位摄影家的代表作之一。他拍摄无赖派的作品相当多，譬如坂口安吾坐在满草席揉成团的废稿纸当间，一副写不出来的样子。

太宰治在短篇小说《樱桃》里发牢骚：“本来不是很能写的小说家，而是个极端的胆小鬼，却被拉到公众面前，惊慌失措地写。写是痛苦的，求救于闷酒。闷酒是不能坚持自己所想，焦躁、懊恼地喝的酒。总是能痛快地坚持自己所想的人不喝什么闷酒（女人喝酒少就因为这个理由）。”

太宰治是文与人合一，那样生活也就那样写，借文学来否定生活。这跟当今作家不一样，譬如村上春树，文与人完全是两码事。村上笔下的人物几乎从不喝日本酒，进屋就打开冰箱拿啤酒喝。

除了清酒、啤酒，日本人几乎喝什么酒都兑水，夏天兑凉水，冬天兑热水，这是我初到日本时最讨厌的喝法，因为中国自古奸商卖酒才兑水。酒是百药之长，也是万病之源，过去多奉行前者，如今后者成戒条。酒伤肝，日本人喝酒有所谓休肝日，每周停杯一两天。井上靖喝酒在文坛是横纲级别，一辈子没得过像样的病，六、七十岁以后酒量有增无减。他的喝法是喝了日本酒再喝洋酒，不兑水，除非在飞机上。

有一首打油诗，意思是没有酒，樱花也不过是河童的屁。屁是无聊的，即便是怪物河童（水陆两栖的吸血鬼，可能来自中国的河伯传说）放的屁。樱花盛开时，樱树下摆满酒席，倘若没有酒，这樱花也没什么看头儿，虽然说它是大和魂。

小结

汉语言是世界上最为优秀的语言之一，通过多种途径，生发出大量的词语来表示酒的丰富性，独有的歇后语的形式幽默风趣地反映了酒如何深深地渗透到中国人的生活之中。

文人创作了诗歌，诗歌吟诵着酒，酒中歌唱生活，叙写历史。小说也是一种最贴近生活的文学艺术形式，世界各国都流行小说，小说中有各自不同的酒神、酒宴、酒礼、酒仪。中国的小说出现以后就注重通过酒来描写人物，人生，从酒中映照历史。

思考题

1. 从有关酒的语音文字的数量与功能是否可以说明酒在中国人生活中的重要地位？
2. 诗歌和诗人与酒是怎样的关系？
3. 诗歌是怎样赞颂酒的？
4. 酒在小说中起到什么样的作用？

参考文献

[1] 徐中舒．汉语大字典．湖北辞书出版社、四川辞书出版社，1986-1990.

[2] 张玉书，陈廷敬等．康熙字典．上海：汉语大字典出版社，2002.

[3] 许慎．说文解字．上海：中华书局，1963.

[4] 徐岩．国际酒文化学术研讨会学术研讨会论文集．北京：中国轻工业出版社，2013.

[5] 徐岩．国际酒文化学术研讨会学术研讨会论文集．北京：中国轻工业出版社，2015.

[6] 洪光住．中国酿酒科技发展史．北京：中国轻工业出版社，2011.

[7] 朱宝镛，章克昌．中国酒经．上海：上海文化出版社，2008.

[8] 姚淦铭．先秦饮食文化研究．贵阳：贵州人民出版社，2005.

[9] 徐兴海．食品文化论稿．贵阳：贵州人民出版社，2005.

[10] 徐兴海，袁亚莉．中国食品文化文献举要．贵阳：贵州人民出版社，2005.

[11] 徐臻．大伴旅人《赞酒歌》的文化解读——兼与李白酒诗的比较．日本问题研究，2016（5）：64-71.

[12] 吴小如．汉魏六朝诗鉴赏辞典．上海：上海辞书出版社，1992.

[13] 李长声．日本作家与酒的那些事儿．日本新华侨报网，2012-03-21.

第九章

酒与艺术

【学习目标】

通过本章的学习，了解酒怎样激发中外艺术家的激情，使得酒成为艺术家描写的对象，理解艺术家是如何通过绘画、书法、雕塑、音乐、舞蹈、戏剧的创作，用形象来反映现实的。艺术作品丰富了人们的生活，丰富了酒文化。人们通过艺术作品的享受，使得自身精神与情感得到抒发与表达，培养性情。

第一节 酒与绘画

一、 世界绘画史上的酒

罗马帝国时期的酒神是巴克斯（Bacchus），是葡萄与葡萄酒之神，也是狂欢与放荡之神。在罗马宗教中，有为酒神巴克斯举行的酒神节（Bacchanalia）。这个节日从意大利南部传入罗马后，起初秘密举行，且只有女子参加，后来男子也被允许参加，举行的次数多达一个月 5 次。节日期间，信徒们除了狂饮外，还跳起狂欢的酒神节之舞。这种成了狂欢酒宴的节日使罗马元老院于公元前 186 年发布命令，在全意大利禁止酒神节。但多年来这一节日在意大利南部却没有被取缔。有关巴克斯酒神的出生，在梵蒂冈博物馆收藏的一块古代浮雕上记录了与狄奥尼索斯类似的场景。从西姆莱女神腹中取出巴克斯后，朱庇特主神（ Jupiter）将孩子置于大腿中三个月，从浮雕中可以看见巴克斯足月后正从父神的腿中降临出来。此时，站在一旁的畜牧神海尔梅斯（Hermes）手捧衣衫，准备为幼神接生，而掌握生、死、命运的三位帕尔卡女神（Parques）则要为新生的幼神祷告。17 世纪意大利著名画家卡拉瓦乔，以他“无情的真实”表现手法创作了《年青的巴克斯》等多幅巴克斯酒神形象。全世界规模最大的美国盖洛（Gallo）葡萄酒公司的盖洛牌商标上，画了一只公鸡，公鸡的上端则画了一个穿宽松长袍的罗马酒神巴克斯，并给他起了个绰号，“快乐的盖洛老爷爷”。该公司在各地搞促销活动时，还常常雇佣一个人穿着宽松长袍，装成巴克斯酒神的样子，身前身后还各挂一块广告牌，上面写着：“啊哈，快乐快乐，请买盖洛”。巴克斯酒神在罗马帝国时期名声不好，在罗马的教义中作用也不大，但“移民”到美国后，却展示了非凡的广告魅力，使盖洛公司的葡萄酒占领美国 25%的市场，并成为美国最大的葡萄酒出口商，盖洛兄弟也从赤贫的意大利移民后裔，成为美国酒王。

《最后的晚餐》（意大利语：Il Cenacolo or L'Ultima Cena）是一幅广为人知的大型壁画，文艺复兴时期，1498 年由列奥纳多 · 达 · 芬奇于米兰的天主教恩宠圣母（Santa

图 9-1 最后的晚餐

Maria delle Grazie）的多明我会院食堂墙壁上绘成，是所有以这个题材创作的作品中最著名的一幅。画面中的人物，惊恐、愤怒、怀疑、剖白等神态，以及手势、眼神和行为，都刻画得精细入微，惟妙惟肖。该画现藏于米兰圣玛利亚德尔格契修道院，1980年被列为世界遗产。这幅画是达芬奇最著名的作品，可能也是全世界最广为人知的作品之一。画中的耶稣居中正坐，一手指向背叛者犹大的餐盘，一手指向盛放酒的圣杯。

最后的晚餐上他们喝的是什么酒？有人就此进行了研究，得出的结论是：葡萄酒。因为在最后的晚餐发生之前，耶路撒冷（Jerusalem）已有很长的酿酒历史。学者们认为，早在公元前4000年中东地区部分区域就已经有人酿酒。当时的酒商将葡萄树种植在多岩石的山坡上，也会在基岩上挖坑充当压榨机。有考古学证据表明，当时已经有多种陶瓷器皿可以用来盛酒。

在今天的梵蒂冈西斯廷大教堂天花板上，可以在米开朗琪罗创作的《创世记》壁画（1508—1512年）中看到“诺亚醉酒”的故事。这幅巨作是意大利文艺复兴盛期最伟大的艺术作品之一，显示出令人屏息凝神的人体之美、人类弱点和不可摧毁的意志。

徐慧菁《西方绘画中的日神与酒神》一文以德国哲学家尼采的艺术观为视角，通过对西方自16至20世纪的精英画家作列举对比，对其代表性作品进行剖析，阐明日神与酒神两种艺术精神的生长历来具有并列状态的轨迹。

徐指出，1870年，德国哲学家尼采在《悲剧的诞生》这部论著中借用古希腊神话中两个神的名字：日神阿波罗、酒神狄奥尼索斯说明艺术精神所呈现的两种不同倾向。阿波罗是理想之神、秩序之神；而狄奥尼索斯则是感情之神、幽深之神、狂放之神、音乐之神，因为他发明了酒，也被看作是迷幻的、神情恍惚的神，尼采用此判别艺术作品的倾向，凡属于结构型的艺术作品，归为日神式；属于感情型的，则看作是酒神式的。

徐先后考察了从16世纪一直到20世纪，从古典主义到现代主义最具代表性的画家，得出结论说：丢勒、普桑、维美尔、安格尔、塞尚、毕加索，这些画家在绘画上都注重形体、结构、建筑因素以构成画面的秩序，一致体现了绘画艺术中的有序倾向，属于日神精神画家；与之相对，属于酒神精神的画家，有格吕内瓦尔德、鲁本斯、伦勃朗、德拉克洛瓦、凡高、马蒂斯，他们主张情感、运动，喜欢以色彩表达情感。这两大类型的画家属于不同时代的精英，其作品都是西方美术史上的经典。凡此说明，有序与动情两种艺术倾向在西方美术史上从来都以同等的位置对峙并列，各显异彩。日神精神与酒神精神从来都在西方艺术家队伍里脉脉相传，生生不息。

以“油画中的酒”为关键词，可以从“百度”搜索到98135幅油画作品，其中不少是欧洲酒鬼的画像，揭示贵族们享受着美酒，过着怎样优裕的生活。

图9-2　苦艾酒

《苦艾酒》是法国画家埃德加·德加创作的布面油画，现由巴黎奥赛博物馆藏。画中右侧男子是画家朋友台斯色丹，左侧女子是演员爱伦·安德雷，出于偶然原因，德加为穷困潦倒的朋友画了这幅富有性格特征的肖像。

画面笔触粗犷阔大，生动而简练地刻画了两人的精神状态，一杯苦艾酒，反衬出两个失意人的苦楚。构图有些奇特，人物被挤到右上角，大部分空间用来描绘酒吧陈设，这种空旷感与人物的失落感相映成趣，被人誉为是一幅有思想性的叙事画。

二、 中国画家多好酒

自古以来，酒与书画不分家。中国绘画史上的书画名家，好酒者不乏其人。大多画家都会借助酒来激发灵感。他们或以名山大川陶冶性情，或在花前酌酒对月高歌，往往就是在“醉时吐出胸中墨”，酒酣之后，“解衣盘薄须肩掀”酒宴文化，从而使“破祖秃颖放光彩”，酒成了他们创作的催化剂。纵观历代中国画杰出作品有不少有关酒文化的题材，可以说绘画和酒有着千丝万缕的联系，它们之间结下了不解之缘，有了酒，书法才会洒脱，绘画才会显得大气。

中国古代画家往往以酒壮胆，在酒后纵情涂抹，这时会有意想不到的效果。因为中国绘画是写形表意的艺术，它既不能脱离形似，又必须传达画家的思想情绪；中国画的全部技艺，只凭一枝毛笔。因此，酒引发创作热情，使画家处于宣泄感情的最佳状态，将平生积聚的技巧上升到喷发状态，从而借助酒力，增加胆识，为平日所不敢为，破夺障碍，“得意忘形”，意得微醉里，形忘豪饮后，创造出最佳作品。从古至今，文人骚客总是离不开酒，诗坛书苑如此，那些在画界占尽风流的名家们更是“雅好山泽嗜杯酒”。他们或以名山大川陶冶性情，或花前酌酒对月高歌，往往就是在“醉时吐出胸中墨”。酒酣之后，他们“解衣盘薄须肩掀”，从而使“破祖秃颖放光彩”，酒成了他们创作时必不可少的重要条件。酒可品可饮，可歌可颂，亦可入画图中。纵观历代中国画杰出作品，有不少有关酒文化的题材，可以说，绘画和酒有着千丝万缕的联系，它们之间结下了不解之缘。

中国绘画史上有“画圣”头衔的唐人吴道子（686—760年前后），名道玄，画道释人物笔势圆转，所画衣带如被风吹拂，后人以“吴带当风”称美其高超画技与飘逸的风格。唐明皇命他画嘉陵江三百里山水的风景，他能一日而就。《历代名画记》中说他“每欲挥毫，必须酣饮”，画嘉陵江山水的疾速，表明了他思绪活跃的程度，这就是酒刺激的结果。吴道子在学画之前先学书于草圣张旭，其豪饮之习大概也与乃师不无关系。郑虔（691—759年）与李白、杜甫是诗酒友，诗书画无一不能，曾向唐玄宗进献诗篇及书画，玄宗御笔亲题“郑虔三绝”。又如王洽（？—825年），以善画泼墨山水被人称之为“王墨”，其人疯癫酒狂，放纵江湖之间，每欲画必先饮到醺酣之际，先以墨泼洒在绢素之上，墨色或淡或浓，随其自然形状，为山为石，为云为烟，变化万千，非一般画工所能企及。

五代时期的厉归真，平时身穿一袭布裹，入酒肆如同出入自己的家门。有人问他为什么如此好喝酒，厉归真回答：我衣裳单薄，所以爱酒，以酒御寒，用我的画偿还酒钱。除此之外，我别无所长。厉归真嗜酒却不疯颠狂妄，难得如此自谦。其实厉归真善画牛虎鹰雀，造型能力极强，他笔下的一鸟一兽，都非常生动传神。传说南昌果信观的塑像是唐明皇时期所作，常有鸟雀栖止，人们常为鸟粪污秽塑像而发愁。厉归真知道后，在墙壁上画了一只鹘子，从此雀鸽绝迹，塑像得到了妥善的保护。

绘画中有一种界画，与其他画种相比，有一个明显的特点，就是要求准确、细致和工整，“尺寸层叠皆以准绳为则，殆犹修内司法式，分秒不得逾越。”（《清容居士集》卷四十五）活动在五代至宋初的郭忠恕是著名的界画大师，他所作的楼台殿阁完全依照建筑物的规矩按比例缩小描绘，评者谓：他画的殿堂给人以可摄足而入之感，门窗好像可以开合。除此之外，他的文章书法也颇有成就，史称他“七岁能通书属文”。虽然五代时政治动荡，郭忠恕的仕途遭遇极为坎坷，可是，他的绘画作品却备受人们欢迎。郭忠恕从不轻易动笔作画，谁要拿着绘绢求他作画，他必然大怒而去。可是酒后兴发，就要自己动笔。一次，安陆郡守求他作画，被郭忠恕毫不客气地顶撞回去。这位郡守并不甘心，又让一位和郭忠恕熟悉的和尚拿上等绢，乘郭酒酣之后赚得一幅佳作。大将郭从义就要比这位郡守聪明多了，他镇守岐地时，常宴请郭忠恕，宴会厅里就摆放着笔墨。郭从义也从不开口索画。如此数月。一日，郭忠恕乘醉画了一幅作品，被郭从义视为珍宝。

宋代的苏轼是一位集诗人、书画家于一身的艺术大师，尤其是他的绘画作品往往是乘酒醉发真兴而作，黄山谷题苏轼竹石诗说："东坡老人翰林公，醉时吐出胸中墨。"他还说：苏东坡"恢诡诵怪，滑稽于秋毫之颖，尤以酒为神，故其筋次滴沥，醉余频呻，取诸造化以炉钟，尽用文章之斧斤。"看来，酒对苏东坡的艺术创作起着巨大的作用，连他自己也承认"枯肠得酒芒角出，肺肝搓牙生竹石，森然欲作不可留，写向君家雪色壁。"苏东坡酒后所画的正是其胸中蟠郁和心灵的写照。宋朝还有位以画列仙出名的甘姓画家，用细笔画人物头面，以草书笔法画衣纹，顷刻而成，形象生动。然而他酒性不佳，佯狂垢污，恃酒好骂，酒后作画，画后往往毁裂而去。"富豪求画，唾骂不与"，被人称为甘疯子，他的名字反而不为人知了。

元朝画家中喜欢饮酒的人很多，著名的元四家"黄公望、吴镇、王蒙、倪瓒"除黄公望外其余三人善饮。无锡人倪瓒（1301—1374 年）字元镇，号云林子。于元末社会动荡不安之际，卖去田庐，散尽家资，浪迹于五湖三柳间，寄居村舍、寺观，人称之为"倪迂"。他善画山水，主旨是"逸笔草草，不求形似""聊写胸中逸气"，对明清文人画影响极大。一生隐居不仕，常与友人诗酒留连。"云林遁世士，诗酒日陶情""露浮磐叶熟春酒，水落桃花炊鲸鱼""且须快意饮美酒，醉拂石坛秋月明""百壶千日酝，双桨五湖船"，这些诗句就是其快意美酒生活的写照。吴镇（1280—1354 年）字仲圭，号梅花道人，善画山水、竹石，为人抗简孤洁，以卖画为生。倪瓒称其作画多在酒后挥洒："道人家住梅花村，窗下松醪满石尊。醉后挥毫写山色，岚军云气淡无痕。"王蒙（1308—1385 年）字叔明，号黄鹤山樵，元末隐居杭县黄鹤山，"结巢读书长醉眼"。善画山水，酒酣之后往往"醉抽秃笔扫秋光，割截匡山云一幅"。王蒙的画名于时，饮酒也颇出名，向他索画，往往需许以美酒佳酿，袁凯即向王蒙请求："王郎王郎莫爱情，我买私酒润君笔"。

元初的著名画家高克恭（1248—1310 年），官至刑部尚书。画山水初学"二米"，后学董源、李成笔法，专取写意气韵，亦擅长墨竹，与文湖州并驰，造诣精绝。甚能饮酒，"我识房山紫箨曼，雅好山泽嗜杯酒"。仕于南方时，酷爱钱塘山水，余暇则呼僮携酒，杖履登山，留连尽日。画以山水、墨竹著称，兼及兰惠梅菊。时人诗称："近代丹青谁自豪，南有赵魏北有高，"与赵孟頫南北相对，为一代画坛领袖。画竹则独步于时，后人有称："前朝画竹谁第一，尚书高公妙无敌。"山水则主一代风尚，所谓"世之图青山白云者，率尚高房山"。平时不轻于作画，而喜于酒酣兴发之际，好友在侧，为之铺纸研墨，乘快为之，《图绘宝鉴》的作者夏文彦称其画“怪石喷浪，滩头水口，烘锁泼染，作者鲜及”，被誉为元代山水画第一高手。虞集《道园学古录》赞颂其酒后作画精妙绝伦，无可匹敌：“国朝名笔谁第一，尚书醉后妙无敌。”

元朝有不少画家以酒量大而驰誉古今画坛，“有鲸吸之量”的郭异算一位。杨铁崖在他画的一幅《春山图》上题诗写道：“不见朱方老郭髦，大江秋色满疏帘。醉倾一斗金壶汁，貌得江心两玉尖。”山水画家曹知白的酒量也甚了得。曹知自（1272—1355年）字贞素，号云西。家豪富，喜交游，尤好修饰池馆，常招邀文人雅士，在他那座幽雅的园林里论文赋诗，醉咏无虚日。“醉即漫歌江左诸贤诗词，或放笔作画图”。杨仲弘总结他的人生态度是：“消磨岁月书千卷，傲院乾坤酒一缸。”另一位山水画家商琦（字德符，活动在14世纪）则“一饮一石酒”。也有的画家喜饮酒却不会饮，如张舜咨（字师费，善画花鸟）就好饮酒，但沾酒就醉，“费翁八十双鬓蟠，饮少辄醉醉辄欢”，所以他又号辄醉翁。

明朝画家中最喜欢饮酒的莫过于吴伟。吴伟（1459—1508年）字士英、次翁，号小仙。江夏（今武昌）人。善画山水、人物，是明代主要绘画流派——浙派的三大画家之一，明成化、弘治年间曾两次被召入宫廷，待诏仁智殿，授锦衣镇抚、锦衣百户，并赐“画状元”印。明朝史籍中有关吴伟醉酒的故事比比皆是。《江宁府志》说：“伟好剧饮，或经旬不饭，在南都，诸豪客时召会伟酣饮。”詹景凤《詹氏小辩》说他“为人负气傲兀嗜酒”。周晖《金陵琐事》记载：有一次，吴伟到朋友家去做客，酒阑而雅兴大发，戏将吃过的莲蓬，蘸上墨在纸上大涂大抹，主人莫名其妙，不知他在干什么，吴伟对着自己的杰作思索片刻，抄起笔来又舞弄一番，画成一幅精美的《捕蟹图》，赢得在场人们齐声喝彩。姜绍书《无声诗史》谓吴伟待诏仁智殿时，经常喝得烂醉如泥。一次，成化皇帝召他去画画，吴伟已经喝醉了。他蓬头垢面，被人扶着来到皇帝面前。皇帝见他这副模样，也不禁笑了，于是命他作松风图。他踉踉跄跄碰翻了墨汁，信手就在纸上涂抹起来，片刻，就画完了一幅笔简意贼，水墨淋漓的《松风图》，在场的人们都看呆了，皇帝也夸他真仙人之笔也。

汪肇也是浙派名家，善饮。《徽州府志》记载他“遇酒能象饮数升”，象饮，用鼻子饮酒，真可称得上是饮酒的绝技表演了。《无声诗史》《金陵琐事》都记叙他象饮的故事：一次他误乘贼船，为了博取贼首的好感，自称善画，愿为每人画一扇。扇画好之后，众贼高兴，叫他一起饮酒，汪肇用鼻吸饮。众贼见了纷纷称奇，各个手舞足蹈，喝得过了量，沉睡过去，汪肇才得以脱险。汪肇常自负地炫耀自己：“作画不用朽，饮酒不用口。”唐伯虎（1470—1523年）名寅，字伯虎，一字子畏，号六如居士，是风流才子。诗文书画无一不能，曾自雕印章曰“江南第一风流才子”。山水、人物、花卉无不臻妙，与文徵明、沈周、仇英有“明四家”之称。唐伯虎总是把自己同李白相比，其中包括饮酒的本领，他在《把酒对月歌》中唱出“李白能诗复能酒，我今百杯复千首”。受科场案牵连被革去南京解元后，治圃苏州桃花坞，号桃花庵，日饮其中。民间流传唐伯虎醉酒的故事：他经常与好友祝允明、张灵等人装扮成乞丐，在雨雪中击节唱着莲花落向人乞讨，讨得银两后，他们就沽酒买肉到荒郊野寺去痛饮，而且自视这是人间一大乐事。还有一天，唐伯虎与朋友外出吃酒，酒尽而兴未阑，大家都没有多带银两，于是，典当了衣服权当酒资，继续豪饮一通，竟夕未归。唐伯虎乘醉涂抹山水数幅，晨起换钱若干，才赎回衣服而未丢乖现丑。

著名的书画家、戏剧家、诗人徐渭（1521—1593 年）也以纵酒狂饮著称。他经常与一些文人雅士到酒肆聚饮狂欢。一次，总督胡宗宪找他商议军情，找他不见，直至夜深，仍开大门等他归来。一个知道他下落的人告诉胡宗宪：“徐秀才方大醉嚎嚣，不可致也。”胡并没有责怪徐渭。后来，胡宗宪被逮，徐渭也因此精神失常，以酒代饮，真称得上嗜酒如命了。《青在堂画说》记载着徐渭醉后作画的情景，文长醉后拈写过字的败笔，作拭桐美人，即以笔染两颊，而丰姿绝代。这正如清代著名学者、诗人朱彝尊评论徐渭画时说的那样，“小涂大抹”都具有一种潇洒高古的气势。行草奔放，蕴含着一股狂傲澎湃的激情。

明代画家中另一位以尚酒出名的就是陈洪绶（1597—1652 年），字章侯，号老莲。画人物“高古奇贼”。周亮工《读画录》说他“性诞僻，好游于酒。人所致金银，随手尽，尤喜为贫不得志人作画，周其乏，凡贫士藉其生者，数十百家。若豪贵有势力者索之，虽千金不为搦笔也”。他曾在一幅书法扇面上写：“看宋元人画，便大醉大书，回想去年那得有今日事。”张岱《陶庵梦忆》记载与陈洪绶西湖夜饮，携家酿斗许，“呼一小划船再到断桥，章侯独饮，不觉沉醉”。陈洪绶醉酒之后会洋相百出，“清酒三升后，闻予所未闻”。每当醉后作画，他“急命绢素，或拈黄叶菜佐绍兴深黑酿，或令萧数青倚槛歌，然不数声，辄令止。或以一手爬头垢，或以双指搔脚爪，或瞪目不语，或手持不聿，口戏顽童，率无半刻定静。”陈洪绶酒后的举止正是他思绪骚动，狂热和活力喷薄欲出的反映。

“扬州八怪”是清代画坛上的重要流派。“八怪”中有好几位画家都好饮酒。高凤翰（1683—1748 年）就“跌宕文酒，薄游四方”。那位以画《鬼趣图》出名的罗聘（1733—1799 年）更是“三升酒后，十丈嫌横”。他死后，吴毅人写诗悼念他，还提到了他生前的嗜好“酒杯抛昨日”，可见他饮酒的知名度了。他的老师金农（1687—1763 年）朝夕不离酒，自嘲道：“醉来荒唐咱梦醒，伴我眠者空酒瓶。”他与朋友诗酒往来的作品多有酒，如“石尤风甚厉，故人酒颇佳。阻风兼中酒，百忧诗客怀”；“绿蒲节近晚酒香，先开酒库招客忙，酒名记清细可数，航舲版艳同品尝”。那位以画竹兰著称，写过“难得糊涂”的郑板桥一生也与酒结缘。郑板桥名燮（1693—1765 年），他在自传性的《七歌》中说自己“郑生三十无一营，学书学剑皆不成，市楼饮酒拉年少，终日击鼓吹芋笙。”可见青年时代就有饮酒的嗜好了。郑板桥喝酒有自己熟悉的酒家并和酒家结下了深厚的友谊，“河桥尚欠年时酒，店壁还留醉时诗”。他在外地还专门给这位姓徐的酒店老板写过词，题目是《寄怀刘道士并示酒家徐郎》，词的下半阕谓：“桃李别君家，霜凄菊已花，数归期，雪满天涯。吩咐河桥多酿酒，须留待，故人除。”八怪中最喜欢酒的莫过于黄慎，字恭慰，号瘦瓢。福建曹田人，流寓扬州以卖画为生。善画人物、山水、花卉，草书亦精。清凉道人《听雨轩笔记》说他“性嗜酒，求画者具良酝款之，举爵无算，纵谈古今，旁若无人。酒酣捉笔，挥洒迅疾如风”。许齐卓《瘦瓢山人小传》中说他“一团辄醉，醉则兴发，濡发献墨，顷刻飘飘可数十幅”。马荣祖在《蚊湖诗钞》序中说：黄慎“酒酣兴致，奋袖迅扫，至不知其所以然”。清凉道人说黄慎作画时运笔疾速如骤雨狂风，其画“初视如草稿，寥寥数笔，形模难辨，及离丈余视之，则精神骨力出也”。郑板桥说他：“画到神情飘没处，更无真相有真魂”。

清末，海派画家蒲华可以称得上是位嗜酒不顾命的人，最后竟醉死过去。蒲华住嘉兴城隍庙内，性落拓，室内陈设极简陋，绳床断足，仍安然而卧。常与乡邻举杯酒肆，兴致来了就挥笔洒墨，酣畅淋漓，色墨沾污襟袖亦不顾。家贫以售画自给，过着赏花游山，醉酒吟诗，超然物外，寄情翰墨的生活。曾自作诗一首：“朝霞一抹明城头，大好青山策马游。桂板鞭梢看露拂，命侍同醉酒家楼。”这正是他的生活写照。

当代画家傅抱石善饮，没有好酒就没有好画，解放后傅抱石的酒还是周恩来总理特批。喜欢喝酒的还有齐白石的关门弟子许麟庐。上海画家唐云也喜欢喝酒，北京某部请唐云去北京作画，问他有什么要求，唐云说：我每天是要喝一点人头马的。唐云嗜烟嗜酒，喝茶淡了，会将茶叶捞起，浇上麻油酱油，当凉菜那么给吃了。

三、 酒入画中

酒的题材往往是画的主题。可绘人，可画酒，可涂抹酒席，可渲染酒宴。北宋宣和（1119—1125 年）年间由官方主持编撰的宫廷所藏绘画作品的著录著作《宣和画谱》就记载有：黄荃《醉仙图》，张妖寿《醉真图》《醉道图》，韩滉《醉学士图》，顾阁中《韩熙载夜宴图》，顾大中《韩熙载纵乐图》等。传说南朝梁武帝时的名画家张僧繇就画过《醉僧图》壁画，唐朝大书法家怀素写诗称赞《醉僧图》：“人人送酒不曾沽，终日松间系一壶。草圣欲成狂便发，真堪画入醉僧图。”后来，僧道不睦，道士每每用《醉僧图》讥讽和嘲笑和尚。和尚们气恼万分，于是聚钱数十万，请阎立本画《醉道图》来回敬道士。阎立本把《醉道图》画得十分生动，道士们酒醉之后洋相百出，滑稽之态，令人捧腹。

与酒有关可入画的内容还很多，如以酒喻寿，所谓寿酒就是以酒作为礼品向人表示祝寿。中国画就常以石、桃、酒来表示祝寿。八仙中的李铁拐、吕洞宾也以善饮著称。他们也常常在中国画里出现，明代扬州八怪之一的黄慎就喜欢画李铁拐。《醉眠图》是黄慎写意人物中的代表作：李铁拐背倚酒坛，香甜地伏在一个大葫芦上，作醉眠态。葫芦的口里冒着白烟，与淡墨烘染的天地交织在一起，给人以茫茫仙境之感，把李铁拐这个无拘无束四海为家的“神仙”的醉态刻画得独具特色。画面上部草书题：“谁道铁拐，形肢长年，芒鞋何处，醉倒华颠”十六个字，再一次突出了作品的主题。齐白石画过一幅吕纯阳像，并题了一首诗：“两袖清风不卖钱，缸酒常作枕头眠。神仙也有难平事，醉负青蛇（指剑）到老年。”这件作品诗画交融，极富哲理的语言，令人深思。

《春夜宴桃李园》也是画家们喜欢的题材。这个题目取材于李白的《春夜宴桃李园序》，描绘李白等四人在百花盛开的春天，聚会于桃李之芳园，叙天伦之乐事。时值夜阑，红烛高照，杯觥交错，表现了文人雅士的生活情景。

宋徽宗赵佶所绘《文会图》描绘宴饮的地方面临一浊清池，三面竹树丛生，环境幽雅。中间设一巨榻，榻上菜肴丰盛，还摆放着插花，给人以富贵华丽之感。他们使用的执壶、耳杯、盖碗等也都是当时的高级工艺品，再次显示了与会者的身份。在座的文人雅士神形各异，或持重，或潇洒，或举杯欲饮，或高谈阔论，侍者往来端杯捧盏，展示了宋代贵族们宴饮的豪华场面。

《卓歇图》是辽代画家胡瓌的作品。胡瓌擅画北方契丹族人民牧马驰骋的生活。卓歇，是指牧人搭立帐篷歇驻。此图中描绘契丹部落酋长狩猎过程中休息的一个场面：主人席地用餐，捧杯酣饮，其身后侍立四个身佩雕弓和豹皮箭束的随从，席前有人举盘跪进，有人执壶斟酒，还有一男子作歌舞状，表现了契丹贵族的围猎生活和饮食习俗。

图 9-3 韩熙载夜宴图（局部）

《韩熙载夜宴图》是描绘五代时南唐大官僚韩熙载骄奢淫逸夜生活的一个场面。韩熙载（902—970 年），字叔言，北海（今山东潍坊）人。其父韩光嗣被后唐李嗣源所杀，韩熙载被迫投奔南唐，官至史馆修撰兼太常博士。韩熙载雄才大略，屡陈良策，希望统一中国，但频遭冷遇，使其对南唐政权失去信心。不久，北宋雄兵压境，南唐后主李煜任用韩熙载为军相，妄图挽回败局，韩熙载自知无回天之力却又不敢违抗君命，于是采取消极抵抗的方式，沉溺于酒色。李煜得知韩熙载的情况，派画院待诏顾闳中、周文矩等人潜入韩府。他们目识心记，根据回忆绘成多幅《韩熙载夜宴图》。该图为手卷形式，以韩熙载为中心，描绘了官员韩熙载家设夜宴载歌行乐的场面。绘就的是一次完整的韩府夜宴过程，即琵琶演奏、观舞、宴间休息、清吹、欢送宾客五段场景。揭示了古代豪门贵族“多好声色，专为夜宴”的生活情景。图中的注子、注碗的形制是研究酒具发展变化的重要资料。

图 9-4 马远——月下把杯图

《月下把杯图》是马远的作品。马远字遥父。南宋画院待诏。画院待诏，画院，官署名。待诏，官职名，意谓等待皇帝诏命的官员。画院待诏的职责是在宫廷中掌管绘画。除为皇家绘制各种图画外，还承担皇家藏画的鉴定和整理及绘画生徒的培养。两宋是中国画院的极盛时代，在画院的组织形式上是最为完备的。在艺术教育上，无论学科与考试诸方面，都有健全的体制，它随着两宋经济的发展，取得了较大的成就，成为历代画院的典范。

马远画山水以偏概全，往往只画一角或半边，打破了以往全景山水的构图方法，被称之为“马一角”，是南宋四大家之一。《月下把杯图》描绘一对相别已久的好友在中秋的夜晚相遇的情景，中秋是团圆的佳节，好友重逢，痛饮三五杯，以示庆贺。正如画上宋宁宗的皇后杨妹子写的那样“相逢幸遇佳时节，月下花前且把杯。”

《蕉林酌酒图》是明末清初陈洪绶的人物画中的代表作。此图描绘一个隐居的高士摘完菊花之后，在蕉林独自饮酒的情景。图中主人举杯欲饮，一个童子兜着满满一衣襟的落花，正向一个盛落花的盘子里倒去，另一书童正高捧着酒壶款款而行，这情景描绘的正是孤傲的文人雅士们所向往的“和露摘黄花，煮酒烧红叶”的隐逸生活。

杜甫写过一首题为《饮中八仙》的诗，讴歌了贺知章、汝阳王李琎、李适之、李

图 9-5　陈洪绶——蕉林酌酒图

白、崔宗之、苏晋、张旭、焦遂等八位善饮的才子。此后，《饮中八仙》也就成了画家们百画不厌的题材了。明代杜堇本姓陆，后改姓杜，字惧男，号柽居，别号古狂、青霞亭长等，丹徒（今江苏镇江）人，居北京。其画主要继承宋代画院的格法，并参以元人的韵致。善画山水、界画、人物、花鸟，尤精白描画法，他画有《饮中八仙》《东园载酒图》等与酒文化有关的作品。其所作《饮中八仙》描绘饮中八仙吃酒的场面，各自渐入醉境，但表现又各不相同：或还在举杯酣饮；或烂醉如泥倒在地上或神情凝滞，将醉欲醉；或丢帽眈足，狂态百出，从而体现了不同人物的不同性格，堪称一幅描绘醉态的佳作。

第二节　酒与书法篆刻

一、 酒与书法

中国是酒的大国，也是书法艺术的大国。书法是我国的传统艺术瑰宝之一。嗜酒者不一定是书法家，但书法家大都嗜酒。酒给人以刺激，给人以快感，使人的情绪在最短时间内调节至最佳状态引起强烈的创作冲动。酒可以使人平添许多豪情，狂放不羁，不拘成法，创作出许多艺术价值极高的书法佳作。

书法史上最著名的张旭、怀素、李白、陆游等，他们以书法名世，以文章名世，以诗歌名世，同样也以善酒名世。他们以书、文、诗、酒写下了辉煌壮丽的一生，为中国文化史作出卓越的贡献，使后人景仰不已。苏轼对“醉墨”（醉后的书法作品）颇为欣赏，将其作为新建屋堂之名：“近者作堂名‘醉墨’，如饮美酒消百忧。”

中国书法有六种书体：篆书体（包含大篆、小篆）、隶书体（包含古隶、今隶）、楷书体（包含魏碑、正楷）、行书体（包含行楷、行草）、燕书体（包含燕隶）、草书体

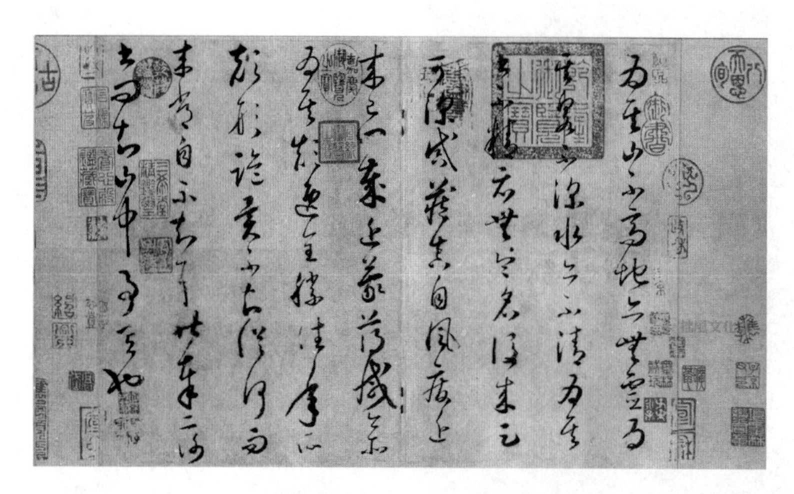

图 9-6 怀素——论书帖草书墨迹

（包含章草、小草、大草、标准草书）。据说《兰亭序》就是王羲之酒醉之后写成的，这一写便成就了天下第一行书。说来也怪，等王羲之酒醒之后再来把这个草稿正式誊抄时，发现写出来的效果怎么也比不过这幅草稿。别看草稿上的文字间距不齐，甚至还时不时的出现错字涂抹的印迹，但正是这样一种自然的状态才流露出了行书的真谛，这也许就是酒与书法家微妙结合的产物。唐代的书法家张旭则写的是草书，他“嗜酒，每大醉，呼叫狂走，乃下笔，或以头濡墨而书，既醒自视，以为神，不可复得也，世呼‘张癫’。”

醇酒之嗜，激活了两千余年不少书法艺术家的灵感，为后人留下无数艺术精品。他们酒后兴奋地引发绝妙的柔毫，于不经意处倾泻胸中真臆，令后学击节赞叹，甚而顶礼膜拜。这种异常亢奋支持艺术不断求索，使无绪趋于缜密，使平淡而奇崛，逮若神助。不少大书法家并不满足于细品助兴，小盏频频，于琼浆玉液乃是海量，放胆开怀畅饮，越是激昂腾奋，愈加笔走龙蛇，异趣横生，非纸尽墨干不肯止。

明代祝允明（1460—1526 年），字希哲，因右手六指，自号“枝指生”。嗜酒无拘束，玩世自放，下笔即天真纵逸，不可端倪。与书画家唐寅、文徵明、诗人徐模卿并称“吴中四才子”。视允明狂草学怀素、黄庭坚。在临书的功夫上，同代人没有谁能和他较量。作为全能的书家，他能以多种面目创作，能写小楷、篆隶、大草，也能写古雅的行书和巨幅长卷。天资卓越，腕与心应，神采飞动，情生笔端而作，表现出极强烈的个性和意蕴。明代董其昌在其著作《容台集》中说：“枝指山人书如绵裹铁，如印印泥。”他所临写的《黄庭经》小楷，明王释登《处实堂集》称之曰：“第令右军复起，且当领之矣。”又说：“古今临《黄庭经》者不下数十家，然皆泥于点画形似，钩环戈磔之间而已。枝山公独能于集蕉绳度中而具豪纵奔逸意气，如丰肌妃子著霓裳在翠盘中舞，而惊鸿游龙，徊翔自若，信是书家绝技也。”评价之高，无以复加。

二、 酒与篆刻

篆刻的起源由古代的盛酒器刻画符号而肇始，所以和酒有密切的关系。

在犹大王国（Kindom of Judah）内的一个内陆城市，考古学家发现了刻有铭文的罐子，上面刻着“由红葡萄干酿制而成葡萄酒”。酿酒师可能让葡萄在树上风干或在垫子上晒干，使葡萄的风味浓缩，酿成非常甜且厚重的葡萄酒。在这个地区以外的其他地方，考古学家也找到一些罐子，上面刻着类似“烟熏味葡萄酒”和“颜色非常深的葡萄酒”这样的铭文。

在我国出土的距今约6000年的半坡陶器中，已有酒器，印章的始祖——刻画符号，便是刻画在半坡的陶器上的。在距今3600年的商周青铜器中，已经有大量的酒器如爵、角、瓠、觯、卣、盉等，都有刻画印痕，其铸造技术和艺术价值都是极高的，也足以见当时的饮酒水平已达到相当的水平。

在新石器时代后期，人们发明了用陶泥制作器皿，形状可随心所欲，可大量制作，因之发展很快。随着古文字的萌生，为了区分大量制作的陶器的制作者或拥有者，以查其数量，工匠们在制陶时就在器皿上刻画自己的符号，这便是《礼记·月令篇》所记的“物勒工名”。为了方便，到后来，工匠们便用硬质材料刻制成印范，直接印制于陶器泥坯上，加以烧制，类似封泥。这说明印章的起源与酒有密切的关系。

在西汉末年新莽时期的官印中，发现了当时的文化教育界最高长官“祭酒”的官印“新城左祭酒”，这是“酒”字第一次出现在篆刻里。

明清文人印的兴起，给印章文字内容拓宽了天地。明清篆刻家中一大批嗜酒者，便在自己的印章中，表现了对酒的喜爱和对酒的寄托。著名的有何震的“沽酒听渔歌”、林皋的“案有黄庭尊有酒”、苏宣的“深得酒仙三昧”、黄士陵的“酒国功名淡书城岁月闲”等。这些印章丰富了篆刻艺术的表现内容，也丰富了酒文化的内涵，使原本实用的印章艺术与诗情、画意、酒香融为一体，使篆刻艺术放射出更加灿烂的光芒。

篆刻家在印章中刻酒，在印章中表现他们的思想。由于酒与文化人介入印章（元以前印章是由书法家写篆，工匠刻制），印章的发展和印人的涌现在明清时代都走出了划时代的一步。明清流派印中关于酒的印章，成为我国篆刻艺术中最富有特点的精品，在印坛闪现出耀眼的光芒。

第三节 酒与音乐戏剧

一、 酒与音乐

1. 音乐与酒

音乐与酒，表面看来好像关系不大。但是实则关系甚密，凡稍有讲究的酒宴，哪有不铺伴乐舞之理呢？大型饮宴，如果没有乐舞铺伴，既不隆重，也无气氛。个人中少数人闷饮，沉沉闷闷，生气殆尽。所以然者何？感情无以释放也。

早在公元前7世纪，古希腊就有了“大酒神节”（Great Dionysia）。每年3月为表示对酒神狄奥尼索斯的敬意，都要在雅典举行这项活动。人们在筵席上为祭祝酒神狄奥尼索斯所唱的即兴歌，称为“酒神赞歌”（Dithyramb）。与比较庄重的“太阳神赞歌”相比，它以即兴抒情合唱诗为特点，并有芦笛伴奏，朗然起舞的酒神赞歌受到普遍的欢迎。到公元前6世纪左右，酒神赞歌开始负盛誉，并发展成由50名成年男子和男孩组成的合唱队、在科林斯的狄奥尼索斯大赛会上表演竞赛的综合艺术形式。伟大的酒神赞歌时代也是伟大的希腊抒情合唱诗盛行的时代，并导致了古希腊戏剧、音乐艺术的发展。古希腊的悲剧、喜剧和羊人剧都源于“大酒神节”。

我国古代，人们对于音乐早有深刻的认识。《毛诗》序曰：“诗者，志之所之也，在心为志，发言为诗。情动于中，而行于言；言之不足，故嗟叹之；嗟叹之不足，故咏歌之；咏歌之不足，不知手之舞之、足之蹈之也。”“情发于声，声成文谓之音。”这就道出了音乐的基本特点：抒发感情、愉悦性情。它也道出了人们运用音乐的不同层次：首先，情动一中，而行于言。这就是赋诗；第二层，言之不足，故嗟叹之。这就是诵诗；再进一层，嗟叹之不足，故咏歌之。这就是歌唱；最终，咏歌之不足，不知手之舞之、足之蹈之也。这就是歌舞。既助兴又抒情，兴尽情尽，尽善尽美。

有了音乐，可以使欢者更欢，悲者更悲，尽情抒发。对于乐者饮酒，其好自不必说。对于戚者，则可以释积散郁，调理性情。

饮酒有两面性，优者，激发感情，活跃思想；劣者，麻木思想，消沉意志。音乐则可以扬其长而避其短。正如孔子所言：“乐而不淫，哀而不伤。”音乐在渲染气氛上，更是高其创始艺术形式一筹，在大庭广众之下，音乐一响，则群情激奋，真是“移风易俗，莫胜于乐。”

饮酒时用乐不同，功效也不同：歌舞饮宴，可以渲染气氛，助兴愉情，还有审美作用；但是，饮者自身不动，难以尽兴；饮酒吟诵，言志抒情。但是只吟诵而不歌唱，抒情未能尽；饮酒歌唱，言志抒情。尽情尽兴，尽善尽美。

只饮闷酒是不好的，保证有将饮酒与音乐相结合，才是人们美好的享受。酒与音乐的不解之缘，关键即在于此。

古希腊有一首颂歌“你的酒杯高高举起，你欢乐欲狂，万岁啊！你，巴库斯（酒神）潘（牧神，酒神的随从）。你来在，爱留西斯万紫千红的山谷”而幼利拉底的《酒神》中，酒神侍女欢快的歌唱，狂野的舞蹈昭示了她们对于文明的负担和社会伦理的逃避与反叛。酒神引导着他的信徒们走向沉醉的“激情状态”，这是一种宗教似的虔诚和灵魂的战栗，早期的酒神崇拜是具有原始形式的，野蛮的，后来经过奥尔弗斯的改造，逐渐演变成精神化的形式，更加注重精神的沉醉而逐渐取代了肉体的满足。

中国，唐宋时期的酒店中就有歌舞女，以音乐助酒。唐宪宗元和年间，在首都长安的大酒楼中就有一位歌女红红，她每晚走到预定好的酒肆和茶楼中，调弦演唱，从不与客人调笑戏狎，只凭着歌喉和唱技挣得赏钱。许多风流倜傥的公子都追逐着她，每天随着她进出酒肆茶楼，为她捧场。在红红的众多粉丝中，有一个人是大诗人元稹。在唐宪宗暴崩后，李恒继位而为唐穆宗，元稹做了宰相。仗着自己是宰相，元稹很想把红红收入自家府第，然而未能得逞。

宋代都城临安的酒店种类很多，有音乐酒店，《梦粱录》卷十六《茶肆》载“绍兴年间，卖梅花酒之肆以鼓乐吹《梅花引》曲破卖之”，也就是利用音乐招揽生意，吸引饮酒之人上门。

“毫无疑问，饮酒的风尚，促进了民间音乐的发展；而那些歌女、歌童，无论唱的是阳春白雪，还是下里巴人，同样都点缀了酒文化，使之更纷彩多姿。不难想见，如果没有歌声，酒楼就肯定不能吸引更多的来客。因此，音乐的兴盛，同样促进了酒文化的发展。”当然这也说明明代的酒楼与音乐已经十分紧密地结合在一起了。

2017 杭州（国际）音乐节开幕音乐会在杭州大剧院歌剧院举行，在交响乐的烘托下，京剧表演艺术家、梅葆玖大弟子魏海敏倾情出演了中国传统京剧名段《贵妃醉酒》，虽已年及 60 岁，但这位中国戏剧“梅花奖”得主在衔杯、卧鱼、醉步、扇舞等高难度的身段舞蹈中，依然舒展悠然。

京剧《大唐贵妃》借助于交响乐，则强化了李隆基与杨贵妃二者生死之恋的情感基础。大段的重点唱段中加入交响乐、合唱队，不仅在直观的场面气势上，在音乐感染力上也呈现出一种新的意味和境界。交响乐色彩丰富、表现手段多而且细腻，在表达人物情感、命运时，在铺排戏剧情节时，有利于表现戏剧结构跌宕起伏的变化，增加冲击力和震撼力。比如“醉酒”一场中那段脍炙人口的四平调第一句“海岛冰轮初转腾”，伴随着 70 人歌剧合唱队的伴唱和交响乐的伴奏，在优美自然的原有风格之外，由于多声部音域的渐次宽厚、超拔和音色的丰满、共鸣，的确平添了一份华美、壮丽又隐含着忧伤的色彩，拓展和加深了音色的表现力量，也很好地烘托了人物的心理氛围和全剧的悲情基调。但腔还是四平调的皮黄腔，唱还是梅派含蓄自然的咬字发声，戏迷初听可能有点愣神，细品还是熟悉的梅派韵味和风骨。

2. 祝酒歌

祝酒歌是不分国界的，古今中外都有许多知名的祝酒歌。最为著名的即意大利鲁契亚诺·帕瓦罗蒂（Luciano Pavarotti）的《祝酒歌》，是歌剧茶花女中的经典唱段，和中国的意思一样，都是借酒表达一种祝贺。

俄罗斯民族也是一个嗜酒的民族，盛产祝酒歌，《茫茫大草原》就是这样的一首歌。虽然名为祝酒，其实歌曲很悲伤，歌词更是忧郁。歌词作者伊凡·苏里科夫是一位19世纪的俄罗斯诗人，以农民，城市平民和自然风光为自己诗歌的主要题材。曲来自民间。歌曲以一位即将死在草原上的马车夫的口吻，讲述了他临终前的不舍和眷恋。整首歌弥漫着俄罗斯式的悲伤和忧郁。歌词是：

茫茫大草原，路途多遥远。有个马车夫，将死在草原。

车夫挣扎起，拜托同路人，请你埋葬我，不必记仇恨。

请把我的马，交给我爸爸，再向我妈妈，安慰几句话。

转告我爱人，再不能相见。这个订婚戒，请你交还她。

爱情我带走，请她莫伤怀，重找知心人，结婚永相爱。（庄德之 译词）

大概没有一首歌曲如像苏联卫国战争时期的《我们举杯》那样使人热血澎湃的了，歌词是：

如果在节日里，有几个好朋友，同我们欢聚在一起。我们要回忆起最珍贵的一切，唱起了愉快的歌。

同志们来吧，让我们举起杯，唱一曲饮酒的歌。为自由的祖国，我们来干一杯，干一杯再干一杯。

为英雄的人民，为热情的俄罗斯，我们来干一杯。为强大的陆军，为光荣的海军，我们来干一杯。

同志们举起杯，为我们的近卫军，他们是勇敢的人。为党和斯大林，为胜利的旗帜，我们来痛饮一杯。

中国改革开放极大地唤起了中国人民的热情，音乐家施光南作曲、韩伟作词的《祝酒歌》反映了中国人民的心声，是时代的赞歌。整首歌曲清新明快，节奏跳跃、抒发热烈与激情。创作于20世纪70年代末。歌词是这样的：

美酒飘香歌声飞，

朋友啊请你干一杯，请你干一杯。

胜利的时刻永难忘，杯中酒满幸福泪。

来来来来，来来来来，来来来来来来来来。

十月里，响春雷，

亿万人民举金杯；
舒心的酒啊浓又美，
千杯万杯也不醉。
手捧美酒望北京，
豪情胜过长江水，胜过长江水。
锦绣前程党指引，万里山河尽朝晖。
来来来来，来来来来，来来来来来来来来来。
展未来，无限美，
人人胸中春风吹。
美酒浇旺心头火，燃的斗志永不褪。
今天（啊）畅饮胜利酒，明天（啊）上阵劲百倍。
为了实现四个现代化，愿洒热血和汗水。
来来来来，来来来来，来来来来来来来来来。
征途上，战鼓擂，条条战线捷报飞。
待到理想化宏图，咱重摆美酒再相会。
来来来来，来来来来，来来来来来来来来来。
咱重摆美酒再相会。

二、 酒与戏剧

酒与戏剧有密切的关系，没有酒，没有饮酒的场景，没有醉酒，戏份就会减去不少，甚而无法烘托人物性格，难以推进情节的演进。

英国莎士比亚《哈姆雷特》第五幕中的毒酒加剧了剧情的反转，成为一个关键点。剧中哈姆雷特不顾霍拉旭的劝阻，接受雷欧提斯的挑战。决斗开始了，哈姆雷特占了上风。在第一回合中，哈姆雷特击中雷欧提斯一剑，斟上一杯酒，以示祝贺。王子急于进行比赛，就把酒放在一边。第二回合中王子又获得了胜利。王后十分高兴地替王子饮下了这杯酒。雷欧提斯深知自己手中毒剑的厉害，一直不肯轻易往王子身上刺。雷欧提斯在克劳狄斯的煽动下，一剑刺中哈姆雷特。同时哈姆雷特手中的剑也刺伤了雷欧提斯。就在这时，王后大叫着倒在地上，中毒身亡。原来国王在给哈姆雷特备下的酒中下了毒，王后毫无防备地喝下了。

以下再以中国的京剧为例，京剧与酒就如影随形。其一，剧名中往往有酒，以“酒”字吸引看客。比如《青梅煮酒论英雄》《贵妃醉酒》《宝蟾送酒》《监酒令》《酒丐》，剧名中都有个酒字。

其二，还有很多戏，戏名虽不带“酒”字，而剧中却有与酒有关的情节。常见戏中有演员念“酒宴摆下”，而侍者只端一个盘子，内放一把酒壶，几只酒杯，不用筷子，也没有菜，这就是中国戏曲的虚拟、写意、简练之处。

其三，名家名角常常以酒戏出名。饮酒、斗酒、酒宴，人们司空见惯，要演化在舞台上十分困难，然而名家名角恰恰是下足功夫，以酒戏见长。

图 9-7　梅兰芳先生代表剧目《贵妃醉酒》剧照

梅兰芳的名作《贵妃醉酒》，表现杨玉环在深宫内院失宠后的内心苦闷。梅兰芳用优美的戏曲程式，来表演角色的心情，以“卧鱼”表现趴在地上闻花香，“下腰衔杯”表现躺在地上喝酒，这些生动的表演，艺术地再现了生活中的醉态。

《龙凤呈祥》是一出三国戏，讲述了吴国太在甘露寺设宴相亲，后来选中了刘备为婿。这出戏是借酒选婿，由于剧名吉利，内容喜庆，行当齐全，生旦净丑都上场，因此成为名伶荟萃大合作戏的代表作。

武戏《伐子都》的故事出自《左传》隐公十一年郑伯伐许的记载，剧中人物庄公、考叔、子都、素盈、祭仲也确有其人。这出戏说的是：子都出征时暗中害死副帅考叔，回朝冒功。国君设宴庆功时，子都由于心虚，在宴前半醒半醉，似乎见到考叔显魂索命，子都突发精神病。扮作子都的演员，扎靠披蟒，头戴插翎帅盔，脚穿高底长靴，有十来斤重，要表演一连串的惊吓疯癫的动作。戏中饰演子都的武生演员有高难度的武技，先是从酒桌上窜出去，在场上跌滚翻扑，边唱边做，自述子都自己暗害主帅的经过。后来上了有四张桌子高的龙书案，武生演员像跳水运动员那样来个“云里翻”跳下来，紧接着便是甩发，最后咯血而亡。这是一出借酒显魂的戏。

《武松打虎》剧中，武松在景阳冈上开怀畅饮，之后打死了猛虎；《醉打蒋门神》里武松借酒“寻衅”，为民除害。这两出戏是著名的“江南活武松”盖叫天的盖派名剧。

《霸王别姬》中的项羽以酒解闷，《群英会》中周瑜以酒示威，《红楼二尤》中尤三姐泼酒反抗，《斩华雄》中关羽温酒斩将，这些戏都在“酒”字上做文章。另外，《十八罗汉斗悟空》里的醉罗汉能将水壶般的大酒壶变成大拇指般的小酒壶；《黑旋风李逵》，是讲嫉恶如仇的梁山英雄李逵路见不平，破戒饮酒，除掉恶霸的故事；《醉打山门》演鲁智深身入佛门而下山饮酒，醉后打坏山门，刻画了他豪爽不羁的性格。至于京昆大师俞振飞的《太白醉写》，更是以剧中醉态的精彩表演，成功地塑造了藐视权贵的诗人李白的形象。

另外，酗酒过度、因酒误事的戏也有不少，这就是借酒劝导人们戒酒了。京剧名演员马连良在《四进士》中饰宋士杰，剧中有很多醉酒的场景。剧情是河南上蔡县人氏姚廷梅，被他的嫂子田氏（田伦之姊）用毒酒害死；宋士杰出门饮酒，遇见一群流氓在途中欺侮杨素贞，宋士杰惊呼"三杯酒把我的大事误了"。《望江亭》是京剧名演员张君秋的名戏，剧中谭记儿扮作渔妇，在望江亭上灌醉杨衙内，窃走势剑金牌，杨衙内贪恋酒色，失去了钦差的尚方剑，最后丢了性命；京剧名角谭富英、裘盛戎主演的《除三害》，剧中的周处自白道："终日饮酒，消愁解闷。且喜这义兴各业行商，不敢轻慢于我，茶楼酒馆，任俺潇洒，倒也十分快乐。"周处虽然纵酒闹事，但是以后改邪归正了。至于《斩黄袍》中的宋朝皇帝赵匡胤醉酒后错斩了义弟郑子明、差点被弟妇陶三春的人马夺去了江山，后果就严重了；《打金砖》中的后汉君主刘秀答应戒酒百日以作警惕，而西宫郭妃怀恨铫家杀父，在后宫用计破了刘秀的酒戒，趁刘秀酒醉传唤铫期前来加以陷害，刘秀也因酒醉错斩了岑彭等 28 位开国功臣，最后刘秀自己也因精神分裂而死于太庙，这已经是因酒而误了国家大事了。

小结

世界绘画史上许多名画都以酒为主题，用酒来揭示人物性格，渲染气氛。酒与中国的书法有着特殊的关系，与篆刻的密切关系可能是一些人所想不到的。《祝酒歌》是为了祝酒、祝寿、庆贺而特别创作的歌曲，各国、各民族都有自己的代表作，都带着民族的、历史的深深的烙印。戏剧中因为了有酒，有了饮酒的场景，有了醉酒，更加有情节，有冲突，烘托了人物性格，推进了情节的演进。

思考题

1. 书法、绘画、戏剧等艺术创作与酒有关系吗？是怎样的关系？
2. 说明书中所列祝酒歌的不同。你周围人饮酒时也唱祝酒歌吗？

参考文献

[1] 徐兴海，袁亚莉．中国食品文化文献举要．贵阳：贵州人民出版社，2005.

［2］徐兴海．食品文化概论．南京：东南大学出版社，2008.

［3］袁宏道，郎廷极著，徐兴海注释．觞政．胜饮编．郑州：中州古籍出版社，2017.

［4］徐慧菁．西方绘画中的日神与酒神．绍兴文理学院学报，1999，（2）：65-67.

［5］王春瑜．明朝酒文化．台北：东大图书公司，1990.

第十章

酒企业的经营文化

【学习目标】

通过本章的学习，能够从文化的视角思考酒文化在酒企业经营管理中所发挥的作用，并对企业文化建设的长期性与重要性有深刻认识，了解企业品牌文化建设的内涵与酒文化之间密不可分的关系。对以人为本的企业文化建设，企业经营发展的策略有所了解，并能开展一定的企业经营方面的专题调研，理论结合实践，提高对企业经营管理的认识理解水平。

第一节　酒企业的文化建设

企业文化是企业在生产经营实践中逐步形成的，为全体员工所认同并遵守的、带有本组织特点的使命、愿景、宗旨、精神、价值观和经营理念，以及这些理念在生产经营实践、管理制度、员工行为方式与企业对外形象中体现的总和。企业文化本质是企业在一系列价值选择时进行价值排序的活动。

文化具有其精神性、社会性、集合性、独特性及一致性、无形性、软约束性、相对稳定性等几个特征，它的核心是人们的价值观念。它是人类群体或民族世代相传的行为模式、艺术、宗教信仰、群体组织和其他一切人类生产活动、思维活动的本质特征的总和。

一、 酒文化与酒企业文化的关系

从企业自身的特点来看，酒企业主要分为市场导向型及文化导向型两大类。市场导向型企业也称经济型企业，文化导向型企业也称生命型企业。通常，经济型企业容易衰亡，而生命型企业能获得长期的可持续发展。从企业的实践来看，市场导向型的企业不但不排斥文化，反而越来越重视企业文化建设；文化导向型企业不但不排斥市场，反而越来越重视市场营销。

中国酒文化具有丰富的文化内涵，表现形式丰富多彩。在当下竞争日益激烈的酒业中，酒企业家们对酒文化形成了自觉的文化追求，使酒文化成为了酒企业的文化核心，构成了酒业企业文化与一般企业文化的根本差异和特殊性。

这主要体现在以下几个方面：首先是文化资源的不同。酒业的企业文化资源是酒文化，它具有独特的区域文化、民俗文化、艺术文化，具有历史的延续性和不可分割性。其次是文化构成方式不同。酒业企业文化的构成，一般是复合式，即独特的酒文化形态与一般文化形态的有机融合。再次，是文化特征不同。酒业企业文化因以酒文化为核心，对其民族性、地域性特色的要求特别突出，现在许多企业文化呈现出浓厚的西化色彩，则是这方面的重要证据。酒业企业文化应以酒文化为核心，其企业文化的构建，应充分考虑到这一特殊性，如果按照一般企业的要求去构建酒业企业文化，就难以建立有效地能推动酒业向前发展的酒业企业文化。

辩证地处理好酒文化与企业文化之间的关系，是建构酒业企业文化，发挥酒文化经济效益的关键。

酒文化与酒业企业文化的关系是局部和整体的关系，即酒文化是酒业企业文化的一个组成部分，并非酒业企业文化的全部。因此，在酒业企业文化的建设中，既要重视酒文化的核心地位，又不能局限于酒文化，而要充分吸收现代管理文化、服务文化、营销文化，从而构建以酒文化为核心的适应现代企业竞争需要的酒业企业文化。

酒文化在酒业企业文化中具有主体作用，但仅有主体还不是完整的机体，还需要其他文化成分的辅助，主体才能有效地运转。酒业企业提升整体形象，就必须把酒文化渗透到酒产品的酿造、酒品牌的设计、酒品及企业形象广告策划、市场营销的全部过程中去。在具体实施运作中，应该是系统性地对酒文化的再加工、再创造，或者说是酒文化的进一步提高和丰富。酒业企业文化必须在突出酒文化的主体地位时，综合运用各种文化手段，以丰富酒文化，是酒文化真正达到提高企业效益的目的。

酒文化与酒业企业文化中的其他成分是一个有机联系的整体，而不应是互不关联的零散组合。这种有机性，就是以树立企业形象的知名度和美誉度为中心的高度有机组合。酒业企业文化的构建，应该凸显酒文化在酒业企业文化中的重要位置，把握这一特殊性，对构建酒业企业文化，发展酒业生产，具有十分重要的意义。对此，酒业企业应该有清醒的认识和富有创造性的实践精神。

二、 酒企业文化建设

我国酒企业文化建设主要紧紧围绕酒企业精神、核心理念、发展目标、企业生产及经营理念、管理理念等各方面开展系统的企业文化建设工程。

近年来，诸多酒企业围绕“和谐与创新”的目标，构建和谐创新发展的酒企业文化，这不仅是顺应构建社会主义和谐社会的发展趋势，也是酒企业自身发展客观形势的需要。企业在发展中，要积极地解决所面临的各种矛盾和问题，只有在和谐发展的环境中，才能更好地解决各种问题。企业积极践行企业文化建设，也就是要赋予文化建设更明确的目标和更高的使命，进一步统一企业上下的思想和行动，促进企业又好又快发展。不断赋予企业文化新内涵，是顺应社会和企业发展，紧跟时代节奏和步伐的需要，也是巩固和增强企业凝聚力和向心力的现实需要。赋予企业文化新的内涵和使命，使其一直处于提升状态，保持持久的生机与活力，才能使文化成为企业发展的不竭动力源泉。

诸多成功的酒企业，根据企业实际，紧扣发展主题，立足创新，积极探索，努力实践，大力加强企业文化建设，形成了具有自身特色的企业文化体系，成为企业可持续发展的强大内在动力，从而以先进文化力增强企业核心竞争力，促进企业又好又快发展。

比如，国内著名的白酒企业集团中，如茅台酒集团的企业文化理念就包括使命、愿景、核心价值观、经营理念、决策理念、人才理念、领导理念等 8 项内容；古井集团的企业文化理念篇以“贡献文化”为核心，包括价值观、思维方式、战略目标等 14 个方面；五粮液集团的企业文化内容文化理念、发展方向等 8 个方面。

第二节 酒企业的品牌文化

“品牌”一词来源于古斯堪的那维亚语 brandr，意思是“燃烧”“打上烙印”，指的是生产者燃烧印章烙印到产品。它非常形象地表达出了品牌的含义：如何在消费者心中留下烙印？进行品牌塑造已经成为中国酒企业在发展中的必不可少的一环。

中国数千年来的酿酒、饮酒的历史，源远流长的酒文化为企业酒品牌文化的塑造配备丰厚的基础；中国酒市场的快速发展及营销水平的不断提高，为企业酒品牌文化的塑造奠定了物质基础和前提。对同一种酒而言，从品质上看，由于其在酿造手法与工艺、口感等方面日益同质化，企业营销若不注重在文化上挖掘卖点，很难塑造良好的品牌形象。随着互联网科技的兴起，过去那种传统的促销战、广告战和价格战的层面，局限于“一味掘祖和复古”，局限于“概念炒作”和“造势传播”，追求产品短期利益的做法，已经无法适应当代企业竞争形势。

一、 品牌内涵及特征

1. 品牌的内涵

具有广泛意义上的品牌主要包括了四个层面的内涵：品牌是一种商标，强调通过商标的注册，在法律意义上界定品牌的使用权、所有权、转让权等权利属性。品牌是一种招牌，强调品牌象征的商品的市场含义，包括品牌在市场中代表的商品的品质、性质、满足效用的程度、市场定位、文化内涵、消费者认知等。品牌是一种口碑，强调品牌在文化或心理方面的意义，包括品牌的品位、格调、名声等。品牌是一种综合体验，强调品牌带给消费者的全部体验，品牌不只是产品，产品只是品牌的一部分，品牌的定位不能仅仅通过广告宣传本身实现。

品牌是以名称、符号为基础的综合系统；是产品的标志，产品质量、性能、服务、文化的综合体现；以企业的科学管理、市场信誉、企业精神为依托，是企业重要的无形和可积累资产。品牌是市场经济的产物。产品品牌是出现最早，至今仍最普遍的一种品牌形式，包括有形的实物品牌和无形的服务品牌。

2. 品牌的特征

品牌具有无形性、效益性和专有性特点。品牌自身是无形的，不具有独立的物质实体，它通过一定直接或间接的物质载体予以表现，品牌的直接载体多是图形、品牌标记等。间接载体包括与品牌相关的价格等，品牌的价值与间接载体的价值具有不可分离的关系。品牌是企业的无形资产，可以促进企业的生产经营和服务长期、持续地发挥其资产作用，但品牌提供的未来经济效益具有较强的不确定性。倘若由于企业的技术或经营服务方面的原因，在竞争中未能保持其品牌个性，则可能会导致企业原有的品牌价值的减少。

品牌是企业的无形资源，品牌是专有的品牌，品牌转化具有一定的风险及不确定性。名牌就是知名品牌，或者在市场竞争中的强势品牌。品牌是一个价值积累过程。品牌价值是品牌的市场价值，是品牌在市场竞争中获取的，它不仅为企业提供了价值增值，同时也为企业赢得了顾客。品牌价值体现了企业的经营理念，同时品牌价值又影响企业价值，把顾客对企业的态度反馈给企业。品牌实际上是知名度、美誉度、忠诚度、联想度、依赖度的结合，做品牌的秘诀是“名实循环”，即善于以实造名，以名促实。

品牌是企业的“市场符号”，消费者通过品牌认识和记忆企业。品牌的支持者在于服务。要树立品牌就是服务的意识，企业要树立全心全意为消费者服务的意识。要以顾客至上，不断推出新的高品质的产品；讲信用，一诺千金；认真对待和正确处理顾客的批评和挑剔；对顾客一视同仁。产品是企业的，品牌存在于消费者的心里。要想在消费者心里建立起一定的品牌，没有良好的企业形象很难在消费者心目中占有位置。品牌背后是文化，品牌的脸面就是形象。

品牌的依托是文化。品牌文化与社会文化、企业文化、广告文化等互相结合，会为品牌注入文化内涵，增加其附加值。

二、 对酒品牌塑造的认识误区

1. 不能准确把握酒文化的本质及酒文化与品牌的结合点

从狭义酒文化的角度上看，酒文化本质上是一种心态文化，反映了当时的一种时代人文精神。酒企业给酒品赋予灵魂，就是要探究和挖掘蕴藏在酒的历史、传说、故事等等中的这种人文精神，并且找到这种人文精神跟自己想要传播的品牌文化的有益联结点。如果只是单纯地向受众展示一段与酒有关的故事，然后牵强生硬地把自己的品牌名称加进去，则难以打动消费者，很难建立酒品品牌文化与消费者的关系。

2. 片面重视营销促销，对产品质量重视不够

真正优秀的企业，能获得长久发展的企业，产品质量是根基，是“实”，只有做到良性的“名实循环”，企业的品牌价值才能不断提升。目前，酒文化营销风靡全国，加上有些酒类品牌在很短的时间内迅速走红，于是，有些企业就走进了一个误区，认为酒的营销玩实的不如玩虚的，同时也忽略了酒的质量的提高。近年来，媒体曝光的一些不合格的酒类产品，就大大损害了消费者的权益。一个品牌在消费者心目中到底是什么样的形象，消费者的体验很关键。如果消费者因饮劣酒而造成健康损害，无论企业采取怎样的营销宣传手法，也难以再次打动消费者。

3. 部分中小型企业对品牌塑造不自信

在酒行业中，有部分中小企业，认为自己的企业成立时间不长，仅有十几年或几年时间，无法与上百年的老厂、老品牌相比，谈不上“酒文化”的历史文化沉淀。在企业经营活动中，忽视品牌系统运作，而只限于注重眼前的战术运用，缺乏长期的战略规划，尤其是企业酒品牌长期规划。

4. 认为没有上亿元的广告资金支持，无法进行品牌宣传

在酒行业有百年老厂和大企业，部分中小企业在面对强大的酒企业竞争对手之时，感叹资金不足，力不从心。在中小型酒企业中，也有由于重视酒品牌塑造而获得了成功的案例。如，“金六福”是近几年来才正式登场的白酒一族，曾获得诸多荣誉，如湖南省著名商标，被中国食品工业协会评为“跨世纪中国著名白酒品牌”，被国家工商行政管理总局认定为“中国驰名商标”，这一连串的荣誉是与“金六福”的一套独特的企业文化行销密不可分的。再如，成立于2011年的重庆江小白酒业有限公司以“江小白”品牌瞄准80后、90后市场，面向新青年群体，主张简单、纯粹的生活态度。注重社会化营销，充分运用互联网技术，通过微信、微博、运用个性化的文案及多种广告形式，以文艺时尚的白酒品牌文化，迅速走红，成为白酒文化营销的成功案例。

三、以“文化制胜”的酒品牌建设

1. 品牌战略：酒文化为核心

中国酒类与中国历史发展相伴而行，在长期的生产和消费中形成了特有的中国酒文化，酒类企业如果通过制定以文化为核心的品牌战略，就能够给消费者灌输某些观念，培养某种习惯，从而实现企业的发展。文化反映了企业在经营过程中长期以来所形成的价值观念、行为规范和行为准则，它能集中体现出品牌战略的意图。酒类企业在制定品牌战略时，不仅要从物质的、经济的角度来观察、研究品牌，还应当从精神的、文化的角度来建设品牌，使文化真正成为酒类品牌战略的核心。

2. 品牌名称：独特性

酒企业经营活动经营的不仅仅是酒产品实物，还是一种文化，一种精神。文化作为品牌生命力的源泉，它最能体现出某种精神。所以具有文化内涵的品牌名称就成了品牌文化的载体。如：可以从地域文化、名人文化、历史故事文化、吉庆吉祥文化、神话传说、强调原料等角度来对酒产品进行命名。酒产品名称的好读、好写、好听、好记、好认，产品名称与企业文化的关联度、与所倡导的人类真、善、美的普世价值等都需要企业方予以重视。具体来说，主要包括：五好原则（即以上所说的便于读、写、听、记、认）；能够被人从众多品牌之中一眼发现；产品的用途、功能与独特性等让人一目了然；容易引起人的美好联想；创意富有特色，不与他人雷同；产品有格调，有文化品位；具有时尚感；产品有进一步深度开发的可能性；生产与广告一体化，产品与名称系统化；能够获得命名及商标注册权等等。

3. 品牌定位：准确性

我国酒类消费市场庞大，众多的消费者形成了地域不同、层次不同、目的不一的不同细分市场。也正由如此，酒类市场虽然处于供过于求的市场态势，但并非没有任何市场空隙，无论是传统产品还是新竞争者，只要酒类厂商善于挖掘细分市场，仍是商机无限。不过由于酒类市场的同质性，在产品质量、口味风格、价格等方面能有所创新的机会不多，这就要求企业注重文化的挖掘，找准目标市场并正确进行文化定位。由于文化的作用，消费者群体总是呈现出不同消费习惯、消费能力和消费方式，酒类企业就应根据这一特点出发推出相应的文化酒类。如消费者收入不同，其文化定位就不同，针对收入较高的白领阶层，要推出文化品位较高的产品，从饮酒的情调、气氛及酒器等都要有所表现；低收入者饮酒也并非是牛饮，他们也在酒类消费中赋予自己的精神寄托，其豪放、淳朴、欢愉是那些讲究饮酒情调者所无法体会的。此外，地域不同、职业不同、民族风俗习惯等，都可以给企业带来文化定位的市场机会。如孔府家酒的“家文化”、金六福酒的“福文化”、酒鬼酒的“民族文化”等，酒类企业要善于发现独特文化所形成的市场，向目标市场提供受欢迎的文化酒，以保证酒类企业开展文化营销的有效性。

4. 品牌包装：注重文化与时尚相结合

在市场竞争激烈的条件下，包装的作用已不再局限于保护商品和便于携带，增加商品的附加值和促进商品销售已经成为包装的重要功能。酒类包装尤其如此，成为酒类产品不可缺少的重要组成部分，特别是对那些重视收藏功能的消费者而言，包装的价值往往超过了酒本身，因此如何设计独特而有文化品位的包装，以包装吸引消费者便成为各个企业必须解决的问题。在酒类产品同质化的现状下，撇开酒的本身而注重诸如包装等附加值的挖掘已是企业成功的法宝，当然其前提一定是保证酒的质量。文化包装要注重几个方面：一是寻根文化的包装，二是融合文化的包装，三是注重与流行时尚元素相结合，四是不要过度包装，符合国家相关规定和要求。如中国白酒是中国所特有的酒类之一，具有悠久的历史文化，在包装上可充分利用民族文化元素，提升白酒品牌文化价值。如酒鬼酒的麻袋包装、酒神酒的葫芦型包装、邵阳开口笑酒的笑佛造型包装等。对于从事跨国营销的酒类企业，更应该具有国际视野，将异域文化元素有机地融合在一起，以实现本国化与国际化的结合，这是国内企业品牌走向国际市场的关键。

5. 品牌传播：方式多样，系统组合

无论是品牌还是品牌中所蕴含的文化，只有让消费者认知、在市场上产生反应，才会变得有意义，才会实现品牌文化的价值。因此，将酒类品牌中的文化进行有效传播是企业开展品牌营销时必须要解决的问题。进行文化传播的有效途径一般有：连续多年持续举办酒文化节，利用节会气氛将酒类品牌文化进行传播，如"茅台酒文化节""青岛啤酒文化节""五粮液酒文化节""洋河酒都文化节"等多次举办，取得了成功；利用各种文化气息浓厚的会议，如诗人笔会、作家笔会、书画展览等进行传播酒类品牌文化；利用赞助、冠名等各种软性广告的形式传播品牌文化；印刷并散发宣传册等各种资料；通过国际互联网站等多种媒体组合方式详细介绍酒类品牌文化，让消费者更进一步地了解该酒类品牌文化。

6. 研究市场，舍得有道

任何一个品牌都有一个生命周期，都有其产生、发展、成熟、衰亡、枯竭等生命过程。酒品牌的生命周期依据企业的品牌战略或长或短，没有一个品牌能够永远存在，根据品牌的生命周期，掌握品牌更替的主动权，有舍才有得，是品牌塑造的升华。一个品牌塑造的终结，也是另一个品牌塑造的开始。当然，在某些情况下，由于人们的恋旧情结，总是对要"舍弃"的品牌依依不舍，放弃是很困难的，也是很痛苦的。但是你必须这样做，只有这样，才能使品牌塑造"修成正果"。

知道了酒产品的生命周期，我们在实践中就要敢于有所为而有所不为，一是当某一品牌的产品在某地区已经过了成熟期时，我们就要在此市场主动收缩，用投入此市场的人力、物力、财力去开拓新市场；二是当某一市场的某品牌产品正处在成长期时，我们就要根据此市场的特点细分市场，精耕细作使其竞争力得到提高；三是当一个品牌在市场上已经不再具有深挖的潜力、处于衰竭状态时，我们要敢于"舍弃"，不要老是抱着这个品牌不放，要使一个"死亡"的品牌"变活"比重新塑造一个新品牌困难得多，即使这个品牌以前风光无限，也是如此。

"舍弃"一个旧品牌，意味着一个新品牌的诞生，这是企业保持长盛不衰的一条必由之路。我们大家熟悉的"缘"文化的代表"今世缘"就是舍弃"高沟"的品牌；"水井坊"就是舍弃"全兴"的品牌而发展起来的；而中国老牌名酒泸州老窖特曲正是在舍弃原有品牌而开发"国窖 1573"；中国名酒"沱牌曲酒"的品牌也被舍弃而发展出"舍得"的新品牌，在旧有品牌的主动退出后，扩大了原品牌的内涵，提高了文化品位，而且一产生就给人以强悍的震撼力，具有广阔的发展潜力。

企业在不断地发展壮大过程中，还有战略合作、兼并重组等企业经营管理变革，有些企业采取多品牌共同发展的战略，在保持企业文化核心价值观共同的基础上，保持原有品牌的个性，提高产品市场占有率，不断提升企业的核心竞争力。

酒类企业在品牌文化塑造的过程中，突出文化差异并将这种差异作恰当的表现，将品牌文化提升为企业文化或者说将品牌文化建设与企业文化建设有机地统一起来，将传统文化与现代文化结合起来，多角度、多方位地塑造酒类品牌文化。

酒文化是酒品牌的灵魂，但它不能给予品牌生命。每一个成功都是因为文化，但又都不全是因为文化，成功的品牌只是把文化当作一个系统运转的按钮，系统的正常运转需要更多的支持。在市场上，我们可以看到有些酒企业在进行品牌塑造时，将历史文化进行僵硬的生搬硬套，有些企业还对其他文化名酒进行恶意的模仿，其实，在这样的态势下打造起来的品牌在市场上是无法长足发展的，只能是昙花一现，或者是变相地为所模仿的品牌做免费的宣传。想取得市场的效应，需要把势能通过一定的转化能量加以发挥，这就需要企业进行文化开发和文化建设，使文化升华为一种市场力量，这是企业将一个变理念为现实操作的过程。

在对于酒文化的消化和吸收问题上，要从品牌的历史价值、社会文化特征、传统工艺的独特性方面寻找方向，重要的是必须挖掘品牌的内涵和核心价值；在酒文化的演绎和发扬方面，应该着重寻找品牌文化与社会文化结合点，然后表现品牌个性、品牌诉求、品牌定位。这是一个艰难而又复杂的过程，既需要酒企业对几千年的酒文化有深入的体会，又需要酒企业在品牌的价值建构上结合时代文化来完成文化与品牌、营销的整合。

【趣味链接】

图 10-1　古井贡酒商标

古井贡商标图案的寓意：由蓝天、白云、老槐、古井所组成的“古井贡”商标及形象标识，是全体古井人心目中的图腾。其中，“蓝天”象征质量为天、员工为天、品牌为天等，“白云”象征志存高远和简单、干净、和谐的关系，“老槐”象征绿色、环保、生命力旺盛和忠诚、坚守、奉献的秉性；“古井”象征源远流长、生生不息的精神。

第三节　酒文化与企业营销

著名管理大师彼德·德鲁克（Peter Drucker）曾说过，企业具有两个基本职能——

市场营销和创新。营销是一个组织的灵魂，而不仅仅是其体系中的一部分。营销是企业的基本职能，是企业经营活动的主要内容。营销的特质是竞争，经济的飞速发展，迫使我们重新认识营销，重新分析营销构建的基础。

一、 历史上的酒文化营销

营销活动中买卖双方交易的并不仅仅是商品或服务，完成一次满意的交易，更注重的是存在于背后的文化。因此，文化的认同与交融，成为酒行业及酒类饮品消费可持续发展的具有活力的因素。在古代中国酒类商品营销活动中，酒行业主要由酒楼、商铺售卖的形式出现。酒文化元素常体现在店铺的装潢、所售卖食品的包装及简单的各种广告形式上（如店铺的招牌幌子；印刷的宣传单；各种材质的宣传物品等）。

"营销"概念的提出是在 19 世纪末 20 世纪初的美国。20 世纪 80 年代，随着市场营销理论在中国市场实践的深化，酒文化的作用愈加被众多的企业所重视。纵观我国酒行业改革开放四十年来所取得的成绩，不难看出，若想提升产品的附加值，唯有在高质量产品基础上的文化营销才可能在市场取得消费者的长期信赖。消费者消费的不仅仅是酒商品，还有不同心理上文化需要的满足。不断追逐和挖掘顾客的终身价值是现代酒企业营销不变的追求。

酒文化的研究成果，在酒企业的营销实践中发挥着重要的作用。酒文化的内容，也通过多种形式的广告作品、公关活动、公益活动等，借助于传媒向社会各界进行传播。

酒文化是以酒为中心所包含的一系列物质、技艺、行为、习俗、心理、精神等现象的总和，它既有物质的部分——酒，又有各种习俗、礼仪、精神的结合。在酒类营销活动中，无论是酒商品的原料、工艺、成品，还是围绕着酒所产生的各种习俗，都是酒类营销的主要内容。在现代市场经济条件下，酒文化在酒类营销活动备受商家重视，利用文化营销成为企业品牌制胜的重要法宝。

对同一种酒类商品而言，由于各个品牌酒的风格口味相近，酿造工艺大体相似，文化积淀一脉相承，营销工作不力，则容易造成酒产品的差异化不大，消费者有似曾相识之感。一种产品，假若没有鲜明的特色，就没有独特的卖点，没有独特的卖点，就没有稳健发展的市场。酒是大众消费中一种趋众心很强的产品，就其本身的品质来说虽然也有等级之分，但除了专业人士外，大多数消费者并不具备这样的鉴赏能力，许多消费者在饮酒习惯上是看着广告，听着口碑，跟着品牌形象感觉走。而恰恰是这些大多数的不内行却是酒的消费主体，是酒的目标消费群体。经营酒，就是经营酒文化，酒的竞争就是酒文化的竞争，文化营销也就成为最适合酒类产品的一种营销模式。

文化营销成功所带来的是企业社会价值的实现，而且核心竞争力也将逐渐形成，就像企业灵魂一样提供持续的力量。在未来市场发展条件下，随着市场的进一步细分，文化营销观念下的企业发展战略必将与社会文化紧密地结合起来，短期的追求经济利益的目标将随着文化营销所带来的差异化经营而转变，取而代之的是企业将以体现社会文化核心价值为组织目标。在这种充满文化内涵的营销中，消费者可以感受到更具有人情味，更具有地域性，更能呈现企业个性的新型营销，从而使酒的营销走上了差别化，个性化的道路。

二、 企业营销中的“文化酒” 营销思路

从酒产品开发到商标命名、广告促销等渗入浓郁的文化气息，让消费者在获得酒产品实物的同时，还能得到精神上的满足。通过酒这个媒介，消费者得到了情感性、审美性、象征性、符号性等文化价值的体验。在一定意义上，酒类产品的市场营销是商品质量营销和文化营销的结合，营销离不开文化，酒类营销更主要的则是文化价值的发掘与传递。

1. 强化对市场调研的重视

现代市场营销条件下的生产与销售，比以往大不同，倘若不真正尊重你的顾客，最终将被顾客所抛弃。因此，酒企业的市场营销活动，应首先从市场调研开始。市场调研是企业了解消费者的需求以及决定进入哪个细分市场的前提和基础。进行市场调研工作尽量要使用当地的专业机构，或者是有实力的专业机构；酒企业要从其他渠道（如文学作品、民间故事，民间传说，轶文轶事等）对当地与饮食相关的民风民俗进行广泛的了解。

2. 研究消费者的需求

从营销发展的角度看，基本上经历了产品的生产制造，产品推销，市场营销，制造市场，市场个性等几个阶段。先后经历了商品时代，印象时代，定位时代和专爱时代。尤其是当今的消费者不断追求个性的市场环境下，如何能够不断满足消费者的需求，成为企业成功的关键。对消费者的分析和研究，以发现其需求特征，以及不断变化的需求趋势，是酒企业所生产的酒类商品能够满足消费者需求的关键。

3. 市场定位与酒文化

中国的酒企业对于产品研发和产品的质量较为重视，多数企业在新产品上市之前几乎三分之二的时间和费用都花在了研发上，对于研发的认识和重视程度似乎要远远大于产品营销，而真正产品需要上市销售了，面对消费者，经销商和市场一线的疑问却茫然了，甚至说不清楚产品的基本卖点是什么了？而找到合适的且唯一的卖点（一个产品也许有很多卖点，但一定要审时度势，找到那一个关键的唯一卖点），企业所生产的品牌酒能够被消费者所追捧，也正是说明了企业在市场营销活动中获得了真正的成功。

例如，我国早期的高档白酒茅台、五粮液、剑南春等均不做消费定位，原因是那时

候的高档白酒竞争并不激烈，大家依靠品牌偏好，就能拥有自己的市场。今天的高档白酒模糊定位、试图通吃的策略是行不通的，必须有明确的定位，全力进攻细分市场。这就要求产品定位、赋予品牌文化内涵上恰当而得体，要做到表里如一。舍得酒强调“舍得是一种大智慧”，大气之中含有儒家的中庸之道、道家的无为而治；水井坊成功地推出“中国白酒第一坊”的概念，突出了“历史文化”色彩。明确的定位、清晰的诉求和美好的形象都赋予品牌鲜明的个性。消费者知道“水井坊”出自于全兴，但是消费者绝对不会把“水井坊”当作“全兴大曲”。

4. 打造顺畅的销售渠道，强化渠道管理

“企业通过对产品渠道的管理可以改变终端市场的游戏规则”，产品渠道的管理表现在企业的品牌营销策略上，市场运作中对营销渠道进行精耕细作，完善产品销售网络的构建，在终端渠道保持一种牢固的“亲密关系”，弱势企业可发生革命性转变。在酒企业的成功营销之中，顺畅的渠道建设是非常关键的要素之一。企业通过建立、借助一些灵活方式，打造属于自己企业的顺畅渠道，用品质优良的酒产品满足顾客不断的需求。

5. 开发出具有一定文化力的品牌酒

酒企业开发出具有一定文化力的品牌酒类商品，就是要特别重视文化特质层面。从目前市场上品牌创建比较成功的酒企业来看，其产品所具有的文化内涵与商业文化、时代的时尚文化等融合得比较成功，消费者在享受到美酒的同时，也有了更多心理上的文化满足。

在酒行业当下公认的五大酒文化派系中（历史文化、地域文化、人物文化、个性文化、概念文化）中，在实际操作展现出来的主要是以下九种：历史文化、地域文化、窖池文化、哲理文化、情感文化、热点文化、民俗文化、概念文化、祈愿文化等。在这些文化中，历史文化和窖池文化如果属实，那就是酒水的“本体文化”，其他只是类似于“衍生文化”的一些外加性的东西，往往被厂家弄成了“拉郎配文化、捆绑文化、佐证文化、浮躁文化、概念文化、快餐文化”等，这就是很多充满了“文化”的酒品牌并不被消费者追捧的重要原因。因此，在企业的文化营销中，如何找卖点，如何对酒品牌进行定位，如何在现实中实际运作，都需要针对目标市场进行系统化运作。

在文化营销过程中，要善于利用消费者的各种情感因素，通过各种形式、各种媒介的传播，能使酒类品牌的情感诉求顺利叩开消费者的心扉，打开消费者心智的阀门。在品牌传播的过程中，不但要把诉求点紧紧地放在产品本身，还要将对消费者的关怀与产品利益点完美结合，获得广大消费者的共鸣。如，贵州青酒厂请刘青云做形象代言人，广告词是：“喝杯青酒，交个朋友”，一种友情从中流露了出来，将消费者平时和朋友聚会的场景再现。在文化营销过程中，友情、亲情、爱情，以及祈福、祈寿、祈平安等都是文化营销中的重要元素。一个“孔府家酒，让人想家”，让孔府家酒风行一时。金六福公司正是抓住了富起来的中国人求“福”的心理需求，采取了整合营销资源的经营谋略。面对感性消费时代的到来，充分利用人们的情感需求，发掘和丰富产品的“福文化”内涵。以“福文化”将产品定位于市场，并进行深入的发掘和丰富，是“金六福”与其他相类似的白酒品牌的不同之处。

6. 促销活动中的酒文化策略

在激烈的市场竞争中，几乎没有一家企业不提倡重视具有个性的酒文化在企业中的塑造，但在实际经营过程中，又无力否认众多企业受困于竞争的压力，往往以促销来解决市场问题。促销无形中引导消费者以价格为购买基准，急速削弱企业美誉度、信任度和忠诚度，而酒品牌的价值在不断的促销下荡然无存。

传统市场营销活动中的促销形式主要包括广告、销售促进、直销、公共关系和人员推销等；网络营销是在虚拟市场上进行的促销活动，主要形式有网络广告、网络直销、销售促进和公共关系等。现代酒企业越来越重视整合营销，注重经营行动中的互联网线上与线下、不同业务部门的联动与配合。

（1）广告活动是当今酒企业广泛运用的一种促销活动方式。在企业整体营销战略的统涉下，广告战略服务于企业整体营销目标，运用多种广告手法，采用科学合理的多媒体组合，以塑造企业和产品在消费者心目中的良好形象，激发消费者购买欲，以“重复的艺术”“艺术性的说服”使消费者忠诚于该企业，实现企业多赢的目的。当前，大多数酒企业的广告语仍多局限于产品经济时期“好酒”的品质诉求，不仅广告诉求类同化，也缺乏文化含量和品牌个性。在当下企业的酒产品广告时，应注重广告诉求的整体策划。要注意控制：主题广告语不可分散和随意变化。否则势必造成品牌个性的模糊和文化错位。广告诉求应言行一致。广告宣传要动、静结合，多一些动态广告。在广告诉求主题不变的情况下，多一些动态式活动性的广告内容，配合阶段性、季节性、专题性营销推广活动，有的放矢则效果更佳。要注意媒体选择和组合策略。媒体选择和组合要盯着目标人群，不可超位和错位。要注重在事件营销、重大活动参与中彰显品牌个性。有一些酒类企业曾赞助这些活动，但仅局限于酒类产品的赞助而未进行产品宣传，因而显得无声无息，也难免是一种遗憾。这些偶然性事件，实际反映了酒企业在当下文化复兴中的观念淡薄和文化营销主动意识的缺失。

（2）在销售促进活动中，企业运用多种激励工具，刺激消费者或经销商对特定的产品和服务较快或较大量地购买，通过有奖促销、拍卖促销、免费促销等多种形式，结合广告推广活动，使消费者认同该酒企业的企业文化，对其酒企业文化产生好感，接受其产品和服务。

（3）公共关系是企业为塑造自身良好的对外形象，为企业的经营管理营造良好环境的重要促销活动。它运用多种形式，通过企业形象和产品形象的共同推动，互联网上和网下的“一个声音”的系统传播，使企业最终在消费者和社会各界中形成良好的形象，为企业可持续壮大和发展服务。因此，酒文化在塑造企业形象和产品形象方面，功不可没。

7. 维护和反馈产品服务信息

维护和反馈产品服务信息，进行动态调整与可持续创新发展。任何酒企业生产的酒产品或提供的服务都不可能是固定不变的，在企业根据自身的“位”进行企业经营行为的时候，它所面临的变化局势使得企业必须建立维护和反馈产品服务信息的顺畅沟通渠道，能够快速有效地了解酒商品的具体状况，进行动态调整和可持续创新发展。企业必须加强对酒文化的研究，通过不断挖掘酒商品（包括有形和无形产品等）的文化内涵，不断调整营销卖点，使企业真正的做到以文化制胜的目的。

酒品消费推动了酒企业的不断发展。近年来，我国的酒行业逐步走上了国际化、市场化、产业化发展之路，在不断提升技术含量和附加值的基础上，运用绿色、安全和高新技术加快对传统酒业的调整改造，促进酒品向时尚化、方便化、民族化、功能化，天然化及多层次、多功能、国际标准化方向发展。

市场竞争是商品、价格的竞争，更是文化、形象的竞争，市场是一种经济现象，更是一种文化现象。企业通过运用文化营销来推动营销工作的成功，酒文化在企业营销活动必将发挥更大的作用。

三、 酒文化营销的特点

1. 白酒的文化营销

中国白酒是世界四大蒸馏酒之一，目前国内白酒生产厂家约有 3 万多家，中国白酒市场处于饱和状态，行业竞争也越来越激烈，在经历了“金牌战”“广告战”“包装战”“促销战”等之后白酒企业逐渐提升竞争层次，重视构筑品牌的文化内涵，将文化营销作为重要的营销策略。在中国环境下最具市场潜力的酒类生产首推白酒，其中的茅台、五粮液、泸州老窖等品牌更是运用酒文化，打造了独特的品牌和市场定位。它们作为行业巨头，在高端酒热销的情况下，2007 年起着力发展中档产品，换装提价，推新品。近年来大型白酒生产企业不断收缩低档白酒产能，就是看准了消费者的需求。

纵观中国白酒文化营销，主要有以下几种类型：

（1）历史文化型　立足于酒的生产历史或历史典故、名著、名人文化。如水浒酒、板桥宴、太白酒、杜康酒等。

（2）地域文化型　基于产地原因，如地域的个性文化、名胜古迹，或者地域性的历史文化或者地域性的人物。如黑土地酒来自黑土地上的黑龙江、乌毡帽酒来自习惯戴乌毡帽的浙江，杏花村来自山西，还有茅台、泸州老窖等。

（3）酒窖文化型　主要宣扬酒的制造工艺和历史悠远。如道光廿五、水井坊、老酒坊等。

（4）哲理文化型　更多地体现一种人生价值和生活哲理。如舍得酒、难得糊涂等。

（5）情感文化型　实现情感的寄托，引起品牌理念和消费理念的共鸣，使产品和情感融为一体。如金六福、六福人家、孔府家、今世缘、江小白等。

（6）热点文化型　对当前市场上的“文化热点”实行“拿来主义”，“现炒现卖”。如天下粮仓酒、笑傲江湖酒、刘老根、大宅门酒等。

（7）民俗文化型　基于地方民俗特色，如“福禄寿禧”酒、恭禧发财酒、金满堂等。

（8）概念文化型　采用创新性产品概念作为产品文化。如宁夏红、天冠纯净酒、昂格丽玛奶酒、劲酒等。

（9）祈愿文化型　以积极的、健康的角度表达祝愿。如一帆风顺酒、锦绣前程酒、太平盛世酒等。

2. 葡萄酒的文化营销

葡萄酒对健康有益，也代表着优雅时尚浪漫的异国风情，早在1000多年前就有唐代诗人王翰《凉州词》诗中：“葡萄美酒夜光杯，欲饮琵琶马上催”赞誉葡萄酒。本土葡萄酒文化缺乏深度挖掘，没有个性、没有融入人们的生活，这就很难令消费者青睐。因为葡萄酒文化日益泛化，原来那些追求异国情调和优雅生活品位的人也渐渐脱轨了。因此，中国葡萄酒要做文化营销还须再努力。

葡萄酒在中国的各种酒类中销售量是最低的，人均销售量仅仅是白酒的1/10。葡萄酒目前在大部分中国人的心目中还是代表着品位和优雅的欧洲文化，一直没有真正进入人们的日常生活，许多人只是为了附庸风雅，偶尔尝试一下，没有形成一批领导大众市场的稳定的忠诚客户。当今中国也没有一个品牌的葡萄酒用文化的手段，激起消费者内心的共鸣，满足消费者的文化需求来实现非常成功营销的。

3. 啤酒的文化营销

随着市场经济的发展，中国啤酒企业的经营环境也发生了变化，啤酒企业将逐渐从低层次的价格营销过渡到较高层次的质量营销，再过渡到啤酒营销的最高境界——文化营销。随着科技进步，加之啤酒技术门槛相对较低，啤酒企业尤其是大型啤酒企业之间在产品上的差异会越来越小，在产品质量差异不大的前提下，人们更加注重其文化内涵，从纯粹的有形的物质消费向通过物质消费追求精神上的享受的文化消费渐成气候。消费越来越体现了文化品位，酒类产品尤其是啤酒是最能充分张扬个性，表达情感的物质之一，人们对啤酒的消费更加追求一种精神上的享受和情感上的交流。加之近年来洋啤酒品牌大举进攻中国啤酒市场，随之带来的是浓郁的国外啤酒文化，许多洋品牌如蓝带、百威、喜力在中国啤酒市场深深扎根，发展壮大，它们大打文化牌，其啤酒文化营销是它们在中国啤酒市场上取得胜利的主要武器，通过啤酒文化营销使其个性显明的啤酒文化在中国得到广泛传播，尤其是对青年一代，深深地影响着他们的消费行为。这些外部条件使啤酒文化营销成为必然，也成为啤酒企业发展的必要。

对中国消费者来说，啤酒毕竟是一种舶来品，本身就带有个性张扬、新奇、充满活力和诱惑的海外文化，加之近年来洋啤酒品牌的大肆进入，啤酒文化更加充分得到传播与宣扬。啤酒的洋文化与中华民族传统文化相融合，产生了具有“中国特色”的啤酒文化，如体现贵族风格的“青啤”文化；大众风格的“燕啤”文化；历史风格的“哈啤”文化；科技风格的“金威”啤酒文化；青春风格的“金星”啤酒文化等，都从不同的角度繁荣和演绎着啤酒文化，使啤酒文化在中国大地更加丰富多彩，感染和吸引着越来越多的消费者。

4. 黄酒的文化营销

黄酒为世界三大古酒之一，产地较广，品种也很多，与当地的文化和消费习惯有千丝万缕的联系，有着深刻而相对狭隘的区域根基。长期以来，黄酒企业规模普遍过小，4 万吨以上的企业只有 5 家，分别是绍兴的古越龙山、东风酒厂、上海的金枫酒厂、浙江嘉善酒厂和江苏张家港酿酒公司，五家产量合计占全行业的 14%左右。生产黄酒的上市公司主要有古越龙山、金枫酒业、轻纺城、广东明珠、会稽山等。市场上常见的黄酒品牌有古越龙山、会稽山、嘉善、塔牌、金枫、石库门、女儿红、即墨、海神、沙洲、白蒲等。黄酒与其他酒相比，发展较为滞后，产品档次较低，而工艺上机械化、现代化程度低，产品开发和营销思路缺乏大胆创新，导致黄酒市场长期低价同质化竞争一直在地区性、低档酒的层面停滞不前。黄酒的产销也主要集中在四省一市，即浙江、江苏、江西、福建和上海，在这些省市中，黄酒消费主要集中在城市，如浙江的杭州地区和绍兴地区，江苏的苏州、无锡、常州以及福建的福州、泉州。

黄酒行业于 2015 年 7 月首次突破 100 家企业，传统区域集中了众多大型黄酒企业。其中，浙江省集中了中国黄酒的主要生产企业，如会稽山、古越龙山、塔牌等；江苏省的黄酒企业近年来发展势头良好，以张家港酿酒厂和江苏丹阳酒厂为代表；上海本地黄酒企业以金枫酒业为代表。非传统区域的黄酒生产企业结合当地特色，推出符合当地消费者口味的黄酒产品，其中代表企业有陕西谢村黄酒、山东即墨黄酒厂等企业。

近几年来，黄酒企业不断地把时尚文化、养生文化和高档化的概念融入到产品中，改变了传统黄酒产品的保守、古板印象，吸引了一批跟随潮流、消费潜力较大的年轻消费群体。黄酒的消费群体也逐步由原本的低收入阶层向高收入阶层拓展，餐饮娱乐和商务送礼成为这部分黄酒的主要消费方式。黄酒的健康保健功效在所有酒类产品中十分突出，随着养生型、交际型的酒类消费理念逐步被人们接纳，黄酒的低度、营养、保健的优势得到进一步显现，有可能使一部分白酒或者其他酒的消费者转而成为黄酒的消费者。在上海、北京、广东等经济发达省市，以及成都、长沙等消费型城市，中高档黄酒的消费量迅速上升。随着中高档黄酒产量在产品结构中比重的增大，黄酒行业收入和利润的快速增长趋势也将继续保持。

第四节　酒文化与旅游休闲

“食、住、行、游、购、娱”是旅游业的六大基本要素。“无酒不成宴”，酒文化与旅游联姻的历史由来已久。早在西周时期，曾西征犬戎、东伐徐戎的“酒天子”周穆王姬满，就曾经周游天下，而且还畅饮于西王母的瑶池。《列子·周穆王》载：“穆王肆意远游，命驾八骏之乘……遂宾于西王母，觞于瑶池之上。”《拾遗记》载：昆仑山有九层，望之如城阙之象，旁有瑶台十二，各广千步，皆五色玉为台基。西王母见到穆王后，“玉帐高会，进冰桃碧藕”，又进“一房百子”“经冬而藏”的“素莲”佐酒。

酒文化与旅游有互融关系，纯粹的饮酒构不成文化意蕴，纯粹的旅游也难免索然无味。宋代欧阳修在《醉翁亭记》中体味到酒文化与山水旅游文化之关系：“醉翁之意不在酒，在乎山水之间也。山水之乐，得之心而寓之酒也。”只有将饮酒之乐与游赏山水之乐融为一体，才是高层次的旅游文化，才是物质需求与精神享受的高度统一，才是以修身养性和陶冶情操为目的的文化旅游。

实践证明，若能让酒文化在旅游文化中扮演重要角色，占有一席之地并发挥其特殊作用，将对旅游开发，尤其是国际旅游的开展起到有力的促进作用。

从酒吧、酒楼到现在城市的大量涌现，到与酒人酒事有关的历史陈迹的大量修复，从现代旅游餐饮中人们对各种酒的情有独钟，到有关部门或厂家举办的各类酒文化节，处处都留下了酒文化与旅游联姻的印迹。

一、以酒俗为主题，丰富民俗旅游的产品内涵

酒企业往往在风景如画，山水资源丰富的区域。悠久的生产酒和饮酒风俗具有鲜明的地方特色。如贵州酒风酒俗绚烂多彩，具有酒文化与民俗民风的双重性。苗族的“牛角酒”“打印酒”，布依族的“包谷酒”“鸡头酒”，彝族、侗族、水族等少数民族中盛行的“咂酒”“交杯酒”“转转酒”“拦路酒”“送客酒”等均负盛名。这些地区和民族就有条件开展酒文化旅游。

二、 以观光为基础， 体验为主的酒企业工业旅游

工业旅游是旅游和工业结合的产物，是指以一定历史发展阶段的工业设施、生产场景或遗址、劳动对象、劳动产品、企业文化等作为主要旅游吸引物，引导旅游者参观、参与，为其休闲、求知、娱乐、购物等提供多方面服务，以实现工业旅游经营主体经济效益、社会效益和形象效益的旅游形式。

工业旅游集品牌宣传、酒文化培育和利润创造为一身，也可以作为企业文化营销的一个新途径。酒工业旅游可以为企业带来利润，但从目前来看其所肩负的主要功能还是品牌形象塑造和消费文化普及。

如白酒、葡萄酒、黄酒等部分企业以及积极开展了工业旅游活动。如山西杏花村汾酒集团、山东烟台张裕集团、秦皇岛华夏长城酒业、安徽古井集团酒文化旅游等。

图 10-2 古井集团的工业旅游-灌装车间参观通道

图 10-3 古井集团的工业旅游-灌装车间

葡萄酒工业旅游是伴随着中国葡萄酒市场的逐步成熟而出现的一种新型的企业品牌营销渠道，同时也能为企业带来新的利润来源。但是，并不是每个企业都拥有可利用的工业旅游资源。目前较为成功、现实的项目当数烟台张裕和秦皇岛华夏长城。工业旅游可以说集品牌宣传、葡萄酒文化培育和利润创造为一身，也可以作为企业文化营销的一个新途径。葡萄酒工业旅游可以为企业带来利润，但从目前来看其所肩负的主要功能还是品牌形象塑造和消费文化普及。如何让旅游者短时间的旅游体验能够实现扩大口碑传播效果，也是营销者应该考虑的。例如让旅游者在购买门票的同时，可以免费获得企业的广告礼品、葡萄酒文化手册、葡萄酒饮用辅助工具等，而且现在物流发达，采用互联网技术现场订购葡萄酒，尤其是对于一些消费者在购买后不方便携带，如个性化定制酒，企业为其提供免费寄送服务。

三、以酒文化内涵为核心，打造酒乡生态旅游产品

凡产美酒的地方，其山水必美。这种自然美是开展旅游的必备条件，也是开辟旅游新领域的重要基础。很多酒企业已经具有地域文化与酒企业文化协同建设、共同发展的战略意识。不仅酒的生产区域如花园般的美丽，还对所在的城市注重生态环境建设与保护。在我国广大西南地区，气候温和，物产丰饶，山奇水异，钟灵毓秀。在四川、贵州相接的地带，形成一条沿岷江、赤水河伸展的“川黔名酒带”。“川酒”中的五粮液、泸州老窖、剑南春、郎酒、沱牌曲酒和“黔酒”中的国酒茅台、董酒等都曾获得国家名酒金质奖，都可以成为旅游品牌的亮点。

四、充分利用酒的药用健身功能，打造养生旅游产品

酒与医药相结合是中华酒文化的一大特征，也使中华酒文化闪烁出科技的光芒。《汉书·食货志》称酒为“百药之长”。《本草纲目》也认为酒“少饮则和血，壮神御风，消愁遣兴”。当我们浏览中华医药宝库的时候，便会发现几乎无药不可以入酒，而凡有疾又皆能以药酒疗之。药酒治病当然也是一种保健，然而药酒疗疾，有病而饮，无病则不可乱饮；保健酒旨在强身，当然也能疗疾，不过，却并非定要有疾才饮，无疾也可饮用，以其健身。

五、发挥酒吧休闲功能，打造酒吧文化休闲旅游产品

酒吧最初源于欧洲大陆，后经美洲进一步的变异、拓展，才进入我国。酒吧的出现，使得更多的人开始关注和了解酒以至关注中国的酒文化。我们知道了酒的作用：医疗保健、情感宣泄、人际交往、去腥调味等。我们也从酒吧中认识了世界不同的酒，如：啤酒（喜力产自荷兰、百威产自美国、嘉士伯产自丹麦）、白兰地、伏特加的喝法和酒文化，鸡尾酒的调制及各种酒的养生之道等。多年前在茶馆和酒楼听传统戏曲是当时大众最为重要的文化生活，随着时代的变迁，相当一部分富有开拓精神的人们对酒店内的酒吧发生了兴趣，追求发展和变化的心态促使一部分原来开餐厅和酒馆的人们做起了酒吧生意，将酒吧这一形式从酒店复制到城市的繁华街区和外国人聚集的使馆、文化商业区，使得中国现代酒文化与世界接轨。

六、展示古今酒具的艺术魅力，做好旅游地博物馆文化旅游产品

我国酒具的制作历史源远流长，出土文物中不同材质的酒具占有相当大的比例。其造型奇特别致，雅俗共赏，是一笔宝贵的旅游资源。近年来，国外来华旅游者，对中国历史文化古迹具有强烈的探知欲望。现在各地博物馆逐渐免费开放，博物馆中的文物展品值得欣赏、品味。如，在北京，可以在国家博物馆中欣赏到历史上的酒器。各地博物馆在丰富馆藏作品、开发多种形式的基础上，以酒文化专题设计酒具展示、文化体验型旅游产品，一定会受到游客的欢迎。如安徽古井集团的古井酒文化博览园，线上下线互动，采用三维虚拟技术，实现了通过互联网了解古井酒文化，点击鼠标，即能身临其境地体验酒文化的厚重历史及博大精深的古井酒文化内涵。

图 10-4 古井酒文化博物馆

七、以多种艺术表现形式，把酒文化元素融入旅游文化之中

酒文化是包括酒艺、酒德、酒俗、酒文艺、酒建筑在内的与酒有关的文化体系，是融诗文、书画、音乐、歌舞、辞令等艺术为一体，融合了历史、经济、思想、医学、旅游、食品、风情民俗、神话传说、陶瓷工艺等内容，这本身就是一种瑰丽独特的旅游资源。以多种艺术表现形式，使游客能参与、体验、欣赏酒文化的丰富内涵，一定会使游客在旅游地获得更丰富的酒文化之旅的体验。

旅游的生命在于特色。有特色的旅游才有强大的吸引力，才能在旅游竞争中立于不败之地。而旅游特色又在于文化，在于深刻的文化内涵。对旅游来说，文化是特色的核心。努力追求更高的文化品位、文化含量，是旅游业的生命力和高附加值的重要体现。努力挖掘和体现酒文化旅游资源的科学历史文化积淀和时代价值，就能大幅度提升酒文化旅游产品的品位，增强对游客的吸引力和感染力，增加旅游业的社会效益和经济效益。

【延伸阅读：安徽古井集团的文化建设】

安徽古井集团有限责任公司是中国老八大名酒企业，是以中国第一家同时发行 A、B 两支股票的白酒类上市公司，是以安徽古井贡酒股份有限公司为核心的国家大型一档企业，坐落在历史名人曹操与华佗故里——安徽省亳州市。公司的前身为起源于明代正德十年（公元 1515 年）的公兴槽坊，1959 年转制为国营亳县古井酒厂。1992 年集团公司成立，1996 年古井贡股票上市。2008 年古井酒文化博览园成为中国白酒业第一家 4A 景区，2013 年古井贡酒酿造遗址荣列全国重点文物单位。2015 年在“华樽杯”中国酒类品牌价值评议活动中，“古井贡”以 375.55 亿元的品牌价值位列安徽省酒企第一名，中国白酒第五名。安徽古井集团有限责任公司秉承“做真人，酿美酒，善其身，济天下”的核心价值观，致力于打造以白酒主业为核心的“制造业平台”，以地产、商旅、农产品深加工为主的“实业平台”，以金融集团为主的“金融平台”和以酒文化、酒生态、酒产业、酒旅游为核心的“文旅平台”。

图 10-5 古井集团厂区内的价值观照壁

图 10-6 古井集团贡酒窖池（始建于明代正德年间，至今一直在使用，安徽省级重点文物保护单位）

古井贡酒是集团的主导产品，其渊源始于公元 196 年曹操将家乡亳州产的“九酝春酒”和酿造方法进献给汉献帝刘协，自此一直作为皇室贡品；古井贡酒以“色清如水晶、香纯似幽兰、入口甘美醇和、回味经久不息”的独特风格，四次蝉联全国白酒评比金奖，是巴黎第十三届国际食品博览会上唯一获金

图 10-7 当代古井酒产品展示

奖的中国名酒，先后获得中国驰名商标、中国地理标志产品、国家重点文物保护单位、国家非物质文化遗产保护项目、安徽省政府质量奖、全国质量标杆等荣誉，被世人誉为“酒中牡丹”“东方神水”“中华第一贡”。

公司主打产品古井贡酒“年份原浆”，以“桃花曲、无极水、九酝酒法、明代窖池”的优良品质，使企业一直位列中国白酒企业前十强。2008 年 10 月，古井酒文化博览园被国家旅游局批准为 4A 级旅游景区，这也是中国白酒业第一家 4A 景区。2013 年 5 月，古井贡酒酿造遗址荣登“国家保护单位”，在中国白酒行业首屈一指，国家级文物最多、体量最大、历史最为悠久。

古井贡酒股份有限公司多方拓展业务，其商旅业以安徽瑞景商旅集团为主体，位居中国旅游饭店业前 20 强。2015 年，古井酒店管理公司全面完成股权划转、工商变更、公开转让，成立安徽古井酒店发展股份有限公司，“古井酒店”于 2016 年元月在新三板挂牌。

其营造的中华酒谷，是古井文旅平台的经营定位。它以大中原酒谷文化旅游开发有限公司为主体，规划建设古井质量科技园、酒神广场、张集生态酿造基地、古井贡酒酿造遗址公园、古井乐酒家园，精心打造中国白酒博物馆、中国白酒科普馆、中国白酒艺术馆，落地中原乡土文化，弘扬中国酒文化，发展体验式消费和快乐游购服务。目前各项建设稳步推进。2015 年 9 月 9 日，全世界最高“曹操像”落成，同时《曹操》大剧开播，古井酒神广场广迎八方来宾。

安徽古井集团有限责任公司未来的战略目标，是在“围绕战略 5.0，运营五星级”的基础上，再造一个国际化的新古井，最终实现“中华第一贡”的复兴梦想，让古井贡酒香飘全球。

小结

企业文化是企业效益和效率的有机统一。企业健康发展要向管理要效率，向品牌谋效益。企业在经营管理发展过程中，凝心聚力，塑造品牌，不断提升企业影响力。在面对纷繁变幻竞争激烈的商业市场，企业只有不断提升核心竞争力，提升品牌价值，敢于创新，与时俱进，向基业长青的企业成长。酒企业在经营管理中，注重人才引进与培养，提升管理效率，做好专业化与多元化的动态平衡，不断推陈出新，注重科技与文化建设，以质量求生存，以品牌求发展，做有品牌理想的酒企业。

思考题

1. 通过互联网查询国内著名酒品牌企业网站，了解其企业文化及其建设特点，以小专题演讲的方式，向师生进行展示阐述。

2. 查阅国内国外酒文化旅游开展较好的企业，了解该企业的酒文化旅游的具体做法。

3. “互联网+”酒企业如何做品牌传播，选取较为感兴趣的企业，了解其具体做法。

4. 了解不同酒企业的经营模式，选取一个企业作案例分析。

5. 了解品牌、商标、LOGO（标识）的区别与联系。

6. 搜集不同酒企业的品牌logo，了解其内涵。

参考文献

[1] 徐兴海. 中国酒文化概论. 北京：中国轻工业出版社，2014.

[2] 张贵华. 论中国酒文化营销策略. 特区经济，2005（3）：44-47.

[3] 唐文龙. 葡萄酒的文化营销策略. 农产品加工，2006（3）：62-63.

[4] 肖星. 旅游策划教程. 广州：华南理工大学出版社，2005.

[5] 刘光明. 企业文化教程. 北京：经济管理出版社，2008.

[6] 任运伟. 浅说中国酒文化及其开发利用. 管理科学文摘，2008（3）：43-44.

[7] 史宝华，唐康. 酒文化与旅游的姻缘及其展望. 辽宁经济，2005（1）：89.

[8] 张建生. 酒文化与企业文化. 兰州商学院学报，2001（2）：112-113.

[9] 吴艳青，程永高. 中国酒文化对白酒品牌塑造的影响. 邢台职业技术学院学报，2007（4）：62-64.

[10] 邓林. 论白酒的品牌塑造. 酿酒科技，2008（3）：104-107.

[11] 贵州茅台酒集团网站 http：//www.china-moutai.com/

[12] 安徽古井集团网站 http：//www.gujing.com/

第十一章

酒类收藏

第一节　酒的收藏价值
第二节　美酒的储藏
第三节　酒类的升值

【学习目标】

了解酒类收藏的对象，通过对酒类收藏品及其收藏文化的了解，对酒类收藏的文化意义有进一步认识，对酒类收藏的行为及藏品在推动酒业发展、传承文化方面的积极作用有深刻认识。建议参观考察博物馆或企业、个人中的酒文化收藏品，增加酒文化收藏的感性认识，以提升研究酒文化的兴趣。

第一节　酒的收藏价值

一、发现古董酒

2006 年 2 月的中央电视台第 2 套《鉴宝》（春节赛宝大会）节目中，播放了 2003 年出土于西安北郊的一处西汉早期墓葬中盛装于青铜器鎏金凤头钟中的液体文物——西汉古酒。该酒液呈绿色，这种绿酒除了含有一般酒所含有的组分外，还另含有一般酒不含有的 7 种类的组分。看到节目现场专家的介绍，大家都对这种酒能否饮用存在很大的疑问。现场专家说此酒既能饮用又不能饮用，听罢大家更是疑惑。专家解释道，说它能饮用，因为它还是酒，但由于经过了 2000 余年酒中溶解了青铜酒器中的物质，恐对身体健康有害；说它不能饮用，是因为它也是珍贵的液体文物，应予以保藏。历经 2000 余年开封时仍能香气四溢，古酒为何能存放两千余年之久？主要是由于该酒采用了生漆漆封技术，酒的密封保存技术相当先进，值得今人深入研究借鉴；西汉时的酿酒工艺已得到了很大改善，酒的酿造和发酵过程延长，酒的存储时间相对延长。这存世的西汉古酒，不仅是当今的一大酒实物的享受，也是研究传承酒类生产工艺、研究酒文化的珍贵实物文献。

1996 年，锦州市凌川酒厂在老厂搬迁时，偶然在地下发掘出了清朝道光廿五年（公元 1845 年）穴藏贡酒。四个木酒海（装酒的容器）内藏原酒 4 吨左右，穴藏 151 年。经国家文物局鉴定，这批穴藏了一个半世纪的贡酒，实属“世界罕见，珍奇国宝”。专家为之取名为“道光廿五”，并以文物博函（1998）622 号文件定为文物。1999 年 10 月，经国家文物局批准，由中国嘉德拍卖有限公司举办的道光廿五贡酒拍卖专场在北京举行，百斤贡酒拍卖出了 350 万元天价。1998 年 7 月，道光廿五以“穴藏时间最长的贡酒”入选吉尼斯世界纪录大全。1999 年 12 月，经国务院批准，出土的木酒海及 10 千克原酒被中国历史博物馆（现国家博物馆）收藏。

二、 酒文化收藏的含义

我国是一个历史悠久的文明古国，大多具有文化内涵的物品，都是人们竞相收藏的对象。一个收藏品的价值，往往很难用货币来衡量。在人们的日常生活中，在身边左右，往往有许多具有收藏价值的东西，由于被人们忽略，以及变革迅速的时代而淹没、消失，而造成千古遗憾。而酒伴随着人们的日常生活八千年以上，这相伴久远之物，有时往往却被人们所忽视。从内涵丰富的酒文化中，我们不难发现，收藏对象真是琳琅满目，美不胜收。酒文化中的物质与非物质文化的内容成为收藏的对象。在一般人群的认知中，大多认为酒、酒瓶、酒瓶盖等是收藏的主要对象，其实，这是比较片面的认识，酒文化收藏应该包括更为丰富的内涵。

具体而言，酒文化收藏的内容主要包括：

（1）各种酒品的收藏。即是对古今中外的各种物质状态的酒的收藏。如，白酒、黄酒、红酒、果酒、保健酒、民族风味酒等成品酒、礼品酒等。

（2）各种酒具的收藏。酒具包括生产酒及其成品酒的各类器具。如，酒瓶、酒壶、酒杯、酒盅、酒盖、温酒器具、取瓶盖器具、杯垫、酿酒用具、造酒流程模型、沙盘等。

（3）围绕各种酒的具有收藏价值的物品。如，酒版①、酒标、说明书、包装盒、广告宣传单等宣传资料收藏，以及有关酒的荣誉证书、获奖证书、奖杯、奖章、奖品等。

（4）非物质文化内容的酒文化以多种载体的形式存在的收藏。如，以纸或纺织、塑料等多种材质的书籍、图片、声音、视频等载体形式的与酒文化相关的传说、诗词、小说、歌曲、酒令、文章、论著，以及礼仪风俗等非物质收藏。常见的有各类酒文化著作、摄影图片、艺术设计图片、具有酒文化内涵的工艺美术品、录音录像带、光碟、娱乐玩具（如扑克牌）等。从文化传承及其收藏文化角度看，非物质文化形式的收藏甚至超过了酒的实物收藏本身，而成为酒文化收藏的灵魂。

美酒、酒版、酒标、酒瓶等是酒类藏品中最为常见的收藏对象。现在，国内外都有酒文化收藏的爱好者，随着科技的发展，酒文化内涵的不断丰富，诸多具有酒文化元素的产品被创造出来，也是收藏者收藏的对象。

---

① 酒版即是“样品酒”的意思。它是酒类酿造商们为了方便人们品尝和了解酒的口感内质，用小瓶盛装的样品酒。

三、 我国酒文化收藏的文化价值

（一）推动了酒文化的研究与文化传播

1. 酒文化藏品是酒文化的载体，以多种形式记载了酒文化的发展

酒文化藏品以物质与非物质文化的形态记载了酒文化的发生演变发展的历史。随着各地酒文化收藏爱好者队伍的壮大，具有一定规模和特色的地方酒文化博物馆、私人藏品馆、藏品室、藏品柜等，都收藏了具有区域特色的酒文化藏品。观者在面对实物形态的酒文化藏品时，能以更加多样化的形式了解酒文化的特点，产生对酒文化的兴趣，提高对酒文化的认识，在口中品味美酒、眼中看到酒物、耳中听到酒歌等的多元酒文化体验之下，人们加深了对中华酒文化的热爱，提高了对中华传统文化的热爱。在不同历史时代所留存下来的酒文化文物中，我们也不难发现，科学技术进步带给人们生活的便利和酒产品的丰富多彩。对古代造酒、储藏酒、饮酒礼仪、各地域人们饮酒习俗、各民族饮酒风俗等有了立体、直观的了解。在对外文化交流中，酒文化藏品展现了我国酒文化的特色，对促进我国酒文化的发展，吸收国外有益的酒文化元素，也具有积极的意义。

2. 酒文化文物藏品的发现，推动了酒文化起源的研究

关于酒的起源，如本书前文章节所述，其中影响较大的有“猿猴造酒说”。在2001年，江苏双沟酒厂创办的中国古代酒具博物馆收藏到的一件藏品——“双沟醉猿”的化石，证明这种推断是酒的起源的最有力的说法。

距今已有1800多万年历史的“双沟醉猿”化石，是中国科学院古脊椎动物与古人类研究所李传夔教授1977年在双沟镇发现并命名。“双沟醉猿”的发现，为古籍记载的酿酒及酒文化史找到了科学而有力的证据。为此，双沟酒厂2002年专门开发了“醉猿”系列酒。2002年5月，又邀请近百名国际古生物学家、古人类学家对此进行综合性考察，得出了双沟地区是“古生物进化的平台，孕育了人类的胎盘，自然酒起源的地方”的结论。2003年“江苏双沟醉猿文化遗址”连同“贵州茅台酒传统生产技艺”“四川水井街酒坊遗址”等五处遗址一起，被国家文物局列入首批“中国食品文化遗产”名单。双沟酒业还采取筹建双沟醉猿文化遗址公园，开发“双沟醉猿”珍品文化纪念酒等多种措施，把“双沟醉猿”文化进一步弘扬光大。

（二）酒生产企业运用酒文化与收藏文化， 创新设计具有收藏价值的新产品

随着时代的发展，科技的进步，我国的酒生产从传统的酿酒小作坊逐渐发展到工业化造酒的企业化、集团化运作。酒文化与收藏文化相结合，企业不断创新开发设计具有收藏价值的新产品。主要表现在以下三个方面：

（1）酒企业不断创造出具有收藏个性的新概念酒品。只有具有个性化的酒产品，才可能被人们所珍视。越来越多的酒企业将收藏文化融入其产品设计和形象宣传中，打造出具有收藏个性的新概念酒。如剑南春的“唐时宫廷酒”、泸州老窖的“国窖 1573”、锦州的“道光廿五”，沱牌挖出了 600 年前的“中国白酒第一坊——水井坊”等，仿佛这些不是酒而是不断升值的“液体黄金”。

（2）与多种相关行业相结合，不断创新酒产品。将酒文化收藏元素融进与酒企业生产相关的印刷、陶瓷、设计、包装等工艺中，综合提升酒产品的文化艺术品位。如，用陶瓷及玻璃等材质制造各色具有艺术特色的酒器、酒具，不仅能长期保持酒品质，还融入了酒文化收藏之中，提升了酒瓶收藏文化的品位。如河北邯郸酒厂的“赵国酒典”。该酒的酒体和酒瓶都由知名白酒专家宋书玉先生勾兑、构思、设计而成。该瓶为两部分，内瓶为玻璃瓶，外包上陶胚进行了二次烧制，既解决了渗漏、挥发问题，又解决了艺术造型美观问题，能长时间保存。但制作工艺极为复杂，成本也较高。该瓶装酒高贵典雅，融历史文化与现代工艺为一体，极具收藏价值。又如，各类酒的酒瓶盖、开酒器的造型和印刷特色之美，也吸引了不少酒文化收藏者的目光。

（3）结合时代发展，运用“事件营销”，不断推出收藏系列的酒品，提升酒品牌形象。各酒企业庆祝国庆及其某一历史事件、活动等，精致打造具有收藏价值的酒品。如，茅台酒股份公司分别为纪念中国“入世”“申奥成功”“足球出线”各推出了 1 万瓶收藏纪念酒，北京二窝头酒厂利用国家奥运会的举办推出系列奥运酒等等。这些酒品的不断推出，不仅有效地提高了各酒企业的文化竞争、品牌制胜的意识，还丰富了酒文化藏品，对提升酒企业的酒品牌形象具有更加长远的意义。

（三）陶冶性情，美化生活，提升了收藏者及其爱好者的文化及艺术素养

无论是嗜酒者还是滴酒不沾者，都对收藏乐此不疲，这是为什么呢？清代画家戴熙在《古泉丛话》中，引用张宗子的话：“人无癖，不可与交，以其无深情也；人无癖，不可与家，以其无真气也。”收藏之癖能丰富生活，使人对生活充满炽烈的感情。

我们面对藏品，静心品读，不禁会想起些什么，会感悟些什么。因为，这些收藏品曾是往昔岁月的一种道具，一种符号，其本身蕴涵的文化元素可以滋养人们的心灵，使人们在怀旧中体味到一些审美价值，体味到一定的人生意义。孔子曰：“知之者不如好之者，好之者不如乐之者。”只有静下心来，面对藏品细品出其中的滋味，才能在收藏中得到无穷的乐趣。然而能做到此并非易事，需要一定的文化素养和鉴赏能力，才会乐此不疲，持之以恒，甚至有些举措非常人所能。

通过收藏，能够培养人的生活情趣，以及坚韧不拔的探索精神，这样才能造就一个像样的或者说名副其实的收藏家。当然，普通人也许没有这么大的志向想成为一个收藏家，但随着酒文化藏品的不断增加，以及对酒文化知识的掌握，谁又能否认，收藏者生

活质量的提升、身心健康、事业发展，与他的收藏毫无关系呢？如，有一藏友因喜欢喝啤酒，在无意之中就成为了一个啤酒瓶盖收藏者。由这一枚枚的酒瓶盖而联系着他对酒文化的“研究”——“在收藏的过程中，我深深地陶醉于啤酒的历史、啤酒的文化、啤酒的种类、啤酒的品牌、啤酒的生产工艺、啤酒的创新，甚至啤酒的菜肴、电影、音乐等等。”由此，不难发现，这位藏友由收藏“身外之物”而渐把其化成“身内之物”，不断提升其文化修养的例证吗？

一些“无胆英雄”（因长期饮酒过量，身体健康受损，胆囊被切除），在因身体健康不能饮酒之后的痛苦与迷惘。他们中不乏有酒文化收藏者，通过收藏，他们不仅又找回了饮酒之乐趣，还有成为了“戒酒”（主要是针对酗酒者）文化宣传员，健康饮酒的宣传员。

抚摩一瓶好酒，这一瓶酒是老朋友不远万里相送的，那一瓶酒是从工作第一个月的工资中买的，那一瓶酒是结婚时的纪念酒……每一瓶都有一个故事。酒文化收藏，不仅收藏了酒，也慰藉了藏者的心灵，收藏了友情、亲情、责任和对人生的热爱。

在日常生活之中，我们常见居民客厅中的小酒柜、酒店中多宝阁中展示的各类美酒、博物馆中的各类酒具，酒文化收藏已经成为当今收藏和研究酒文化的一大特色。

2006 年 11 月，一个旨在“弘扬酒文化，传播酒文化知识，推广收藏家事迹，介绍收藏经验，鉴赏酒文化藏品，提供收藏信息，推动武汉地区酒文化收藏理性、和谐、持续、健康地向前发展”的收藏专业委员会——武汉收藏家联谊会酒文化专业委员会在湖北省武汉市成立。2007 年 6 月，中国收藏家协会烟酒茶艺收藏委员会向社会各界以《关于征集首届酒文化收藏论文、设计的函》为题，征集的论文题目内容有：“酒文化的历史渊源；酒文化的发展史；酒文化收藏的具体内容；酒文化收藏的现状；酒文化收藏如何走向世界；你单位在发展酒文化方面有哪些经验体会；你对酒文化收藏的发展有何建议等。”酒器设计内容包括：“酒标、酒瓶、起酒器、内外包装等”。2014 年 3 月 24 日，中国酒业协会名酒收藏委员会成立大会预备会举行。据悉，中国目前爱好名酒收藏人数达到 4 万人，酒类收藏品达到了上万瓶，主要以八大名酒和葡萄酒为主。

与名车、豪宅、玉石钻石一样，私藏名酒已成为成功的见证和上流交际的媒介。

第二节 美酒的储藏

一、 酒文化收藏品的文化艺术特质

（一）注重文化内涵， 富有时代特色

从商品生产的角度来看，一个时代有一个时代的商品。企业所生产的产品，其包装除了作为商品包装使用价值外，同时反映产品的文化内涵、历史、民俗艺术。采用图形、色彩、造型、包装装饰实现视觉效果设计好商品外包装，扩大产品知名度、树立企业形象、扩大销售。作为人们日常饮用的酒也是如此。

从各类酒商品的品种的变化也能发现科技进步在酒文化上的表现。如无醇啤酒、各类药酒、各种功能性酒、保健酒、某类酒中的新品创制等不断推陈出新，就是为了不断满足消费者的需要。而且，近年来烈性酒的低度酒大受市场追捧，就能从中发现人们对健康、养生的重视。

无论是酒瓶，还是酒本身的变化，其实都反映出改革开放以来的社会文化、人们观念的变迁。

图 11-1 1980-1982“金轮牌” 内销贵州茅台酒（ 三大革命 ）

（二）注重艺术特色

在酒文化收藏中，盛有酒的酒瓶和空酒瓶成为在收藏者中追捧的对象。酒瓶是一种特殊的工艺品，它集酒史、考古、文物、酒艺、陶艺、瓷艺、诗词、绘画、书法、雕刻、医学、民俗、民间传说、风景名胜、民族风貌等于一体，综合体现了悠久灿烂的东方文明。同时，也反映了社会政治和经济状况，反映了工艺产品的设计水平。

即使不是收藏者，普通人在面对一瓶造型优美的酒瓶时，也多愿意看上一眼，尤其是有些著名酒企业的广告作品，其画面多有以美女身段暗示其造型的优美。而从工艺美学的角度看，很多经典的瓷器造型也渐渐融入了酒瓶的造型设计之中，尤其是有陶瓷或玻璃工艺大师的参与设计制作时，更能彰显酒的艺术特色。

酒瓶盖造型多样，印刷色泽美观，开酒器，造型各具特色，其巧妙构思，为能打开一瓶酒而富有情趣。或精致、或粗犷、或原始、或前卫的各色酒瓶贴、酒盒，更是运用了多种材质和艺术设计之思，令人爱不释手，体味到了艺术之美。

从酒贴上看，因其多为纸介质印刷品，其设计内容不仅彰显了中国酒文化丰厚的内涵，也体现了酒贴造型与酒瓶的契合，既标明了酒质的特点，又体现了文化的特色。

（三）关注非物质文化形态的酒文化收藏品

非物质文化形态的酒文化藏品，一般以物质的形态而得以记录和保留。从广义收藏的角度而言，即使是不饮酒的酒文化研究学者也是一个收藏者。从 2006 年我国公布的第一批非物质文化遗产名录中，人们能看到很多非物质文化遗产是原来根本不知道或不了解的，其中涉及到酒的制作的非物质文化遗产有四个[①]，因为时代的原因，当今的大多数人年轻人大多缺少对我国传统优秀文化的了解。人们越是了解我们的文化，越是对身边的物质及非物质文化具有深厚的感情，那种随意丢弃、有意或无意的对文化遗产破坏就能越少发生。传承中华文化，就要不断的学习了解古代和当今的文化特色，而酒文化与人民日常生活息息相关，更容易被人们所接受、认知。因此，在酒文化收藏中，藏者也应多关注这些文化形态的藏品。

又如，以酒文化为题材的音乐作品也是非常值得收藏的对象。如苗族的酒歌、侗族的酒歌、蒙古族的酒歌等等都非常具有感染力，一听到曲子，仿佛就回到了民族生活之中，令人感动。笔者也发现，以中国酒文化为主题的原创音乐 CD，在 2007 年由侯建先生编曲，多位著名的音乐演奏家联袂制作，每首乐曲藉由与酒相关的诗词，来表达不同的意味：相思的酒、离别的酒、沙场的酒、喜庆的酒，忧伤的酒……或恢宏大气，或婉转缠绵，或娓娓道来，或畅然直白。受到了音乐爱好者和酒文化收藏者的欢迎。该 CD 主要包括 13 首作品：把酒问青天、对酒当歌、沙场夜光杯、愁肠酒化思乡泪、醉卧山水间、滴酒倾相思、沽酒逢知己、将进酒、月下独酌、问酒杏花村、阳关杯酒伤离别（古曲改编）、隐士醉南山、杯酒西风祭国殇。

---

① 即是：茅台酒酿制技艺（贵州省遵义市）；泸州老窖酒酿制技艺（四川省泸州市）；杏花村汾酒酿制技艺（山西省汾阳市）；绍兴黄酒酿制技艺（浙江省绍兴市）。

二、 各类酒的收藏技巧

酒专家介绍，当代国内名酒茅台、五粮液在一般瓶装密封条件下，只能保存50年左右。一位茅台酒的藏者所收藏的一瓶早期的酒只存留很少的一部分，大部分都蒸发了，实在令人惋惜。作为普通人藏酒，确实应该多了解一些藏酒的方法，尽最大可能保藏好美酒藏品。

（一）白酒的收藏

我国酒厂生产的销售成品白酒，多是从流通市场考虑的，因此藏者在收藏时要充分考虑到随着时间的延长，酒品会蒸发、酒体会发生质量变化，甚至造成不能饮用的现象出现。一般主要表现在以下三个方面：

一是因瓶体渗漏，造成收藏的瓶装酒已成空瓶。这种情况各种材质的酒瓶都有，以紫砂瓶居多，陶瓶次之，瓷瓶、竹筒瓶也不少；二是因瓶口密封不严，导致挥发，收藏的瓶装酒容量减少。酒体发生了物理性变化；三是收藏的瓶装酒质量发生化学性变化。如：酒的香味物质挥发，使内装的白酒质量下降；瓶体的材料与液态酒发生了化学反应，使酒体变色（如变红、变黑、变浑）。其中的原因可能是瓶体材料（紫砂）溶解在酒液中，或者是软木塞瓶盖中的单宁和白酒中微量含氮化合物起化学反应，而形成黑色沉淀物等原因所致。如竹筒酒瓶，封口较好，是用蜡质封口，但由于竹筒中竹丝间有缝隙，因此，酒液会慢慢渗漏，颜色变深，一般2年左右就会出现这种情况。变味，则是因为内塞材料使用不当，如橡皮内塞使酒带上橡皮味，或是木塞使酒带上木香味。

那么，作为收藏爱好者，应如何收藏白酒呢？不妨从以下几个方面考虑。

一是，收藏由高密度材质酒瓶灌装的且瓶口精确度高，密封好的白酒产品。如不锈钢瓶装酒、玻璃瓶装酒（封口需技术处理）等保存较长时间，且不会影响产品质量；二是收藏高档名优酒、精品品牌酒。这类酒酒体品质优良，品牌知名度高，如包装达到精度要求，长期保存升值空间大；三是收藏高酒度的瓶装酒；四是收藏中注意不同香型的瓶装酒。不同香型的酒效果不同，酱香高沸点成分含量多，酱香瓶装酒质量相对容易保持稳定，其他香型在不渗漏的前提下，也会产生陈味，使香气发生变化。

从包装材质角度看，玻璃瓶、瓷瓶、陶瓶、紫砂陶瓶、不锈钢瓶装白酒适合长期储存收藏。其他材质如：竹筒、木、皮囊、塑料等的瓶装酒应以短期收藏为佳。

从储藏环境的角度看，要根据所储藏酒的品质特点，避光、低温、保持一定的湿度，保持酒品的绝对密封，能够较好地保证酒的品质。

藏者收藏好酒，还能创造新的酒品，更具有文化意义。如1999年东北酒文化研究会在上海举办的酒文化收藏拍卖会上，吉林余文江先生为纪念香港回归，在1997年7

月1日0时以德惠大曲为基酒、其他全国各地100种名酒为材料勾兑出一款“97酒”，用中国地图形状的酒瓶500毫升一装，共100瓶，其中两瓶在这次拍卖会上分别拍出了19.8万元和15.6万元的天价。

中国白酒中的茅台酒，其历史积淀跟特有的文明内涵，使其逐步被珍藏界、投资者追捧，在拍卖市场上引人瞩目。2011年4月10日，在贵州省拍卖公司举办的“首届陈年茅台酒专场拍卖会”上，一瓶“精装汉帝茅台酒”以890万元成交。2011年9月4日，在贵州省宏运拍卖公司举行的中国名酒拍卖会上，一瓶1935年产的，大约还有400g的赖茅，最终以1070万元的超级天价拍出，令人赞叹。

（二）葡萄酒的收藏

葡萄酒的主要是用来品饮和欣赏的。并非每种葡萄酒都有收藏价值，相比较而言，顶级葡萄酒的收藏价值要大得多。大多数葡萄酒没有陈年潜力，一般须在上市后两三年内饮用，否则就失去了其饮用价值。只有占总量0.1%的葡萄酒才具有陈年10年以上的潜质。也就是说，在被称为“液体资产”的葡萄酒品种中，只有0.1%的高端葡萄酒是具有投资价值的。顶级葡萄酒的产量有限，对于顶级葡萄酒来说，顶级酒庄头牌酒的产量在20万~30万瓶，即2万~3万箱。

作为现在世界上各国公认的以及中国认可的葡萄酒庄来说，酒庄酒应该都具有收藏意义。除了拥有知名酒庄的品牌因素外，还要根据年份、地理位置、当时的气候条件来确定当年葡萄酒是不是具备收藏和保值的意义。从酒的品种来看，具有较好收藏投资的通常是顶级红葡萄酒、白葡萄酒、甜白葡萄酒和波特酒，这些酒需要在温度和湿度控制适当的环境中陈放后饮用。葡萄酒在储藏的过程中，色香味等会发生一系列的变化。酒的颜色会变化，红葡萄酒的颜色会从宝石红、深宝石红、深宝石紫色变为砖红甚至褐红色，白葡萄酒和甜白葡萄酒会从浅黄、浅禾秆黄，变为金黄、深金黄甚至褐黄。葡萄酒的香气、单宁和结构都会发生变化，逐渐失去新酒的新鲜果味特点，而发展出浓郁的酒香。红葡萄酒经过陈年后，反映产地特点的果香逐渐衰减，发展的酒香非常近似。现在，科学家们尚未找出为什么只有顶级酒才具有陈年潜力的原因，葡萄酒的艺术魅力也在于此。

顶级酒通常产量小，需求量大，而且有期货销售，使上市的酒量更少，吸引人们争先购买。但要真正能享受到顶级酒的最佳境界，需要耐心陈年直至酒成熟，这是个人收藏葡萄酒的初始原因。

从投资的角度看，国外葡萄酒交易的主要方式是拍卖。国外的索斯比和克里斯蒂两大拍卖行是世界葡萄酒拍卖的权威，但是能上这样拍卖行的酒要求也非常高，需要有非常好的保存记录和近期的重新打塞记录。另外，私下交易也是一种常见的方式。可以自己把自己的藏酒卖给酒吧或者其他的收藏者，但这种方式没有国际性拍卖会客源来得有保障。

（三）黄酒的收藏

黄酒，是世界三大古酒中唯一产自中国的古酒。古代就有黄酒的收藏。在浙江绍兴就有著名的“女儿红”“状元红”黄酒。那种坛装的黄酒经多年存放，更加醇厚，打开封泥，顿时浓香扑鼻，使人未饮先醉。清代诗人袁枚有云：“绍兴酒不过五年者，不可饮。”黄酒原酒经长期储存能提高品质。黄酒酿造的季节性明显，农历 7 月制酒药，9 月制麦曲，10 月做酒酿，入冬酿酒，次年立春榨酒封装储存。封装后最少存放一年才能饮用，存放 3 年以上方称陈酒。我们市场上所见到的大多数黄酒，细看其瓶贴，多建议在 2~5 年内饮用，也就是说从收藏酒的角度看，意义不是很大。

现在黄酒原酒走上了拍卖收藏之路。如，2008 年 4 月 29 日，古越龙山 08 特制原酒首拍在上海成功收槌，当天成交总额达 34.6 万元。而在此之前的 3 月 5 日，在绍兴古越龙山原酒经营有限公司成立暨世纪原酒展卖会上，古越龙山公司拿出的 68 坛世纪原酒也被竞买一空，总价达 94 万元。由此，黄酒的另一种创新营销模式清晰地展示在市场面前。孰胜孰败，投资者们更多的是看好，并寄予了更高的市场预期。

黄酒进入收藏行业意味着黄酒已进入资本市场。有专家认为，继啤酒、葡萄酒和白酒之后，黄酒正以异乎寻常的势头崛起。优质的陈酿黄酒正在成为一种稀缺资源，不少人开始购买未经勾兑、罐装的原酒作为一种投资。黄酒这一蕴含东方文化、东方魅力的酒种，也越来越受到国际友人的青睐。

第三节 酒类的升值

酒文化藏品品种甚多，从非物质文化的角度看，藏者的收藏行为更具有文化价值的意义。收藏投资与具体以何种物质形态存在有关，限于篇幅，在此不多作讨论。如酒文化题材的刺绣、雕塑、书画作品等，仍是服从于其不同收藏投资门类的投资价值规律。

从酒文化物质角度，无疑，各类酒品的收藏，成为酒文化藏品投资收藏中更加引人注目。那藏酒到底藏什么？是藏酒还是藏酒文化，抑或兼而有之？酒品在长期的储藏中，会发生变化。因此，投资收藏就必须了解哪些酒值得收藏、藏酒的最佳价值期为多少，这样才能够获得较好的经济利益。藏酒者不要盲目追求酒的年代、品牌等，在市场社会，如何更好藏酒，满足自身需求，是每一个藏酒者要好好面对的现实。

哪些酒的升值空间比较大呢？投资者可选择发行量比较小、工艺水准高、年代比较久远，并有历史纪念意义的酒产品，这样的酒升值潜力比较大。瓷器和金属材质、玻璃的材质的瓶装酒也具有收藏价值。收藏的渠道除从商店买来现成的成品酒外，还可以参加各种农展会，往往可以收到商家推出的特别促销装的品种。另外，旧货市场或废品收购点，也是淘好瓶的地方。收藏品市场中的酒器店家，是收藏各地酒器的捷径，也可参与各种酒文化交流会。

初从事收藏酒品者，要从精品入手，不要什么酒都收藏，更不能过多、过滥，要有所选择。如收藏白酒就不妨以 1984 年原轻工业部评选出的优质名酒、地方名酒目录为蓝本（包括 1984 年前已经评选出的各地方名酒）进行收藏，尤其是当该酒比较稀缺、具有纪念意义，且瓶型精美、品质佳美时，更是值得收藏了。

图 11-2 古井集团无极酒窖

要从酒品牌文化发展的角度来看待收藏。如收藏白酒，要注意酒是否是是纯粮食制造、是否是国家与地方名优品牌、是否坚持传统工艺与现代工艺相结合、是否是从建厂至今仍在继续良好发展的企业等，只要符合这样条件生产的新酒，收藏价值就比较高。

收藏酒瓶的藏友要注意区分生熟酒瓶。酒瓶有“熟瓶”和“生瓶”之分，只有真正装过酒的“熟瓶”才有收藏价值，没有装过酒，臆造的生瓶是没有收藏意义的，收藏者要留意酒厂的酒标，尽量收藏成套的酒瓶，这样会有更高的经济价值。

酒杯因造型及材质多样，受到了很多藏家的追捧。人们在品饮美酒的时候，欣赏酒杯之美，得到精神的愉悦。收藏酒杯应注意材质、造型、纹饰、功能及美学特色，古今中外的酒杯都可以成为收藏的对象。

酒瓶盖、开酒器要注意造型、图案、文化符号等，要有独特性。

另外，从文化角度而言，很多人喜欢收藏酒瓶等包装物。收藏酒包装的人文表现应从产酒地区的历史文学、音乐、绘画、名人、民俗、遗迹、人造物等文化入手。

要对各大酒厂各个时期的产品进行详细的了解，多参加酒文化收藏活动，多咨询专家。平时生活中多留心，也容易遇到有升值潜力的好酒。假若平时对酒类研究不深，即使遇到宝贝，也可能会遗憾地错过。如酒文化收藏家李松年先生在一次到四川的酒厂考察的时候，在九寨沟的一家不起眼的餐馆内发现了一瓶茅台女王酒，此酒是 1995 年 9 月，联合国第四次世界妇女大会中国组委会唯一指定的美容酒，具有历史文化价值。由于发行量较少，在市面上相当罕见。出厂时，一瓶茅台女王酒的市价是 20 多元一瓶，现时在一些地方已经升值至七八百元一瓶。

审美、财富、修养是收藏的三重境界。收藏者在收藏的过程中，藏品没变，但藏家因藏品而改变，这个变的过程就是收藏的过程。从酒文化收藏的角度看，只要找有特色并有文化意义的藏品，并且持之以恒，在不断的收藏过程中，从藏品的量变到收藏人的思想的质变，提升了文化美学素养，也成就了一个收藏家，壮大了酒文化收藏者的队伍，影响了人们对国家文化遗产的认识水平，以实际的收藏行动，有效地传播了中华酒文化。

【延伸阅读：曾宇：为什么收藏中国酒？复原中国“酒文化”是我的使命】

早就听闻在老酒收藏界有一位曾老师，从事老酒收藏 15 年了，被誉为中国老酒收藏第一人。原以为是一位老先生，不想近日得见，却是一青年才俊！因为他本人与传说中的形象差异太多，因此见面问的第一个问题就是：“您为什么要收藏老酒?”

曾宇的回答也出乎我的意料，“老酒，留存着与历史有关的文化记忆，收藏老酒，是一种责任，这无关其市场价值，也无关其未来走向，和老酒收藏有关的，只有我们仅存下的酒文化的记忆。”

复原中国“酒文化”是我的使命

相较于曾经采访过收藏老酒的人，大多从爱好、价值上去谈老酒以及老酒收藏。曾宇对老酒收藏的执着，却在于“酒文化”三个字。

江西南昌的曾品堂，是曾宇的老酒私人博物馆。据说，这里有上万瓶中国的陈年美酒、还有上万枚各式酒标，最早的酒标是光绪 27 年的，以及从明清到现在各种酒具、酒杯、酒票、以及几千册关于酒的文史资料……是记者所见藏品最丰富，整理归类最好的一家酒品私藏馆。

在大家都只想挣钱，快挣钱，挣快钱的年代，竟然有人有如此雅兴花 15 年的工夫，专门收藏中国酒，这真是有点太另类了。曾宇自己也说，有的人说我很“傲”，不爱说话，其实有时也只是“话不投机半句多”而已。

搞收藏这些年，他阅酒无数，也阅人无数。大多数的人喜欢收藏陈年白酒，从他们收藏陈年白酒的初衷，他将这些藏友分为三类：一是看中了陈年白酒升值潜力，将其作为一种投资产品以此盈利；二是喜欢陈年白酒的传统风味和陈香口感，乐于邀上三五好友，品上几杯老酒，体验“液体黄金”带来的享受感；第三是，爱慕中国酒文化，喜欢收藏、把玩、研究陈年白酒，还原一段真实历史。

曾宇说，这三类他都不是。

在15年前涉足这个领域的时候，曾宇纯粹是个人喜欢这些老旧的古董，而酒又是最贴近生活的“文化载体”，见得越多，了解得越多，越发现中国酒的魅力无穷。因此他收藏的“对象”也与其他人不一样，不管是大厂小厂，名酒非名酒，白酒还是特色酒，统统收入囊中，仔细把玩。再加上一个学文学的博士夫人，更是帮了他不少忙，引经据典，查找史册，在完成中国酒文化的整理与探索过程中，夫妻二人同心协力，才有了今天的成果。

他将多年的心得，写成了三本书《陈年白酒收藏投资指南》《地方名酒收藏投资指南》《中国特色酒收藏投资指南》，这些在老酒收藏界被奉为“科普版”专业指导书籍。

然而，他还是一个有才情的人，他曾深情写过一本叫《收藏，是一种文化的回归》的书，书中尽显他对中国酒的痴迷和深爱，以及他将还原中国酒文化视为一种时代使命的决心。

收藏，让中华美酒不再遗失。

在之前接触到的老酒收藏者，大多以名优白酒为主，主要是茅台、五粮液、剑南春、洋河大曲、董酒、西凤这些老八大、老十七大名酒。在曾品堂，记者看到，这类名酒，都以专柜的形式陈列着，同时，各地区的老酒也分区陈列，像各时代的江西四特酒、山西的汾酒、各种包装的竹叶青、还有四川的郎酒以及文君，贵州的鸭溪窖酒、董酒等，全部按地域进行展示。另外还有很多我不曾听说或见过的酒，什么咖啡酒、茄皮酒、封缸酒、羊羔美酒、毛鸡酒……可谓五花八门、琳琅满目，完全打开了我对陈年白酒才是好老酒的思维禁锢。

“真的想不到，中国的酒种如此丰富！”记者不禁感慨。曾宇告诉记者：“现在谈老酒收藏，大家想到的，关注的，也是名优白酒。其实，中国的酒是地域特色非常浓厚的，酒类的原料也多种多样，像四川除了高粱酒，还有绿豆酒、柠檬酒等。现在一些酿酒专家将酒分为酿造酒、配制酒、果露酒，其实应该分为烧酒、果酒、露酒，药酒，因为酒更多是一种文化属性的物质，这么多年，我力求通过实物藏品，呈现出中华酒文化的多姿多彩。”

随后，他拿出一瓶已经泛黄的酒，从瓶型上看，跟现在的葡萄酒酒瓶非常接近，仔细看酒标，发现竟然是1915年在巴拿马上获得乙等名誉奖章的“上海真鼎阳观”的佛手露酒。他说：“这是我众多藏品中最有历史价值，最有纪念意义的一款酒之一，也是中国迄今为止见到的已经被证明获得过巴拿马万国博览会奖的最早实物。”

在曾宇看来，中国的酒文化代表了中国精神，作为中国文化的一个非常重要的类别，它深深渗透到每位中国人的心里：酒诗词、酒礼、酒俗、酒风气，这些精神层面的中国文化代表与物质文化层面的美酒融合在一起，共同构建了气势磅礴的中国酒文化。而这种酒文化绝不是几个品牌可以独占的，一定是百花齐放的。从他收藏的民国时期的中国产的各种洋酒、鸡尾酒，张裕的金奖白兰地、味美思，宜春酒厂生产的“松、竹、梅”鸡尾酒等特色酒可以看到，中华美酒的繁华与风采。

“中国的酒品是多姿多彩的，遗憾的是，这些传统的特色酒要么消失殆尽，要么沦为洋酒的附庸，我一直在不遗余力地寻找这些美酒，就是不想让中华美酒消失在滚滚洪流里。”

在曾宇看来，老酒收藏是一种文化的回归，事实上，从民国时期中国流行的各种酒，包括现在的白酒、红酒、黄酒、果酒、露酒，还有各种鸡尾酒、洋酒，让我们看到了中国酒未来的方向，正如近几年流行的鸡尾酒一样，这样的回归绝不是偶然，而中国酒业也将回归到多元化、地域化的格局里。

小结

收藏文化是人类特有的文化现象。人们酿酒、饮酒、收藏酒，酒在人们的生活中具有诸多的文化功能。收藏酒及与酒有关的文化用品，让人们感受到了生活的美好、文化的传承与迷人的魅力。酒生产企业为消费者设计制造酒及其文化收藏品，不仅可以增加企业利润，更能长久地对品牌价值的提升起到积极的促进作用。消费者通过酒文化收藏，不仅可以期待美酒岁月的变化所带来酒风味的变化，还可以陶冶情操，学习文化，提高综合素养，愉悦身心，真是一种优雅的爱好。

思考题

1. 酒文化收藏主要包括哪些内容？

2. 请查阅相关文献，了解中外酒文化收藏的特点，并举例说明。

3. 针对你喜欢的某一种酒文化收藏品，谈谈它的特色，并和师生交流。

4. 从互联网上寻找酒文化收藏者及其藏品的信息，了解该类藏品的特色，以及对藏者的影响。

5. 谈谈你所在家乡的酒文化特色，尤其是日常待客、特色民俗文化活动中酒的表现。

参考文献

[1] 徐兴海．中国酒文化概论．北京：中国轻工业出版社，2014.

[2] 肖颜琴．收藏酒包装设计探析．包装工程，2012（1）：116-118.

[3] 杨和维．陶瓷酒瓶包装与收藏的双重价值研究，包装工程，2008（05）：169-170.

[4] 岳熙．会升值的液体资产．企业观察家，2012（5）：122-123.

[5] 王麟．酒类收藏独具魅力．大众理财，2006（2）：86-88.

[6] 马志春．酒文化收藏与传播-兼论中国酒文化收藏如何走向世界．http：//blog. sqdaily. com/？ uid-199-action-viewspace-itemid-2529

[7] 收藏盛会凝聚千年酒香．http：//www. whscp. com/info. asp？ id=1527

[8] 刘建华．漫谈瓶装白酒收藏．http：//www. cnstock. com/08yishucj/2009-08/13/content_ 4505921. htm

[9] 甄爱军．顶级葡萄酒收藏之魅．http：//gugu. stockstar. com/smsgugu/amoney/view. asp？ uid=942423

[10] 万峰．黄酒原酒：收藏投资价值几许．http：//6662666. cn/wenzhang/news/html/？ 30. html

[11] 佚名．绍兴黄酒成收藏新品．http：//www. cntjzs. cn/text_ show. asp？ id=24795

[12] 中国食品科技网．http：//www. tech-food. com/kndata/detail/k0206017. htm